VW GOLF STORY

ALLE GENERATIONEN SEIT 1974

Russell Hayes

Motor buch Verlag

Einbandgestaltung: Luis dos Santos
unter Verwendung von Motiven der Volkswagen AG

Bildnachweis: Soweit nicht anders vermerkt, entstammen alle Abbildungen dem Archiv der Volkswagen AG, Volkswagen Classic, Volkswagen UK, Volkswagen Stiftung AutoMuseum sowie der Volkswagen Motorsport.

Die Originalausgabe erschien 2021 unter dem Titel The Volkswagen Golf Story bei Behemoth Publishing, 59 High Street, Wincanton, Somerset BA9 9JZ, UK

Deutsche Übersetzung und Bearbeitung:
Joachim Kuch und Georg Otto

ISBN 978-3-613-04642-9

1. Auflage 2024

Sie finden uns im Internet unter http://www.motorbuch-verlag.de

Lektorat: Georg Otto
Innengestaltung: Frank Zähringer, 71638 Ludwigsburg &
Julia Lehmenkühler, 40625 Düsseldorf
Druck und Bindung: Conzella, 85609 Aschheim-Dornach
Printed in Germany

INHALT

Bj. 1977 1.085 ccm 37 kW/50 PS 140 km/h Volkswagen Golf

VORWORT

Ich habe einen Golf«, sagen wir, oder: »Es ist ein Golf«, wenn die Frage nach unserem Fahrzeug aufkommt, und jeder weiß, was das bedeutet. Nur wenige Dinge im Leben sind konstant, aber der Volkswagen Golf scheint eines von ihnen sein. Natürlich, in einem anderen Zeitalter haftete dem Volkswagen Käfer auch der Ruch des Ewigen an, aber der Golf hat seinen Stammvater in den Produktionszahlen längst hinter sich gelassen und auf die Automobilindustrie einen weit größeren Einfluss ausgeübt als der bucklige Urahn. Und bei aller Konstanz: Es ändert sich ständig etwas unter der Oberfläche, aber nie viel auf ihr. Moden kommen und gehen, aber der Golf ist eine stets sich erneuernde Konstante, zeitlos-modern und ein Wunschtraum von Millionen.

Die Geschichte des Golf war es wert, in seinem 40. Jahr 2014 ernsthaft beleuchtet zu werden. Das gilt auch für das Jahr 2020, als die achte Generation eine digitale Revolution mit sich brachte und parallel dazu eine neue vollelektrische Volkswagen-Familie auf den Markt kam. Wird es einen Golf 9 geben? Wir werden sehen...

Einige Punkte sollten Sie vor der Lektüre dieses Buches – das Ihnen hoffentlich gefallen wird – unbedingt beachten. Erstens: Die Benennung. Volkswagen hat nie offiziell den Begriff Golf I, Golf II und so weiter verwendet, aber praktisch alle anderen tun das. Das habe ich der Einfachheit und Klarheit halber ebenfalls übernommen. Das Unternehmen hat es immer vorgezogen, von den verschiedenen Baureihen als »Generation« zu sprechen, auch diese Bezeichnung habe ich bisweilen verwendet. Wo es passte, habe ich auch gelegentlich die internen Werkscodierungen für die verschiedenen Modelle benutzt, wie etwa Typ 1 für den Käfer, Typ 2 für den Transporter oder Typ 17 für den Golf. Auch Motor- und Plattformbezeichnungen tauchen mitunter auf, wenn auch nur sparsam dosiert, denn wenn das Werk intern vom A4 spricht, ist damit nicht ein Audi, sondern die vierte Generation des A-Typs (und das ist nun einmal die interne Bezeichnung für den Golf) gemeint. Und mit einer B-Klasse ist bei Volkswagen was ganz anderes gemeint als bei Mercedes.

Zweitens: die Bezeichnung der Karosserieform. Autos mit Heckklappe waren im Jahr 1974 noch ziemlich ungewöhnlich, und die Golf-Karosserie wurde durch die Anzahl der Türen, durch die die Passagiere einsteigen konnten, unterschieden: es gab ihn entweder als Zwei- oder als Viertürer. Heute wird die Heckklappe mitgezählt, daher ist die Rede von Drei- und Fünftürern.

Sofern nicht anders angegeben, habe ich die europäischen Einführungstermine genannt. Abgesehen von den Jahren 1974, 1997 und 2019 lag der Beginn eines Modelljahres immer nach den Werksferien des Vorjahres, die ersten Fahrzeuge des Modelljahres 1977 zum Beispiel liefen im August 1976 vom Band. Die Markteinführung erfolgte dann in der Regel zwei bis drei Monate später, der Verkaufsstart in England kam dann meist im Januar. Die großen europäischen Motorshows sind Genf, Frankfurt und Paris (wobei letztere sich abwechseln), die wichtigen Neuheiten werden dort gezeigt. In den letzten Jahren hat sich der Schwerpunkt etwas verlagert, wichtige Termine in Übersee sind die Motorshow in Detroit und, zunehmend wichtiger, die Show in Shanghai.

Russell Hayes, London, 2021

Dass Russell an einem großen VW-Golf-Buch arbeitete, war uns bereits vor Jahren zugetragen worden. Doch das Ergebnis seiner Forschungen, im Mai 2014 in englischer Originalausgabe und im September 2021 in aktualisierter Neuauflage erschienen, hat uns dann doch überrascht. Aus VW-Kreisen war zu hören gewesen: »Das wird das beste Golf-Buch weltweit«, und wie sich herausstellte, war das nicht übertrieben. Tiefer und akribischer ist noch keiner in die Materie eingetaucht, und dass er viele Zeitzeugen interviewt und deren Erinnerungen aufgezeichnet hat, macht sein Buch so authentisch.

Dennoch war es für die deutsche Ausgabe nicht mit einer wortgetreuen Übersetzung getan, in weiten Teilen entstand anhand des britischen Originals ein eigenes, neues deutsches Buch. Denn vieles von dem, was der Autor hier geschrieben hat, beweist einen typisch britischen Blickwinkel und musste für den deutschen Leser adaptiert werden. Ein kleines Beispiel: In Deutschland gab es etwa vom Golf unzählige Sondermodelle, in England dagegen nicht. Daher fanden diese in der Originalausgabe keine Erwähnung. Ein deutsches Buch ohne zumindest einen kleinen Hinweis darauf? Undenkbar. Die Liste der Änderungen und Modifikationen ließe sich beliebig fortsetzen, es wurden britische Testberichte gegen deutsche ausgetauscht, weitere Quellen zu Rate gezogen, die Russell nicht zur Verfügung standen, Aktualisierungen vorgenommen und die jüngsten Modelle – wie der facegeliftete Golf 8 – eingebaut, Bilder gewechselt und ergänzt, die neuesten Entwicklungen berücksichtigt. Kurzum: Wir haben versucht, ein sehr gutes Buch noch besser zu machen.

Nicht zuletzt deswegen wird Joachim Kuch als deutscher Übersetzer und Bearbeiter, in Sachen VW-Geschichte und Golf wahrhaftig nicht unbeleckt, als Co-Autor auf dem Umschlag genannt. Der Redaktionsschluss für die aktualisierte deutsche Neuauflage des phantastischen britischen Originals war der 12. März 2024.

Motorbuch Verlag, Stuttgart

WOB
PR 44

1 9 6 7 – 1 9 7 3

Im Schatten des Käfers

Der lange Weg zum Käfer-Killer

Eines der bekanntesten Bilder der Käfer-Geschichte überhaupt: Die Montage des 10.000. Volkswagens im Jahre 1946. Das Schild zeugt von der Not der Nachkriegszeit.

10000 Wagen
nichts im Magen
10.000
denkste

Der Typ 3 von 1961 hatte eine Haube vorne und hinten, trug den Motor aber im Heck. Beim sogenannten »Flachmotor« saß das Kühlgebläse an der Rückseite des Kurbelgehäuses und nicht wie beim Käfer oberhalb.

»Bis heute ist es das einzige Fahrzeug, das einer ganzen Fahrzeug-Klasse seinen Namen gegeben hat … Der Golf ist und bleibt das Herz von Volkswagen.«

Prof. Dr. Martin Winterkorn, 2007

Im Frühjahr 1967, so schien es, hatte Volkswagen keine große Zukunft, dem Werk fehlte jegliche Perspektive – trotz der noch guten Verkäufe des Käfers. Und viele Beobachter sahen das genauso.

»Wir waren eine Autofirma, die noch nie ein Auto entworfen hatte«, sagte der ehemalige Chef Carl Hahn, und er hatte recht: Das große Werk in Wolfsburg war nur geschaffen worden, um ein Modell zu bauen. Und das hieß »Käfer« und war uralt, entworfen im Dritten Reich von Ferdinand Porsche, der 1934 den Auftrag erhalten hatte, ein Fahrzeug für das Volk zu bauen. Und selbst jetzt noch, drei Jahrzehnte später, erledigte die Firma Porsche die meisten Entwurfsarbeiten für Volkswagen.

Seit dem Ende des Zweiten Weltkrieges hatte der Käfer in unerbittlich steigenden Produktionszahlen die Straßen erobert, und alles, was sonst noch aus der gigantischen Fabrik krabbelte, waren Interpretationen des Originalentwurfs, eigentlich Käfer mit anderen Karosserien.

Das Original-Fahrzeug schien nicht zu altern, zumindest optisch nicht; die Evolution von Jahr zu Jahr erfolgte nur im Detail. Diese Zeitlosigkeit war durchaus gewollt, Heinrich »Heinz« Nordhoff, der 1948 an die Spitze des Unternehmens berufen worden war, hatte bereits in einem ganz frühen Stadium der Käfer-Geschichte seine Philosophie kenntlich gemacht und sich dagegen ausgesprochen, Bewährtes zu ändern, nur um etwas Neues zu machen: »Ich sehe keinen Sinn darin, alle paar Jahre neu anzufangen, immer mit den gleichen Kinderkrankheiten, und das Bestehende alt aussehen zu lassen.«

Und sein Credo galt fast zwanzig Jahre später immer noch. Und warum überhaupt davon abrücken? Der Käfer, Deutschlands Symbol des Wiederaufstiegs nach dem verlorenen Krieg, hatte eine Bestmarke nach der anderen gesetzt, das erste Quartal 1967 brachte mit 96.918 verkauften Volkswagen Typ 1 – Käfer – einen neuen US-Absatzrekord. Im Vorjahr hatte Volkswagen bei einem Umsatz von 7,79 Milliarden Mark einen Gewinn von 376 Millionen Mark verbucht und rund 990.000 Käfer produziert; die Wolfsburger waren auf dem besten Weg, die 15-Millionen-Fahrzeug-Marke zu knacken – dafür, dass das Unternehmen erst 1945 die Produktion aufgenommen hatte, wahrhaft beeindruckende Zahlen. Alles bestens also in der Heide?

Nicht wirklich, der Riese stand auf tönernen Füßen. Und die wirtschaftlichen Rahmenbedingungen machten auch nicht richtig viel Spaß. Ende 1966 zeichneten sich erste Risse in der deutschen Wirtschaftswunderwelt ab, die Benzinpreise stiegen und die Versicherungsprämien auch, und die Bundesregierung lockerte die Importbeschränkungen für ausländische Fahrzeuge, was insbesondere die französischen und italienischen Hersteller zu nutzen wussten. Dazu kamen konjunkturelle Turbulenzen, kurzum: Die Autokonjunktur im weiteren Verlauf des Jahres 1967 brach ein, und der Riese in Wolfsburg litt besonders darunter. Nordhoff warnte, dass die Zahlen letztlich um ein Drittel unter denen des Vorjahrs bleiben könnten, und für die 150.000 VW-Werker wurde Kurzarbeit eingeführt. Schließlich sank der Gewinn nach dem Rekordjahr 1966 in 1967 auf 319 Millionen Mark ab.

Wie bei einem Unternehmen zu erwarten, das sich weitgehend in Staatsbesitz befand (das Land Niedersachsen war Hauptanteilseigner), wurden die Perspektiven des Konzern intensiv in der Öffentlichkeit diskutiert. Der damalige Finanzminister Franz-Josef Strauß warf Nordhoff in den Medien vor, die Entwicklung verschlafen und trotz der enormen finanziellen Reserven nichts getan zu haben, um neue Produkte zu entwickeln. »Volkswagen«, so ein Boulevardblatt, habe wohl »geschlafen«, und das Nachrichtenmagazin *Der Spiegel* überschrieb einen vierseitigen Bericht mit »Für Käfermüde« und zog Parallelen zu Fords T-Modell, das nahezu unverändert zwischen 1908 und 1927 gebaut worden war und die Firma letztlich die Marktführerschaft kostete, weil Ford es versäumte, seinen Kunden eine zeitgemäße Vielfalt zu bieten.

Volkswagen wollte das natürlich nicht auf sich sitzen lassen und wies den Vorwurf, man könne nur Käfer, weit von sich. Der Käfer mache nur noch rund die Hälfte des Jahresumsatzes aus. Abgesehen von Transporter und Karmann Ghia habe man ja seit 1961 mit dem Volkswagen Typ 3 – 1500/1600 – eine darüber angesiedelte Limousine im Angebot mit moderner Pontonform, und die außerdem auch noch als Kombi. Tatsächlich sollte sich dieser Ponton-Käfer bis zur Produktionseinstellung 1973 knapp drei Millionen Mal verkaufen.

Man muss aber auch sagen, dass in der ganzen Zeit Porsches Original-Entwurf fleißig von Jahr zu Jahr verändert und umkonstruiert worden war, unzählig die Modifikationen, aber nur selten sichtbar. Zu den sichtbaren Änderungen gehörten die 1951, 1957 und 1961 vergrößerten Fensterflächen, 1967 kam es dann zu Modifikationen an der Front und der Einführung einer neuen Hinterachskonstruktion für die Automatik-Typen, 1970 dann zu den »Super-Käfern« der Baureihe 1302 mit neuem Vorderwagen, MacPherson-Federbein achse, besserer Straßenlage und anständiger Belüftung. Zum Thema technischer Fortschritt gehört auch der Hinweis auf die Einführung der Bosch-Einspritzanlage für das Modelljahr 1968 beim VW 1600 TL für Nordamerika.

Diese Entwicklungen überzeugten die Kritiker jedoch nicht, und um Stimmen wie die des Finanzministers zum Schweigen zu bringen, öffnete Nordhoff die Türen des geheimen Entwicklungszentrums des Unternehmens. Obwohl Design- und Entwicklungsarbeiten zu der Zeit weitgehend von Porsche im VW-Auftrag erledigt wurden, zog Nordhoff 36 Prototypen aus dem Lager und führte sie der Presse vor.

Seit 1952 hatten VW-Ingenieure in der Tat sogar 70 verschiedene neue Modelle entwickelt, von denen aber keines in Produktion ging. Etwa die Hälfte wurde verschrottet und die übrigen weggeschlossen. Es fanden sich darunter Viertürer, Coupés und Cabrios, die alle eines gemeinsam hatten: Im Wesentlichen handelte es sich um neu eingekleidete Käfer mit luftgekühlten Motoren im Heck. Einige waren nicht über Tonmodelle hinausgekommen, andere entstanden als fahrfertige Prototypen, doch in die Serie schaffte es keiner. An manchen Modellen hatte man bis zu fünf Jahre herumgedoktert und für ihre Entwicklung bis zu 200 Millionen Mark an Entwicklungsgeldern versenkt, hatte neben den Porsche-Designern auch italienische Formenbildner wie Pininfarina und Ghia verpflichtet, wobei Pininfarina für jeden Prototyp eine Gage von einer Million Dollar einstrich. Sein größter Auftrag war ein viertüriger Tourenwagen mit einem Sechszylinder-Motor (EA 128) von 1963/64.

Nebenbei gab es einen revolutionären Kleinwagen, den EA 48 (EA stand für »Entwicklungsauftrag«) mit einem winzigen, 0,8 Liter großen Zweizylinder, Luftkühlung, Frontantrieb und Federbein-Vorderachse. An diesem Entwurf, verpackt in eine etwas krude, an eine Kleinlieferwagen erinnernde Karosserie, wurde zwischen 1953 und 1955 gearbeitet, man legte ihn aber zu den Akten, nachdem der Käfer in immer größeren Stückzahlen vom Band rollte (und die Bundesregierung außerdem deutlich gemacht hatte, dass sie den VW-Einstieg in den Kleinwagensektor, in dem Goliath und Lloyd zu Hause waren, nicht wirklich zu schätzen wüsste). Ein einziger EA 48 hat überlebt und steht heute im Volkswagen Museum.

Ebenfalls im VW-Museum zu besichtigen ist der EA 97, ein weiterer Prototyp, der in letzter Minute gestoppt wurde. Entwickelt neben dem Typ 3 seit 1957, sollte dieser kastenförmige Zweitürer mit 1,1 Litern Hubraum die Grundlage einer ganzen Modellfamilie bilden einschließlich Kombi, Cabriolet und Fließheck. Es wäre ein zeitgemäßer Konkurrent gewesen für NSU Prinz, Simca 1100, Renault 8, Fiat 850 und Hillman Imp – allesamt Heckschleudern im Drei-Box-Design. Im Mai 1965 wurde bereits die Produktionslinie eingerichtet, und 100 Vorserienfahrzeuge waren auch bereits entstanden, doch bekam Volkswagen einmal mehr kalte Füße. Der neue VW war zu nahe am Typ 3 und am Audi 60 der neuen VW-Tochter Audi, daher entschieden die Konzernstrategen, das Projekt einzustellen. »Das war kein großer Schlag für uns, denn wir

Die Aufnahme des EA 97 von 1960 in das deutsche Produktionsprogramm als kleinere Pontonlimousine unterhalb des Typ 3 war schon beschlossene Sache, wurde aber in letzter Minute noch gestoppt. (Foto: Stiftung Automuseum)

Nordhoff: Der Herr der Käfer

Heinrich »Heinz« Nordhoff wurde 1899 geboren, er gilt als der Architekt des Volkswagen-Erfolges. Im Januar 1948 trat er sein Amt als Generaldirektor der Volkswagenwerk GmbH an, die britische Verwaltung hatte ihn dazu bestellt. Nordhoff war 40 Jahre alt und ein ehemaliger Opel-Manager.

Er wurde schnell zu einem Vorbild für die demoralisierte Belegschaft, für sechs Monate lebte er in der Fabrik, schlief in einem Zimmer in der Nähe seines Büros. Er erinnert sich: »Ich musste von Grund auf, im wahrsten Sinne des Wortes, beginnen. Siebentausend Arbeiter bauten unter großen Mühen 6.000 Fahrzeuge im Jahr – vorausgesetzt, es regnete nicht zu viel. Der größte Teil des Daches und alle Fenster waren zerstört. Überall standen Wasserpfützen.«

Der rasante Anstieg der Produktion wird teilweise Nordhoffs enger und freundschaftlicher Beziehung zur Belegschaft zugeschrieben, wie Carl Hahn, der im Jahr 1954 zu seinem Assistenten berufen wurde, bezeugt: »Die Arbeiter liebten ihn absolut, und seine Rhetorik war ausgezeichnet«, sagte er dem Autor im Rahmen eines Interviews im Jahre 2013. »Er wusste seine Ansichten, seine Philosophie und seine Politik absolut überzeugend zu verkaufen. Er hatte außerordentliche Qualitäten, den Menschen Vertrauen einzuflößen, er legte echte Führungsqualitäten an den Tag und war außerordentlich eloquent.«

Beneidet von seinen Konkurrenten, war Nordhoff eine Lichtgestalt in diesen dunklen Tagen, der die Berliner Philharmoniker dazu brachte, in der großen Werkskantine zu spielen, er unterstützte Filmvorführungen und Kunstprojekte im Werk. Als Unternehmen, das in weiten Teilen der öffentlichen Hand gehörte, hatten im Vorstand zu der Zeit die Politiker einschließlich des Ministerpräsidenten von Niedersachsen großen Einfluss – zumindest theoretisch. »Sie hatten aber nicht viel zu sagen. Nordhoff hatte im Grunde das Sagen«, konstatiert Hahn. Darüber hinaus erstreckte sich sein Einfluss bald über Wolfsburg hinaus. Industriekapitäne staunten weltweit über die Geschwindigkeit, mit der VW Fahrt aufnahm, Volkswagen galt alsbald als Wachstumsmotor der Bundesrepublik. Nordhoff diversifizierte bald die Produktpalette (wenn auch alle auf dem Käfer basierten) und betrieb energisch den Aufbau eines den gesamten Globus umfassenden Werkstatt- und Vertriebsnetzes, vor allem außerhalb Europas. Seine Bemühungen um eine effiziente Vertriebs- und Service-Organisation rund um den Käfer waren ein integraler Bestandteil des Erfolgs, vor allem in Nordamerika.

Nordhoff wurde sehr bald zur Galionsfigur der deutschen Automobilindustrie, seine jährlichen Pressekonferenzen auf dem Genfer Autosalon waren ein Ereignis. Seine Philosophie, dass ein Auto nicht zwangsläufig jedes Jahr anders aussehen müsse, und seine daraus resultierende Haltung, statt großer Veränderungen nur Jahr für Jahr kleine Verbesserungen vorzunehmen, gehörten zum Volkswagen-Ethos, das in dieser Hinsicht eine Absage war an die herrschende Auffassung, dass man Autos mit integriertem Verfallsdatum produzieren müsse. In den späten 1960er Jahren aber war sich auch Nordhoff eindeutig darüber im Klaren, dass die Zeit reif war für substantielle Veränderungen. Bei einem Vortrag in London im Jahr 1967 sagte er: »Früher wurden Produkte entwickelt, produziert und verkauft über viele Jahre mit wenigen Änderungen ... Heute, wenn wir wettbewerbsfähig sein wollen, müssen wir den Schwerpunkt auf Innovationen legen.« Er verwies auf die europäischen Unternehmen in amerikanischem Besitz, die Zugang hätten zu den »besten Köpfen« und den Ressourcen der Muttergesellschaften.

Eine seiner letzten und weitreichendsten Maßnahmen bestand darin, den Ausschuss für Produktplanung oder auch Produktplanungsausschuss (APP bzw. PSK) einzurichten, der 1967 seine Arbeit aufnahm und mit dem Nach-Käfer-Plan seine Wirksamkeit entfaltete.

Im gleichen Jahr gab er bekannt, dass er bis zum Ende des folgenden Jahres in den Ruhestand gehen wolle und dass Dr. Kurt Lotz sein Nachfolger in der Geschäftsführer werden solle. Leider kam es anders, Nordhoff erlitt im Sommer 1967 einen Herzanfall und starb an den Folgen am 12. April 1968 im Alter von 69 Jahren. Zu der Zeit war Volkswagen der weltweit viertgrößte Automobilhersteller.

Vielleicht das berühmteste Nordhoff-Bild überhaupt: Heinrich »Heinz« Nordhoff steht im August 1955 auf einer Plattform vor seinen 30.000 Arbeitern, als in Wolfsburg der millionste Volkswagen gebaut worden war. (Foto: LAT)

Der Volkswagen 411 war im Wesentlichen ein großer Käfer mit vier Türen. Die Form seiner Scheinwerfer wurde anfangs mit TV-Bildschirmen verglichen.

waren so profitabel in diesen Tagen«, erzählte Hahn dem Autor im Jahr 2013: »Wir waren in guter Form.« Außerdem wurde der EA 97 nicht ganz aufgegeben. Alle Produktionswerkzeuge wurden der brasilianischen Tochter VW do Brasil überlassen, doch das Schiff sank, und es dauerte über ein Jahr, um es zu bergen und die Maschinen wieder zu reparieren. Danach erst konnte der EA 97 dann als »Brasilia« Karriere machen.

Auch wenn er das Käfer-Konzept zementiert hatte, so begann Nordhoff doch Mitte der 1960er Jahre, den Grundstein für eine Abkehr vom Heckmotor-Prinzip zu legen, wiewohl das noch nicht klar zu erkennen war: Er versicherte der Presse, dass keine der 870 Millionen DM, die 1967 werden sollten, zur Kapazitätserweiterung vorgesehen sei, sondern das Geld verwendet werde, um Produktionsabläufe zu verbessern und die Rationalisierung voranzutreiben. Und die Hälfte flösse sowieso in den Entwicklungsetat.

1964 hatten die Arbeiten am neuen Entwicklungszentrum am Mittellandkanal in Wolfsburg begonnen, in dem die technischen Abteilungen (rund 2.000 Personen) zusammengeführt wurden. Prunkstück des 1966 eröffneten Zentrums war der neue Klimawindkanal, seinerzeit die größte Anlage ihrer Art in Europa. Kurz darauf, im April 1967, begannen die Arbeiten an einem großen Test- und Entwicklungszentrum auf der Gemarkung der Gemeinde Ehra-Lessien, rund 20 Kilometer nördlich von Wolfsburg. Das Testzentrum war 1970 weitgehend betriebsbereit. Die Anlage wurde von einem Hochgeschwindigkeitskurs von rund 21 Kilometern Länge und zwei Steilkurven sowie weiteren 65 Kilometern Straße mit allen denkbaren Belägen, Kurvenradien und Straßenzuständen dominiert. All das war beeindruckend, aber auch die Kosten waren immens.

Auch wenn das Ende von Nordhoffs Regentschaft – der Käfer-König war krank – absehbar war, so wusste der designierte Nachfolger Kurt Lotz genau, dass der Käfer noch immer den größten Anteil zum Gewinn des Unternehmens beisteuerte und verzichtete wohlweislich darauf, in der Öffentlichkeit etwas über eine bevorstehende Ablösung des Klassikers verlautbaren zu lassen. In voller Übereinstimmung mit dem kranken Nordhoff beschloss er, in der Öffentlichkeit so wenig wie möglich über eine eventuelle Neuausrichtung des Programms zu sagen, wiewohl er bereits die entsprechenden Arbeiten in Gang gesetzt hatte.

Schließlich aber wurde der Druck so groß, dass Volkswagen sich tatsächlich zum »Käfer der Zukunft« äußerte. Der Presse gegenüber verwies man aber auf die lange Tradition des luftgekühlten Heckmotors und räumte nur widerwillig ein, dass ein Käfer-Nachfolger eventuell sogar Frontantrieb und Wasserkühlung aufweisen könnte. Gegenüber dem britischen Magazin *Autocar* aber schlossen sie noch im April 1970 eine Lösung mit Heckklappe (weil schwerer) weitgehend aus, ein Kombi schien denkbar. Zu mehr oder weniger der gleichen Zeit stylte Giugiaro gerade den Golf ...

Von Audi profitiert

Über all den Investitionen in Forschung und Entwicklung ignorierte Nordhoff lange das Potential der Auto Union GmbH, die jetzt als Audi figurierte und Anfang 1965 von Daimler-Benz übernommen worden war.

Daimler-Benz seinerseits hatte die in finanziellen Schwierigkeiten steckende Auto Union mit Sitz in Ingolstadt 1958 übernommen, die Auto Union führte das DKW-Zweitakterbe fort. Zum Zeitpunkt des VW-Einstiegs bestand die Modellpalette im Wesentlichen aus dem Typ F 102, den Daimler-Benz durch den Audi 60 zu ersetzen plante, eine moderne Ponton-Limousine mit neuem Viertakt-Motor, in dem viel Daimler-Benz-Know-how steckte. Daimler-Benz bot Volkswagen einen Anteil von 50 Prozent und die Option auf den Rest sowie die Werksanlage in Ingolstadt, während es das Werk in Düsseldorf selbst behielt. 1968 hatte Volkswagen dann seine Option ausgeübt, Audi wurde damit zu einer hundertprozentigen Tochtergesellschaft.

Volkswagen vergrößerte damit sein Portfolio um moderne, oberhalb der bisherigen VW-Palette angesiedelte Frontantriebsfahrzeuge (und vergrößerte damit auch seinen Marktanteil), doch interessierten den Riesen aus Wolfsburg in erster Linie die zusätzlichen Produktionskapazitäten (die Käfer-Verkäufe boomten). Der seinerzeitige Audi-Chefentwickler war von Daimler-Benz gekommen. Ludwig Kraus, so hieß der Mann, wusste genau, wo seine Firma stand, als er den Autoren des Buches *Audi 1965–1975 – Die entscheidenden Jahre* erzählte: »VW ging im Wesentlichen davon aus, eine Art Käfer-Montagewerk gekauft zu haben, und das war es anfangs auch: Bis zu 300 Volkswagen! Immer, wenn der VW-Betriebschef zu uns ins Haus kam und die Fahnen mit den vier Ringen auf dem Dach sah, sagte er: ›Ich warte nur darauf, dass die runterkommen und ich das VW-Zeichen sehen kann.‹« Kraus weiter: »Gleich nach dem Verkauf an VW bekam ich ein Schreiben aus Wolfsburg. In Zukunft sollten bei Audi keine neuen Typen mehr entwickeln werde. VW gab sich sehr selbstbewusst. Ich stand also vor der Frage: ›Sollst Du jetzt kündigen?‹ Daumendrehen wollte ich nicht. Also haben wir geheim weiterentwickel.«

Das, was da in aller Verschwiegenheit heranreifte, war der Audi 100, der große Viertürer, den Nordhoff im November 1966 noch gestoppt hatte, der aber 1969 in Produktion ging und auf Anhieb ein Erfolg wurde. Die damit erzielten Gewinne halfen der angeschlagenen Konzernmutter Volkswagen durch die Krise. Das technische Know-how von Audi im Bau von Fronttrieblern wurde für die Wolfsburger immer wichtiger, die Überlegungen, das Unternehmen zu verkaufen und mit den Geldern dann die Muttergesellschaft zu sanieren (oder zumindest die Verluste einzudämmen), ließ man fallen.

Gegenüber der Öffentlichkeit betonte Volkswagen, dass die VW-Händler keine Audis verkaufen würden und umgekehrt, in einer Verlautbarung aus dem Jahre 1971 bekräftigte »die Direktion der Volkswagen AG«, dass die bestehenden Vertriebskanäle weiterhin getrennt agieren würden und unter keinen Umständen der Vertrieb des Audi 100 oder anderer Audi-Modelle durch die Volkswagen-Organisation erfolgen werde.

Der größte Käfer

Während hinter verschlossenen Türen die Arbeiten an der neuen Volkswagen-Generation für die 1970er Jahre begannen, starb im April 1968 Heinrich Nordhoff, und Kurt Lotz trat sein Erbe an. Dazu gehörte auch die Neueinführung des neuen »Großen Volkswagen«, des VW 411. Dessen Markteinführung wurde vorgezogen, Fotos und Details gingen vorab an die Presse, die Premiere erfolgte im Juni 1968.

In der Entwicklung seit 1962, war der Typ 4 der größte Volkswagen – 4,52 m lang –, der erste mit selbsttragender Karosserie – also ohne den Plattformrahmen – und der erste VW mit vier Türen. Andererseits hatte der »Der Große aus Wolfsburg« den obligatorischen Vierzylinder-Boxer im Heck und Luftkühlung, dieser »Flachmotor« war ein aus dem 1500er entwickelter 1700er mit 68 PS. Das klang gut, auch die Technik stimmte: McPherson-Federbeine und Schraubenfedern statt der Drehstabfederung waren weitere Neuheiten und erstmals bei VW zu finden. Die Federbein-Vorderachse, zusammen mit der von Schräglenkern geführten Doppelgelenk-Hinterachse,

Der VW-Transporter

Ein wunderschön restaurierter 1954er Typ-2-Transporter mit den typischen seitlichen Klapptüren. Der Wagen war in vielen Konfigurationen erhältlich. Der Transporter war ein Bestseller, doch erst als Kombi bewies er seine ganze Vielseitigkeit als Lasten- wie auch Personentransporter. Er wurde mit zum Symbol der Wirtschaftswunderjahre.

Der VW-Bus, eine Kiste mit Rädern, wurde auf dem Genfer Autosalon 1949 vorgestellt. Damals war noch nicht abzusehen, dass er mindestens ebenso berühmt werden sollte wie der VW Käfer, dem er die technische Basis verdankte.

Im Europa der Nachkriegszeit fehlten nicht nur Autos, sondern vor allem Nutzfahrzeuge. Während der Verhandlungen über das erste Exportgeschäft im Jahr 1947, das zum Kauf von fünf Volkswagen-Limousinen durch Ben Pon führen sollte, skizzierte der Niederländer die kastenförmigen Umrisse eines Frontlenkers mit Käfer-Motor im Heck. Zu diesem Kastenwagen hätten ihn, so geht die Sage, die für den innerbetrieblichen Gütertransport eingesetzten offenen Plattenwagen inspiriert. Binnen Jahresfrist hatte Heinz Nordhoff die Anregung aufgegriffen und ein Entwicklerteam beauftragt, die zwei Jahre intensiver Arbeit investierten. Die Form wurde durch Windkanalversuche an der Universität Braunschweig verfeinert, die Technik stammte vom Käfer, die Portalachse zum Beispiel steuerte der Kübelwagen der Kriegszeit bei. Der Käfer-Motor im Heck stellte zwar eine gewisse Einschränkung der Ladefläche dar, doch Volkswagen verstand es, die notwendige Nutzlast auf dem flachen Boden zwischen den Achsen zu platzieren. Außerdem war der Transporter sehr leicht, das Leergewicht der ersten, sehr einfach ausgestatteten Wagen lag bei 850 kg, und um das nicht zu überschreiten, ließ man gerne auch mal die Heckstoßfänger weg.

In den Verkauf ging der neue Volkswagen ab März 1950 mit 1,1-Liter-Motor. Merkmal des Kastenwagens waren seine weit öffnenden Seitentüren und die tiefe Ladefläche, mit beiden setzte der Kasten dann oft kopierte Maßstäbe. Zweite Variante war der Kombi (für »Kombinationskraftwagen«) mit Seitenfenstern und verschiedenen Sitzkonfigurationen für den Personentransport. Es dauerte nicht lange, bis zahlreiche Anbieter Ein- und Aufbauten für dieses Modell anboten, am bekanntesten wurden sicher die Campingeinrichtungen und -ausbauten von Westfalia. Der Transporter erarbeitete sich rasch einen glänzenden Ruf als zuverlässiges, schier unverwüstliches Allzweckfahrzeug, und der »Bulli« avancierte zum Sympathieträger. Übrigens hätte eine spätere Generation diese Bezeichnung tatsächlich auch offiziell tragen sollen, die Namensrechte waren aber nicht frei.

Auf seiner Geburtsurkunde stand nüchtern »Typ 2«, und die erste Transporter-Generation hieß dann wiederum T1, wobei heute mit »a« und »b« operiert wird, um anzuzeigen, ob es sich um ein Modell vor oder nach einem Facelift handelt. Die zweite Generation wurde zwischen 1967 und 1979 gebaut, der T3 dann bis 1990 (bzw. 1992), bis dahin handelte es sich ausschließlich um Fahrzeuge mit Heckmotor. Dann, mit dem T4, erfolgte die Umstellung auf Frontmotor, der T5 läuft seit 2003 vom Band in Hannover, der T6 dann ab Mitte 2015: Langlebig sind sie, die Transporter aus dem Hause Volkswagen, auch wenn keiner so lange durchgehalten hat wie der in Brasilien gebaute T2 mit Heckmotor, der erst im Dezember 2013 vom Band genommen wurde, nach einer Gesamtproduktion von über 3,5 Millionen Exemplaren.

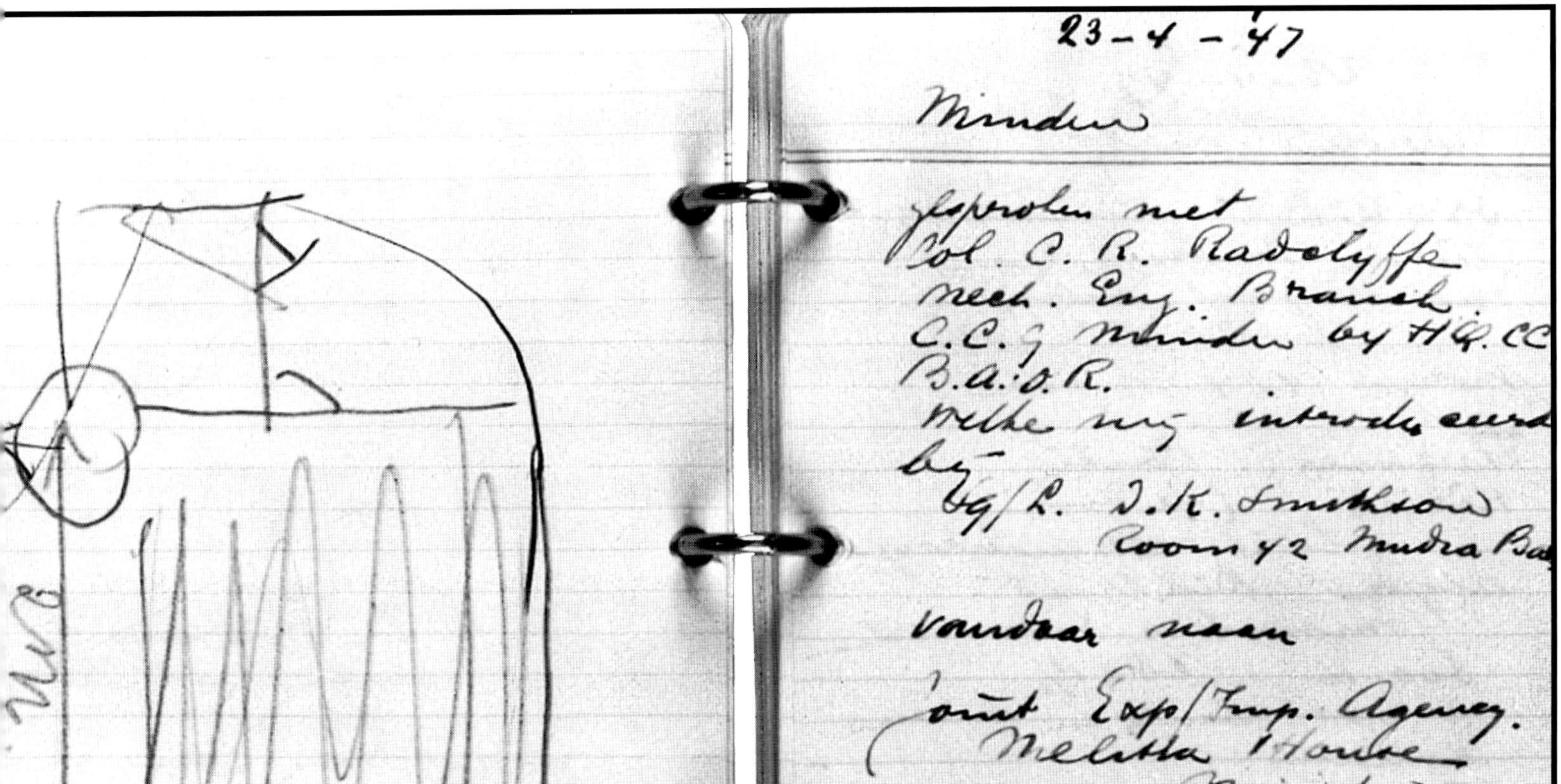

Ben Pons berühmte Skizze von 1947, die den Anstoß gab zur Entwicklung des Transporters. Die Technik stammte vom Käfer.

Der Volkswagen K70 begann seine Karriere als NSU, wurde von VW dann zur Serienreife gebracht, verkaufte sich aber selbst als aufgehübschte Sport-Version LS nicht sonderlich gut. Er war jedoch der erste Volkswagen mit Frontantrieb.

fand sich später dann beim 1302 und verhalf diesem zu akzeptabler Straßenlage, insbesondere in schnell gefahrenen Kurven. Zur Markteinführung schrieb die amerikanische Zeitschrift *Road & Track*: »Es sieht aus, als ob der 411 dem Heckmotor-Konzept neues Leben einhauchen könnte; indem sie dem Auto einen großen vorderen Überhang gegeben haben, hat VW eine Gewichtsverteilung von 45 % vorne und 55 % hinten erreicht (bei unserem letzten Käfer-Testwagen betrug das Verhältnis 38 zu 62!).« Auf dem 411 ruhten große Hoffnungen. Im Spätsommer 1968 prognostizierte Lotz eine Tagesproduktion von 500 Autos, im Frühjahr des folgenden Jahres waren es aber nur 200 Stück. Mit dem Rückgang der Typ-4-Zahlen einher ging ein unerwarteter Anstieg der Käfer-Zahlen in In- und Ausland. Das Paradoxe daran war, dass der 411 angeblich genau das war, was die Kritiker so lautstark verlangt hatten: ein größerer und besserer Käfer. Doch trotz des unbestrittenen Zuwachses an Innenraum und Fahrkomfort: Der Typ 4 hatte seine Probleme, anfangs etwa mit der Kupplung. Außerdem war er leistungsschwach (die PS-Zahl stand meist nur auf dem Papier), und er war seitenwindempfindlich. Und schön war er auch nicht. *Auto Motor und Sport* fand ihn in vielerlei Hinsicht hinter den Wettbewerbern zurück, und Konkurrenz erwuchs dem »Nasenbär« auch bald aus eigenem Hause. Der wassergekühlte Audi 100 ging im Januar 1969 in den Verkauf und war auf Anhieb ein Erfolg. Der Fronttriebler hatte schnell eine viermonatige Wartezeit und seine Tagesproduktion überflügelte bald die des 411. Ein überarbeiteter 411, der 411 E (oder LE in Luxus-Ausführung) erschien im Jahr 1969 und war das erste deutsche Auto mit serienmäßiger elektronischer Kraftstoffeinspritzung von Bosch, entwickelt, um die US-Emissionsvorschriften zu erfüllen. Die Motorleistung stieg auf 80 PS, und die Kaltstarteigenschaften verbesserten sich. Die länglichen Scheinwerfer wurden durch Doppelscheinwerfer-Einheiten ersetzt, außerdem erschien eine dreitürige Variante. Ein weiteres Facelift mit einer Hubraumerweiterung auf 1,8 Liter führte 1972 zur neuen Typenbezeichnung 412. Die Produktion endete 1974 mit der Einführung des Passat. Insgesamt waren vom Typ 4 nur enttäuschende 370.000 Einheiten entstanden, nach VW-Maßstäben ein veritabler Misserfolg.

NSU und Frontantrieb

1970 schließlich kam eine weitere Mittelklasse-Limousine mit Frontantrieb zu den VW-Händlern, der Volkswagen K70, ein mit viel Mühe zur Serienreife gebrachter NSU und damit der erste Volkswagen mit einem wassergekühlten Motor und Frontantrieb.

Er war das erste Erzeugnis der gemeinsamen Audi-NSU, entstanden durch die Fusion von NSU mit der Auto Union im Jahr 1969. Volkswagen hielt an der neuen Gesellschaft einen anfänglichen Anteil von 59,5 %, übernahm aber später dann 99 % der Gesellschaft.

NSU war eine kleine, aber sehr innovative Firma, die im Jahr 1964 den Wankelmotor in die Produktion von Prinz Coupé und Cabrio eingeführt hatte und im Jahr 1967 die Welt mit der Luxuslimousine Ro 80 verblüffte. Allerdings hatten die Entwicklungskosten des Ro 80 das Unternehmen gelähmt, es war reif für eine Übernahme und durch die Patente für seine Wankelmotor-Technologie attraktiv (zumindest, bis die Probleme des Wankel-Motors in Haltbarkeit und Kraftstoffverbrauch offensichtlich wurden).

Aber vor allem war VW am NSU K70 (K für Kolbenmotor) interessiert, der 1967 als Mittelklasse-Limousine die Lücke zwischen den kleinen Heckmotor-Modellen NSU Prinz und dem avantgardistischen Ro 80 füllen sollte. Als er serienreif schien, kam es zur Fusion. Kurt Lotz sah in ihm den idealen Vorläufer einer neuen VW-Generation. Außerdem verfügte NSU über eine sehr rege Forschungs- und Entwicklungsabteilung, deren zusätzliche Kapazitäten Volkswagen gut gebrauchen konnte. Letztlich schien Volkswagen mit NSU ähnliche Pläne zu hegen wie Fiat mit Autobianchi, wo der Frontantrieb im A 111 erprobt wurde, bevor ihn Fiat dann mit seinem Typ 128 einführte.

Einige Karosserieteile waren gleich mit denen des Ro 80, doch letztlich war der K70 eine unscheinbare viertürige Limousine mit langem Radstand, großen Radhäusern und kurzen Überhängen vorn und hinten. Ähnlich aufgebaut wie der Audi-Vierzylinder, hatten die NSU-Techniker einen 1,6-Liter-OHC-Vierzylinder mit Steuerkette längs im Motorabteil eingebaut. Der Antrieb erfolgte auf die Vorderräder über ein Viergang-Getriebe. Das Fahrwerkslayout –McPherson-Federbeine vorne und Schräglenker-Hinterachse – fand sich später auch bei VW. Die vorderen Scheibenbremsen waren innenliegend. Die Einführung eines Wankelmotors war angedacht, wurde aber nicht realisiert.

NSU hatte geplant, den K70 im März 1969 auf dem Genfer Salon zu präsentieren. Volkswagen aber zog den Wagen zurück, obwohl die Fusion erst später im Monat vollzogen wurde, und schickte die Konstrukteure noch einmal zurück an die Reißbretter, um den neuen Wagen üblichen Produktionsstandards anzupassen (die Hauptänderung bestand im Wechsel von einem Aluminium- zu einem Gusszylinderblock). Die offizielle Publikumspremiere erfolgte dann, unter eigenem Markenzeichen, im September 1970 auf der Paris Motor Show. Um internen Wettbewerb zu vermeiden, wurden die geplanten Kombi- und Fließheck-Versionen gestoppt.

Durch die Fusion mit NSU kam eine weitere Fabrik zur Volkswagen-Familie, NSU produzierte im schwäbischen Neckarsulm, baute aber für die Produktion des neuen K70 eine neue Fabrik bei Salzgitter in der Nähe von Braunschweig, also auch nicht weit entfernt von Wolfsburg. Die hochmoderne Fertigungsanlage war auf eine Kapazität von 500 K70 ausgelegt. Damit hatte Volkswagen nach Audi 100 und Typ 4 eine dritte Mittelklasse-Limousine im Angebot, wobei der NSU-Wagen preislich über dem 411/412 angesiedelt war.

Wie beim 411 erwiesen sich die Umsatzprognosen für den K70 als zu optimistisch, und die K70 waren recht schnell als Rostlauben verschrieen. Die allgemeine Meinung lautete: Im Prinzip gut, aber für das Gebotene zu teuer, was nicht zuletzt daran lag, dass er angeblich nicht eine einzige Schraube, nicht eine Mutter mit einem anderen Volkswagen teilte: Ein K70 war ein sehr teures Vergnügen, für den Besitzer ebenso wie für das Werk. Die Wolfsburger ließen nichts unversucht, um ihr Spitzenmodell aufzupeppen, schoben 1973 mit dem 1800er eine sportliche Variante nach, aber wie beim 411/2 erklang für den Ex-NSUler mit Einführung des Passat das Totenglöcklein: Die Produktion lief im Januar 1975 nach 211.127 gebauten Exemplaren aus.

Die kleinen Heckmotor-NSU vom Typ Prinz waren bereits 1972 aus dem Programm genommen worden, der avantgardistische Ro 80 hielt sich bis 1977 als Flaggschiff der Volkswagen-Gruppe. Der Name NSU verschwand 1985, als die »Audi-NSU Auto Union AG« umbenannt wurde in »Audi AG«.

Der Sportwagen, mit dem niemand rechnete

Um 1970 hatte die Volkswagen-Gruppe ein buntes Angebot an Limousinen mit unterschiedlichsten Konzepten im Angebot: mit Front- und Heckantrieb, mit luftgekühlten Boxern und wassergekühlten Reihenmotoren, mit Plattformrahmen und selbsttragenden Karosserien, und, nicht zu vergessen, mit dem Wankel. Den meisten Beobachtern kam es so vor, als ob Volkswagen keine klare Modellstrategie verfolge, kurzfristig irgendwelche Modelle auf den Markt werfe und planlos Geld für Entwicklungen verpulvere, während der nach wie vor laufende Käfer – der Tagesaus-

Nordhoffs Erben

Der fortschrittliche Ro 80 mit seinem Wankelmotor kam ins VW-Portfolio, nachdem Kurt Lotz NSU gekauft hatte. Der Wankel-NSU blieb aber stets ein Außenseiter im Volkswagen-Programm.

Volkswagens schmerzhafte Umstellung auf die neue Generation von Autos verschliss vor den Augen der Öffentlichkeit zwei Geschäftsführer, doch beide, Kurt Lotz wie auch Rudolf Leiding, prägten die Golf-Geschichte entscheidend mit.

Dr. Kurt Lotz wurde im Juni 1967 in den Vorstand gewählt und kam mit langjähriger Erfahrung als Industriemanager, wenn auch nicht in der Automobilindustrie. Er übernahm den Vorstandsvorsitz im April 1968, zu dem Zeitpunkt, als die Unternehmensberatung McKinsey eine Umstrukturierung des Vorstands empfahl und die Aufnahme neuer, jüngerer Vorstandsmitglieder.

»Das Problem bestand darin, das relative Gewicht der Käfer in unserem Gesamtprogramm zu reduzieren«, sagte Lotz dem Journalisten Edouard Seidler. »Aber ich fand sehr wenige Prototypen in der Wolfsburger Forschungs- und Entwicklungsabteilung, die tatsächlich in die Produktion überführt werden konnten. Ich musste schnell handeln, mit was auch immer ich finden konnte und wo auch immer ich es finden konnte.« Das erste Modell, dass unter seiner Ägide präsentiert wurde, war allerdings der unglückliche Typ 4, und der wiederum war eine Erblast, die er von Nordhoff übernommen hatte. Da hatte er keine Wahl, der musste kommen. Zweiter Meilenstein unter seiner Ägide war die NSU-Übernahme. Was das Unternehmen 1969 für Wolfsburg so attraktiv machte, war die fertige Frontantriebslimousine K70 (wobei die NSU-Aktionäre gegen eine Übernahme stimmten). Obwohl Audi und NSU fusionierten und Lotz zusicherte, die Identitäten der neuen Unternehmen zu erhalten, waren sich doch die meisten Brancheninsider und Kommentatoren einig, dass eine Eigenständigkeit nur von kurzer Dauer sein würde.

Bei der IAA 1969 in Frankfurt skizzierte er seine Pläne für die neue Ausrichtung von Volkswagen, der Konzern sollte die komplette Bandbreite von Kleinwagen über Luxuslimousinen bis hin zu Sportwagen abdecken. Preisgünstige automatische Getriebe und elektronische Kraftstoffeinspritzung sollten in jedem Falle angeboten werden, und die Marken sollten mit jedem anderen Anbieter auf dem Markt konkurrieren.

So weit, so gut. Allerdings war das Volkswagen-Audi-NSU-Angebot so weit gespreizt, dass nur sehr wenige Gleichteile verwendet werden konnten, dazu kam ein unüberschaubares Angebot an Motorkonstruktionen, das vom luftgekühlten Boxer in Käfer und 411 über den Drehkolbenmotor im Ro 80 bis hin zu den verschiedenen wassergekühlten Motoren der Frontantriebsmodelle Audi 100 und Volkswagen K70 reichte. Und der Mittelmotor-Volkswagen-Porsche 914 passte sowieso in kein Schema (auch wenn es im Grunde ein Typ-4-Motor war). Zum Vergleich: Opel, als größter Rivale auf dem Inlandsmarkt, baute ausschließlich Autos mit Frontmotor und Heckantrieb.

Lotz schien dagegen seinen chaotisch wirkenden Laden nicht in den Griff bekommen zu können. Dazu kamen katastrophale Zahlen, die Gewinne brachen mit beängstigender Geschwindigkeit ein, bei VW gingen von

1969 auf 1970, also innerhalb eines Jahres, die Gewinne um 42 % zurück. Damit nicht genug: Die D-Mark wurde Ende 1969 um 9,3 % aufgewertet, was die Exporte verteuerte und das Unternehmen Millionen kostete. Dazu kamen Schwächen in der Produktqualität, vom neuen Super-Käfer 1302 mussten 1970 wegen diverser Mängel an Elektrik und Vergaser (und dem daraus resultierenden horrenden Kraftstoffverbrauch) mehr als 200.000 Wagen zurückgerufen werden.

Der Gegenwind für Lotz wurde schärfer, die Medien begannen, sich auf ihn einzuschießen. Die schlechten Verkaufszahlen von K70 und 411 wurden ihm angelastet, und Besserung war für die nächsten Jahre nicht in Sicht. Dabei wurde geflissentlich ignoriert, dass die gesamte Branche sich im Abschwung befand, die Gewinne von Opel, Daimler-Benz und BMW gingen ebenfalls zurück. Lotz gab sich aber optimistisch: »Ich wusste die ganze Zeit, dass 1971 und 1972 harte Jahre werden würden. Sie werden sicher noch härter, weil wir eine Neubewertung vorgenommen haben und die Inflation sich stärker ausgewirkt hat als erwartet. Aber wir haben für eine bessere Zukunft vorgesorgt, und die Ergebnisse auf dem amerikanischen Markt haben unsere Überzeugung bestätigt, dass die kleineren Autos, die Detroit ins Rennen geschickt hat, keinen Einfluss auf unseren Umsatz haben. Im Gegenteil, sie haben das Interesse an wirtschaftlicheren Autos geweckt, und wir haben unsere Position trotz wachsender Konkurrenz behauptet.«

Sein Kampf war auch politisch, da fast die Hälfte der Vorstandsmitglieder entweder von der Politik oder den Gewerkschaften in das Gremium entsandt worden war. Er selbst war Christdemokrat, während die meisten Politiker von Bund und Land (Niedersachsen hielt 36 % und kontrollierte weitere 4 % der Anteile) das SPD-Parteibuch besaßen. Lotz führte einen Mehrfrontenkrieg, musste sich mit renitenten Gewerkschaftern herumschlagen und mit einem ihm nicht gewogenen Vorstand über Nebensächlichkeiten debattieren. Er reiste nach Bonn, um Bundeskanzler Willy Brandt zu treffen, und hatte da auch Details zum geplanten Programm parat, aber das half ihm nicht weiter: Am 22. September 1971, drei Jahre und sechs Monate, nachdem er auf dem Chefsessel bei Volkswagen Platz genommen hatte, warf Kurt Lotz das Handtuch, zermürbt von den vielen Widerständen in- und außerhalb, besser gesagt: Sein auslaufender Vertrag wurde nicht verlängert. Sein Aufstieg und Fall vollzog sich mit einer für die damalige Zeit bemerkenswerten Geschwindigkeit.

Sein Nachfolger hieß Rudolf Leiding. Er übernahm den Posten im Oktober 1971 im Alter von 56 Jahren. Er hatte Stallgeruch, seine Erfolgsbilanz mit Volkswagen war schon beeindruckend. Er hatte mit dazu beigetragen, das Heinz Nordhoff in der ersten Nachkriegszeit eine Fließbandfertigung einrichten konnte und das US-Geschäft aufgebaut. Der Manager mit ausgeprägtem technischem Verständnis agierte in den Folgejahren dann als Nordhoffs Feuerwehrmann überall dort, wo Not am Manne war.

So übernahm er 1965 den Chefsessel bei der neu erworbenen Auto-Union (Audi), um das kranke Kind aufzupäppeln. Innerhalb eines Jahres hatte er die Produktionskosten um 34 % gesenkt. Der ehemalige Generalstäbler war bald für seine nächtlichen Streifzüge durch die Fabrik bekannt, bei denen er Bilder schoss von ineffizienten oder unordentlichen Arbeitsbereichen, die dann umgehend aufgeklart wurden.

Im Jahr 1968 wurde er nach Südamerika zu VW do Brasil entsandt, wo es einen ersten Vorgeschmack auf seine künftige Arbeitsweise als VW-Chef gab. Er setzte durch, das Fahrzeuge speziell für die Bedürfnisse des Marktes entwickelt wurden, wenn auch mit Wolfsburger Technik. So entstanden mit Typen wie dem Brasilia und dem SP2 erstmals Volkswagen, die nicht aussahen wie die deutschen.

Kurt Lotz rief ihn 1970 zurück nach Deutschland an die Spitze der neu gebildeten Audi-NSU-Gruppe. Er bot ihm die Chance, stellvertretender Vorsitzender bei Volkswagen zu werden, doch er blieb bei Audi: Lieber die Nummer Eins in Ingolstadt als die Nummer Zwei in Wolfsburg, so seine Devise. Dem Ruf aber, die Nachfolge von Lotz anzutreten, konnte er sich nicht entziehen. Immerhin: Er war politisch neutral.

Mit dem Einbruch der US-Umsätze 1973/74 und den steigenden Kosten der Produktion in Europa konfrontiert, entschied Leiding, nach einem Standort für ein VW-Werk in den USA zu suchen. Damit wäre man unabhängig von den fatalen Wechselkursschwankungen. Die Idee war richtig, der Zeitpunkt aber falsch, und als er im Vorstand im September 1974 seine Vision eines US-Werks präsentierte, traf er bei Gewerkschaften wie Aktionären auf Ablehnung: Sie fürchteten den Verlust von Arbeitsplätzen in einer Zeit, in der sowieso über Massenentlassungen diskutiert wurde.

Nachdem sich der Vorstand weigerte, ein amerikanisches Montagewerk ins Auge zu fassen, bat Rudolf Leiding im Dezember 1974 aus gesundheitlichen Gründen um die Auflösung seines Vertrag. Ihm folgte im Februar 1975 Toni Schmücker, der ehemalige Vertriebschef von Ford Deutschland, auf den heißen Stuhl. Für Volkswagen war das der dritte Vorsitzende in sieben Jahren, die ausländische Presse ging mit dem Vorstand hart ins Gericht. Das britische Fachblatt *Autocar* fragte im Januar 1975: »Hatten die verschiedenen Interessengruppen im VW-Vorstand recht, den Plan abzuschmettern?

Egal, wie die Lage in der Branche sich im Moment darbietet, so scheint es doch unglaublich kurzsichtig zu sein. Es gibt nicht viele europäische Wirtschaftsbosse von solchem Format, und noch weniger, die genügend Rückgrat haben, um den angeschlagenen Riesen wieder auf den richtigen Weg zu bringen, wie Leiding dies in Wolfsburg getan hat.«

Während Lotz und Leiding in den Jahren ihrer Amtszeit stets in der Kritik standen und dennoch die neue Volkswagen-Generation auf den Weg brachten, war es Toni Schmücker, der schließlich die Ernte einfuhr.

Volkswagen und Karmann

Ein 1976er VW Käfer 1303 Cabriolet. Viele Jahre lang bildete es das Lebenselixier von Karmann. Es war teuer zu bauen und hatte viele Teile, die eigens dafür angefertigt werden mussten. Das macht heutigen Restaurierern das Leben schwer.

Im Jahre 1901 übernahm Wilhelm Karmann die Stellmacherei eines gewissen Klages und benannte die Karosseriebaufirma dann um. Bis zum Beginn des Zweiten Weltkrieges im Jahre 1939 war das Unternehmen eine Größe in der deutschen Automobilbranche und hatte durch zahlreiche gelungene Entwürfe auf sich aufmerksam gemacht, lieferte zum Beispiel Karosserien für die Firma Adler und den Aufbau für das Ford Eifel Cabrio. Das Unternehmen mit Sitz im niedersächsischen Osnabrück, rund 220 Kilometer westlich von Wolfsburg, erhielt zusammen mit Hebmüller den Auftrag, den Volkswagen in ein Cabriolet zu verwandeln, was dann 1949 auch geschah. Hebmüller baute zweisitzige Roadster, Karmann Viersitzer, und während Hebmüller nach einem Großbrand 1952 in Konkurs ging, baute Karmann das Käfer-Cabriolet bis zum Jahre 1980 weiter. Daneben war Karmann auch für andere Automobilhersteller tätig, fertigte ein DKW-Cabrio für die Auto Union und für Ford Lieferwagen.

Zu Berühmtheit aber gelangte das Unternehmen durch die Freundschaft von Wilhelm Karmann junior mit Luigi Segre, dem Inhaber der Designfirma Ghia in Turin, der ebenfalls Beziehungen zu Volkswagen unterhielt. In den frühen 1950er Jahren hatte Segre für Alfa Romeo ein Design entwickelt. Nachdem die Italiener abgelehnt hatten, änderte Segre seinen Entwurf so ab, dass er auf ein VW-Chassis passte, denn Karmann suchte einen Sportwagen, den er VW anbieten konnte.

Der VW-Sportler von 1953 führte dann zum Volkswagen Karmann Ghia Coupé des Jahres 1955. Er wurde auf Anhieb zu einem Erfolg, vor allem in Amerika – obwohl

Ein 1959er Volkswagen Karmann-Ghia. Der Käfer im Glamourlook machte Designer und Erbauer gleichermaßen bekannt.

die schöne Form Standard-Käfer-Technik verhüllte und der Preisaufschlag deftig ausfiel. Der Fertigungsaufwand war sehr hoch und erforderte viel Handarbeit; Volkswagen kokettierte und warb damit, dass 185 Männer alleine für den Karosseriebau benötigt würden.

Es folgten die Cabriovariante 1957 und diverse Facelifts, zwischen 1961 und 1969 gab es auch den »Großen Karmann Ghia« auf Typ-3-Basis. Ihn ersetzte der VW 914, während der Karmann-Ghia auf Käfer-Basis 1974 auslief, nach insgesamt 445.000 Coupés und Cabriolets. Seine Nachfolge trat der Scirocco an. Volkswagen war stets Karmanns wichtigster Kunde, doch auch zahlreiche andere Hersteller ließen bei Karmann schneidern, so etwa Triumph (TR6) und Jaguar (XJ-S Cabrio). Und auch BMW ließ seine CS-Coupés bis zur Aufnahme eines eigenen Karosseriebaus 1965 bei Karmann fertigen.

1979 übernahmen die Niedersachsen Entwicklung und Bau des Golf Cabrios. Dass Karmann auch die Gestaltung und Herstellung von Golf-Rivalen wie dem Ford Escort Cabrio oder auch dem Renault 19 Cabrio übernahm, entbehrt nicht einer gewissen Pikanterie. 1998, als Karmann junior starb, beschäftigte die Wilhelm Karmann GmbH 6.400 Mitarbeiter in Deutschland und weitere 2.600 in Niederlassungen in Brasilien, Portugal und Plymouth, Michigan. Die Einstellung des Golf-Cabriolets traf das Unternehmen schwer, und auch wenn andere Hersteller wie Mercedes und Chrysler auf die Liste der Kunden rückten, war die Firma doch zu klein, um zu überleben: 2009 kam es zum Konkurs. Volkswagen griff zu, um die eigenen Produktionskapazitäten zu erweitern und sich die Fachkompetenz der Entwickler zu sichern.

Der Volkswagen-Porsche 914 war ein Wagnis, aber trotz seines ungewöhnlichen Konzeptes das für lange Zeit dann meistgebaute Mittelmotor-Auto der Welt. (Foto: Autor)

stoß lag immer noch bei 4.000 Exemplaren – im Hintergrund für das notwendige finanzielle Grundrauschen sorge. Mit zum Eindruck der Planlosigkeit trug auch Volkswagens erster Sportwagen bei, der Volkswagen-Porsche 914, der »Vo-Po«. Einer von Nordhoffs totgeborenen Prototypen war ein oben offener Sportwagen gewesen, aufgegeben, weil der Markt sich gerade im Abschwung befand, aber die Idee blieb. Mitte der 1960er Jahre wuchs der europäische Markt für kleine erschwingliche Sportwagen wieder: Fiat brachte den 124 Spider, Alfa Romeo den Duetto, MG und Triumph pflegten ihre kleinen Roadster weiter (und agierten damit in den USA recht erfolgreich), und Opel entwickelte seine Baby-Corvette, den GT für 1968. Also warum nicht ein Sportwagen aus dem Hause Volkswagen? Dazu traf es glücklich, dass Porsche auf der Suche nach einem Ersatz für seinen Einstiegs-Elfer, den Vierzylinder-Typ 912, war. 1966 kam es zu einer Vereinbarung zwischen Dr. Ferry Porsche und Nordhoff, der zufolge Porsche das Auto entwickeln und Volkswagen sich um die Montage kümmern würde, denn nur durch die Großserienfertigung waren die angestrebten niedrigeren Preise zu erreichen. Die Volkswagen-Ausführung sollte den leistungsmäßigen Respektabstand zum Porsche wahren, Porsche wiederum kam so in die Lage, zu überschaubaren Kosten eine zweite, unterhalb des Elfers angesiedelte Modellreihe ins Programm zu nehmen.

Die Zuffenhausener entwickelten einen Zweisitzer mit Mittelmotor, dessen Design die damaligen Trends im Sportwagenbau widerspiegelten, auch der erfolgreiche Porsche 904 beeinflusste den Entwurf. Die Ganzstahlkarosserie mit integriertem Überrollbügel war jederzeit in der Lage, die geltenden (und absehbaren künftigen) US-Sicherheitsbestimmungen zu erfüllen; das Glasfaserdach war abnehmbar. Geschmacksache war die kantige Karosserie mit ihren Klappscheinwerfern, doch das Platzangebot ging in Ordnung, und außerdem gab es für das Gepäck zwei Kofferräume.

Der erste Prototyp drehte kaum seine Runden, als Nordhoff starb, und das schien das ganze Projekt noch einmal in Frage zu stellen, doch laut Lotz handelte es sich um ein »Gentlemen Agreement«, und daher hielt er an der Idee fest, auch wenn seine Kritiker ihm vorwarfen, es handele sich dabei lediglich um ein »teures Spielzeug«. Bei der Frankfurt IAA im September 1969 startete der 914 zunächst mit dem Vierzylinder-Boxer des Volkswagen 411, dem 1.679-ccm-Motor mit Einspritzmotor und einer Leistung von 80 PS. Die Variante mit dem 110-PS-Sechszylinder von Porsche wurde ab Februar produziert, die Bezeichnung lautete 914/6.

Die 914 wurden von Karmann in Osnabrück (komplett im Fall von VW, nur als Karosserie bei den Porsche-Versionen) zusammengebaut, aber laut Lotz waren die Kosten für die Karosserien weit höher, als Porsche erwartet hatte, was bedeutete, dass angesichts der letztendlich dann erforderlichen Preise nicht mehr wirklich von einem günstigen Sportwagen für Einsteiger die Rede sein konnte.

Für den Vertrieb gründeten VW und Porsche eine gemeinsame Vertriebsgesellschaft, die VAG; in den USA wurde der Wagen aber ausschließlich als Porsche verkauft. Käufer fanden den kantigen 914er faszinierend, aber trotz zahlreicher Detailverbesserungen im Produktionsprozess war der Erfolg von beiden Autos eher mäßig, Volkswagen hatte sich wohl mehr davon versprochen (auch *Der Spiegel* berichtete über Verluste). Von den Vierzylindern entstanden 115.631 Stück, Porsche baute von den Sechszylindern 3.351 Exemplare. Die Produktion endete 1976.

Ein Produktplan und der EA 266

Wovon die Öffentlichkeit kaum etwas mitbekam, das waren die seismischen Verwerfungen innerhalb des Konzerns. Bis Mitte März 1968 hatten Lotz und der Produkt-Planungsausschuss einen radikalen langfristigen Plan in Reaktion auf Nordhoffs Wünsche entwickelt – Volkswagen wollte seine Produktpalette innerhalb der nächsten fünf bis zehn Jahre komplett auf wassergekühlte Motoren umgestellt haben. Die künftige Struktur sah ein Modellprogramm vor aus vier Grundtypen mit drei Motorgrößen: ein Kleinwagen mit einem 1,1- bis 1,3-Liter-Motor und ein möglicher Käfer-Nachfolger genossen absolute Priorität. Die Argumente, die für einen solchen Schritt sprachen, waren überzeugend, nicht zuletzt auch angesichts des Käfer-Motors, der mit seinen beiden Zylinderköpfen und dem für ihren Bau notwendigen Magnesium teuer in der Produktion war (obwohl dieser Umstand angesichts der lange Produktionsdauer und der großen Stückzahlen nicht mehr so ins Gewicht fiel). Außerdem war er im engen Maschinenraum nicht so leicht zugänglich, und die Mängel in Sachen Heizung waren sattsam bekannt. Durch die bessere Nutzung der Entwicklungskapazitäten in Wolfsburg und Ingolstadt glaubte der VW-Vorstand, künftig mit drei Motorvarianten auszukommen: Mittelmotor, Frontmotor mit Frontantrieb und Frontmotor mit Heckantrieb. All diese Pläne erforderten natürlich ein riesiges Investitionsbudget.

Die Sache hatte nur einen Haken: Es gab bereits einen gültigen Vertrag mit Porsche über die Entwicklung eines neuen Wagens. Während Volkswagen 1967 seine Türen für die Presse öffnete und Einblicke in den etwas kahlen Schrank seiner Entwicklungen gab, hatte Kurt Lotz Porsche angewiesen, die Arbeit am »Projekt 1966«, dem EA 266, mit Hochdruck aufzunehmen, denn der Typ 266 sollte baldmöglichst zur Serienreife gebracht werden. In den Protokollen der Sitzungen wurde der EA 266 als Käfer-Nachfolger bezeichnet und wäre, so er es denn bis zur Markteinführung geschafft hätte, ein einzigartiger Kleinwagen gewesen. Details darüber wurden nach Abbruch des Projekts erst 1971 bekannt.

Inspiriert vom Porsche 914, hatte dieser Wagen in Käfer-Größe eine Fließheck-Karosserie mit einem flach bauenden, wassergekühlten Vierzylinder-Motor unter der Rücksitzbank, der auf die Hinterräder wirkte. Streng genommen handelte es sich hier um ein Mittelmotor-Familienauto. Von Anfang an eine Konzeption der Porsche-Ingenieure – mit ein wenig Input seitens Wolfsburg –, wurde in Zuffenhausen dieser Entwicklungsauftrag für so wichtig erachtet, dass Porsche seine Führungsstruktur neu organisierte, um die Entwicklung zu beschleunigen. Ferdinand Piëch, Ferry Porsche

Dieser Prototyp des EA 276 von 1969 steht im Automuseum auf Golf-Rädern und weist Ähnlichkeiten mit dem Porsche-Projekt auf. Hier ist aber der Boxermotor im Bug montiert. Dies war die letzte Entwicklungsstufe, bevor Giugiaro mit ins Boot geholt wurde. (Foto: Autor)

Der Boom in Amerika

Volkswagens Nachkriegserfolg beruht nicht zuletzt auch auf der Eroberung des amerikanischen Marktes. Von der US-Tochter wurde das Unternehmen aber so abhängig, dass die Krisen dort die Muttergesellschaft beinahe in den Abgrund rissen.

Als nach dem Krieg die Produktion aufgenommen werden sollte, waren die Exporte entscheidend für die junge Firma. »Überall, wo es eine Automobilindustrie gab, schützten die Staaten ihre heimische Industrie, sodass in Märkten mit eigener Automobilfertigung wie Frankreich, Großbritannien und Italien unser Marktanteil kaum über ein Prozent betrug«, erklärte Carl Hahn dem Autor im Jahr 2013: »Wir wuchsen in all den kleinen Märkten und hatten dort einen hohen Marktanteil, aber da diese Märkte klein waren, mussten wir zwangsläufig nach Übersee.«

Einige Volkswagen hatten bereits den Weg in die USA gefunden, meist durch zurückkommende Soldaten (die einen Volkswagen für $ 645 hatten kaufen können), aber die ersten Käfer, die offiziell in den Vereinigten Staaten von Amerika gezeigt wurden, standen 1949 auf der Deutschen Industrieausstellung in New York.

Die Nachfrage war kaum der Rede wert, zwei Käfer im Jahr 1949, 328 dann 1950. Wenn schon in europäischen Augen dieses Autochen ziemlich seltsam und schräg wirkte, so war es doch das hundertprozentige Gegenteil von all dem, was auf dem US-Markt angesagt war und ein Käufer dort mit Fug und Recht erwarten durfte: Groß, größer, und jedes Jahr mit neuem Design, – mit eingebautem Verfallsdatum, sozusagen, der amerikanische Wohlstandbürger schien kaum die geeignete Zielgruppe zu sein für dieses seltsame, lahme kleine Auto.

Und obwohl der Käfer so ganz anders war, fand er doch Zuspruch: bei all denen, die das jährliche Rennen um Prestige und Größe nicht mitmachen wollten. Das waren meist gut gebildete Verbraucher, die den VW nicht kauften wegen des Preises (billig war er nämlich auch noch), sondern weil er unscheinbar, solide, zuverlässig und vor allem zeitlos war: Wer wusste schon zu sagen, welches Baujahr der VW hatte? Die sahen doch alle gleich aus. Eben. Ein Volkswagen war auch im folgenden Jahr nicht aus der Mode (VW wies darauf hin, dass die meisten Vorjahresteile auch für das aktuelle Modell passten). Es wurde ein Anti-Auto-Statement. Sein luftgekühlter Motor konnte weder kochen noch einfrieren, und obwohl er nicht schnell war, lief der Käfer doch mühelos und zuverlässig mit hoher Dauergeschwindigkeit auch über längste Distanzen. Im Jahr 1953 wurden nur 1.139 Käfer verkauft, aber ein starkes Händlernetz entstand, und das war so wichtig wie die Tugenden des Autos selbst. Egal, ob in der Stadt oder auf dem Lande, der Käfer-Käufer konnte hohe Servicestandards erwarten, und die meisten Ersatz- und Verschleißteile waren immer vorrätig.

Volkswagen of America wurde 1955 gegründet, und von nun an ging es rasant aufwärts. Im folgenden Jahr verließen 42.884 Käfer und Karmann-Ghia die Showrooms der Händler, 1958 kamen 61.507 Käfer (und 24.478 Typ-2-Transporter) in Umlauf, und 1959 gab es eine sechsmonatige Warteliste.

All diese Erfolge wurde ohne Werbung gefeiert, der Käfer verkaufte sich quasi von selbst. Doch wie war das mit den großen Volkswagen-Anzeigenkampagnen? Dahinter steckte Carl Hahn, neu aus Deutschland gekommen und nach sorgfältiger Analyse der Meinung, dass durch Mund-zu-Mund-Propaganda und alle Qualitäten zusammen die Verkäufe nicht die 160.000er Marke im Jahr übersteigen würden. Er entschied sich, für die amerikanische VW-Tochter erst einmal eine Werbeagentur zu benennen.

Nach dreimonatiger Suche entschied er sich für die junge Agentur von Ned Doyle, Maxwell Dane und Bill Bernbach, die ihm empfohlen worden war. Doyle Dane Bernbach oder DDB schrieb mit seinen Kampagnen Werbe-Geschichte. DDB ließ das Marketing-Geschwurbel weg, das die anderen Automobilhersteller abließen, und sprach die Volkswagen-Kunden als intelligente Erwachsene an, oft mit selbstironischem Humor. Auf einigen Anzeigen war überhaupt kein Auto zu sehen.

Inzwischen hatten auch die amerikanischen Automobilhersteller von diesem lästigen Insekt Notiz nehmen müssen und brachten als Antwort auf den Käfer und andere kleine importierten Autos neue »Kompaktwagen«. Die waren nach US-Maßstäben klein, nach europäischen aber immer noch Oberklasse.

Die neue Linie von Ford, General Motors und Chrysler beschleunigte den Rückzug der meisten europäischen Hersteller vom US-Markt wie Renault oder Austin, die bereits durch Rost, Unzuverlässigkeit oder schlechten Service so ihre Schwierigkeiten hatten. Den Volkswagen tangierten sie nicht, was sicher auch mit an der pfiffigen Werbung lag. Volkswagen ist auch heute noch, 2014, für DDB ein überaus wichtiger Kunde.

Volkswagens amerikanische Erfolge setzten sich in den 1960er Jahren fort mit verbesserten Käfern, Transportern und den größeren Typ 3 als Limousine und Variant. Deutsche Produkte wurden zunehmend zum Synonym für Qualität. Welchen Stellenwert der Käfer in der amerikanischen Gesellschaft spielte, zeigten die »Herbie«-Filme des Disney-Konzerns. 1968 erschien der erste dieser Filme, The Love Bug (deutscher Titel: *Ein toller Käfer*). In einer Zeit, in der die deutsche Presse käfermüde war, lud Hahn eine Gruppe Journalisten ein, um ihnen die amerikanische Einstellung zu diesem Wagen nahe zu bringen: »Ich zeigte ihnen, wie der Käfer zum Mitglied der amerikanischen Familie geworden war, das zufällig in der Garage wohnte«, erinnerte er sich. »Und dieses Mitglied der

Volkswagen Käfer, aufgereiht für den Export im Jahr 1962 in Bremen. Das Auto, das für gewaltige Verkaufserlöse sorgte und so erst den Aufstieg von Volkswagen ermöglichte, sorgte auch für eine massive Abhängigkeit von den Auslandsmärkten, insbesondere den USA. Und das barg gewaltige Risiken. (Foto: LAT)

Familie wurde geliebt, bewundert und war Symbol für viele positive Dinge. Als diese Journalisten nach Deutschland zurückkehrten, wussten sie zumindest, dass der Käfer bei den meisten autofahrenden Nationen der Welt einen großen Stellenwert hatte. Das hat, so denke ich, aber nur ein bisschen geholfen.«

Volkswagens Abhängigkeit vom US-Importmarkt war bemerkenswert und gefährlich zugleich. Gegen Ende der 1960er Jahre überstieg der Absatz über eine halbe Million Autos pro Jahr, mehr als ein Drittel der Produktion, trotz der steigenden Antipathie gegen importierte Autos. Mittlerweile drangen in Europa Fiat und Renault in das Volkswagen-Territorium ein.

Zu der Zeit, als Kurt Lotz Nordhoff beerbte, machten sich japanische Automobilhersteller in den USA breit. Toyotas Absatz stieg von 16.000 Fahrzeugen im Jahr 1966 auf 110.000 im Jahr 1969, und eine neue Generation von einheimischen Autos stand am Start. Und diese neuen US-Cars waren viel näher am Käfer als die vorherigen Entwicklungen. Ford brachte den Maverick und hatte den Pinto in der Pipeline, während VW schwächelte. Der 411 stieß auf Verwunderung, und der Käfer schien in der Gunst der US-Käufer zu fallen, er galt als »hoffnungslos veraltet«.

Der fünfmillionste Käfer erreichte die USA im Jahre 1971 und traf auf eine ganze Phalanx von gut verkäuflichen Autos im Käfer-Format: Ford Pinto, Chevrolet Vega, AMC Gremlin und Autos von Datsun, Toyota und Mazda.

Die (für einen Käfer) stark überarbeitete Ausführung 1302 erhielt eine McPherson-Federbein-Vorderachse und wurde parallel zu einem abgespeckten Standard-Käfer verkauft. Dieser relativ teure »Super-Käfer« kam nicht sonderlich gut an, *Car & Driver* bezeichnete ihn als nicht »langlebig, sondern antik.« Am bislang so positiven Image von Volkswagen kratzte dann auch noch ein 200-seitiger Bericht von Verbraucherschutzanwalt Ralph Nader, der mit seinem Center for Auto Safety im September 1971 feststellte: »Der Volkswagen Beetle ist das gefährlichste Auto, das derzeit in bedeutenden Stückzahlen in den Vereinigten Staaten läuft. Und der VW Microbus [Transporter] ist so unsicher, dass er ganz verboten werden sollte.« Diese Ansicht war nicht neu, Ende der Sechziger hatte das Thema Fahrzeug-Sicherheit in den USA einen hohen Stellenwert erhalten. Volkswagen selbst hatte im Jahr 1964 die Cornell University beauftragt, die Unfälle mit Käfern zu untersuchen und die Ergebnisse 1968 veröffentlicht.

Anfang der Siebziger geriet Volkswagen auch auf dem heimischen Markt immer mehr ins Hintertreffen, es galt, seine Produktpalette zu erneuern und diese übermäßige Abhängigkeit von den USA zu verringern: VW kämpfte um sein Überleben, ein Szenario, vor dem auch andere Automobilhersteller zitterten. Im November 1971 zitierte die britische *Autocar* einen Fiat-Sprecher mit den Worten: »Wenn Volkswagen in den USA zusammenbricht, wird es mit seinen Autos den europäischen Markt überschwemmen. Wettbewerb ist eine gute Sache, aber ein Preiskrieg könnte mörderisch sein. Eine Rezession bei VW hätte Auswirkungen auf die ganze Branche und würde alle in Mitleidenschaft ziehen.«

Außerdem sank der Wert des Dollars stetig, was die Fahrzeuge verteuerte; der US-Umsatz entwickelte sich auch nach Einführung des Passat (US-Bezeichnung: Dasher) weiterhin rückläufig. Der Absatz der amerikanischen VW-Tochter ging von 476.295 Fahrzeugen im Jahr 1973 auf 334.515 Einheiten im Jahr 1974 zurück. Dennoch: VW war noch immer die Nummer 1 unter den Importmarken, aber Toyota folgte bereits mit 171.196 Fahrzeugen, und die amerikanischen Kompaktwagen blühten auf in der Ölkrise. Es schien wahrhaftig so zu sein, als ob die fetten Jahre vorüber wären.

Eine Gruppe von EA-266-Prototypen in den späten 1960er Jahren. Es war ein weiteres kostspieliges Projekt auf dem Weg zum Golf, das abgebrochen werden musste. (Foto: Porsche)

Neffe, war verantwortlich für dieses Kundenprojekt. Viel später, wie natürlich längst bekannt, wurde Piëch Vorsitzender des Volkswagen-Konzerns und überwachte die Fusion mit Porsche.

Beim EA-266-Motor handelte es sich um einen wassergekühlten Vierzylinder mit obenliegender Nockenwelle und einem Hubraum von 1,3 Litern, der aber von Anfang an einerseits noch genügend Potenzial für eine Hubraumaufstockung auf bis zu zwei Liter bot, andererseits aber auch als Zweizylinder-Version gebaut werden konnte. Dieser Baukasten-Motor wurde laut späteren Berichten im K70 getestet und soll auch sonst viel häufiger verwendet worden sein, als allgemein bekannt. Der neue Wagen hätte den Käfer nicht sofort ersetzen, sondern zunächst ergänzen sollen, denn der Käfer war in Entwicklungsländern noch sehr gefragt. Die Neukonstruktion hätte auch die 1975er US-Sicherheitsgesetze erfüllen können, was vom Käfer zu der Zeit (1971) nicht mehr zu erwarten war. Der geplante Tagesausstoß lag für 1973 bei 3.000 Fahrzeugen, der Entwurf aber war kompliziert und teuer zu bauen, außerdem gab es Probleme mit dem Lärmpegel und der Geruchsentwicklung im Innenraum. Einige

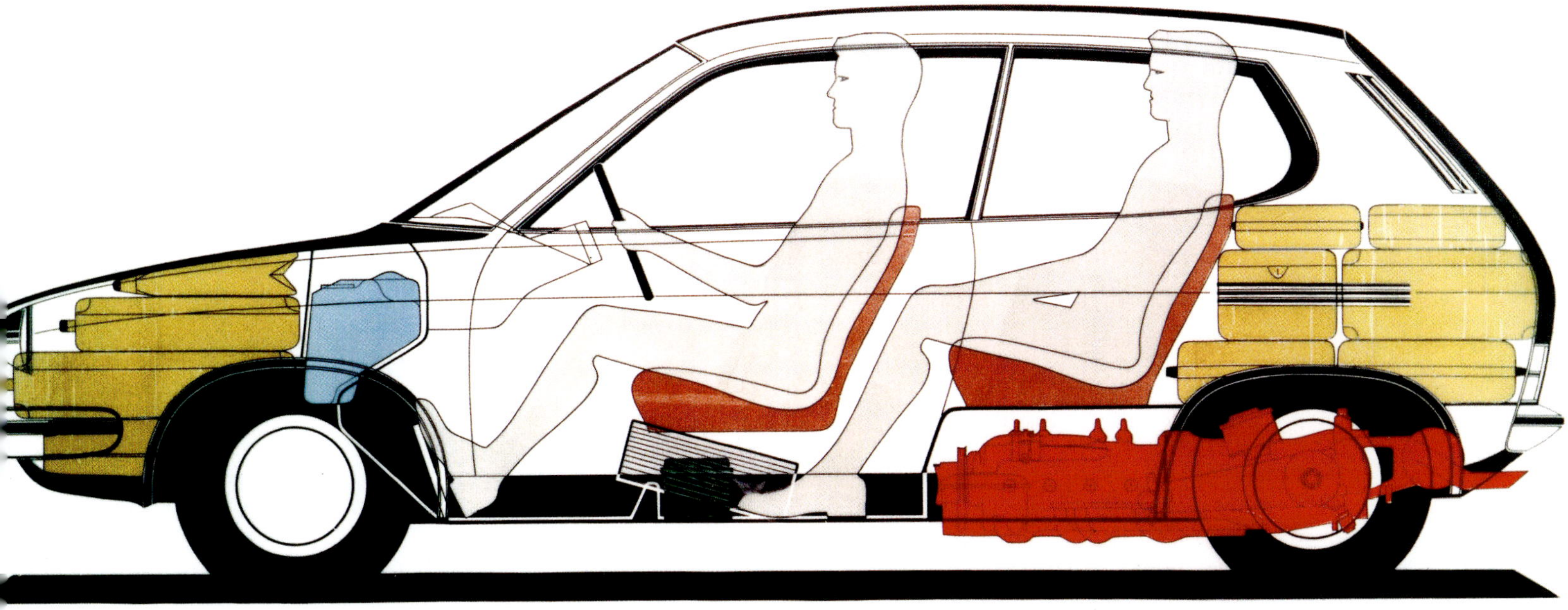

Der EA 266 war ein Porsche-Entwurf, und in dieser Skizze werden die Platzverhältnisse in diesem weltweit ersten Mittelmotor-Kompakten deutlich. (Foto: Porsche)

Wolfsburger Ingenieure, vor allem Hans-Georg Wenderoth, hatten noch weitere Vorbehalte: Der Wagen war serviceunfreundlich (die Rücksitze müssten von öligen Händen entfernt werden) und seitenwindempfindlich. Doch das Projekt näherte sich unaufhaltsam dem Produktionsanlauf, Lotz orderte bereits die Werkzeuge.

»Mir gefiel der 266«, erinnert sich Hahn. »Ich weiß nicht, ob er ein Erfolg gewesen wäre, das ließ sich schwer vorhersagen. Sein Mittelmotor hatte vielleicht ein paar Probleme im Umgang, aber abgesehen davon sah es sehr gut aus, sehr gutes Platzangebot. Die Prototypen gaben uns keinen Anlass zur Besorgnis.«

Alles aber änderte sich mit dem Umbau im Management vom Oktober 1971, nachdem Leiding am 24. September Lotz abgelöst hatte. Rudolf Leiding stoppte den EA 266, weil der nicht profitabel genug war. Außerdem war man sich bei VW nicht mehr sicher, wie der US-Markt darauf reagieren würde. Die Öffentlichkeit ahnte davon zunächst nur wenig, wurde aber mit *Der Spiegel*-Ausgabe vom 8. November 1971 ausführlich informiert.

Laut *Der Spiegel* waren bereits 50 Autos gebaut worden, die Vorserienfertigung sollte im Mai 1972 beginnen. Die Kosten von rund 200 Millionen Mark in Forschung und Entwicklung mussten nach dem Stopp aber abgeschrieben werden. Vor dem Hintergrund der immer deutlicher zutage tretenden Probleme gewann der Vorgang noch an Brisanz: Von 1969 auf 1970 war der Wert der VW-Aktien dramatisch gesunken, der Ertrag sank von 330 auf 190 Millionen, 1971 lag der Gewinn nur noch bei 80 Millionen, und für 1972 wurden rote Zahlen erwartet. In November 1971 hatte das meist außerordentlich gut informierte Nachrichtenmagazin auch darauf hingewiesen, dass Audi-NSU sich jetzt um einen Nachfolger für den Käfer kümmern würde, ein Fahrzeug in der 1,3-Liter-Kategorie in Schrägheck- wie auch Stufenheckausführung, gedacht als Ersatz für den alternden Typ 3 1600 (EA 272, vermarktet als Passat). In der Tat sollte dann der vom Audi 80 abgeleitete Passat die Typen 3 und 4 ersetzen, der EA 266 wiederum wurde durch die Baureihe Audi 50 / VW Polo ersetzt. Deren Motoren indes hatten weniger als 1,3 Liter Hubraum, die Kleinwagen-Zwillinge waren Teil einer Produktstrategie, welche die Last der Käfer-Nachfolge auf zwei Baureihen verteilen sollte: Die andere dieser Säulen sah eine Baureihe mit 1,3- und 1,5-Liter-Motoren vor.

EA 266 in der Heckansicht: Gut zu sehen sind die großen Kühlöffnungen für seinen Mittelmotor und die breite Spur. Zugänglichkeit und Lärmprobleme plagten das Programm. (Foto: Porsche)

Inzwischen machte das Projekt EA 337, der eventuelle Golf, stetig Fortschritte. Aber er kam nicht so schnell, wie die Presse erwartete, und er bereitete den Volkswagen-Bossen und auch der Belegschaft weit mehr Kopfschmerzen als geplant.

Das Werk Wolfsburg im Jahr 2010. Das Bürohaus mit dem VW-Symbol beherbergt seit Jahrzehnten die Verwaltung. Es liegt direkt am Mittellandkanal. Die eigentlich Stadt kann man nicht sehen, sie würde ungefähr da beginnen, wo die Buchseite endet. Unten. Ganz unten.

Wolfsburg: Die Fabrik, die Stadt und das Auto

Wolfsburg wurde in den 1930er Jahren gegründet, als Produktionsstandort für einen einzigen Wagen. Der Name war dementsprechend einfallslos: »Stadt des KdF-Wagens« sollte die Siedlung heißen, wobei »KdF« für »Kraft durch Freude« stand und eine mächtige nationalsozialistische Organisation bezeichnete, deren Aufgabe es war, zum Wohl des Staates die »Volksgenossen« für die Partei zu gewinnen.

Der Name »Volkswagen« kam erst etwas später, doch das »Volksauto« gehörte zu den Schlagworten der späten Zwanziger. Allenthalben waren Forderungen zu hören, das Autofahren erschwinglicher zu machen und es breiten Bevölkerungsschichten zu ermöglichen. Die meisten deutschen Hersteller behaupteten, in ihrem Programm entsprechende »Volkswagen« zu haben, doch die wenigsten konnten sich einen Opel, BMW, Adler oder DKW tatsächlich leisten: Normale Arbeiter fuhren Rad oder ein kleines Motorrad. Nach dem Machtantritt der Nazis griff Adolf Hitler dieses Thema auf und machte es zu seinem: Auf der Berliner Automobilausstellung im März 1934 forderte er ein Auto für die Massen und nahm dabei seine Partei in die Pflicht. Im Juni beauftragte dann der Reichsverband der Deutschen Automobilindustrie (RDA) auf Druck der Behörden den österreichischen Ingenieur Ferdinand Porsche damit, einen solchen »Volkswagen« zu entwickeln. Porsches Design wurde

Am 26. Mai 1938 erfolgte die Grundsteinlegung; der gigantische Komplex orientierte sich am Konzept des Ford-Werks River Rouge in Detroit

von Heckmotor-Konstruktionen der tschechischen Firma Tatra, aber auch von seinen Entwürfen für Zündapp und NSU beeinflusst.

Über verschiedene Evolutionsstufen wurde Porsches Typ 60 dann zu dem Volkswagen, wie wir ihn heute kennen, bei der Grundsteinlegung des Werks 1938 war der in über vier Jahren gereifte Wagen praktisch fertig. Am 3. Juli 1938 verwendete die *New York Times* in einem Bericht über das Volkswagenprojekt erstmals den Spitznamen »Beetle«, also »Käfer«, und der blieb haften. Offiziell hieß das Gefährt indes »KdF-Wagen«, und damit sich auch jeder diesen Wagen leisten konnte, wurde ein ausgeklügeltes Sparplan-Konzept entwickelt: Es gab eine Sparkarte, in die jeweils Fünf-Mark-Märkchen geklebt werden konnten, und wenn die Karte voll war, wurde sie über die ausgebende KdF-Stelle eingereicht und der Wagen dann zugeteilt. Mehr als 990 Mark sollte der Spaß nicht kosten, der Preis war aber ein politischer und nicht wirtschaftlich durchkalkuliert. Auch ein Cabriolet war in der Planung.

270.000 Sparer waren bis zum Ende des Jahres 1938 aktiv, bis Kriegsende hatten 336.638 Bürger Marken geklebt. Kein einziger hat seinen Wagen je erhalten. Im Jahr 1945 zogen die Sparer den jungen Volkswagen-Konzern vor Gericht, der VW-Sparerprozess endete aber erst 1961, die Kläger erhielten einen Nachlass auf Neuwagenbestellungen.

Die Produktion sollte im Jahr 1939 beginnen, und die Suche nach einem geeigneten Produktionsstandort wurde dringlich. Die erste scheinbar akzeptable Gegend für die Stadt des KdF-Wagens befand sich in der Nähe des Dorfes Fallersleben in Niedersachsen im nordwestlichen Teil des Landes. Es war der falsche Ort für eine Autofabrik in vielerlei Hinsicht. Niedersachsen war ein hauptsächlich landwirtschaftlich geprägtes Land, auch wenn es einige Ballungszentren mit Schwerindustrie gab. Mit ein Kriterium für die Standortwahl war der Mittellandkanal, so konnte das Material auf der Wasserstraße vom Stahlwerk in Salzgitter zur neuen nationalsozialistischen Musterfabrik verschifft werden. Ein weiteres Werk in Braunschweig wurde zur Produktion von Teilen eingerichtet.

Am 26. Mai 1938 erfolgte die Grundsteinlegung; der gigantische Komplex orientierte sich am Konzept des Ford-Werks River Rouge in Detroit, das damals als die modernste Automobilfabrik der Welt galt.

Für den Bau der Fabrik wie auch der Stadt wurden in großem Stil Fremdarbeiter angeworben, aus Italien, Belgien, Dänemark und den Niederlanden. Als der Krieg ausbrach, wurden Zwangsarbeiter eingesetzt, eine Tatsache, an die Volkswagen heute mit einem Denkmal erinnert. Die Fabrik wuchs auf einer Fläche von mehr als sechs Quadratkilometern, wobei alleine die Fabrikgebäude eine Fläche von 1,6 Quadratkilometern umfassten. Ein Straßennetz von mehr als 75 Kilometern (mit Geschwindigkeitsbeschränkungen, welche durch den Werksschutz kontrolliert wurden) verband die Gebäudekomplexe untereinander, auf dem Gelände verliefen 70 km Eisenbahngeleise. Das Werk hatte ein eigenes gigantisches Kraftwerk, die Volkswagen Kraftwerk GmbH betreibt heute zwei Kraftwerke, um die Fabrik wie auch die Stadt mit ihren 123.000 Einwohnern mit Strom und Wärme zu versorgen.

Nur etwa 1.200 zivile und militärische KdF-Wagen wurden überhaupt gebaut, im Kriegsverlauf wurde die Produktion praktisch gestoppt, um Platz für die Produktion von Flugzeugteilen und zur Instandsetzung zu schaffen. Die Fahrzeugproduktion hatte sowieso nur einen kleinen Teil des Firmenkomplexes belegt, die Kapazität war gigantisch und auch in Friedenszeiten kaum auszulasten gewesen. Autos wurden auch gebaut. Der Kübelwagen Typ 82 wie auch die Amphibienfahrzeuge VW Typ 128 Schwimmwagen und 166 nutzten allesamt Käfer-Technik. Ab Mitte 1943 erhöhte sich die Gefahr von Luftangriffen, was dazu führte, dass die wertvollen Werkzeugmaschinen zusehends in Stollen verlagert wurden.

Das Ende der Feindseligkeiten führte am 25. Mai 1945 zur Umbenennung in »Wolfsburg«, nach einem nahe gelegenen Schloss des Grafen Werner von der Schulenburg, der zwei Drittel seines Landes der Fabrik und der neuen Stadt hatte zur Verfügung stellen müssen. Ab Juni hatte der britische Major Hirst, ein Offizier der Pioniere, das Sagen, ihm und seinem Kollegen, Oberst Charles Radclyffe, ist es maßgeblich zu verdanken, dass die Produktion im zerbombten Werk wieder aufgenommen werden konnte.

Die ursprüngliche Absicht war nämlich gewesen, die Werksanlagen zu demontieren und als Reparationsleistung den Siegern zur Verfügung zu stellen, aber die sahen letztlich keinen Nutzen darin. Außerdem hatte Hirst in einem entfernten Winkel des Geländes einen Vorkriegs-Prototypen entdeckt und erkannt, dass die Fabrik für die Herstellung von Autos für die britische Armee genutzt werden konnte. Es war allerdings nicht mehr möglich, Kübelwagen- oder Limousinen-Aufbauten zu erhalten – diese hatte Ambi-Budd in Berlin geliefert, das von den Russen demontiert worden war – aber für die Limousine fanden sich noch Presswerkzeuge und Formen in Wolfsburg, obwohl einige Kriegsschäden aufwiesen.

Die Firma selbst war quasi herrenlos, die Eigentumsverhältnisse daher ungeklärt und das Management in alle Winde zerstreut, nur einige wenige verbliebene Führungskräfte unter dem ehemaligen Leiter der Abteilung Inspektion Rudolf Brörmann, der nun als Werksleiter fungierte, waren noch an Bord. Die Produktion des Volkswagens Typ 1, der Limousine, unter britischer Verwaltung begann langsam, bis Dezember 1945 entstanden nicht mehr als 55 Fahrzeuge, und bis März 1946 waren 1.000 Käfer gebaut worden, wobei insgesamt 20.000 Autos für die Alliierten gebaut werden sollten. Größere Aufträge platzierten die US-Armee und die Französischen Streitkräfte, weitere Autos wurden an wichtige deutsche und alliierte Dienststellen sowie Privatpersonen geliefert.

Angesichts der Nachwirkungen des Krieges hatte Volkswagen in diesen frühen Tagen mit zahlreichen Schwierigkeiten zu kämpfen, angefangen von Materialknappheit über Arbeitskräftemangel bis hin zu politischen Problemen. Davon waren allerdings auch andere deutsche Autofabriken wie Ford, Opel und Daimler-Benz betroffen, die ihre Produktion mit aufgewärmten Vorkriegstypen wieder anfuhren. So gesehen war der Käfer, so unkonventionell sein Design auch sein mochte, ein frischer, moderner Entwurf. Die Richtlinie der britischen Militärregierung, die Volkswagenwerk GmbH zu demontieren, wurde im September 1946 für zunächst einmal vier Jahre auf Eis gelegt. Einen Monat später wurde der bislang gültige Industrieplan, der die Zahl der deutschen Autos auf 40.000 pro Jahr begrenzt hatte, überarbeitet. Das Überleben von Volkswagen war somit garantiert.

Der Volkswagen wurde natürlich nach Kriegsende von den Siegern, insbesondere den Briten, ausführlich untersucht. Humber erhielt einen in Nordafrika erbeuteten Kübelwagen, Baujahr 1943, in Tropenausführung und einen ziemlich müden Volkswagen Limousine Typ 11 – also eine normale Linkslenker-Limousine – 1946 zu Studienzwecken und sezierte diese beiden Exemplare gründlich. Sie wurden einer vollständigen Palette von Tests unterzogen, während auf dem Ford-Prüfstand ein Motor lief.

Bei beiden Fahrzeugen wurden die Haltbarkeit und die Standfestigkeit gerühmt, was durchaus Käufer ansprechen könne, wenn auch diese Aspekte vielleicht nicht die ganz große Rolle spielen würden, wie man vielleicht erwartet hätte. Der im Jahr 1947 veröffentlichte und später nachgedruckte Bericht ist eine ebenso interessante wie widersprüchliche Lektüre. Humbers Chefkonstrukteur für die Karosserie bezeichnete die Ausführung des Aufbaus als »aus technischer Sicht außergewöhnlich gut«, sie zeige »einen großen Fortschritt gegenüber früheren Bauweisen.«

Allerdings fiel das Gesamturteil von Humber negativ aus: »Insgesamt betrachtet fehlt es dem Entwurf an Brillanz«: der Käfer war in den Augen der Briten nichts Besonderes. Mister Rootes, der Besitzer von Humber, lehnte das Angebot, die Fabrik und das Auto als Reparationsleistung zu übernehmen, daher ab, und auch Ford und General Motors winkten ab, so der Historiker Karl Ludvigsen. In Januar 1948 wurde der ehemalige Opel-Manager Heinrich Nordhoff zum Generaldirektor der Volkswagenwerk GmbH (siehe separater Kasten) ernannt. Die Belegschaft umfasste 8.400 Menschen, das Werk sollte laut Plan fast 20.000 Fahrzeuge pro Jahr produzieren. Am 8. Oktober 1949 unterzeichnete Colonel Radclyffe eine Vereinbarung, mit der die Volkswagenwerk GmbH in die Treuhandschaft der Bundesregierung und des Landes Niedersachsen überging.

Die einzige Möglichkeit, in Produktionsanlagen zu investieren, vor allem in amerikanische Karosseriepressen, bestand in der Erwirtschaftung von Devisen, so waren von Anfang an die Exporte von überlebenswichtiger Bedeutung für das Werk.

Der erste zivile Ausländer, der einen Volkswagen kaufen konnte, war Ben Pon, ein niederländischer Fahrzeughändler, der sich bereits 1938, als erster Importeur überhaupt, bemüht hatte, einen VW-Kontrakt zu ergattern. Dann aber kam der Krieg, und erst 1947 konnte Pon seine Pläne, den Käfer in Holland zu verkaufen, umsetzen. Pon gab auch den Anstoß zum VW-Bus (siehe separaten Kasten). Andere europäische Länder folgten, und die harten Devisen flossen in die Kassen des Werkes – wichtig, weil niemand Kredite geben wollte. Ohne die frühen Export-Erfolge wäre die Geschichte von Volkswagen demnach ganz anders verlaufen. Bis 1951 war eine Viertelmillion Volkswagen gebaut worden, 1953 wurde die halbe Million erreicht. Der Marktanteil von Volkswagen in der Bundesrepublik Deutschland lag bei 42,5 %, und an dieser Stelle sei ein Vergleich zum britischen Morris Minor gestattet, dem vielgepriesenen britischen Volkswagen, dem man im Vereinigten Königreich Käfer-ähnliche Qualitäten zugestand: Er wurde zwischen 1948 und 1953 176.000 Mal verkauft, und erst nach 13 Jahren machte er die erste (und einzige) Million voll. Der Käfer hatte die Millionen-Marke bereits 1955 geknackt ...

In den 1960er Jahren war die Retortenstadt Wolfsburg der Standort von Europas größter Automobilfabrik, und trotz der großzügigen Anlage fehlte es an Platz. Der Hersteller war gezwungen, anderweitig zusätzliche Produktionskapazitäten aufzubauen und neue Standorte zu suchen. In Wolfsburg rollten fast zwölf Millionen Käfer vom Band, bevor die europäische Produktion 1974 nach Emden verlagert wurde. Geografisch indes lag das Unternehmen im Abseits. »Wir waren in Wolfsburg am Ende der Bundesrepublik«, erinnert sich Carl Hahn. »Die politischen und wirtschaftlichen Weichenstellungen erfolgten am Rhein, und wir waren weit weg und nahe am Eisernen Vorhang. Wenn wir einmal nach Bonn [damals Bundeshauptstadt] wollten, war das eine große Aktion, so dass wir das auf ein Minimum beschränkten.«

Das änderte sich dramatisch, als die Karte von Deutschland und Europa nach dem Fall der Berliner Mauer im Jahr 1989 neu gezeichnet wurde. Wolfsburg fand sich plötzlich in der Mitte von Europa, perfekt gelegen, um gen Osten zu expandieren. Obwohl die ältesten Werksteile inzwischen sieben Jahrzehnte alt sind, ist das Werk alles andere als veraltet und so flexibel, dass auch die jüngste Fahrzeuggeneration, die auf dem Modularen Querbaukasten (MQB) basiert, dort entsteht. Im weltweit größten Produktionskomplex für ein einziges Auto entstehen Golf, Golf Plus (bzw. Sportsvan), Touran und Tiguan sowie Komponenten einschließlich Antriebswellen und Spritzgussteile.

Noch immer ist Wolfsburg die Geburtsstätte des Golf, und am Mittellandkanal sind bereits mehr als 40 Millionen Fahrzeuge vom Band gerollt.

1974 – 1983

Golf I

Die Revolution beginnt

501

Den Alfa Romeo Alfasud (unten) entwickelte Ital Design vor dem Golf, und der Fiat 128 (links) beeinflusste dessen technische Entwicklung. Beide galten bei Einführung des Golf als ernsthafte Rivalen. (Fotos: Alfa Romeo und Fiat)

»Gerade beim Erwachsenwerden hat der Golf eine große Rolle gespielt. Man sah, dass die nettesten Mütter, die ihre Kinder nach der Schule mit dem Wagen abholten, immer in einem Golf vorgefahren kamen.«

Florian Illies, 2000

Der 13. Mai 1969 war ein entscheidender Tag in der Evolutionsgeschichte des Golf: Wie in Jens Meyers Buch zum VW Golf I beschrieben, versammelte Volkswagen eine Gruppe von Prototypen aus der Entwicklungsabteilung auf dem Gelände der streng abgeschotteten Wolfsburger Teststrecke, damit Produktstrategen und Vorstände die neuesten Entwürfe im Freien und bei vollem Tageslicht begutachten konnten. Die meisten Fahrzeuge waren fahrbereit, bei allen waren aber Türen und Hauben zu öffnen. Zu Vergleichszwecken hatte man außerdem einen Käfer 1300 und den kürzlich lancierten Fiat 128 als Limousine mitgebracht.

Der von Porsche entwickelte Mittelmotor-Prototyp EA 266 war der Serienreife am nächsten, Audi in Ingolstadt brachte den EA 267 an den Start, einen wassergekühlten Fronttriebler (Motor in Längsrichtung montiert), der in Käfer-Größe einen Ausblick auf ein mögliches Kleinwagen-Projekt gestattete, das später dann zum Audi 50 / Polo führen sollte.

Die Wolfsburger Entwicklungsabteilung führte drei verschiedene Versionen eines Prototyps namens EA 235 ins Feld, der von der Größe her mit dem Porsche-Dreitürer vergleichbar war. Den EA 235 hatte gemäß Lotzscher Planung der Leiter der technischen Entwicklung, Helmut Orlich, zwischen 1968 und 1969 entwickelt. Er schuf eine interessante Schrägheck-Limousine mit Federbein-Vorderachse und Längslenker-Hinterachse, in deren Bug der Flachmotor, ein luftgekühlter Vierzylinder-Boxer, auf die Vorderräder wirkte. Der weiterentwickelte EA 235a hatte dann Wasserkühlung und nahm, zumindest in einigen Elementen, den späteren Golf vorweg, so etwa dessen langes Dach und den kurzen Stummel am Fließheck. Einer der damals gezeigten Prototypen hat überlebt, der EA 276 wird im VW-Automuseum aufbewahrt.

Lange Diskussionen folgten dieser Sitzung im Mai. Während die Arbeiten am EA 266, dem Porsche-Prototyp, fortgesetzt wurden, entschied sich Wolfsburg, parallel die Entwicklung eines Typs mit Frontantrieb und Wasserkühlung voranzutreiben, wobei dieses Layout dann eher bei den darüber angesiedelten Fahrzeugen zum Einsatz kommen sollte. Uneinigkeit herrschte bezüglich der Motor-Einbaulage: ob quer oder längs im Bug, darüber wurde noch diskutiert.

Die Suche nach der richtigen Form

Bis Ende 1969 waren die Rahmenbedingungen dessen, was später zum Golf (dem A-Klasse-Wagen) werden sollte, festgezurrt. Allerdings war das Marketing nicht so recht vom Design überzeugt, und das brachte man auch Kurt Lotz zu Kenntnis. Der Chef suchte nach Alternativen und blickte gen Süden, über die Alpen.

In den 1960er Jahren klopfte früher oder später praktisch jeder Automobilhersteller bei einer italienischen Stylingfirma an. Volkswagen unterhielt bereits Verbindungen zu Ghia und Pininfarina. Im Jahr 1967 war bekannt geworden, dass Pininfarina im Volkswagen-Auftrag die Entwicklung einer Mittelklasse-Limousine übernehmen sollte; die Arbeiten am künftigen Passat begannen im Jahre 1969. Der nächste Volkswagen-Auftrag ging an die viel jüngere und viel kleinere Firma Ital Design. Diese war im Vorjahr von Giorgio (Giorgetto) Giugiaro, einem Absolventen der Akademie der Bildenden Künste in Turin, gegründet worden, und der legendäre Dante Giacosa hatte ihn für das Fiat Styling Center »Centro Stile« verpflichtet.

Mit 21 Jahren war Giugiaro zum italienischen Karosseriebauer Bertone gegangen und hatte unter der Leitung von Nuccio Bertone den Iso Grifo und den Alfa Romeo Giulia GT entworfen. Im Jahr 1966 heuerte er bei Ghia an, wo er am De Tomaso Mangusta und dem Maserati Ghibli mitarbeitete. Im Jahr 1967 verließ er das Unternehmen bereits wieder und gründete seine eigene Firma »Ital Styling«, die im Jahr 1968 als »Ital Design« firmierte.

Ohne dass Giugiaro es ahnte, war auf Geheiß von Kurt Lotz der italienische VW-Importeur Gerhard Gumpert 1969 über den Turiner Salon Ende Oktober / Anfang November geschlendert (Giugiaro spricht von Turin, einige Historiker sind der Meinung, es müsse bei der Frankfurter Messe gewesen sein, die Anfang Oktober 1969 stattfand), um dort die schönsten Autos auszumachen. Vier seiner sechs Favoriten trugen Blechkleider von Giugiaro, nämlich Maserati Ghibli, De Tomaso Mangusta, Iso Rivolta und Grifo.

»Ehrlich«, erzählte Giugiaro dem Autor im Jahr 2012, »ich war überrascht, vom Importeur um einen Termin gebeten zu werden, um mit ihm die Möglichkeiten bei der Entwicklung eines Design für eine ganze Fahrzeugfamilie zu erörtern. Ich war deswegen überrascht, weil zu der Zeit Bertone und Pininfarina bereits renommierte Adressen waren und ich gerade erst mein eigenes Studio eröffnet hatte. Und so fragte ich mich, warum ich? Ich hatte sicherlich weniger Erfahrung als die anderen. Zusammen mit meinem Partner, Mantovani, einem Ingenieur, hatte ich ein Unternehmen gegründet, das auf die Entwicklung von großserientauglichen Fahrzeugen spezialisiert war. Wir hatten gerade die Arbeiten am Alfasud abgeschlossen, sodass die Wahl vielleicht deswegen auf uns fiel, weil wir über einen soliden technischen Hintergrund verfügten, da es bei solchen Arbeiten notwendig ist, eine Reihe von fertigungstechnischen Aspekten zu berücksichtigen, welche die Architektur des Entwurfs (und auch Elemente wie Ergonomie oder Technologie) beeinflussen.

Die ursprüngliche Frontgestaltung mit rechteckigen Leuchten überlebte ebenso wenig wie die dreiteilige Stoßfängereinheit, denn sie waren zu teuer für die Produktion. (Foto: J. Meyer, Bremen)

Diese Seitenansicht eines Tonmodells von 1970 zeigt die Proportionen. An dem von Giugiaro damals festgelegten Schnitt hielt Volkswagen über Generationen hinweg fest. (Foto: Italdesign Giugiaro)

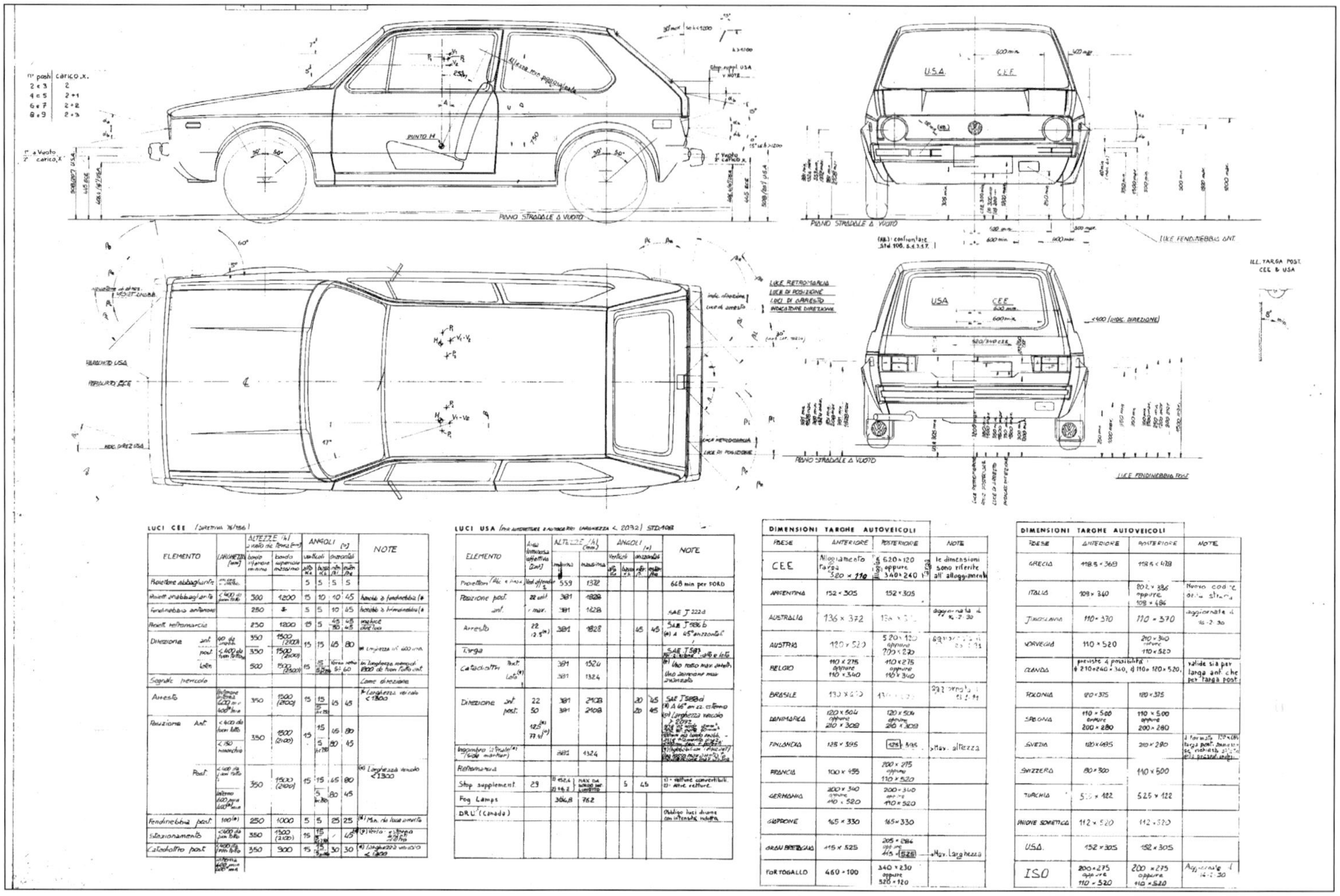

Diese Konstruktionszeichnungen zeigen die europäische und die amerikanische Ausführungen jeweils im Halbschnitt. Die amerikanischen Vorschriften erforderten Seitenmarkierungsleuchten und größere Stoßfänger. (Foto: Italdesign Giugiaro)

Giugiaros Heck-Design für den EA 337 ging im Prinzip so in Produktion, nur die Lüftungsschlitze entfielen und die Rückleuchten wurden kleiner. Es kamen hinzu eine anderes Heckblech für die Aufnahme des Nummernschilds und einfachere Stoßfänger. (Foto: J. Meyer, Bremen)

Die Rechteckscheinwerfer wurden zuerst durch Rundscheinwerfer mit Seitenblinkern ersetzt. Diese Prototypen-Lösung wurde bis zum Serienanlauf noch verfeinert, die Blinker rückten in die Stoßfänger und die Scheinwerfer im Grill weiter nach außen. (Foto: Italdesign Giugiaro)

Diese Skizze für Schalthebel zeigt, dass die Golfball-Idee bereits vor dem GTI existierte. (Foto: Italdesign Giugiaro)

Der Schöpfer und sein Werk: Giorgio Giugiaro bei der Golf-Präsentation 1974 am Bodensee. Volkswagen wusste, dass der italienische Stil ein Gütesiegel darstellte. (Foto: Italdesign Giugiaro)

Aber eigentlich ist dieser Aspekt vielleicht doch nicht so wichtig gewesen, weil kein Mangel an technischer Kompetenz bei Volkswagen bestand.«

Im Januar 1970 wurde Ital Design beauftragt, unverzüglich eine Fahrzeugfamilie zu entwerfen: eine mittelgroße Limousine, die sich bereits in der Entwicklung befand (das wurde der Passat), ein kleineres Familienauto (Golf) und ein darauf basierendes Coupé (Scirocco). Die Arbeiten begannen mit dem Wagen der B-Klasse, dem Passat, aber die Prioritäten verschoben sich dann hin zum Golf. Kurt Lotz machte die Vorgabe, dass der Käfer-Nachfolger die Abmessungen des Dauerläufers aufzuweisen habe.

Mit der Entscheidung für einen quer montierten Reihenvierzylindermotor verblieb mehr Raum zur Unterbringung von Passagieren und Gepäck. Der Mini von 1959 und der BMC 1100 von 1962 hatten die platzsparenden Tugenden des Quermotor-Layouts populär gemacht, aber bei ihnen befand sich das Getriebe unterhalb des Motors. Fiat hatte als erster Großserienhersteller das Getriebe neben dem Motor platziert, zuerst beim Autobianchi Primula von 1964 – auch ein Fließheck – und später dann beim Fiat 128, der als automobilhistorischer Meilenstein gilt.

So war der geplante Volkswagen nicht der erste Frontantriebswagen und auch nicht der erste entsprechend aufgebaute Fünftürer, sondern ein über diverse Entwicklungsschritte gereiftes Konzept, das die großen Trends im Automobilbau der 1960er Jahre aufgriff. Bis zum Ende des Jahrzehnts hatte Renault drei solcher Fließheck-Wagen im Programm, doch das Erfolgsrezept des späteren Golf verkörperte am besten der Simca 1100 von 1967, ein Fünftürer mit Heckklappe und Quermotor. Es ist nicht verbürgt, aber wahrscheinlich, dass sich die Wolfsburger Ingenieure genau diesen Wagen sehr genau angeschaut haben. Keinen Einfluss auf den VW hatte indes der Alfasud, der laut Giugiaro nur deswegen keine Heckklappe bekam, weil der Chefdesigner des Unternehmens eine solche für zu schwer hielt. Daher hatte der Fließheck-Alfa nur eine konventionelle – kleine – Kofferraumklappe.

In jedem Fall waren die Volkswagen-Entwürfe EA 235 / 276 solche mit Heckklappe, und das war laut Giugiaro auch unvermeidlich: »Volkswagen machte uns zwar Vorgaben nur in Bezug auf Länge und Radstand mit der Fahrerposition. Es konnte aber nur ein Zwei-Volumen-Design sein, alles andere wäre sonst lächerlich gewesen.«

Nicht, dass Volkswagen ein solches Detail öffentlich gemacht hätte. Noch 1970 beschied das Werk der Fachpresse, dass eine fünfte Tür das Wagengewicht um 20 kg erhöhen würde, was die Kosten nach oben treibe und die Verwindungssteifigkeit eines Wagens verringere. Die Techniker räumten zwar ein, dass eine solche Option attraktiv für Kleinwagenkäufer wäre, aber dafür könne man ja einen Kombi in das Programm aufnehmen.

Da ein solcher Wagen im VW-Programm keinen Vorgänger hatte und demzufolge in Wolfsburg keine Erfahrungswerte vorlagen, bildeten die einzigen Bezugspunkte der Wettbewerb, und Giugiaro bestätigt die Vorbildfunktion des Fiat 128: »Ich erinnere mich an den 2. Januar 1970 und sehe mich noch heute, als jungen 30-jährigen, in einem Raum mit 20 Ingenieuren und einem komplett zerlegten Fiat 128. Man zeigte mir die Skizze [der Golf-Dimensionen] mit der Anordnung von Sitzen und Pedalen. Ich schaute mir die Abmessungen an und erklärte, dass das nicht so gut passen würde wie beim Fiat 128, denn ich hatte alle Referenzpunkte, und sie nicht. Sie sagten: ›Wir haben noch nie an einem solchen Projekt gearbeitet, noch nie so auf Funktionalität, Kosten und Komfort geachtet, denn wir haben immer nur in Käfer-Dimensionen gedacht.‹«

Im März 1970 erhielt das Auto seine offizielle Bezeichnung, EA 337. Im Verlauf des Jahres 1970 reisten immer wieder deutsche Ingenieure nach Turin oder Giugiaro nach Wolfsburg.

Nur ein Styling-Modell wurde produziert, ein Dreitürer, und er wies bereits den typischen Golf-Stil auf. Am 12. August 1970 wurde das Ital-Design-Modell intern bei Volkswagen vorgestellt, und obwohl er nicht anwesend war, wusste Giugiaro, dass sein Entwurf gegen den bei Porsche entwickelten EA 266 antreten musste. Am Nachmittag erhielt er einen Anruf aus Wolfsburg, sein Entwurf hatte das Rennen gemacht. Noch diverse Änderungen waren notwendig, um den EA 337 in die Serienproduktion zu überführen. Die kürzlich eingeführten amerikanischen Sicherheitsbestimmungen verlangten einen anderen Neigungswinkel der Windschutzscheibe und einen um 70 mm verlängerten Vorderwagen.

Wie der Passat-Prototyp hatte auch die Golf-Studie Rechteckscheinwerfer mit außenintegrierten Blinkern. Aus Kostengründen wurden diese durch runde Scheinwerfer mit separaten Blinkern ersetzt. Die Heckleuchten wurden, ebenfalls aus Kostengründen-schmaler, und schließlich wurde eine überarbeitete Stylingstudie gebaut. »Meine Sorge war, dass das Design zu nahe am Alfa Romeo GT liegen könnte«, so Giugiaro, »runde Scheinwerfer in einem rechteckigen Gitter, aber offensichtlich war das ein Kostenfaktor. Alles andere aber geriet so, wie ich es entworfen hatte.« Vor dem Serienstart wurden nur noch die Blinker vom Kühler in die Stoßfänger verlegt, um die Front breiter erscheinen zu lassen.

Im Herbst 1970 machten sich die Wolfsburger an die Umsetzung. Laut Joachim Kuch, dem Autor der *Schrader-Typen-Chronik* über den Golf I (der sich dabei auf einen zeitgenössischen Beitrag in der Fachpresse bezog), kostete das Ganze rund 1,2 Milliarden Mark,

Für den Golf und Audi 50 / Polo war der 1,1-Liter-Motor entwickelt worden. Er war um 15 Grad nach vorne geneigt im Motorabteil versenkt, was gleichermaßen Gewichtsverteilung wie auch Zugänglichkeit verbesserte. (Foto: LAT)

Nach zweijähriger Entwicklungszeit präsentierte Volkswagen im Juni 1972 sein ESVW-Sicherheitskonzept. Der Wagen sollte niemals in Produktion gehen, zeigte aber, was damals schon machbar war: Anti-Blockier-System, Gurtstraffer und Rundum-Aufprallschutz gehörten erst Jahrzehnte später zum Serienstandard.

erforderte die Entwicklung von 5.200 neuen Teilen und beschäftigte rund 1.400 Techniker, Ingenieure und Facharbeiter. Die Prototypen entstanden unter der Leitung von Hans-Georg Wenderoth, der von NSU gekommen war.

Das neue Fahrwerk wurde in diversen Audi 60 und unter Fiat-127-Karosserien getestet, was zu mitunter seltsamen Proportionen führte und die Erlkönig-Paparazzi verwirrte. Drei Generationen von Prototypen durchliefen Funktions- und Belastungstests. Bei der Präsentation erklärte Dr. Friedrich, Leiter der Pkw-Entwicklung von Volkswagen, dass das Unternehmen nicht weniger als 100 Prototypen gebaut und vier Millionen Testkilometer abgespult habe. Golf und Scirocco entstanden in exakt 200 Wochen.

Dem Golf unter das Blech geschaut

Nachdem Volkswagen jahrzehntelang nur luftgekühlte Boxermotoren gebaut hatte, schien es unvermeidlich, dass Konzerntochter Audi in die Bresche sprang und die Federführung bei der Entwicklung der neuen Generation übernahm. Es gab bereits einen fertigen Motor, den Vierzylinder EA 827 mit 1.471 Kubik, der für den Audi 80 bestimmt war, aber ein solcher Motor konnte nur das obere Ende der für den Golf geplanten Antriebspalette abdecken. Um die gesamte Käfer-Klientel abzuholen, musste ein kleinerer Motor her, und dieser EA 111 wurde zunächst in Ingolstadt von Franz Hauk für den Audi 50 und den Basis-Golf entworfen. »Es wurde beschlossen, die Verantwortung für die Entwicklung des kleineren Motors dann an Volkswagen zu übergeben«, erklärte Peter Hofbauer in einem Interview 2014 mit dem Autor. Von 1969 an war er Leiter der Vorentwicklung Antriebssysteme und ab 1978 Leiter der Antriebsstrangentwicklung weltweit. »Audi sagte, sie hätten genug mit dem EA 827 zu tun und keine weiteren Kapazitäten, und so entschloss das Management, dass wir übernehmen sollten.«

Die zeitgemäße Entwicklung mit 1.093 Kubikzentimetern Hubraum (69,5 mm x 72 mm Bohrung x Hub) hatte einen Graugussblock mit Querstrom-Zylinderkopf aus Aluminium (Ein- und Auslasstrakt an entgegengesetzten Seiten) und eine obenliegende Nockenwelle. Der Nockenwellenantrieb erfolgte per Zahnriemen, die Kurbelwelle war fünffach gelagert und hatte immerhin acht Gegengewichte.

Der kleine 1100er unterschied sich vom größeren 1500er Motor durch den Ventiltrieb, der hier vermittels Schlepphebel und nicht via Tassenstößel erfolgte. Der Zündverteiler saß links in Verlängerung der Nockenwelle, unterhalb des Nockenwellenrades dann die Wasserpumpe. Der Antrieb der Ölpumpe erfolgte über die Kurbelwelle. Daran angeflanscht war das Viergang-Getriebe, der Triebwerksblock war an vier Lagerpunkten an der Karosserie befestigt.

»Der ursprüngliche Ventiltrieb, so, wie wir ihn bekamen«, so Hofbauer, »produzierte eine Menge Lärm, sodass wir ihn den ›heulenden Derwisch‹ nannten. Wir änderten ihn ab […] es war damals kein so toller Motor, wir hatten eine Menge Änderungen.«

Die Gemischaufbereitung übernahm ein einzelner Fallstromvergaser mit elektrisch betriebenem Choke, dazu kam ein elektrisch angetriebener Kühlventilator, der über einen Thermoschalter automatisch ein- und ausschaltete. Damals ungewöhnlich lang waren die Serviceintervalle, Volkswagen schrieb alle 7.500 km einen Ölwechsel und alle 15.000 Kilometer eine Wartung mit Ventilspielkontrolle vor. Wie die neuesten Käfer hatte auch der Golf eine Diagnose-Buchse zum Auslesen von Fehlern.

Der Triebwerksblock beim 1100er war um 15 Grad nach vorne geneigt eingebaut, beim 1500er dann um 20 Grad nach hinten; Volkswagen begründete dies mit einer ausgewogeneren Gewichtsverteilung. Reparatur- und Servicefreundlichkeit wurden groß geschrieben, Wasserpumpe, Zylinderkopf und Kupplung konnten ohne Motorausbau getauscht werden, die vorderen Kotflügel waren verschraubt, nicht verschweißt.

In seiner ersten Ausbaustufe entwickelte der 1100er 50 PS bei 6.000/min, für bestimmte Auslandsmärkte war er mit 52 PS angegeben. Zum Vergleich: Der luftgekühlte 1300er Käfer-Motor gab seine 44 PS bei 4.100/min ab. Der EA 801 (der später dann als EA 111 bezeichnet wurde) bildete die Basis-Motorisierung für Golf und Scirocco und die Top-Motorisierung für Audi 50 / Polo.

Die Einführung der ersten komplett neuen Quermotor-Generation vollzog sich auf Raten, noch fuhr Volkswagen zweigleisig und bot parallel dazu weiterhin Fahrzeuge mit luftgekühlten Heckmotoren wie die VW 1600 und 412 an.

Zu den Protagonisten jener Jahre zählt auch Professor Ernst Fiala. Dieser war 1970 von der Technischen Universität Berlin zu Volkswagen gestoßen, um die Sicherheitsautos ESVW zu entwickeln. Solche Autos wurden auch von anderen Herstellern gebaut und entsprangen amerikanischen Forderungen zur Verbesserung der Sicherheit im Straßenverkehr. Auf verschiedenen Kongressen zeigten die in den USA präsenten Hersteller den neuesten Entwicklungsstand, Volkswagens ESVW 1 von 1972 hatte einen luftgekühlten Heckmotor und Heckantrieb, angeblich war auch das Crashverhalten einer Frontmotor-/Frontantriebslösung untersucht worden. *Road & Track* sprach von einem Fahrzeug mit Quermotor, das seit 1970 in der Entwicklung gewesen sei und nichts mit Audi 80 oder Volkswagen K70 zu tun gehabt habe. Fiala dazu während eines Interviews 2013: »Unter Berücksichtigung, dass der künftige Käfer-Nachfolger 1972 so aussehen könnte, vertrat ich die Meinung, dass wir bei dieser Konferenz in Washington kein Fahrzeug mit Frontmotor vorstellen könnten, weil wir ja noch Autos mit Heckmotor verkauften. Unser ESVW hatte daher den 2-Liter-Boxer des 411 im Heck, aber vom Konzept her war das ein Auto mit Frontmotor. Mehr als 50 % der Versuche wurden mit einem Frontmotor durchgeführt.«

Einfach, aber effektiv

Die Vorderachse mit McPherson-Federbein war keine große Überraschung, die Hinterachse dagegen schon. Dabei handelte es sich um eine sogenannte »Verbundlenkerachse«. Die Führung der Hinterräder erfolgte über zwei Kurbelarme aus Rohrprofil, die über einen T-förmigen Querträger miteinander verbunden waren. Diese Verbindung wirkte gleichzeitig als Querstabilisator und reduzierte die bei einem Fahrzeug mit Frontantrieb zwangsläufig auftretende Tendenz zum Untersteuern. Dazu kamen Federbeine.

Sogar das Nachrichtenmagazin *Der Spiegel* widmete dieser Konstruktion einen Artikel, berichtete von rund 450 erprobten und wieder verworfenen Hinterachs-Entwicklungen, bis man schließlich diese eine gefunden habe, die man sich patentieren ließ und die, so Dr. Friedrich Goes, Leiter des VW-Versuchs, einfach und »beinahe idiotisch billig« herzustellen war.

Auch die Motorjournalisten zollten der simplen, aber verblüffend effektiven Konstruktion Lob, *Autocar* schrieb von der »beeindruckenden Einfachheit und Wirtschaftlichkeit des Layouts«, *auto motor und sport* sprach von einer »ungewöhnlichen Handlichkeit«, die *Autozeitung* sah »keine Wünsche mehr offen« und die Schweizer *Automobil Revue* bezeichnete die Verbundlenkerachse sogar als »Ei des Kolumbus«. Kein Wunder also, dass sie von anderen Automobilherstellern gerne kopiert wurde.

Die direkt ausgelegte Zahnstangenlenkung kannte man schon aus dem Scirocco, die Vorderräder wiesen einen negativen Lenkrollradius auf, wie schon von Audi 80 und Passat gewohnt; VW begründete dies mit höheren Sicherheitsreserven beim Bremsen auf rutschiger Fahrbahn. Der 1100er Golf hatte Trommelbremsen rundum, der 1500er Schwimmsattel-Scheibenbremsen vorn mit Bremskraftunterstützung. Es kam ein diagonal geteiltes Zweikreis-Bremssystem zum Einsatz.

Stabil, aber leicht

Nachdem die Wolfsburger über Jahrzehnte nur Karosserien gebaut hatten, die auf einen Rahmen gesetzt worden waren, erforderte der Wechsel hin zu einer selbsttragenden Bauweise einen Umdenkprozess, der beim Golf mit seiner Heckklappe noch sehr viel radikaler ausfiel als beim Typ 4 (der der erste selbsttragende VW gewesen war). Eine Heckklappe nämlich verringerte die Stabilität der Karosseriekonstruktion, doch konnten 1970 bereits durch Versteifungen und erste Computerberechnungen entsprechende stabile Konstruktionen entstehen, und der Golf wies daher eine gute Verwindungssteifigkeit auf. Einziger Nachteil: die hohe Ladekante. Besitzer, die den Kofferraum mit schweren Dingen beladen wollten, kamen ganz schön ins Schwitzen.

Die Arbeiten an den ESVW-Sicherheitsautos spiegelten sich auch im Design der Golf-Rohkarosserie wieder. Zwei kastenförmige Längsträger bildeten mit den Radhäusern und der Schottwand ein geschlossenes, verwindungssteifes Profil, die Knautschzonen waren definiert. Wie bei allen neuen Volkswagen wurde der Kraftstofftank vor der Hinterachse unter den Rücksitzen untergebracht.

Gemäß den offiziellen Angaben lag das Trockengewicht des Golf in der europäischen Spezifikation bei 750 Kilogramm (1,1 Liter, dreitürig) bzw. bei 830 Kilo (1,5 Liter, fünftürig, Automatik). Die britische *Autocar* hielt das für zu wenig, *auto motor und sport* sprach

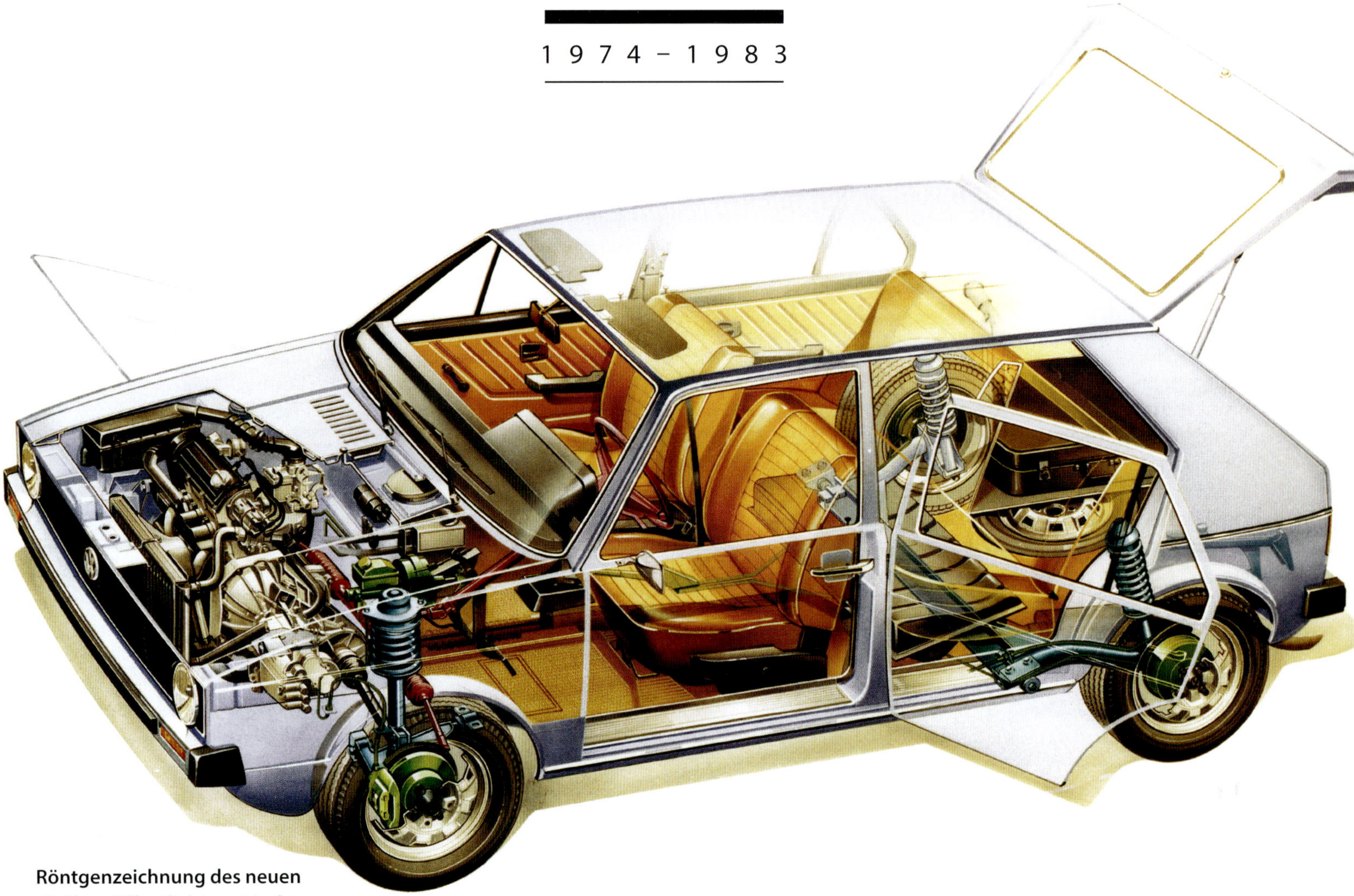

Röntgenzeichnung des neuen Golf, veröffentlicht zur Markteinführung, als es galt, das Frontantriebskonzept bekannt zu machen. Sehr schön zu sehen ist der Aufbau der genialen Verbundlenker-Hinterachse.

Ein Vorserien-Golf haucht sein Leben aus. Volkswagen war zuversichtlich, dass der Käfer-Nachfolger in Sachen Sicherheit neue Maßstäbe setzte. (Foto: Giles Chapman Bildarchiv)

ebenfalls von einem leichten Auto »exakt in der Käfer-Gewichtsklasse«. Bei einer Gesamtlänge von 3,70 Metern war der Golf um 37 Zentimeter kürzer als der Käfer, der Radstand von 2,40 Metern blieb gleich, um die in den Werkstätten vorhandenen und auf den Käfer ausgelegten Serviceinrichtungen weiterhin nutzen zu können.

Die Optik hätte leicht zu kantig geraten können, aber die Aerodynamik war im Windkanal getestet worden, es ging um eine hohe Kraftstoffeffizienz, aber auch um eine möglichst geringe Seitenwindempfindlichkeit. In letzter Minute indes erfolgten noch Modifikationen an der Aerodynamik, nachdem Professor Ernst Fiala sein Amt als Leiter der Entwicklung im Jahr 1972 antrat und Hans-Georg Wenderoth ersetzt hatte. Bislang war man von einem Luftwiderstandsbeiwert (c_W) von ausgezeichneten 0,36 ausgegangen, doch: »Als wir die ersten Prototypen hatten, stellte sich heraus, dass wir im Bereich von 0,45 lagen. Wir mussten daher die Getriebeübersetzungen ändern, weil unsere Ausgangsvoraussetzungen nicht gestimmt hatten. Wir mussten das Getriebe sowieso ändern und ergriffen dabei diverse Maßnahmen, um den Luftwiderstand zu reduzieren. Eine der Maßnahmen bestand darin, der Heckklappe eine etwas höhere Abrisskante zu modellieren, am Bug änderten wir die Karosseriespitzen, und den Unterboden im Heckbereich, so dass wir schließlich einen Wert von 0,42 erreichten.«

Ein Name, keine Nummer

Und der Name? Passat wie Scirocco verdankten ihre Bezeichnung exotischen Winden (die nicht von Maserati belegt waren), als Namen für den neuen Hoffnungsträger des Hauses wurden laut einer Gesprächsnotiz vom September 1973 die Bezeichnung »Pampero« für den Weltmarkt und »Rabbit« für den US-Markt überlegt, wobei, wie vermerkt, »Pampero« auch die Bezeichnung eines südamerikanischen Winterwindes ist.

Vielleicht aber verdankt der EA 337 seinen Namen dem weniger düster klingenden Golfstrom, jener Meeresströmung im Atlantik, die wärmeres Wasser in Richtung Europa lenkt. Daran aber dachte kaum jemand, als der Wagen auf den Markt kam, vielmehr wurden sofort Assoziationen zum Golfsport geweckt, was zu allerlei Wortspielen wie »Golf spielen« und »Golf-Unterricht« führte. *Auto motor und sport* witzelte, dass der Name vielleicht auch für die Hoffnungen auf einen »warmen Dollarstrom« aus Exporterlösen stünde. Volkswagen selbst interpretierte in seinen Presseunterlagen zur Einführung 1974 den Namen in beide Richtungen, unterstrich aber: »Golf steht für Ausdauer, perfekte Technik und – Schwung«. Seit 2014 aber scheint klar zu sein, woher der Name stammt: Ein Rennpferd stand Pate.

Zwischen 1972 und 1975 legte Volkswagen ein massives Investitionsprogramm auf, das Ausgaben von 2,5 Milliarden Mark zur Umrüstung seiner Fabriken für die neue Generation vorsah. Die Werke in Wolfsburg und Emden erhielten 1973 flexible Montagebänder und fuhren die Produktion von luftgekühlten Motoren zurück, während gleichzeitig die Kapazitäten für die Fertigung wassergekühlter Motoren erhöht wurden: Die Zukunft gehörte den Modellen aus dem neuen VW-Baukasten, der Übergang gestaltete sich reibungslos, und bei der Käfer-Produktion traten erstaunlicherweise keine Stockungen auf.

Nur ein kleines Detail, das die Dimension der Veränderungen andeutet, vor dem die Wolfsburger standen: Der neue Gussmotor erforderte neue Produktionsmethoden, und da der Wagen wassergekühlt war, mussten erst noch Kühlerproduzenten gefunden werden, die über die entsprechenden Kapazitäten verfügten. Mit Valeo, das dann große Investitionen in den Aufbau einer Kühlerfertigung in Hannover vornahm, wurde man schließlich handelseins.

Mit dem Golf zum Erfolg

Der erste VW Golf verließ die Produktionslinie am 29. März 1974, zwei Monate nach dem ersten Scirocco. Die Produktion begann zunächst mit dem 1500er Dreitürer, es folgten der Basis-1100er im Juli und der viertürige Elfhunderter im August. Die internationale Presse-Präsentation erfolgte in München, das war im Mai.

Volkswagen bezeichnete dabei den Golf als Teil des »neuen Horizonts« und der »geplanten Diversifizierung« des Konzerns. Das Pressematerial räumte aber auch ein, dass es ein steiniger Weg dorthin gewesen sei. »Immer und immer wieder haben neue Lösungen unser klassisches Konzept herausgefordert, aber das Festhalten am Käfer, trotz starken Drucks, brachte uns den Erfolg. Es ist daher natürlich, dass wir gezögert haben, einen neuen Kurs einzuschlagen.« Letztlich herrschte in Wolfsburg so etwas wie Endzeitstimmung. »Der Golf«, so der damalige Pressechef Horst Backsmann, »ist unsere große Hoffnung.« Und diese erfüllte sich. VW-Chef Toni Schmücker 1975 im *Spiegel*: »Der Erfolg hat uns total überrascht.«

Das allerdings deutete sich schon bei seiner Premiere an. Der Golf wurde in allen Details von der europäischen Presse durchleuchtet, *auto motor und sport* widmete ihm volle neun Seiten. »Bedenkt man das ungeheure Reservoir der Käfer-Fahrer, die an Anspruchslosigkeit und Zuverlässigkeit gewöhnt, in Komfort-Dingen dagegen alles andere als verwöhnt sind, dann hat dieses Konzept alle Erfolgsaussichten: Gepäck-Verladung ohne Körperverrenkung, Wärme und freie Scheiben auch im Kurzstreckenverkehr, gute Sicht in allen Richtungen – auf das alles haben ja Millionen VW-Kunden bisher willig verzichtet.«

In jeder Beziehung, so wurde unisono festgestellt, war der Golf seinem Vorgänger überlegen, Zweifel aber herrschte darüber, ob es dem Typ 17 (so die offizielle Baureihenbezeichnung) gelingen werde, einen ähnlichen Status als klassenloses Automobil zu erringen: »Man war sich in Wolfsburg dessen bewusst und verzichtete darauf, ein ›schönes‹ Auto zu bauen, eine bloße Verkleinerung gängiger Formen – in richtiger Erkenntnis der Tatsache, dass kleine Autos nicht schön sein können wie ein Ferrari oder ein Jaguar.«

Den Golf gab es in Basis- und in L-Ausführung mit dem 1,1-Liter-Motor, die Modelle mit 1,5 Liter hießen S und LS. Während das

Nur, damit altgediente Volkswagen-Kunden nicht in Verwirrung gerieten: Vorne ist der Motor, hinten der Kofferraum – eigentlich ganz einfach, oder?

Der Karosseriebau in Wolfsburg zur Mitte des Jahrzehnts. Die Siebziger, sie waren bunt, wie diese Aufnahme beweist. (Foto: Giles Chapman Bildarchiv)

Der Golf beim ersten Kennenlernen: Die Zeitschrift mot in Stuttgart schickte ihren Fotografen Ulrich Schwab, um den neuen Volkswagen in Szene zu setzen. (Foto: Schwab / Slg. Kuch)

Basismodell spärlich ausgestattet war und Stoffsitze, Gummimatten als Bodenbelag und weder eine Hutablage noch eine Kofferraumauskleidung oder Reserveradabdeckung aufwies, hatten die teureren Gölfe Kunstleder, Zierleisten und bessere Geräusch- und Wärmedämmung. Bei allen Modellen war die Rücksitzlehne mit einem Hebel umklappbar, was einen Gesamtladelänge von 1,2 m ergab, wenn diese auch erst über eine hohe Kante nutzbar war. Sicherheitsgurte waren serienmäßig, ebenso Heizung und Belüftung, wobei das Gebläse beim L eine zweite Stufe aufwies. Die Optionsliste geriet reichhaltig, umfasste Positionen wie ein Stahlkurbeldach, Automatik-Gurte, Vordersitze mit integrierten Kopfstützen, eine Verbundglas-Windschutzscheibe, eine beheizbare Heckscheibe, Heckscheibenwischer und Aluräder im Format 5 J x 13 mit Stahlgürtelreifen 175/70 SR 13.

Serienmäßig aufgezogen waren bei S und LS Räder 5 J x 13 und Gürtelreifen 155/13, bei der Basis gab es 4,5-Zöller mit 145er Diagonalreifen. Teuerste Option der Aufpreisliste war die Drei-Gang-Automatik für den 1,5-Liter-Motor. Laut Werk beschleunigte der Golf von 0 auf Tempo 100 in 16,5 Sekunden und schaffte eine Höchstgeschwindigkeit von 140 km/h, der 1500er war im Sprint eine Sekunde flinker und 20 Stundenkilometer schneller. Der Verbrauch lag laut Werk bei acht Litern auf 100 km, der der 1500er bei 8,5 Litern.

Die ersten Fahreindrücke waren mehr als positiv, *auto motor und sport* stellte fest: »Besonders Käfer-Fahrer werden auf den ersten Metern, die sie im Golf zurücklegen, den Fortschritt von 40 Jahren Automobilentwicklung verspüren ... Die ersten Probe-km zeigten, dass es sich um ein handliches, zweckmäßiges Auto handelt. Und auch um ein munteres, denn schon der 1,1-Liter hat erfreuliches Temperament zu bieten, und der 1,5-Liter ragt in dieser Hinsicht über die Käfer-Maßstäbe weit hinaus.« Bei diesem ersten Fahrbericht moniert wurden die straffe Federung und die teigige Schaltung. Letztlich aber lautete das Fazit: »Für den zunächst weitergebauten Käfer ist er ein überlegener Konkurrent und irgendwann ein würdiger Nachfolger.«

Die neuen Volkswagen, allen voran der Golf als Käfer-Nachfolger, stellten eine riesige Herausforderung dar, für das Werk, den Handel und die Kunden. Nach Jahrzehnten der Hingabe an luftgekühlte Motoren und nicht enden wollenden Lobgesängen auf die Tugenden der luftgekühlten Boxermotoren vollzog Wolfsburg eine komplette Kehrtwende. »Wir waren sehr besorgt. Die Standard-Werbung von VW war immer gewesen: ›Luft friert nicht‹, und ›Sie fahren vor dem Motor, weit weg vom Lärm‹, und es war schwierig, den Menschen nun zu erklären, warum das jetzt nicht mehr gelten sollte«, erinnert sich Fiala. »Die meisten Aufsichtsräte und Politiker fragten, warum wir denn mit einem Frontmotor-Auto kamen, was niemand sonst zu machen schien; nicht die Japaner, nicht Opel, und Ford hatte den frontgetriebenen P4 zugunsten des Escort mit Heckantrieb aufgegeben. Es war schwer, die Skeptiker bei der Stange zu halten. Und einige von ihnen rechneten damit, dass 1975 Opel VW als Marktführer in Westdeutschland ablösen würde.« Die europäische Werbestrategie für den Golf war so verspielt wie eh und je, allerdings geriet die Kundenansprache etwas seriöser, denn es galt, die vielen Vorzüge des neuen Wagens angemessen zu vermarkten. Dafür sorgte eine neue Broschüre, das »Kleine Golf ABC«, in dem die Vorzüge Punkt für Punkt aufgelistet wurden, einziges Zugeständnis an den Namen war die Tatsache, dass der Golf auf einem kleinen Fleckchen Rasen platziert wurde, was Assoziationen zu einem Golfplatz wecken sollte. Bertel Schmitt von der Werbeagentur GGK Düsseldorf prägte den Satz: »Der neue Volkssport: Golf«. Der Einstiegspreis für einen Golf lag bei 7.990 Mark, und das war der Bereich, in dem die Käfer-Preisliste endete.

Eine der großen Krisen der frühen 70er Jahre erwies sich als Glückfall für den Golf: Mitte des Jahres 1974 machten sich die Auswirkungen der Energiekrise, der Öl-Krise, in der westlichen Welt voll bemerkbar. Die Mitglieder der Organisation Erdöl exportierender Länder (OPEC) hatten als Folge des Jom-Kippur-Krieges im Oktober 1973 ein Öl-Embargo verhängt, das weitreichende Auswirkungen auf die Wirtschaft zeitigte und den Ölpreis nach oben trieb. Dies machte sich in den USA besonders deutlich bemerkbar, aber auch die europäischen Länder reagierten mit Fahrverboten und Maßnahmen zur Brennstoff- und Energierationierung. Daher lag Volkswagen mit seinem neuen Kompakten goldrichtig, und der im Jahr darauf lancierte Polo hätte es ebenfalls kaum besser treffen können: Der Markt wartete auf sparsame, pfiffig gemachte Autos.

Am ersten Tag im Juli 1974 entstand der letzte von elf Millionen Käfern in Wolfsburg, dann wurde seine Produktion nach Emden verlegt, wo er bis 1978 vom Band lief. Am 8. Juli ging der erste Golf an einen deutschen Händler. Die Golf-Produktion wuchs rasch, bereits nach drei Monaten musste der Ausstoß erhöht werden, um der Nachfrage gerecht werden zu können. Bis zum Herbst 1974 stieg der Tagesausstoß auf 3.000 Einheiten, der Golf avancierte zum meistverkauften Auto in der Bundesrepublik Deutschland. Und er wurde zum wichtigsten Auto auch innerhalb der neuem Modellgeneration, mit Stand Ende 1974 betrug der Produktionsanteil des Golf 69 Prozent, der des Audi 50 20 und der des Passat 11 Prozent. Doch trotz dieser hoch gelobten Produkte steckte der Konzern einmal mehr in finanziellen Schwierigkeiten.

Die Entwicklung der neuen Modellpalette hatte 2,5 Mrd. Mark verschlungen, doch seit Herbst 1973 schrieb Volkswagen Verluste, und der ungünstige Dollar-D-Mark-Wechselkurs führte zur Katastrophe auf dem wichtigen US-Markt: Die Umsätze gingen um 30 Prozent zurück. Im Zuge der Ölkrise brach die Nachfrage dann auch in Europa zusammen. Die Zahl der Mitarbeiter stieg bei Volkswagen mit dem Erfolg des Passat auf 215.000, musste aber im Jahr 1974 auf 204.000 reduziert werden, wobei der Personalabbau durch Vorruhestandregelungen, freiwillige Kündigungen und Transfers innerhalb des Unternehmens bewältigt werden musste. Erst Leidings Nachfolger Toni Schmücker konnte sich schließlich Ende 1976 mit den Gewerkschaften auf Massenentlassungen verständigen; 25.000 Menschen verloren mit der Schließung der Audi-NSU-Fabriken in Heilbronn und Neuenstein am Kocher ihren Job. Die meisten Arbeiter kehrten aber zurück, nachdem das Unternehmen wieder profitabel arbeitete, 1977 beschäftigte Volkswagen weltweit 192.000 Mitarbeiter.

Ein Basis-Golf auf der London Motor Show im Oktober 1974. Sein Preis galt als relativ hoch. (Foto: LAT)

Haltbar wie ein Käfer?

Britische Käufer mussten eine Weile auf ihre Rechtslenker warten, die gab es erst Anfang 1975, und dann auch nur in der 1,1-Liter-Version. In der zweite Jahreshälfte kam dann der 1,5-Liter. In Großbritannien wurde der Golf nur als Fünftürer in LS-Ausstattung vermarktet, mit den serienmäßigen Features Teppichboden, heizbare Heckscheibe, verstellbare Sitze, Zusatzinstrumentierung, Servobremse und Gürtelreifen. Dreitürige 1,5-S- und LS-Modelle bot der Importeur nicht an.

Insgesamt umfasste die Modellpalette sechs Ausführungen, im Februar 1975 begann die Preisliste bei 1.349 £ für den Golf N und endete bei den 1.756 £ für den viertürigen LS, die Preise wurden aber bald leicht erhöht. Der britische N war etwas besser ausgestattet als sein deutsches Äquivalent, mit elektrischem Scheibenwascher, Hutablage und Scheibenbremsen vorne (aber ohne Servounterstützung).

Das britische Magazin *Autocar* testete zuerst einen 1100er im Januar 1975 und bezeichnete ihn als ein »außerordentlich gutes Beispiel eines Fronantriebswagen der zweiten Generation«, für »Ost und West«, wobei nicht versäumt wurde, auf die vor dem Golf gestarteten Rivalen Fiat 128, Renault 5, Peugeot 104, Honda Civic, Datsun Cherry und Austin Allegro zu verweisen.

Da sich der Wechselkurs des Pfunds gegenüber der Deutschen Mark verschlechterte, war der Golf 1100 L mit 1.538 £ nicht sonderlich preiswert, beeindruckte aber mit seinen Qualitäten, hatte nicht die Nervosität des Mini beim Beschleunigen und behielt auch bei hektischen Lenkbewegungen im Kurvenscheitelpunkt die Ruhe. Das Ansprechverhalten der Lenkung war dergestalt, dass der Fahrer keine Scheu habe, einen engeren Kurvenradius zu fahren. Und auf Hauptstraßen sei der Golf sowieso sehr angenehm zu fahren, »schön stabil und bereits durch leichte Lenkimpulse in die gewünschte Richtung« zu dirigieren. Wie in Deutschland suchten die Tester rund um den Globus den Vergleich zum Käfer. Die Briten etwa fanden einen solchen in Sachen Abdichtung der Türen. Die Türgummis beim Käfer schlossen so dicht, dass es durchaus schwierig sein konnte, eine Tür ohne Nachdruck zu schließen. Und auch wenn das beim Golf vielleicht nicht ganz so war: Keine Chance für den Käfer, der Golf war auf der ganzen Linie überlegen.

Die Schweiz gehörte mit zu den ersten Märkten, die beliefert wurden. Das Programm entsprach weitgehend dem auf dem deutschen, wobei die Motorleistung nicht wie in Deutschland 50, sondern 52 PS betrug. Es gab fünf Zweitürer, der günstigste sollte inklusive Überführung 10.045 Franken, der teuerste als 1500 LS 2.000 Franken mehr kosten. Das zweite Paar Türen kostete Fr. 520,-; die Getriebeautomatik für 1500 S und LS weitere 750 Franken. Die *Automobil Revue* in Bern veröffentlichte den ersten ausführlichen Test Anfang Dezember 1974, nachdem der Testwagen im Sommer 1974 übernommen worden war. Daran anschließend unterzogen die Schweizer ihren 1100 L einem 100.000-Kilometer-Test, der im Juni 1977 endete. Auf den Grundpreis des nackten Spatz 1100 N legte die *AR* noch einmal 1.325 Franken drauf, um den »L« zu erhalten, und spendierte ihm noch die amerikanische Gurtautomatik (der Fahrer wird beim Schließen der Türe automatisch festgeschnallt) und ein Radio, was den Preis auf 12.145 Franken erhöhte. Auch die Schweizer lobten die Straßenlage (»sicher und problemlos«) und die Lenkung (»leichtgängig«) und bemängelten, wie ihre britischen Kollegen, den stark ansteigenden Innengeräuschpegel bei höheren Tempi. Immerhin: »Kaum Windgeräusche«. Während die Briten aber die hohen Pedalkräfte bei der Bremsbetätigung monierten, attestierten die Eidgenossen den servounterstützten Verzögerern eine gute Standfestigkeit: »Der Käfer hat einen würdigen, im Gebrauchswert weit überlegenen Nachfolger erhalten«, so das Fazit.

Das französische *Auto-Journal* kam zu einem ähnlichen Ergebnis, *Road & Track, Car and Driver*; die italienische *Quattroruote:* Kein Magazin weinte dem Käfer eine Träne hinterher.

Besonders intensiv fiel natürlich die Testerei in Deutschland aus. Die Zeitschrift *auto motor und sport* unterzog, wie die Kollegen in der Schweiz auch, einen frühen 1100er einem 100.000-Kilometer-Test, benötigte aber für die Testdistanz nur 16 Monate und veröffentlichte ihr Fazit bereits im Frühsommer 1976. Nachdem die Zwischenbilanz nach 50.000 Kilometern noch eher gemischt ausgefallen war – Zuverlässigkeit und Kosten waren nur unterdurchschnittlich – fiel das Fazit nach Abschluss freundlicher aus. Den Nachteilen – knapper Knieraum im Fond, schnelle Verschmutzung von Heckscheibe und Motorraum, Lüftung, Motorlärm, Ansprechverhalten der Federung bei kurzen Bodenwellen – standen zahlreiche Vorzüge gegenüber, angefangen bei der übersichtlichen Karosserie und den klar gezeichneten Instrumenten über den elastischen, drehfreudigen Motor und die direkte und leichtgängige Lenkung bis hin zum sicheren Fahrverhalten.

Die Schwesterzeitschrift *mot* begann ihren Dauertest mit einem GLS im November 1977, also vor der umfassenden Modellpflege vom August 1978. Der Testmarathon führte über 60.000 Kilometer und war zwar positiv, aber nicht unkritisch: Auch dieser Golf war, drei Jahre nach Produktionsanlauf der Serie, nicht mängelfrei, ganz im Gegenteil: Er habe »viele kleine Wehwehchen«, darunter »relativ viele Detailmängel an der Karosserie« sowie »heftiges Motorruckeln«. Doch der »Weltstar mit Macken« war trotz allem sparsam, wirtschaftlich und zuverlässig.

Der von *mot* getestete GLS war übrigens ein 1500er, und der hatte eine etwas verwirrende Karriere hinter sich: Er war 1975 im Hubraum auf 1.588 Kubikzentimeter aufgestockt worden (und kam so im Audi 80 GT und im Golf GTI zum Einsatz), war aber mit 75 PS kaum stärker. 1977 dann die Rolle rückwärts, wieder auf 1,5 Liter (1.457 Kubik, B x H: 79,5 x 73,4 mm; die neue Kurbelwelle stammte vom Passat 1300). Die Leistung sank auf 70 PS, das Aggregat vertrug bleiarmen Kraftstoff als Vorspiel für Bleifreies. Der Beliebtheit des Wagens schadete das aber nicht, noch immer erzielte ein Golf Höchstpreise auf dem Gebrauchtwagenmarkt.

Unter den steigenden Absatzzahlen litt aber die Produktqualität, wobei das größte Problem der frühen Jahre im Rost bestand. Nach Ernst Fiala war bei der Vorbereitung der Serienfertigung ein

Aus dem Golf wurde der Rabbit, und das Kaninchen hoppelte ab 1975 über Amerikas Weiten. Ungewöhnlich war der kleinvolumige Benzinmotor, noch ungewöhnlicher aber waren das durchdachte Konzept und die Wirtschaftlichkeit des Autos. (Foto: Volkswagen of America)

Am Sicherheitsgurt führte kein Weg vorbei: Er wurde automatisch angelegt, wenn man den Wagen bestieg. (Foto: Volkswagen of America)

Deutsche Enthusiasten fanden dieses in den USA populäre Quasi-Typenschild originell und ersetzten den Golf-Schriftzug gerne durch ein solches, das es im Zubehörhandel gab. (Foto: Volkswagen of America)

Testschritt entfallen, und dieser achtwöchige Zyklus, der Salzwasserfahrten vorsah, konnte erst später nachgeholt werden. Besitzer beschwerten sich auch über andere kleine Fehler wie eine rasselnde Heckklappe oder nachlässig verlegte Gas- und Kupplungszüge (was die Rechtslenker betraf). Die in Deutschland wie in die USA importierten Golf wurden dann 1976 im Zuge einer großen Rückrufaktion nachgebessert, was damals nicht unbedingt selbstverständlich war. Überhaupt reagierte Volkswagen schnell auf die Reklamationen bezüglich Qualität und bemühte sich auch rasch, die Anforderungen der verschiedenen Märkte zu erfüllen. So erhielten 1976 alle britischen Golf Gürtelreifen, bequemere Sitze, ein modifiziertes Pedalgestänge, welches das Bremsen erleichterte, eine verbesserte Heizung und eine überarbeitete Auspuffanlage. Das Image litt darunter aber nicht, Diesel und GTI erhöhten noch die Popularität des Fronttrieblers: Nach 27 Monaten rollte am 27. Oktober 1976 der millionste Golf vom Band.

Rabbit – ein Golf für Amerika

Als die ersten Golf 1975 die USA erreichten, hießen sie »Rabbit«. Das »Kaninchen« erlebte einen rasanten Aufstieg und einen ebenso schnellen Absturz, während in der übrigen Welt die Absatzkurve nur eine Richtung kannte: steil nach oben.

Wie die meisten anderen Hersteller auch, versuchte Volkswagen mit den Verkaufsbezeichnungen den Geschmack des jeweiligen Marktes zu treffen. Die Wolfsburger hielten Tiernamen für passend, der Audi 80 hieß ja »Fox« und der Passat »Dasher«. Und der Golf, den nannten sie »Rabbit«.

Auch heimische Hersteller hielten es mit den Tieren, Ford siedelte unterhalb des Mustang 1970 den kompakten »Pinto« an, der den Namen eines kleinen Pferds trug. Warum nun der Golf ausgerechnet zum Rabbit mutierte, lässt sich nicht mehr genau nachvollziehen, doch in einer im Archiv lagernden Vorstandsnotiz von 1973 ist bereits von einem »Pampero« die Rede, einem Pampahasen. »Das Kaninchen ist kein rassiges, elegantes Tier, aber lebhaft, liebenswert und kuschelig.« Der Scirocco entkam der Tiernamen-Manie und wurde nach einem Wind benannt, der »Blizzard« für die USA aber blieb ihm zu Glück erspart.

Und im Vergleich zum »Bug«, der »Wanze«, wie der Käfer auch hieß, war ein Kaninchen ja schon ein echt sympathisches Wesen. Für deutsche Käufer indes klang »Kaninchen« nicht seriös genug, andererseits berichtete ein Autohaus in Hannover 1976 von einer regen Nachfrage nach »Rabbit«-Schriftzügen, von denen es mehrere Hundert verkaufte, Stückpreis fünf Mark.

Wie der Hase auch immer zu seinem Namen gekommen sein mag, Volkswagen of America forderte lautstark einen US-Golf, nachdem in der Folge der Ölkrise 1973 Toyota mit seinen wirtschaftlichen Kleinwagen immer näher kam und sich anschickte, VW die Marktführerschaft unter den Importeuren streitig zu machen. Als der Rabbit dann 1975 in den Verkauf ging, hatte er bereits einen prestigeträchtigen Titel im Gepäck, die Auszeichnung der amerikanischen US Environmental Protection Agency für den Wagen mit dem geringsten Kraftstoffverbrauch, sparsamer als der Käfer in und außerhalb der Stadt, 24 gegen 22 Meilen pro US-Gallone (Stadt) und 38 gegen 33 auf dem Highway. US-Präsident Gerald Ford forderte die inländischen Hersteller auf, die Verbrauchswerte um 40 % zu senken, andernfalls werde der Gesetzgeber einschreiten.

Rabbits hatten größere Stoßfänger und entsprechende Halter welche zusammen mit weiteren Versteifungen, etwa in den Türen, das Fahrzeuggewicht gegenüber der europäischen Verwandtschaft um 70 Kilogramm erhöhten. Die Blinker saßen im Kühlergrill neben den Rechteckscheinwerfern (wie von Giugiaro ursprünglich geplant), dazu kamen lange, reflektierende Seitenblinker vorn und hinten. Kopfstützen waren eine Selbstverständlichkeit, und die Innenausstattung wurde den amerikanischen Geschmäckern angepasst, so bei Armaturenbrett, Türverkleidungen, Sitzbezügen und Lenkrad. Das, so erkannte man erst später, entpuppte sich aber als ein großer Fehler.

Alle Rabbit, wie der Scirocco auch, waren zunächst mit dem 70-PS-Motor ausgestattet, die 1,5-Liter-Maschine wies einen Katalysator auf. Der leistungsstärkere 85-PS-Motor schaffte offenbar nicht die amerikanischen Abgashürden.

Als Händler-Optionen gab es Radio und Klimaanlage; die Sicherheitsgurte wiederum (in Europa noch sehr unpopulär) waren serienmäßig. Im Modelljahr 1975 war der Wagen das erste Auto in den USA, das mit einem optionalen, 30 $ kostenden passiven Rückhaltesystem ausgestattet war. Dabei befand sich die Gurtanlenkung an den Türen, wer einstieg, wurde zwangsläufig mit dem Zuziehen der Pforte angeschnallt. Die Zeitschrift *Road and Track* sprach in diesem Zusammenhang von einem »Kulturschock«.

Aber der steigende Wert der D-Mark gegenüber dem Dollar verteuerte das Kaninchen, noch bevor es überhaupt loshoppeln konnte. VW erhöhte 1975 für alle Wagen deutlich die Preise. Der Preis des Basis-Beetle stieg um $ 270 auf $ 2.900, das waren 100 Dollar mehr, als Ford für den billigsten Pinto und Chevrolet für den Vega aufrief. Ein Basis-Rabbit war um 3.100 $ zu haben, etwa diesen Betrag musste man auch für einen kleinen Sechszylinder hinblättern. Und dann waren da natürlich noch die steigenden Kraftstoffpreise.

Dennoch, zunächst liebten die Kritiker das Kaninchen: »Das beste Auto der Welt für unter $ 3.500,-«, jubelte *Road and Track*, »der Rabbit ist, wie der Käfer, eine ganz besonders wirtschaftliche Limousine.« Das Bild, so stellte VW nach ausgedehnten Tests fest, war aber »getrübt«, das Auto hatte Probleme mit der Motorlagerung, benötigte andere Vergaser und Änderungen am Antriebsstrang, um Schwierigkeiten beim Start und bei der Gasannahme zu kurieren.

Volkswagen of America führte 1976 eine umfangreiche Rückrufaktion durch für die 75er- und 76er-Modelle; in diesem Jahr erhielten Rabbit, Dasher und Scirocco den 1.588-Kubik-Motor, der dann aber auch bald wieder aussortiert wurde. 1977 war das letzte Jahr für die Käfer-Limousine in den USA, und alle Rabbit und Scirocco wurden auf Kraftstoffeinspritzung umgestellt. Das Cabrio kam im Jahr 1980, ein Jahr nach der Europaeinführung, und es war näher am Golf, es wurde in Deutschland gebaut und hatte runde, nicht eckige Scheinwerfer. Auch der Diesel gelangte in die USA und entwickelte sich dort, mehr noch als in Europa, zu einem Überra-

Blaues Vinyl und Kunststoff sollten den amerikanischen Geschmack treffen, verfälschten aber den Charakter des Wagens: Der Rabbit wurde nicht mehr als deutsches Auto angesehen. (Foto: Volkswagen of America)

Wirtschaftlichkeit als Argument: Werbung für den US-Golf.

Neben dem aufgeführten Zubehör ließ sich der Rabbit auch mit Cruisecontrol, Radio, Schiebedach und Klimaanlage bestücken.

schungserfolg. Volkswagen profitierte auch davon, dass die Motoren ohne große Änderungen an die strengeren amerikanischen US-Abgasvorschriften von 1976 angepasst werden konnten, und dieser Beitrag zum Umweltschutz kostete einen Aufpreis von lediglich 170 Dollar.

Die Fahrleistungen entsprachen praktisch denen der europäischen Diesel-Golf, die Beschleunigung lag auf dem Niveau einiger anderer europäischer Importfahrzeuge wie etwa dem Fiat X1/9, wobei der Gerechtigkeit halber gesagt werden muss, dass die Benziner durch die Abgasnormen viel an Leistung einbüßten. Der Umgang mit den Selbstzündern aber erforderte ein Mitdenken, wie *Car and Driver* bemerkte: »Das größte Problem wird natürlich sein, an der Tankstelle die Dieseltanksäule anzusteuern, ein Vorgang, der, sofern noch nicht Routine, viel Disziplin erfordert. Denn mit einer theoretischen Reichweite von 550 Meilen pro Tankfüllung ist nicht etwas, was man jeden Tag zu tun hätte.« Zum Verhängnis wurden dem »Hasen für Sparfüchse« die steigenden Kosten für Diesel, das Kleckern beim Tanken – der Tankeinfüllstutzen war extra verengt worden –, eine fragile Ölleitung (was bei der nächsten Inspektion beseitigt wurde) und die Tatsache, dass man praktisch nur die Autohöfe anfahren konnte, weil's nur dort Diesel gab.

Der Golf wird ein echter Amerikaner

Bereits 1957 hatte Volkswagen in den USA Autos bauen wollen und eine Anlage in New Jersey für die Käfer-Montage gekauft, das Werk aber wieder abgestoßen, nachdem eine Studie nachgewiesen hatte, dass eine Montage vor Ort kaum Kostenvorteile bot.

Die Idee wurde in den frühen 1970er Jahren von Rudolf Leiding wiederbelebt, doch der Zeitpunkt war falsch: Die Boom-Jahre waren vorüber, Volkswagen of America taumelte. Zwischen 1973 und 1976 sank der Absatz von 540.364 auf 238.167 Fahrzeuge, und 1975 verlor Volkswagen zum ersten Mal überhaupt seine Position als stärkste Importmarke in den USA an Toyota. Die Japaner setzten 283.000 Autos ab, VW nur 268.000 Stück.

Die Alternative zu einem US-Werk wäre eines in Mexiko gewesen, um von dort aus den US-Markt zu beliefern. Allerdings war man der Meinung, dass dies dem Image des Unternehmens schaden würde. VW-Chef Rudolf Leiding begann also mit den Planungen für ein US-Werk. VW bestätigte dann später im Jahr 1973 auch, dass eine kleine Arbeitsgruppe nach einem geeigneten Standort in den USA suchte. Der Gegenwind von Gewerkschaften und Vorstand fegte dann Leiding Ende 1974 aus dem Amt.

Wie befürchtet, war dann 1975, im ersten vollen Verkaufsjahr auf dem US-Markt, aufgrund des Wechselkurses der Rabbit viel zu teuer. Angeblich verlor Volkswagen of America bei jedem Wagen Geld. Der offizielle Grund für die Anlaufschwierigkeiten waren aber Lieferprobleme, die angeblich dazu führten, dass die Zahl der verkauften Fahrzeuge von 13.000 im Frühling auf bis zu 7.000 Autos pro Monat gesunken war. Der Startpreis von $ 3.300,- dürfte aber das wahre Handicap gewesen sein. Toni Schmücker, der neue Chef, verordnete seinem Unternehmen in der Heimat zwar schmerzhafte Einschnitte, holte aber die Pläne für eine US-Produktion wieder aus der Schublade. Im September 1975 wurde ein Team in die USA geschickt, das leerstehende oder nicht ausgelastete Fabriken besichtigen und die Verfügbarkeit von Facharbeitern und Management prüfen sollte. Auch die Lohnproduktion bei einem anderen Automobilhersteller war kein Tabu.

Drei Chrysler-Fabriken und eine von Ford wurden angeblich besichtigt, und außerdem, so hieß es, dachte Volkswagen auch an eine Zusammenarbeit mit AMC, einem der kleinen unabhängigen US-Hersteller. Letztlich aber wurde diese Möglichkeit verworfen, stattdessen wurde ein Werk in New Stanton, südlich von Pittsburgh, Pennsylvania, gekauft. Gebaut hatte die Anlagen Chrysler im Jahre 1969, sie aber nie in Betrieb genommen, weil die Absatzzahlen einbrachen. Das Werk Westmoreland nahm eine Fläche von 35 Fußballfeldern ein.

Während Motoren und Getriebe aus Deutschland stammten, kamen praktisch alle anderen Teile von amerikanischen und kanadischen Zulieferbetrieben. Beim Produktionsanlauf 1978 sollten zunächst 2.500 Arbeitnehmer beschäftigt werden, später dann, wenn das Werk mit voller Kapazität fuhr, 5.000 Menschen. Für die frühen 1980er Jahre war die Produktion von etwa 200.000 Fahrzeugen pro Jahr geplant. Die Zentrale wurde in Warren, Michigan, errichtet.

Der erste Rabbit rollte in Westmoreland im April 1978 vom Band. Man war sehr optimistisch. Im September 1978 sagte Schmücker zu Edouard Siedler: »Alle unsere Untersuchungen belegen, dass es sehr wichtig ist[, Autos lokal zu bauen]. Das ist ein psychologischer Faktor. Wenn wir beweisen können, dass der Golf-Rabbit, dieses Symbol deutscher Handwerkskunst, sowohl in den USA als auch in Deutschland gebaut werden kann, dann wird die Öffentlichkeit sich mit unseren hier gefertigten Autos identifizieren können und ein Gefühl von Stolz entwickeln. Wir werden folglich von einer patriotischen Reaktion auf Seiten der Käufer profitieren, die nicht gerne ausländische Produkte kaufen. Der Rabbit wird innerhalb eines relativ kurzen Zeitraums als ein amerikanisches Auto gelten. Natürlich müssen wir unsere VW-Identität bewahren.«

Die Rabbit-Verkaufszahlen stiegen von 149.170 Einheiten im Jahr 1978 auf 214.835 Stück im Jahr 1979, aber das Westmoreland-Engagement bot keine Lösung für die noch folgenden Schwierigkeiten. Angesichts des intensiven Wettbewerbs, hervorgerufen durch die japanischen Automobilhersteller, und der Tatsache, dass die US-Hersteller ihre Schwächeperiode der Jahre zwischen 1979 und 1981 überwunden hatten, brachen die Rabbit-Absätze ein: Die Produktion von Volkswagen of America halbierte sich, und der Gesamtumsatz inklusive Porsche und Audi sank um ein Drittel auf 230.000 Fahrzeuge.

Die Talfahrt des US-Golfs ging weiter, 1982 liefen nur noch 91.166 Einheiten vom Band. Das Interesse am Diesel war nur von kurzer Dauer gewesen, und der hatte 70 % der Produktion ausgemacht. Autowerke in ganz Amerika wurden geschlossen, und ein geplantes zweites Volkswagen-Werk in Sterling Heights in der Nähe von Detroit wurde an Chrysler verkauft, bevor es überhaupt in Betrieb gegangen war. Der Jetta-Absatz blieb stabil, er lief mit etwa 20.000 Autos pro Jahr, doch das war zu wenig. Abgesehen vom Die-

Drei- und Fünftürer wiesen den selben Radstand auf. Die Chromstoßfänger verraten es: Das ist ein früher Golf, in GLS-Ausstattung nach den Maßstäben der Zeit nahezu in Komplettausstattung.

Von außen vom Benziner lediglich am »D«-Schild am Heck zu unterschieden, sah der Diesel aus wie jeder andere Golf. Nur wenn er lief, dann gab's kein Vertun.

selmotor, der urplötzlich aus der Mode kam, wurde die Schuld ganz bei der »Amerikanisierung« des Rabbit in Optik und Handling gesucht. Die Fan-Zeitschriften bemängelten die »schlaffen« Sitze und die schlechte Verarbeitung im Vergleich zu den deutschen Golfs. Nach Schmückers Rückzug aus gesundheitlichen Gründen im Jahre 1982 rückte Carl Hahn an die Volkswagenspitze. In einem Interview mit *Autocar* bekannte er 1983 offen: »Ein europäischer Golf-Fahrer, der sich an das Steuer eines Rabbit setzt, würde in der ersten Kurve den Abflug machen ... Da hat unser amerikanisches Management, das zu dieser Zeit weitreichende Entscheidungsfreiheit hatte, Fehler gemacht. Sie dachten, dass das, was gut für Amerika sei, auch für VW gut wäre. Sie lagen offensichtlich falsch. Wir mussten feststellen, dass die Amerikaner ein Auto mit europäischen Qualitäten wollen, wenn sie ein europäischen Auto kaufen.«

Die erste Diesel-Revolution

In den frühen 1970er Jahren war der Dieselmotor trotz der Haltbarkeit und der Vorzüge im Kraftstoffverbrauch weitgehend ein Thema für industrielle und gewerbliche Fahrzeugnutzer. Im Jahr 1970 wurden rund 57.000 Diesel-Pkw in Deutschland zugelassen, aber sie waren laut und untermotorisiert und eigentlich nur für gewerbliche Nutzer interessant. Für den privaten Alltagsfahrer interessanter wurde Diesels Motor in den frühen Siebzigern, wobei Mercedes in der Mittelklasse und Peugeot mit dem 204 die Vorreiterroller übernahmen. Opel und Fiat zogen nach.

Die Ölkrise von 1973 und immer härtere Abgasvorschriften nämlich rückten den Diesel wieder in den Vordergrund, und Volkswagen hatte bereits entschieden, in den neuen Leichtlastwagen der LT-Baureihe neben den üblichen Ottomotoren auch wassergekühlte Diesel anzubieten. Ein Diesel für den Golf stand jedoch nicht auf der Tagesordnung. »An einem heißen Sommertag im Jahr 1973 habe ich das Fiala vorgeschlagen, aber der war selbst schon auf den Trichter gekommen«, erinnert sich Peter Hofbauer. »Damals hatten wir ein monatliches Treffen mit Herrn Leiding, und der war sehr begeistert vom Drehkolbenmotor (KA4 / 5), den ich in den frühen 70er Jahren entwickelt hatte, weil der billig herzustellen gewesen wäre. Ich schlug vor, sein geliebtes Wankelmotorenprogramm einzustellen und ein Dieselprogramm zu starten.«

»Wir dachten, dass ein Diesel gut zur Volkswagen-Philosophie passen würde«, sagte Fiala. »VW hatte einen Namen für Wirtschaftlichkeit und Zuverlässigkeit, und der Diesel-Pkw passte da gut dazu.«

Eine Pkw-Anwendung wurde ins Auge gefasst, wobei man in erster Linie an eine Verwendung im Passat dachte. Hofbauers Team kaufte einen Peugeot-Diesel und rüstete ihn innerhalb von zehn Tagen mit einem amerikanischen Holset-Lader zum Turbodiesel um. Nach drei Monaten wurde Leiding der erste Prototyp auf dem Prüfstand vorgeführt. Er basierte auf dem bewährten Audi-Motor EA 827, einem Benziner, dessen Motorblock, obwohl das gar nicht so gedacht gewesen war, die mit dem Dieselverbrennungsprozess einhergehenden höheren Innendrücke verkraftete. Im Endeffekt war der Dieselmotor mit 120 Kilogramm nur um 18 Kilogramm schwerer als der normale 1,5-Liter-Ottomotor. Motorblock, Kurbelwelle, Pleuel und Lager waren identisch, und die Montage erfolgte auf der gleichen Produktionslinie; Unterschiede fanden sich an der Bosch-Einspritzanlage, an Zylinderkopf und anderen, stärker dimensionierten Teile, die für Mehrkosten sorgten.

Der Zylinderkopf basierte auf einer Ricardo-Entwicklung, das Design – Comet Mk V – wurde auch von Peugeot und Opel verwendet und bot ein optimales Verhältnis von Zylinderkopffläche zu Ventildurchmesser. Das Verdichtungsverhältnis betrug 23,5 : 1 (das des Benziners lag bei 8,2 : 1). Viel konstruktive Feinarbeit bei der Zylinderkopfabdichtung sorgte dafür, dass Volkswagen wie beim Benzinmotor mit vier Zylinderkopfschrauben auskam, Mercedes etwa verwendete sechs. Das hatte den Vorteil, dass, bei geringen Modifikationen, die Motoren auf der gleichen Taktstraße entstehen konnten.

Einer der Hauptgründe für die relative Ruhe des Serienmotors war der Einsatz einer Bosch-Verteilereinspritzpumpe , die ohne Nocken und Stößel nach dem Kreiselprinzip arbeitete. Sie befand sich an der Vorderseite des Blocks, auf der Innenseite der Lichtmaschine. Der Antrieb erfolgte über einen Zahnriemen auf eine Welle, auf der die Hochdruckpumpe und ein Verteilerkopf saßen. Ähnlich einem Zündverteiler führten von da ab Kraftstoffleitungen zu den einzelnen Injektoren.

Allerdings, erzählt Hofbauer, stoppte Toni Schmücker, als er Anfang 1975 Leiding nachfolgte, das Diesel-Programm für den Golf. »Aber Fiala, [Ferdinand] Piëch und ich tricksten und erklärten, das Projekt sei für den Typ 2 gedacht. Das wurde genehmigt, und nach drei Monaten hatten wir ihn wieder im Golf.«

Die Dieselmotoren wurden ausgiebig auf öffentlichen Straßen in Deutschland und dem VW-Testgelände in Ehra-Lessien erprobt,

Es rauschte gewaltig im Blätterwald: Auf Monate hinaus zierte der neue Golf die Cover von Automagazinen rund um den Globus.

Praktisch jedes Automagazin, das etwas auf sich hielt, verglich den Benziner mit dem neuen Diesel. Hier tankt die Testflotte von Autocar, der rote, das ist der Diesel-Golf. Unisono wurde der VW-Diesel wegen seiner »phänomenalen Sparsamkeit« gelobt. (Foto: LAT)

Wer zwei Rundinstrumente vor sich sah, saß in einem L oder LS, beim Basis-Golf verlor sich nur eines im eckigen Armaturenbrett. Das Radio war in jedem Fall aufpreispflichtig, egal in welcher Ausstattungsstufe.

wobei man sich schrittweise an die Serienreife herantastete. Versuchsfahrzeuge liefen auch in Brasilien und den USA, und 300 Golf sowie Passat wurden, zum Teil mit Automatikgetriebe und Klimaanlage, weltweiten Tests von Skandinavien bis Afrika unterzogen. Die Serienproduktion begann im ehemaligen K70- und jetzigem Volkswagen-Motorenwerk in Salzgitter im August 1976, man kalkulierte vorsichtig und ging von einem Ausstoß von 100 Motoren täglich aus.

»Ich war der erste, der es schaffte, Benzin- und Dieselmotor auf der gleichen Fertigungsstraße zu produzieren«, sagte Hofbauer. Die Umrüstung dauerte rund 20 Minuten: »Wir konnten während einer regulären Pause umschalten von Benzin auf Diesel, je nach Bedarf. Es war auch das erste Mal, dass Dieselmotoren direkt ans Band geliefert werden konnten, ohne sie zuvor auf Prüfständen kalibrieren zu müssen, was an den geringen Fertigungstoleranzen lag. Um die erforderlichen 2.000 Dieselmotoren pro Tag zu kalibrieren, hätten wir eine zusätzliche Fabrik gebraucht.«

Abgesehen von der Einfachheit der Herstellung war der neue Motor revolutionär im Vergleich zur Konkurrenz, deren Aggregate größer und schwerer waren, aber weit weniger Leistung aufwiesen. Das 1,5-Liter-Aggregat leistete zwar 20 PS weniger als sein Benzinäquivalent, aber Peugeot schöpfte aus seinem 2,3-Liter lediglich 60 PS, und der 2,0-Liter-Diesel von Mercedes kam lediglich auf 61 PS. Der 1,5-Liter-Diesel-Golf hatte also die gleiche Leistung wie ein 1,1-Liter-Benziner, verbrauchte aber viel weniger Kraftstoff.

Die Fachpresse wurde im September 1976 zur Premiere nach Stockholm geladen. Die Presse war skeptisch, sie erwartete viel Lärm und eine träge Leistungsentfaltung. Der Kaltstart war bei der Diesel-Konkurrenz eher mühsam, die rechnete mit der Diesel-Gedenkminute, einer Zeitspanne, die verging, bis die Glühkerzen so weit auf Temperatur waren, dass der Motor seine Arbeit aufnahm. Der Golf dagegen sprang sofort an, zumindest wenn die Außentemperatur jenseits der 24 Grad lag. Darunter leuchtete, wenn der Zündschlüssel auf eine bestimmte Position gedreht worden war, ein Lichtlein auf, das erlosch, wenn der Vorglühprozess abgeschlossen war. Das dauerte zwischen 15 und 45 Sekunden, danach erwachte mit nur zwei oder drei Umdrehungen der Kurbelwelle der Diesel zum Leben. Den Kaltstart erleichterte der sogenannte KSB-Zug, der Kaltstart-Beschleuniger. Dieser bewirkte eine Änderung des Einspritz-Zeitpunktes und minderte die Rauchentwicklung. Sobald der Motor Betriebstemperatur erreicht hatte, konnte man den Zug hineinschieben.

Erinnert irgendwie an Sanitärbedarf: Die Unterbringung des Diesel-Einspritzsystems.

Bei Betriebstemperatur waren die Innenraumgeräusche kaum lauter als beim Benziner, und auch die Gasannahme erfolgte ebenso spontan. Bei abruptem Gasgeben konnte es aber schon vorkommen, dass sich der Diesel verschluckte. Das Fazit der britischen Tester von *Autocar*: »Nach einer halben Stunde Fahrzeit hat man ganz vergessen, dass etwas ›komisch‹ ist an diesem Auto.« Und sparsam war er sowieso, der DIN-Verbrauch lag bei 6,5 Litern auf 100 Kilometer, der gleichstarke 1100er Benziner war mit 8,3 Litern angegeben.

Als Generalprobe vor der Markteinführung hatte man 300 Diesel-Golf an Mitarbeiter und Händler gegeben. In den Unterlagen für die Verkäufer wurde das Diesel-Prinzip mit einfachen Worten und Zeichnungen erklärt und dargelegt, warum diese Antriebsart so geeignet wäre für den Stadtverkehr. Außerdem würde ein Diesel die Luftverschmutzung reduzieren, sei sparsamer, einfacher zu warten und habe eine außerordentlich lange Lebensdauer. Doch welche Vorteile ein Diesel-Golf auch haben mochte: Seine Anschaffung war, wie Volkswagen einräumte, eine Frage des Geldes. Der Aufpreis war zunächst einmal den erhöhten Herstellkosten geschuldet, in den folgenden Jahrzehnten und mit den steigenden Mineralölsteuern aber rechneten sich Diesel nur noch für ausgesprochene Vielfahrer. Das aber minderte die Beliebtheit dieses Antriebskonzeptes kaum. In Deutschland war der Diesel-Golf zunächst kein Bestseller, einer unerwarteten Beliebtheit erfreute er sich zeitweise während der zweiten Ölkrise in den USA.

Sport-Golf GTI

Die andere große Neuigkeit des Jahres 1976 war, im Nachhinein betrachtet, eine Innovation, die mindestens ebenso folgenreich werden sollte wie die, einen Dieselmotor im Golf-Bug zu versenken: Der Hochleistungsbenziner namens GTI ist der dritte Meilenstein dieser ersten Golf-Generation. Eine solche Variante hatte man bei der Entwicklung eigentlich gar nicht im Hinterkopf gehabt, doch die Idee – starker Motor, kleines Auto – war so neu nicht: Vom Mini gab es eine Power-Variante, den Cooper, und den Simca 1300 TI mit Heckluke und Einspritzmotor von 1974 kann man ebenfalls in diese Ahnengalerie einreihen.

Zur IAA 1975 in Frankfurt hatte Volkswagen eigentlich keine ganz große Neuheit zu zeigen, daher drehte sich alles um den GTI-Prototyp, und der erntete ungläubiges Erstaunen. Die Serieneinführung war zu diesem Zeitpunkt bereits so gut wie beschlossen, die Verantwortlichen rechneten mit einer Stückzahl von 5.000 Fahrzeugen (was noch nicht einmal einer Zwei-Tages-Produktion vom normalen Golf entsprach), das genügte auf jeden Fall, um das Auto gemäß dem Gruppe-1-Reglement für Serienwagen ho-

Der Golf GTI 16S

Nur in Frankreich offiziell im Angebot war der Golf GTI 16S, der erste 16-Ventil-GTI. Ein dezenter Auftritt war seine Sache nicht.

Unter der Haube saß ein Oettinger-Zylinderkopf; der Umbau war aber zu aufwendig für eine Großserie. Ein eigener 16-V-Motor kam erst in der zweiten Golf-Generation.

Der GTI machte Schule und rief zahlreiche, teils stärkere Nachahmer auf den Plan. Volkswagen France litt darunter besonders, denn 1981 entfiel rund ein Drittel aller Verkäufe von Golf-Benzinern auf den GTI.

Um sich die Verfolger vom Leibe zu halten, bot man eine 136-PS-Version namens »16S« (16 »Soupapes«, Französisch für Ventile) an. Diese ganz besondere Sportversion hatte einen neuen Zylinderkopf der Firma – so viel Zeit muss sein – »Oettinger Kraftfahrtechnische Spezial Anstalt«.

Das 1951 von Gerhard Oettinger gegründete Unternehmen konnte auf eine lange Tuning-Tradition zurückblicken und hatte 1977 seinen 16-Ventil-Zylinderkopf für den Golf präsentiert. Die wichtigsten Bestandteile des Umbaus waren die Verwendung von Spezialkolben, eine modifizierte K-Jetronic, ein höheres Kompressionsverhältnis (10,5 statt 9,5 : 1), eine feingewuchtete Kurbelwelle und eine modifizierte Ölwanne samt Pumpe. Die Höchstgeschwindigkeit des Sechzehnventilers lag im Test bei 201 Stundenkilometern.

Ein vorderer Stabilisator, ein BBS-Bodykit passend zur Farbe des Autos, ein Grill mit Doppelscheinwerfern und exklusive Schriftzüge rundeten das von den Franzosen geschnürte Super-GTI-Paket ab.

Der 16S wurde mit voller Werksgarantie von den französischen Volkswagen-Händlern verkauft, das hatte im Vorfeld umfangreiche Tests erfordert. Homologiert wurde der 16S nach dem Gruppe-4-Reglement, was eine Mindeststückzahl von 400 vorgab. Oettinger erhielt Standard-GTIs aus Wolfsburg und modifizierte sie dann am Firmensitz in Friedrichsdorf bei Frankfurt.

Produziert zwischen August 1981 und Juli 1983, verfolgte Wolfsburg die Karriere des Sechzehnventilers mit großem Interesse. »Der Oettinger-Umbau war nicht geeignet für große Stückzahlen«, so Alfons Löwenberg. »Er war zu kompliziert und kniffelig, und bei kleiner Stückzahl gab es eine Menge an Ausschuss. Daher wurde untersucht, ob und wie Audi einen eigenen 16-Ventil-Motor entwickeln konnte, und das ist ja dann auch geschehen.«

Mit 75.000 Francs kostete Frankreichs Golf GTI 16S gut 50 Prozent mehr als das Standard-Auto und lag damit auf dem Preisniveau eines BMW 323i. Die Presse spekulierte immer wieder über die Aufnahme in das Lieferprogramm anderer Märkte, offiziell verkauft wurde der 16S aber nur in Frankreich, wo er 1.250 Mal aus den Showrooms rollte. Natürlich war der Über-Golf auch in Deutschland zu haben. Hierzulande kostete der »VW Golf Oettinger 1600 E/16« DM 24.945,-.

mologieren zu lassen. Volkswagen hatte sich nicht damit begnügt, den einigermaßen anständig schnellen Golf 1500 in ein sportliches Gewand zu kleiden, sondern sich wesentlich mehr Mühe gegeben, und das, obwohl es keinen offensichtlichen Markt für ein solches Fahrzeug gab. Wer ein sportliches Auto mit einer gewissen Alltagstauglichkeit wollte, hatte Mitte der Siebziger eine breite Auswahl, und selbst beim Volkswagenhändler gab es so etwas bereits, hieß Scirocco und hatte Golf-Technik. Heckklappen-Limos waren nicht sportlich. Wer musste schon mal einen Kühlschrank schnell transportieren?

Andererseits: Golf, Dreitürer, Kraftstoffeinspritzung? Nicht nur Enthusiasten horchten auf. Die Bosch-K-Jetronic war in Sportfahrerkreisen durchaus bekannt. Mit einem Verdichtungsverhältnis von 9,5 : 1 (beim Standard-Golf 1600 waren es 8,2 : 1) hatte Audi mit dem 80 GTE einen heißen Feger auf die Räder gestellt, und dessen neues 1,6-Liter-Einspritzaggregat (1.588 ccm, um genau zu sein) brachte 110 PS bei 6.100 Touren – 57 Prozent mehr Leistung als der bisherigen Spitzen-Golf, der 1500er. Sein Leergewicht von 780 Kilogramm (trocken, kein Brennstoff) lag um nur 30 Kilogramm über dem eines dreitürigen 1100ers von 1974.

Mit einem Viergang-Getriebe beschleunigte der Sport-Golf von 0 bis Tempo 100 in neun Sekunden. Die Höchstgeschwindigkeit lag bei 182 km/h, der DIN-Verbrauch lag bei acht Litern Super auf 100 Kilometer. Die Fahrleistungen erreichten das Niveau größerer Fahrzeuge mit größeren Motoren, etwa von Alfa-Romeo oder BMW.

Anfangs hielt man das einfach für zu viel Leistung in einem kleinen Auto. »Die Presse war sehr negativ«, erinnert sich Fiala. »Sie hielt den Wagen für zu aggressiv, so ein leichtes Auto; 800 Kilo mit 110 PS, sie sprachen von vielen Unfällen und Toten. Aber nachdem die Presse wirklich das Auto gefahren hatte, änderte sie ihre Meinung. Die Diskussionen dauerten nur ein paar Wochen und hörten dann auf.«

Das Fahrwerk stammte im Prinzip vom Standard-Golf, der GTI lag aber wegen der um 20 mm gekürzten Federn tiefer. Dazu kamen Stabilisatoren vorne und hinten. Die Dämpfung war steifer und die Spur um 14 mm breiter. Bereift war der GTI mit Gürtelreifen der Dimension 175/70 HR 13 auf Stahlfelgen 5,5 J x 13. Die vorderen Bremsscheiben waren innenbelüftet, in Verbindung mit einem größeren Bremskraftverstärker samt hinterem Bremskraftregler.

Der GTI war oberhalb des Golf S angesiedelt, von diesem unterschied sich der GTI durch den mattschwarzen Kühlergrill samt roter Umrandung, schwarze Kunststoff-Kotflügelverbreiterungen und einen seitlichen mattschwarzen Zierstreifen. Dazu kam ein Bugspoiler, um den Auftrieb an der Vorderachse zu verringern. Zur Markteinführung gab es den GTI nur in Rot oder Silber. Ein Heckscheibenwischer samt -wascher war ebenso serienmäßig wie die mit schwarzer Klebefolie umrandete Heckscheibe, auch das ein typisches GTI-Merkmal.

Überhaupt war die Farbe Schwarz in den Siebzigern die Farbe schlechthin für Sportliches. Beim GTI aber hatte man ein wenig übertrieben, der Innenraum trug regelrecht Trauer, mit schwarzem Dachhimmel, Teppichen, Armaturenbrett, Türverkleidungen und sogar Sonnenblenden. Da die Entwickler nur von einer geringen Nachfrage ausgegangen waren, war auch das Budget eher knapp kalkuliert gewesen, die meisten Teile stammten aus dem Teileregal. So hatte der GTI das Standard-Golf-Armaturenbrett ohne Handschuhfachdeckel, der Scirocco TS steuerte das Lenkrad und einige Bremskomponenten bei. Allerdings erhielt der GTI Recaro-Sportsitze mit den inzwischen berühmten Schottenkaro-Bezügen. Diese gehen auf Gunhild Liljequist zurück, die zwischen 1965 und 1992 Innenraumdesignerin war und auch den berühmten Golfball-Schaltknauf entworfen haben dürfte. Öldruckanzeiger, Drehzahlmesser, Quarz-Scheinwerfer und eine beheizbare Heckscheibe mit Heckwischer/-wascher vervollständigten die Ausstattung. Wer die Idee mit der roten Zierleiste im Kühlergrill hatte, ist nicht überliefert.

Nachdem der GTI in Frankfurt wie eine Bombe eingeschlagen hatte, wurde VW von einer Flut von Nachfragen überrascht, potentielle GTI-Käufer mussten ihr Geld bis zum Sommer 1976 auf der Bank parken, bis sie endlich die Möglichkeit hatten, einen zu bekommen: »Der Golf GTI verkauft sich schneller, als wir ihn bauen können«, erklärte die Werbung.

In der Zwischenzeit machten sich Tuner daran, leistungshungrigen Golf-Fahrern auf die Sprünge zu helfen. Oettinger zum Beispiel implantierte in den Golf LS den 100-PS-Sauger aus dem Audi 80 GT, verfeinerte das Ganze noch um zusätzliche Sport-Features und rief dafür stramme 16.258 Mark auf, fast 6.000 Mark mehr als für einen Standard-LS. Nachdem im Juni 1976 dann endlich die ersten GTI kamen (die dann um 13.850 Mark verkauft wurden), dürfte die Nachfrage nach dem getunten LS allerdings ganz schnell eingebrochen sein.

In ihrer Ausgabe vom 15. Juli 1976 veröffentlichte *auto motor und sport* einen ersten ausführlicheren Test vom »Golf im Schafspelz«. Besonderes Lob zollte der Autor dem Recaro-Gestühl, »so gut hat er schon lange in kaum einem anderen Auto bisher gesessen.«

Der gemessene Werte für den Sprint zur 100-km/h-Marke lautete 9,4 Sekunden, und der für die Höchstgeschwindigkeit betrug 185 km/h: »Wer hätte noch vor wenigen Jahren gedacht, dass dies die Werte eines Serien-Volkswagens sein würden?«

Als besonders angenehm empfand Tester Klaus Westrup die Unaufgeregtheit, mit der der GTI zu Werke ging, sprach von einem »Gefühl beruhigender Überlegenheit«. Der Durchzug war indes ein wenig schlechter als beim 75 PS starken LS, was eine Folge der längeren Gesamtübersetzung war. Dennoch: Ein rundum erfreuliches Fahrzeug mit erstaunlich niedrigem Kraftstoffverbrauch: »Einen Alpenpass im GTI zu erklimmen – das zählt gewiss zu den reizvollsten Aufgaben, die sich einem Automobilisten stellen können.« Lob gab es auch für das Fahrverhalten auf der Autobahn, auch wenn ab Tempo 170 der Geradeauslauf sich verschlechterte, weil sich der Golf trotz des Spoilers dann vorne etwas »leicht« anfühlte. Letztlich aber, so das Fazit, könne man im neuen Golf GTI den »wahrhaftigen Nachfolger des kleinen BMW [gemeint ist der 02 – d. Übs.] sehen«.

Für englische Leser setzte sich John Bolster, Korrespondent der berühmten *Autosport*, ans Steuer: »Die neuen GTI von Volkswagen sind so hervorragende Autos, dass ich mich sehr schwer tue, ernsthafte Kritikpunkte zu finden. Sie verbinden Leistung mit Raffinesse, ermöglichen extrem schnelle Kurvenfahrten bei hoher Seitenwind-

Wer erfand den GTI?

Die GTI-Pressevorstellung erfolgte im Juni 1976 auf dem Hockenheimring. Das Konzept des Sport-Golf stieß auf großes Interesse.

Während die Niederlage bekanntlich ein Waisenkind ist, hat der Sieg viele Väter. Und je größer die Legende, desto größer auch die Anzahl derer, die daran beteiligt gewesen sein wollen. Das war beim GTI, der Dutzende von Nachahmern auf den Plan gerufen hatte und sofort Kultstatus genoss, nicht anders.

Doch trotz der Größe, die der Konzern in den 1970er Jahren schon erreicht hatte, lassen sich die Ursprünge des GTI nicht nur auf irgendwelche anonyme Ausschüsse für Produktstrategien zurückführen, sondern auf eine Reihe von Einzelpersonen, die begeistert ihr eigenes, inoffizielles Projekt vorangetrieben hatten. Die beiden Namen, die am frühesten mit dem GTI in Verbindung gebracht wurden, waren die des Entwicklungsingenieurs Alfons Löwenberg und des Pressechefs Anton Konrad: beide waren Motorsport-Enthusiasten.

Löwenberg gehörte in den Jahren zwischen 1967 und 1970 zur halboffiziellen Motorsport-Abteilung von Opel und kam zu Volkswagen mit entsprechenden Ideen. »Es dürfte so im August 1972 gewesen sein, als Anton Konrad und ich über den Sinn – oder Unsinn – des Motorsport-Engagements eines Großserienherstellers diskutierten«, erzählte er dem Autor im Jahre 2013. »Wir waren uns einig, dass es viel rentabler wäre, private Sportfahrer zu unterstützen als Veranstaltungen wie die Formel-V [Monoposto mit Käfer-Motoren]. Später dann, je mehr ich über VW-Produkte in Design und Entwicklung wusste, desto mehr wollte ich meine Erfahrungen im Motorsport einbringen.«

Doch während Ford und Opel stets sportliche Derivate anboten, stand so etwas bei Volkswagen nicht auf der Tagesordnung, zumal man in drei Jahren die Einführung von vier neuen Modellen (Passat, Scirocco, Golf und Polo) zu bewältigen hatte. Dazu kamen 1974 noch die Folgen der Ölkrise. Konrad: »Als wir den Scirocco vorstellten, gab es die Sonntagsfahrverbote auf den Autobahnen, es herrschte eine autofeindliche Stimmung. Die Ingenieure mussten über Kraftstoff-Verbrauchsreduzierung und andere Dinge sich Gedanken machen, nicht darüber, wie ein Sportauto aussehen könnte. Nach offizieller Lesart waren Sportwagen für das Haus kein Thema.«

Dass es jedoch eine Nachfrage nach einem Sport-Volkswagen gab, zeigte 1973 die unerwartete Begeisterung, die einen limitierten Volkswagen in knalligem Gelb mit mattschwarzen Hauben, Sportsitzen und breiten Rädern entgegenschlug. Dieser besondere 1303 S hieß »Gelb-Schwarzer Renner« (GSR). Obwohl die Leistung mit 50 PS der des Standard-1303 entsprach, war die Nachfrage groß. Insgesamt wurden 3.500 GSR zwischen Dezember 1972 und Februar 1973 gebaut, und nicht wenige erhielten eine Leistungsspritze vom Tuner. Das wiederum geriet beinahe zum Politikum, weil mit Erzeugnissen des Staatsbetriebs Volkswagen nicht zu schnell gefahren werden sollte.

Die Motorsportverfechter waren überzeugt, dass der Golf, der zu der Zeit noch gar nicht in der Produktion war, über alle Zutaten eines wettbewerbsfähigen Rallye-Auto verfügte. Am 18. März 1973 schrieb Löwenberg ein Memo an sechs Führungskräfte, darunter den Leiter der Forschung und Entwicklung, Dr. Fiala, den Leiter der Versuchsabteilung, Dr. Friedrich Goes, Anton Konrad und Hermann Hablitzel, den Leiter der Pkw-Entwicklung. Darin wies er darauf hin, dass alle Sportmodelle, die ein ähnliches Leistungsgewicht wie ein Golf 1500 aufwiesen, nicht mehr produziert wurden, so der NSU Prinz, der BMW 2000 und die Sportversion des Opel Kadett. Der Golf hingegen, so schlug er vor, könne durchaus auch verwendet werden, um private Motorsportteilnehmer zu fördern. Dann zählte er einige wesentliche Eckpunkte auf, die seiner Vorstellung nach einen »Sport-Golf« ausmachen sollten: 1.600 Kubik, 100 PS, Fünfgang-Getriebe, Räder 6 x 15, belüftete Scheibenbremsen, Ölkühlung und Schalensitze – so ähnlich sollte der Wagen aussehen, der dann auch in der FIA-Gruppe 1 startberechtigt wäre. »Mein Memo wurde bei einer Ingenieursbesprechung mit Prof. Fiala diskutiert«, erinnert er sich. »Hermann Hablitzel hat sich die Initiative sehr zu eigen gemacht und sie nachdrücklich vertreten. Fiala, so mein Eindruck, hatte Anfangs an starke Vorbehalte dagegen.«

Ohne offizielle Unterstützung veranlasste Hablitzel die Einrichtung einer inoffiziellen Arbeitsgruppe unter Löwenberg, zu der Fahrwerks-, Reifen- und Karosseriespezialisten gehörten. Das Bindeglied zwischen Versuch und Horst-Dieter Schwittlinsky (Marketing) war Anton Konrad. Die Spezialteile für den Sport-Golf wurden in der Versuchsabteilung gebaut.

Eine Reihe von Projektbesprechungen fand nicht im Werk, sondern im Privathaus von Konrad statt. Er und Schwittlinsky wussten ihre Vorstandsmitglieder hinter sich und erhielten Unterstützung von den Marketing-Verantwortlichen der Auslandstöchter, allen voran Schweden, Frankreich und Italien. Konrad begann auch, Presse-Veranstaltungen zum Thema »Sport« zu arrangieren, wobei Renn- und Rallyefahrzeuge vorgeführt wurden. 1974 baute dann VW Motorsport in Hannover einen Gruppe-1-Golf für Freddy Kottulinsky auf.

»Nach unserem ersten Treffen gaben wir Löwenberg den Auftrag, mit diesem Auto diese Richtung einzuschlagen; nicht einen Rennwagen, nicht ein lautes Auto zu machen«, erzählte Konrad dem Autor. Er erinnerte sich daran, dass er einen Vorserien-Golf [die offizielle Darstellung spricht allerdings von einem Scirocco] aus der Versuchsabteilung hatte, aus dem er den ersten Sport-Golf gebaut habe, mit Breitreifen 6 x 13, kürzeren Federn, verschiedenen Stoßdämpfern – die er über seine Kontakte zu den Tunern Kamei und Bilstein hatte besorgen können – sowie einem Motor, den »Freunde« aus dem Motorenbau lockergemacht hatten. Dabei handelte es sich um den 1.588-Kubik-Motor aus dem Audi 80 GT – im Verkauf seit 1973 – mit 100 PS und Solex-Doppelvergaser. Während beim Audi der Motor aber längs eingebaut war, wurden bei Volkswagen die Motoren quer eingebaut, was entsprechende Änderungen nach sich zog. Konrad versuchte auch die Kombination aus 1,5-Liter-Motor und K-70-Doppelvergaser, aber das wurde verworfen.

Laut Volkswagen wurde dieser erste Sport-Golf offiziell als »verschleierter Chassis-Prototyp« geführt, weit mehr Rallye- denn Straßenauto, mit harter Fahrwerksabstimmung, Sportauspuff und Breitreifen (205/60 HR 13, ein Porsche 911 war mit Reifen der Dimension 185/70 besohlt). Löwenberg sollte sein »Kind« Fiala im Frühjahr 1975 in Ehra-Lessien auf der Teststrecke vorführen, und die Vorstellung geriet überzeugend. Dazu kamen sehr positive Testberichte über den Golf mit 1,5-Liter-Motor, die dem Volkswagen ungeahnte sportliche Talente bescheinigten – was dem Werk gar nicht so klar gewesen war. Sie trugen ebenso zur Entscheidung bei wie die Tatsache, dass die IAA im September anstand und ein Publikumsmagnet für den Messestand in Frankfurt benötigt wurde: Im Mai 1975 erhielt das Sport-Golf-Projekt die offizielle Unterstützung. Weitere sechs Prototypen entstanden in verschiedenen Ausbaustufen – von beinhart bis soft –; und Herbert Schäfer, Chefstylist seit 1973, widmete sich den wichtigen, aber möglichst kostengünstig umzusetzenden notwendigen Styling-Modifikationen. Herbert Schuster, gerade von Audi als neuer Testchef zu VW gekommen und später als »Vater des GTI« gefeiert, entwickelte die Kombination aus Rad, Reifen und Fahrwerkseinstellungen, die schließlich die beste Mischung aus sportlichem Handling und Komfort ergab.

Aus dem ständig wachsenden Volkswagen-Audi-Teile-Baukasten kam dann auch die letzte magische Zutat, die Kraftstoffeinspritzung, die den GTI auch bei niedrigen Drehzahlen zur willigen Drehorgel machte. Bei Audi 80 GT und Passat war die Kraftstoffeinspritzung eingeführt worden, um die US-Emissionsvorschriften erfüllen zu können, der Leistungszuwachs um 10 auf 110 PS hatte dabei nicht im Vordergrund gestanden.

Anton Konrad erinnert sich an eine Diskussion über das Sport-Golf-Projekt in Ingolstadt mit Ferdinand Piëch, dem damaligen Technikchef von Audi: »Ich kam zurück mit der Zusage von Dr. Piëch über 5.000 Motoren für unseren Wagen, bevor Audi mit seinem Auto in die Öffentlichkeit trat.« Löwenberg wären übrigens Vergaser lieber gewesen, aber Konrad setzte sich durch, er hielt das für unpraktisch: »Eine Kundendienstschulung nur für die Wartung von 5.000 Autos mit Weber-Doppelvergasern? Das war undenkbar!«

Audi 80 GTE und Golf GTI debütierten beide auf der IAA in Frankfurt am 11. September 1975. Laut Herbert Schuster bezeichnete Volkswagen den Sport-Golf nur deswegen als GTI, um ihn vom Audi GTE (das »E« stand natürlich für Einspritzung) zu unterscheiden. Das »i« wurde nie irgendwie offiziell, aber letztlich viel kopiert.

Für ein Auto, dem man nur 5.000 Verkäufe pro Jahr zugetraut hatte, verkaufte sich der erste Golf GTI bemerkenswert gut: Zwischen 1976 und 1983 wurden mehr als 450.000 Fahrzeuge verkauft, was etwa acht Prozent der Golf-I-Produktion entsprach.

Der Golf GTI 1976 in all seiner Einfachheit mit seinen schmalen, flachen Stoßstangen, den Stahlrädern, den schwarzen Kotflügelverbreiterungen, der Klebefolie auf den Flanken und dem GTI-Zeichen im Grill (wo das VW-Zeichen schwarz eloxiert ist): Der GTI war keine Krawallkiste.

Für ein Auto, das Geschichte schrieb, hatte der erste Golf GTI einen sehr dezenten Auftritt: Bei der IAA 1975 in Frankfurt ging er in der Masse der normalen Golfs beinahe unter. (Foto: LAT)

Mit dem Volkswagen Rabbit GTI erhielt Amerika den Hochleistungs-Volkswagen, der bereits seit Jahren Europa bewegte. Er kam aber zu spät, um das Schicksal des Rabbit noch zu wenden. (Foto: Volkswagen of America)

stabilität und Geschwindigkeit mit Sicherheit. Ich kann fairerweise nichts anderes sagen.« Ursprünglich hatte man gehofft, die 5.000 für die Homologation notwendigen Fahrzeuge bis Oktober 1976 verkauft zu haben, doch zu diesem Zeitpunkt war die gesamte Jahresproduktion bereits ausverkauft. Der ehemalige VW-Pressechef Anton Konrad war Teil des ursprünglichen Teams hinter dem GTI gewesen. »Wir hoben den Preis von 10.790 DM für den Golf LS auf 13.850 Mark für den GTI an. Der Preis war hoch, aber angesichts der begrenzten Stückzahl schien das vertretbar. Aber als wir den Wagen dann 1976 in den Verkauf nahmen, wollten die Leute immer nur Autos, mehr Autos, mehr Autos. Also erhöhten wir die Produktionszahlen von 50 pro Tag auf bis zu 500 Wagen. Der Preis sank aber trotz der steigenden Nachfrage nicht.«

Die Exportmärkte reagierten ähnlich euphorisch, der britische Importeur etwa fragte nach der Verfügbarkeit für die Märkte mit Rechtslenkung. »Gar nicht«, lautete zunächst die Antwort, der nur in limitierter Stückzahl geplante GTI sollte nicht als Rechtslenker gebaut werden, weswegen die Pressemitteilung zur Markteinführung im Juni 1976 die Bestellung von linksgelenkten Golf und Scirocco GTI erst ab September in Aussicht stellte: »Aus technischen Gründen wird es nicht möglich sein, Rechtslenker-Versionen zu produzieren. Volkswagen (GB), das in erster Linie das Motorsport-Potenzial der beiden Autos untersuchen will, wird diese Fahrzeuge vor allem für Sportfahrer importieren.«

Wegen der boomenden Verkäufe auf dem europäischen Festland konnte der britische Markt erst im Frühjahr 1977 bedient werden, im März ging ein erster Testwagen an die britische *Autocar*, natürlich als Linkslenker. Bereift mit Contis, schien das Fahrwerk anfangs noch recht straff zu sein. »Wenn man sich aber erst einmal daran gewöhnt hat, bemerkt man schnell, wie viel Mühe in die Abstimmung geflossen ist ... Bei einer solchen Leistung sind die Kurvengeschwindigkeiten mit dem GTI viel höher und fordern den Fahrer viel mehr als ein normaler Golf.«

Der Bugspoiler sollte den Auftrieb an der Vorderachse verringern, das kurveninnere Vorderrad wurde aber im Grenzbereich beim plötzlichen Lastwechsel gerne leicht, dann »wandelt sich das Auto und wird zum Übersteuerer, der mit kundiger Hand am Ausbrechen gehindert werden will ... wenn man sich aber erst einmal an den GTI gewöhnt hat, lernt man diese Eigenart mit großem Vorteil zu nutzen.«

Mit 3.372 Pfund war der GTI natürlich teuer für ein kompaktes 1,6-Liter-Auto, das es nur als Linkslenker gab, doch war der GTI immer noch günstiger als etwa der Escort RS 2000 (£ 3.729,-) oder der Triumph Dolomite Sprint (£ 3.833,-). Spezialisten bauten den GTI um, offizielle Rechtslenker lieferte der britische Importeur dann ab Juli 1979. Zu diesem Zeitpunkt verfügte der GTI bereits über die bis zu den Radläufen reichenden Kunststoff-Stoßfänger und das Fünfgang-Getriebe mit sportlicher Übersetzung.

Die Schweizer *Automobil Revue* war ebenfalls voll des Lobes, bezeichnete ihn als »eines jener wenigen erschwinglichen, voll alltagstauglichen Autos, die dank ihrer Leistung und ihres Fahrverhaltens dem begeisterungsfähigen Könner Freude im Strassenalltag bringen können ...« In der Schweiz kostete der GTI 15.790 Franken.

Bei so viel Lob von allen Seiten war es eigentlich kein Wunder, dass die Verkaufszahlen ständig stiegen. Gemäß einer Quelle von 1984 wurden 1976 (kein volles Verkaufsjahr) 10.366 Golf GTI gebaut, gut das Doppelte der ursprünglichen Schätzung. 31.746 GTI entstanden im Jahr 1977, und bis 1981 war diese Zahl auf 72.394 Exemplare geklettert. Deutschland, Frankreich und die Schweiz waren die größten Absatzmärkte, in Großbritannien wurde 1978 nur 22 Fahrzeuge verkauft, dann aber, nachdem VW den GTI als Rechtslenker anbot, stieg die Zahl auf 1.573 Stück im Jahr 1979 – ein Tropfen im Ozean der Golf-Gesamtproduktion, die im September 1979 die Drei-Millionen-Marke erreichte, einschließlich der aus US-Produktion zuströmenden Rabbit.

Rabbit GTI – besser spät als nie

Jim Fuller, Vice President von Porsche und Audi in Amerika, wurde 1981 eilig als Feuerwehrmann an die Spitze der amerikanischen Volkswagen-Organisation berufen. Im Rahmen einer internen Unternehmens-Kampagne namens »Roots« (Wurzeln) begann er ein Programm zur »Germanisierung« des Rabbit, das bedeutete eine straffere Federung, bessere Sitze und weniger Bling-Bling. »Wir werden unsere Autos ›malibuisieren‹«, sagte er und bezog sich dabei auf den konservativen Chevrolet Malibu, der zu der Zeit ein Bestseller war. Die größte Hoffnung aber auf eine Wiederbelebung des Rabbit-Images lag in der Einführung eines amerikanischen GTI, welcher den US-Bürgern bis dato vorenthalten worden war. Im November 1981 hatte das Fachblatt *Motor Trend* einen offenen Brief an VW of Amerika geschrieben und bemängelt, dass die US-Tochter immer nur Interesse am Verkauf von wirtschaftlichen Autos habe. Für leidenschaftliche Fahrer war der in Westmoreland gebaute Rabbit S nicht genug. Einen neuen Motor zu homologieren würde 250.000 Dollar kosten, und wenn man nur 20.000 Fahrzeuge mit diesem verkaufe, habe man das Geld schon wieder eingespielt.

Nachdem er als Sofortmaßnahme überlegt hatte, den Rabbit S mit GTI-Fahrwerk auszurüsten, entschloss Fuller sich dann, Nägel mit Köpfen zu machen: Der US-Motor mit 1.715 Kubik wurde auf das europäische Maß von 1.781 Kubikzentimeter Hubraum aufgebohrt und höher verdichtet (8,5 : 1 statt 8,21 : 1). Größere Ventile, eine neue, weniger zugestopfte Abgasanlage, ein modifizierter Katalysator und das Fünfgang-GTI-Getriebe waren weitere Kennzeichen des heißen Hasen aus Westmoreland. So produzierte der Rabbit GTI letztlich 90 PS bei 5.500 Umdrehungen. Damit war er 1982 zwar immer noch 22 PS schwächer als das deutsche Original, aber die Modifikationen wirkten sich außerordentlich positiv aus, erhöhten Temperament, Elastizität und Fahrspaß. Die Spitzengeschwindigkeit lag bei 104 Stundenmeilen (167 km/h) und die Beschleunigung von 0–60 mph (0–96 km/h) betrug 9,7 Sekunden. Das Auto war 63 Kilogramm schwerer als das Basis-Kaninchen, hatte eine um 22 % steifere Aufhängung und Stabilisatoren vorne und hinten. Der US-GTI rollte auf den 14-Zoll-Leichtmetallrädern des neu eingeführten Passat II (»Quantum« in den USA, nicht mehr »Dasher«). Der Rabbit GTI wurde im November 1982 für das Modelljahr 1983 vor-

Schottenkaro-Sitzbezüge, ein Golfball-Schalthebel, einige Zusatzinstrumente und das Sportlenkrad (»Spucknapflenkrad«) machten aus einem normalen Golf-Interieur das eines GTI. (Foto: LAT)

Zusammen mit dem ersten Golf GTI erschien ein gleich motorisierter Scirocco, aber es war der Golf, der für Furore sorgte, nicht das Coupé.

Der erste Jetta wurde erst fünf Jahre nach der Golf-Premiere präsentiert. Es gab ihn, je nach Absatzmarkt, mit zwei oder auch vier Türen.

gestellt, während in Deutschland der Golf zur Ablösung anstand. *Car & Driver* nannte ihn »die aufregendste automobile Neuvorstellung des Jahres«, und er hätte dem US-Geschäft vielleicht tatsächlich den dringend benötigten Impuls geben können, doch er kam zu spät: 1984 sackten die Verkaufszahlen auf 68.362 Einheiten ab, auch in den USA wartete man auf die zweite Generation des Golf. Diese lief dann auch noch kurzzeitig in Westmoreland vom Band, dann aber als Golf. Der Name »Rabbit« war Geschichte, auch wenn der Golf zwischen 2006 und 2009 noch einmal als Rabbit verkauft wurde.

Golf plus: der Jetta

Als der Golf Ende der sechziger Jahre konzipiert wurde, erfolgte dies ausschließlich als Schrägheck, also als Zweivolumen-Modell. Ein Dreivolumendesign, die klassische Stufenheckvariante, war nicht geplant. Allerdings gab und gibt es länderspezifische Besonderheiten, der eine Markt liebt den separaten Kofferraum, der andere die Heckklappe. Während die wichtigsten europäischen Märkte einschließlich England Schrägheck-Limousinen bevorzugen, ist in Süd- und Osteuropa wie auch den USA das Stufenheck beliebter (übrigens auch in Finnland, aus welchen Gründen auch immer). Zum Zeitpunkt der Einführung waren Ford und Opel mit Stufenheck-Kompakten am Start, Renault bot seinen spanischen Kunden eine ziemlich krude Stufenheck-Ausführung des Renault 5 an, den Renault 7. Nachdem sich der normale Golf blendend verkaufte, konnte man sich in Wolfsburg mit der Einführung von Karosserievarianten Zeit lassen. Und da Motor und Antriebsstrang vorne und nicht wie beim Käfer hinten lagen, hatten die Designer alle Freiheiten, einen gefälligen Entwurf zu entwickeln. Stattdessen schufen sie den Jetta.

Ähnlich war auch der Derby zustande gekommen. Der Langheck-Polo war zu Beginn des Jahres 1977 gekommen und ursprünglich eine Audi-Entwicklung auf Basis des Audi 50 gewesen. Fiala: »Wir hatten den Derby, um zu prüfen, ob die Idee richtig war, und sie stellte sich als richtig heraus. Aber der skandinavische Markt ist zu klein, um endgültige Rückschlüsse zu ziehen, und so kämpfte ich vier oder fünf Jahre für einen Stufenheck-Golf. Für den großen Familienurlaub war der Golf-Gepäckraum einfach zu klein.«

Nachdem sich also der Golf als würdiger Käfer-Nachfolger erwiesen hatte, war die Zeit reif für ein Dreivolumen-Modell, das den (Kunst-)Namen »Jetta« erhielt (kein Wind wie die anderen Volkswagen der Neuzeit). Präsentiert 1979 zur IAA in Frankfurt, hatte der Rucksack-Golf den gleichen Radstand, aber eine um 40 Zentimeter gewachsene Außenlänge, was ihm zu einem Gepäckraum von 630 Litern (VDA-Messung: 520) verhalf. Rechteckscheinwerfer mit integrierten, herumgezogenen Spoilern und eine Frontschürze unterstrichen die Eigenständigkeit der Konstruktion, die technisch mit dem Golf identisch war. In einigen Märkten gab es auch eine zweitürige Version. Der Jetta hatte gegenüber einem 1100er-Fünftürer einen kleinen Gewichtsnachteil von rund 30 Kilogramm (trocken), die Testwerte unterschieden sich nur wenig. Obwohl der Jetta an der Hinterachse über einen Stabilisator verfügte, war das Fahrverhalten nicht ganz so tadellos wie beim Golf, was so ziemlich der einzige Punkt war, den die Tester kritisierten – mal abgesehen von der Tatsache, dass die Beinfreiheit im Fond golfmäßig gering geblieben war.

Erst fünf Jahre nach Erscheinen der ersten Golf-Generation eingeführt, war dann bei den folgenden Generationen diese Karosserievariante von Anfang an gesetzt, wenn auch der Name je nach Markt und Generation differierte. Das Echo der Fachpresse war stets geteilt, man fand ihn wohl oft ein wenig langweilig.

Das Fünf-Jahres-Facelift

Es war ein Beweis für die Attraktivität und Zeitlosigkeit des Designs, dass der Golf – von dem die Kunden einfach nicht genug bekommen konnten, dreieinhalb Millionen waren es bis zur Modellpflege – in den ersten fünf Jahren optisch unverändert geblieben war. In überarbeiteter Form lief er dann rund drei weitere Jahre.

Die Entwicklung eines neuen Golf war 1978 gerade beschlossen worden, er stand also erst am Anfang des Prozesses, daher musste der alte noch ein wenig durchhalten. Der Ur-Golf sah sich einer ganzen Reihe von jüngeren Konkurrenten gegenüber, der Markt war überschwemmt von zahlreichen Schrägheck-Kompakten. Die größte Bedrohung ging 1979 vom Opel Kadett D aus, dem neuen Weltauto von General Motors. GM machte auch keinen Hehl aus der Tatsache, dass man sich vor Entwicklung des Fronttrieblers sehr genau den Golf angeschaut habe, kein Wunder also, dass das Kadett-Rezept seltsam vertraut schien: Quermotor und -getriebe, McPherson-Federbein-Vorderachse, eine Hinterachse im Golf-Stil, der Tank ebenfalls unter der Rücksitzbank, die Lenkgeometrie mit negativem Lenkrollradius – alles Golf. Daneben aber hatte der Kadett die Gnade der späten Geburt, die wenigen Schwachstellen konnten hier ausgemerzt werden. Dazu gehörte eine tiefe, rückenfreundliche Ladekante und eine größere Karosserievielfalt einschließlich eines Kombiwagens. Im Jahr 1981 schließlich trat Ford mit einem komplett neuen Frontantriebs-Escort auf den Plan.

Das Golf-Facelift für das Modelljahr 1980 belief sich auf größere Heckleuchten und modifizierte Stoßfänger außen. Im Inneren waren neue Sitze und Türverkleidungen mit einem überarbeiteten Armaturenbrett mit zwei zusätzlichen, mittig platzierten Luftaustrittsöffnungen zu verzeichnen. Eine neue 1,3-Liter-Maschine mit 60 PS ersetzte den 70 PS starken 1500er mit Handschaltung, was zunächst als Rückschritt erschien. Volkswagen begründete dies mit der anhalten Nachfrage an Dieselmotoren für Golf und Passat, und da, wie oben geschildert, der 1,5-Liter-Block auch die Basis für den Diesel legte, konnten so die Lieferzeiten für den Selbstzünder abgebaut werden. So handelte es sich beim neuen Motor mit 1.272 Kubik um eine größere Variante des 1,1-Liter-Motors mit höherer Achsübersetzung von 4,27 : 1 statt 3,9. Im Jahr 1980 wuchs der Hubraum des Diesels von 1,5 auf 1,6 Liter. Der neue Motor basierte auf dem

Ein in Sarajevo gebauter TAS-Golf. Der TAS-Schriftzug saß in der Regel rechts im Grill, das VW-Symbol fehlt hier. (Foto: Stiftung Automuseum)

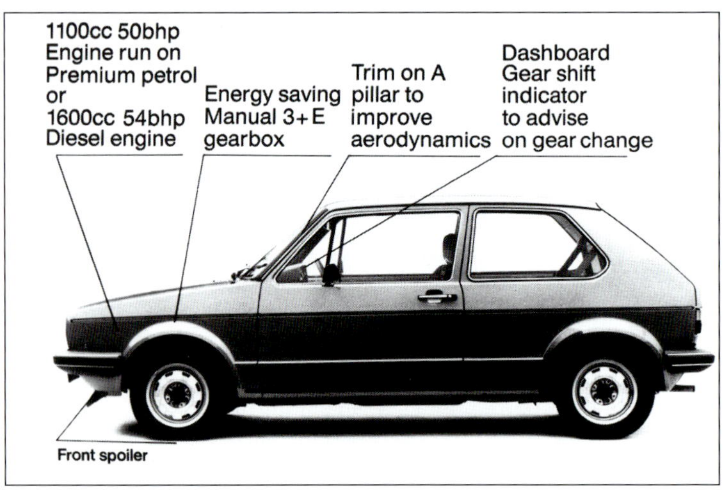

Im Grunde genommen waren die Formel-E-Modifikationen weder kompliziert noch kostspielig. (Foto: LAT)

Der Golf mit der Nummer »MKT 512R« war der erste Golf GTI, den die britische Presse testen konnte, trotz Linkslenkung. Er rollte mit Leichtmetallfelgen vor, optional für andere Golfs. (Foto: LAT)

1.558 Kubikzentimeter großen Benziner, der Hubraumzuwachs ging einher mit einem bescheidenen Anstieg der Leistung um vier auf 54 PS. Für das Jahr 1980 erhielt der Golf GTI ein gut abgestimmtes Fünfgang-Getriebe, das vorzüglich zum GTI-Charakter passte, zumal der Fünfte nicht als Schongang ausgelegt war: »Ein Fahrgang reinsten Wassers«, freute sich das deutsche Automagazin *mot*; »hat den Charakter nicht verwässert«, schrieb das britische Fachblatt *Car* in seinem Dauertest vom Oktober 1980 und bilanzierte: »Trotz aller Elastizität und Kultiviertheit des Motors kann der Golf seinen Fahrer zu aggressiver Fahrweise verleiten. Das Autos fühlt sich an wie ein kleiner Tiger, und auch wenn Sie nicht unbedingt ein Raser sind, werden Sie sich immer wieder dabei ertappen, genau das zu tun. So ein GTI ist einfach ein Feuerzeug, das den Rennfahrer im Manne weckt.«

Brasilien erhielt 1980 seinen eigenen Halb-Golf, den Gol. Dieser kombinierte Elemente des EA 276 mit einem Käfer-Motor im Bug. (Foto: LAT)

Der Volkswagen Caddy

Auf der Suche nach einem weiteren Modell, das dem US-Rabbit zur Seite gestellt werden könnte, entwickelte Volkswagen of America in Eigenregie mit Hilfe von Chevrolet-Ingenieuren einen Pick-up. Bis zur B-Säule identisch mit der Limousine, wurde die Heckpartie durch ein Leiterrahmen-Chassis mit einfachen Blatt- und Schraubenfedern ersetzt. Die Nutzlast stieg auf 625 Kilogramm. Die Pritsche machte den Wagen um einen halben Meter länger, der Radstand wurde auf 2,62 Meter gestreckt.

Zwischen 1979 und 1983 in den USA gebaut, erfreute er sich einiger Beliebtheit im Export, vor allem in Südafrika liebte man die kleinen Pick-ups oder »Bakkies«, und dann auch in Europa, wo er als »Caddy« mit dem Standard-Golf-Kühlergrill lief. 1982 verlegte Volkswagen die Produktion zur Volkswagen-Tochter Sarajevo Tvornica Automobila (TAS) im ehemaligen Jugoslawien, wo der Caddy bis zum Ausbruch des Krieges 1992 weitergebaut wurde; die Golf-Produktion begann dort erst wieder im Jahre 2002. In Südafrika wurde der Caddy weiter neben dem Citi Golf bis 2007 produziert.

Europäische Caddys gab es wahlweise offen oder geschlossen mit abnehmbaren Fiberglas-Hardtop, es gab zahlreiche Ausbaumöglichkeiten, von der Müllentsorgung bis zum Ausbau als Wohnkabine. Der 1,6-Liter-Dieselmotor mit seinen 54 PS war erste Wahl für gewerbliche Nutzer, daneben gab es noch den 1,6-Liter-Benziner mit 75 PS sowie den 1,8-Liter-Benziner mit 95 PS und Katalysator.

Formel E

Nach der Ölkrise 1979, die aus der iranischen Revolution resultierte, rückte die Frage nach der Energieeffizienz ein weiteres Mal ganz nach oben auf der Prioritätenliste des Westens. Automobilhersteller sahen sich genötigt, noch wirtschaftlichere Fahrzeuge anzubieten. Volkswagens Ansatz ging über das übliche Maß weit hinaus, zu weit vielleicht. Beim Energie-Symposium in Wolfsburg am 8. Mai 1980 präsentierte Volkswagen sein Formel-E-Konzept, das zunächst einmal eine Neukonfiguration der Übersetzungsverhältnisse bei den meisten Getrieben zur Folge hatte. Bei einem Viergang-Getriebe wurde der dritte Gang so übersetzt, dass der Wagen seine Höchstgeschwindigkeit erreichte, der vierte dagegen wurde als Schongang mit 0,8 übersetzt; außerdem war die Achsübersetzung geändert. Formel-E-Autos galten im Haus als goldene Mitte zwischen Benzin- und Diesel-Pkw, sie waren billiger als Diesel, aber immer deutlich teurer als der Standard-Benziner: 360 Mark kostete der Spar-Golf gegenüber einem normalen 1100er. Das E-Paket wurde weder für Scirocco noch für Audi Coupé oder Audi 200 angeboten, wohl aber für den Jetta.

Die Instrumententafel wurde mit einem »Ökonometer« ausgestattet, diese Schalt- und Verbrauchsanzeige signalisierte mit farbigen Leuchtdioden den optimalen Schaltzeitpunkt. Kunststoffblenden an der A-Säule und der GTI-Spoiler verbesserten die Aerodynamik (c_W-Wert 0,38 statt 0,41) und die Kraftstoffeffizienz um vier Prozent. Volkswagen bezifferte die Auswirkung aller Maßnahmen (wozu auch Modifikationen an Zündung und Nockenwelle gehörten) auf den Kraftstoffverbrauch mit insgesamt 13 bis 20 Prozent oder 0,6 bis 2,2 Liter, maximal seien sogar 2,7 Liter laut DIN möglich. Formel-E-Motoren waren mit 9,7 : 1 (Serie: 8,0 : 1) höher verdichtet und verfügten über eine andere Achsuntersetzung. Die Höchstgeschwindigkeit – im *mot*-Test 145,1 km/h, Werksangabe 140 km/h – lag im Dritten an. Im Vierten sanken Topspeed und Drehzahl, bei 120 km/h drehte der nun auf Superbenzin ausgelegte Motor moderate 3.600/min, was den Innengeräuschpegel spürbar senkte. Das Viergang-Getriebe hieß 3 + E, die Fünfgang-Box 4 + E, damit wurden Passat und Audi 100 ausgestattet.

Die Leistung des modifizierten 1,1-Liters betrug wie bisher 50 PS, allerdings lag diese Leistung um rund 400 Motorumdrehungen eher an als beim Normal-Golf. Das maximale Drehmoment von 82 Nm entfaltete sich bei 3.300 Touren, die Drehmomentkurve verlief insgesamt ein wenig flacher. Volkswagen-Audi sah in der Formel E eine bahnbrechende Entwicklung, die wichtigsten Importeure veranstalteten eigene »Energie-Symposien«, die Briten etwa

Citi Golf – der Langlebige

Eine einfache Zweifarben-Lackierung machte aus dem tristen Kleinwagen den Citi-Golf, das pfiffige Einsteiger-Modell. (Foto: Volkswagen South Africa)

Die erste Generation des Golf war so beliebt in Südafrika, dass sie bis 2009, 26 Jahre nach Produktionsende in Deutschland, in Produktion blieb.

Die Karriere des Citi-Golf begann im Jahre 1982, als Volkswagen of South Africa (VWSA) sich Gedanken über den in zwei Jahren zu erwartenden Golf-I-Nachfolger machte.

Die Südafrikaner hatten 1978 mit der Produktion ihrer eigenen Version des beliebten Ur-Golf begonnen. Er entstand im Werk Uitenhage in der Nähe von Port Elizabeth und hatte mittlerweile einen lokalen Anteil von 57 %. Außerdem gab es eine Reihe von speziellen, nur für den einheimischen Markt produzierten Varianten wie den fünftürigen GTI.

Das neue Auto wäre größer, schwerer und zwangsläufig teurer, so sah sich VWSA vor dem Problem, mit dem Modellwechsel ein preisgünstiges Einstiegsmodell zu verlieren, da es den Polo nicht als Viertürer gab (zumal die Käfer-Produktion im Jahr 1979 ausgelaufen war).

Die bevorzugte Option bestand daher in der Beibehaltung des Golf I in einer anderen, abgespeckten Form. Diese Studie eines »Econo Golf« war so öde, wie der Name klingt.

Sie basierte auf einem 1978er Golf LS, einem Fünftürer mit 1,1-Liter-Motor, beigefarbener Lackierung, ohne Teppiche oder Haltgriffen innen. Als VWSA der Werbeagentur RS-TM den Econo-Golf vorstellte – schließlich sollten die ihn bewerben –, gab es lange Gesichter, denn letztlich waren sich alle einig, dass diese Rentner-Optik die junge Zielgruppe kaum zum Kauf animieren würde. Die Agentur machte dann den Vorschlag, frischere Farben zu wählen, und entwarf auch ein Zweifarbschema, wobei die Türunterseiten, die Heckklappe und die Stoßfänger vorne und hinten in weiß abgesetzt wurden.

Dazu kam ein pfiffigerer Name: Citi Golf. Und obwohl bei den üblichen Vergleichen mit dem Wettbewerb die Kunden den Econo kaum eines Blickes würdigten, auch wenn er der günstigste war, genehmigte der neue Vorstandsvorsitzende der Volkswagen AG, Carl H. Hahn, das Projekt Citi Golf.

1984 vorgestellt, war die Ausstattung einfach. Es gab ihn nur als Fünftürer ohne Schiebedach oder Extras, der einzige zur Verfügung stehende Motor war ein 65 PS starker 1,3-Liter. Citi Golfs kamen in den Farben Rot, Blau oder Gelb; der Kundenzuspruch war von Anfang an hoch und verlieh dem Spar-Golf eine langfristige Perspektive.

In diesem Markt waren sportliche Golf-Varianten besonders gefragt, da konnte es nicht ausbleiben, das VW nachlegte: Mehr Leistung brachten die sukzessive eingeführten 1.4-, 1,6- und 1,8-Liter-Motoren. Die Vergaser wichen der K-Jetronic, und die dann der Mehrpunkt-Kraftstoffeinspritzung. Der GTI wurde erst zum Modelljahr 1983 in Südafrika eingeführt, doch hatte es zuvor bereits die sportlichen Modelle GT, GTS und GTX gegeben. Der Citi trat in deren Fußstapfen, der Citi Golf CTI von 1990 hatte einen 1,8-Liter-110-PS-Motor und tummelte sich dann in nationalen Rennserien.

Im Rahmen der Modellpflege wurden Kühlung und Bremsanlage verbessert, und um den langen Strecken in Südafrika gerecht zu werden, erhöhte VWSA das Tankvolumen von 37 auf 49 Liter. Im September 1988 folgte das erste Citi-Facelift, dabei wurde der Kühlergrill leicht abgeschrägt im Stile des Golf 2, und zur Verstärkung des Aufbaus wurde in die C-Säule eine Hockeyschläger-förmige Sicke eingepresst. Jedes Jahr brachte neue Citi-Sondermodelle, die das Interesse hoch hielten, so wie das auch die nach wie vor niedrigen Betriebskosten taten. Die größte Änderung im Innenraum bestand in der Einführung eines völlig neuen Armaturenbretts Ende 2003 im Stile des Škoda Fabia.

Das letzte Facelift 2007 brachte kreisrunde Bremslichter innerhalb der Heckleuchten, und auch der Frontspoiler wurde einer Verjüngungskur unterzogen. Im selben Jahr erschien auch der 122 PS starke 1,8-Liter-Citi Golf R-Line, die schnellste jemals ab Werk angebotene Golf-I-Ausführung.

Ein Import des Citi-Golf nach Europa stand übrigens nie zur Debatte, die hier gültigen Crashtestnormen und Emissionsvorschriften hätten ein solches Vorhaben mit Sicherheit verhindert. Es gab für den Citi weder Servolenkung noch ABS-Bremsen, und das größte Zugeständnis an die Insassensicherheit bestand in der Einführung eines Fahrer-Airbags im Frühjahr 2009.

Tief verwurzelt in der südafrikanischen Automobilszene, endete die Produktion im November 2009 nach 377.484 Exemplaren. Die Nachfolge des Citi Golf trat der Polo Vivo an, ein Vertreter der vierten Polo-Generation.

Angefangen hat alles mit dem Armaturenbrett des Original-Golf von 1974, geendet hat es mit einer Instrumentenkonsole im Fabia-Stil, allerdings ohne dessen Airbags. (Foto: Volkswagen South Africa)

Zur Produktionseinstellung legte VWSA ein Sondermodell in einer Auflage von 1000 Stück auf. Jeder dieser Citi-Golf war nummeriert, die Plakette fand sich am Armaturenbrett auf der Beifahrerseite, zusammen mit einem speziellen Mk1-Logo. (Foto: Volkswagen South Africa)

1978 erhielt die Modellreihe samt GTI neue, voluminösere Stoßfänger. Im Vereinigten Königreich gab es den GTI der ersten Serie stets nur als Dreitürer, aber Deutschland, Belgien und Südafrika verkauften den GTI 1.8 auch als Fünftürer.

Der 1978er GTI in der Heckansicht. Größere Heckleuchten gab es bei der Modellpflege 1981, zusammen mit einem neuen Armaturenbrett.

Wettbewerb 1980: Vorne der von Giugiaro gestylte Lancia Delta, dahinter der D-Kadett von Vauxhall/Opel und dahinter der völlig chancenlose Escort II in zeittypischem Gold. Letzterer stand vor der Ablösung, der Escort III kam dann auch mit Frontantrieb. (Foto: LAT)

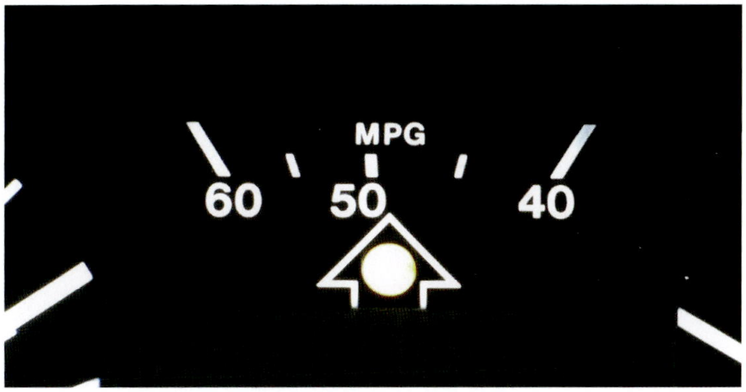

Das »Ökonometer« gab Aufschluss über den Fahrstil.

Der große Spoiler gehörte zum Formel-E-Paket.

im Jahre 1981. Die höheren Anschaffungskosten des zunächst nur in L-Ausstattung lieferbaren Formel E amortisierten sich, abhängig von der Benzinpreisentwicklung, nach rund 35.000 Kilometern. Der größte Konkurrent des Formel E aber war der Golf D mit 3 + E: Der war noch einmal um über zwei Liter sparsamer als das Benzin-Sparmodell. Kein Wunder also, dass die Verkaufszahlen der Benziner hierzulande hinter den Erwartungen zurückblieben. Immerhin: Einige Features wie die Schalt- und Verbrauchsanzeige aus dem Formel-E-Paket fanden den Weg in die Serie.

Der Start-Stopp-Golf

Die Verfügbarkeit der Formel-E-Option differierte, je nach Modell. Das 4+E-Getriebe konnte als Option für den Diesel geordert werden, doch der Formel-E-Passat und der Audi 80 wurden mit einem Start-Stopp-System (SSA, Stop-Start-Anlage) ausgestattet, wobei der Fahrer den Motor im Stau durch das Antippen einer Taste am Ende des Scheibenwischerhebels abstellen konnte. Der Motor sprang dann wieder an, sobald der Fahrer das Gaspedal trat und gleichzeitig das Kupplungspedal betätigte. Dann musste es aber auch gleich losgehen, und die Notwendigkeit der zeitnahen Beschleunigung gefiel nicht allen Fahrern. Die Idee war bereits 1973 getestet worden, Volkswagen hatte damals einige 412er versuchsweise damit ausgestattet.

Doch hinter den Kulissen arbeitete Volkswagen an einer Weiterentwicklung des Start-Stopp-Systems, auch wenn die Öffentlichkeit mit ziemlicher Sicherheit noch nicht bereit dafür war: Die Rede ist von der Schwungnutzautomatik SNA, auch Segelautomatik genannt. Der Dieselmotor war hier an einen Mikroprozessor gekoppelt, der den Motor abstellte, sobald der Fahrer den Fuß vom Gaspedal nahm, und ihn wieder anspringen ließ, wenn das Pedal erneut betätigt wurde. Beim Ampelstopp wurde der Motor abgestellt und sprang an, wenn der erste Gang eingelegt wurde. Ein Betätigen des Kupplungspedals war überflüssig, der Fahrer sollte aber tunlichst seine Hand nicht auf dem Schalthebel lassen, weil in diesem ein Sensor enthalten war (der NSU Ro 80 hatte eine ähnliche Vorrichtung besessen). Peter Hofbauer, Leiter der Vorausentwicklung und seit 1978 Chef der Motorenentwicklung bei VW, kam bei einem Besuch der britischen Motorentwickler von Ricardo in Shoreham, Sussex, auf die Idee. Auf den hügeligen Straßen – die Gegend um Wolfsburg ist ja bekanntlich ganz flach – kuppelte er bergab aus und ließ den Wagen im Leerlauf rollen, weil er wissen wollte, ob und wie viel Kraftstoff sich auf diese Weise einsparen ließ. »Die Masse eines Fahrzeugs speichert eine Menge kinetischer Energie, sodass man lange mit abgestelltem Motor fahren kann, ohne wirklich langsamer zu werden.« Hofbauer erinnerte sich an ein Experiment in den späten 70er Jahren, wo zehn dieser SNA-Golf an die Bundespost im nahe gelegenen Braunschweig und weitere zehn an eine Umweltorganisation in Berlin abgegeben wurden. Und Dr. Fiala erinnert sich auch (vielleicht war das im Rahmen der gleichen Versuchsreihe) an Testfahrzeuge beim großen Postzentrum Düsseldorf, bei denen die amerikanischen automatischen Gurtrückhaltesysteme – in dem Moment, in dem der Fahrer einsteigt und die Türen schließt, legt sich automatisch der Gurt an – im Einsatz waren. Diese Post-Golfs hatten ebenfalls die Schwungnutzautomatik. »Wir erklärten den Postzustellern den Umgang mit der neuen Technik, also morgens einsteigen, losfahren, am Briefkasten halten, aussteigen, wieder einsteigen, Gang einlegen und weiterfahren.« Fiala weiter: »Am Anfang waren alle begeistert, es war so einfach. Einmal selber den Zündschlüssel drehen, und dann den ganzen Tag nichts mehr. Nach einigen Wochen änderte sich das, denn nun wiesen an Kreuzungen ständig irgendwelche besorgte Zeitgenossen darauf hin, dass der Wagen ja nicht liefe, sie also nicht weiterfahren könnten.«

Und es waren gerade die Kreuzungen und Einmündungen, welche den SNA-Nutzern den Spaß verdarben, denn die meisten schalteten das System ab, und dann waren die Verbrauchsvorteile natürlich obsolet, und andere waren einfach nervös und fürchteten, dass das Auto unvermittelt unterwegs ausgehen könnte. Volkswagen fragte Psychologen, und die fanden heraus, dass insbesondere ältere Autofahrer sich machtlos fühlten, wenn die Nadel des Drehzahlmessers plötzlich auf null fiel ... »Wir erfanden einen sogenannten Herzschlag, ein künstliches Rauschen, um dem Fahrer anzuzeigen, dass der Motor noch liefe«, so Hofbauer gegenüber dem Autor. »Er sollte ihnen signalisieren: ›Keine Bange, der Motor ist noch da und springt an, wenn man auf das Gaspedal tritt‹.«

Die SSA war Bestandteil der erweiterten Formel E-Option und für Passat und Santana zu haben, mutmaßlich gelangte sie beim Golf nicht in den Verkauf. Volkswagen bezifferte die erzielbaren Einsparungen bei den Benzinern – »bei Beachtung der SVA [Schaltverbrauchsanzeige]« – auf 27 Prozent im Stadtzyklus und bei den Dieseln auf bis zu 17 Prozent: Die Schwungnutzautomatik benötigte viel Zeit, um sich durchzusetzen. Die Idee tauchte Ende der 1980er Jahre beim Eco-Golf wieder auf und fand schließlich mit dem Ecomatic 1993 den Weg ins Produktionsprogramm, traf aber nur auf mäßiges Interesse. Fast zwei Jahrzehnte führte sie ein Schattendasein, bis die Emissionsvorgaben die meisten Automobilhersteller zwangen, automatische Start-Stopp-Systeme anzubieten, und der Erfolg der Hybridfahrzeuge verhalf dieser cleveren Lösung vollends zum Durchbruch.

Das Golf Cabrio

Wie der Diesel und der Jetta, so war auch das Cabrio nicht Teil des ursprünglichen Golf-Programms. Mitte der 1970er Jahre glaubte die Branche, dass die amerikanischen Sicherheitsbestimmungen und die eventuellen Klagen von Überschlagsopfern das Ende der viersitzigen Cabriolets und zweisitzigen Roadster zur Folge haben werde. Andererseits wurde das Käfer-Cabriolet nach wie vor in anständigen Stückzahlen bei Karmann gebaut, ein teurer Anachronismus, gewiss, aber ein Fahrzeug, das über eine treue Fangemeinde verfügte. Das einzige andere viersitzige Cabrio auf dem Markt war der Rolls Royce Corniche (und, mit Einschränkungen, das Peugeot 504 Cabrio, denn dessen Produktionseinstellung war für Ende 1978 beschlossene Sache).

Das VW-Cabriolet war wichtig für Karmann und sorgte für entsprechende Gewinne, und auch wenn der Scirocco Geld in die Kassen spülte, so war doch klar, dass der absehbare Produktionsauslauf des offenen Käfers eine Lücke hinterlassen würde, die es zu schließen galt. Daher begannen Karmann-Ingenieure – und nicht etwa VW-Ingenieure –, sich Gedanken über einen Golf ohne Dach zu machen.

Karmann hatte sich zunächst an der Entwicklung eines Scirocco-Cabrios versucht, diese aber aufgegeben, weil es hinten zu eng zuging. Allgemein bestand die Ansicht, dass Schrägheck und Cabriolet sich gegenseitig ausschlössen, und in der Tat zeigen frühe Zeichnungen für einen Golf mit Verdeck einen Dreivolumen-Entwurf, also einen Golf mit Stufenheck im Jetta-Stil, und ein solcher Prototyp wurde auch gebaut. Doch im Jahr 1976 hatten Karmann-Ingenieure dann die hintere Hälfte eines Golf Dreitürers so abgeklebt, dass die Seitenansicht einem geschlossenen Cabrio ähnelte, und luden Dr. Fiala aus Wolfsburg zur Besichtigung ein. Nach einiger Überzeugungsarbeit stimmte er dem Bau eines Prototypen zu.

Anfang 1977 wurde dann das Dach eines Golf abgeschnitten, was diesem etwa 80 Prozent seiner Verwindungssteifigkeit raubte und die Ingenieure zwang, umfangreiche Modifikationen vorzunehmen, so durch Schweller und zusätzliche Querverstrebungen. Der erste Entwurf hatte keinen Bügel, das Verdeck lag hinten flach auf und verschwand vollständig im Kofferraum. Seine Heckscheibe musste mit einem Reißverschluss herausgetrennt werden.

Der nächste Schritt war entscheidend. »Die meisten Leute meinten, die Tage der Cabrios seien gezählt«, erinnert sich Ernst Fiala. »Die meisten waren vom Band genommen worden, weil jeder Hersteller im Falle eines Überschlags fürchten musste, im Rahmen der Produkthaftung verklagt zu werden. Wir mussten etwas tun, um zu zeigen, dass wir das Problem verstanden hatten.«

Obwohl zu der Zeit nicht gesetzlich vorgeschrieben, wurde der Entwurf mit einem Überrollbügel abgeändert, was eine Vielzahl von Problemen löste. »Er störte nicht den Fahrer, weil er außerhalb des Blickfelds lag«, sagte Fiala. »Er war gut zur Führung des Verdecks, für die Anlenkung der Sicherheitsgurte und die Führung der Fenster, außerdem hatten wir das Problem der Karosserieverwindungen gelöst. Das gab zwar einen Aufruhr unter den Käfer-Cabrio-Besitzern, die sagten, dass das Cabrio einfach schlecht aussähe, wie ein Kohleneimer.« Das Cabriolet erhielt jedoch den Spitznamen »Erdbeerkörbchen«. Zur Markteinführung wurden Aufnahmen von Überschlagsversuchen gezeigt, die bewiesen, dass der Bügel das Gewicht des Autos tragen konnte, und sogar der Anbau eines speziell konzipierten Dachträgers war möglich.

Mit zwei Spannbügeln wurde das Verdeck am Windschutzscheibenrahmen befestigt. Diese umzulegen, dauerte fünf Sekunden, nach weiteren 25 war die Kapuze unten.

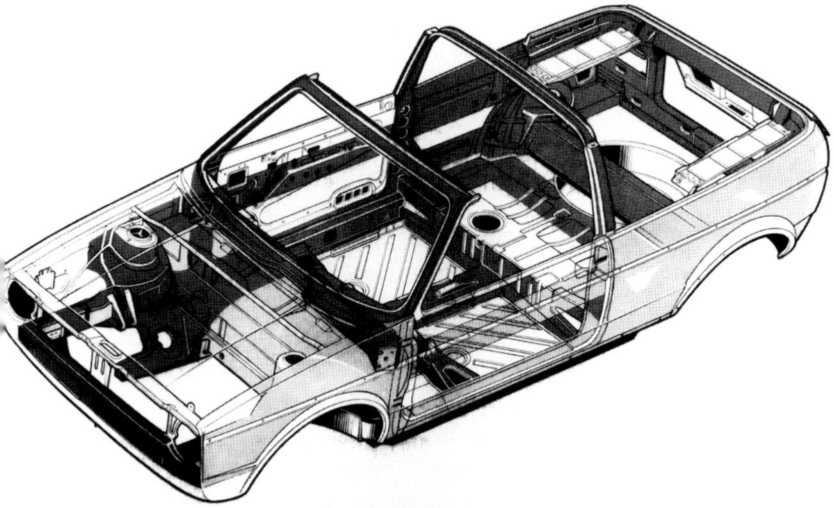

Die dunkel eingefärbten Partien in dieser Darstellung aus der Pressemappe von 1979 zeigen, wo überall der Karosserierohbau verstärkt wurde. (Foto: LAT)

Mit geschlossenem Verdeck sah der Golf sehr harmonisch aus, nichts wirkte provisorisch oder verbastelt. Die Heckscheibe, und auch das war ungewöhnlich, bestand aus Glas und war beheizbar.

Das Golf-Cabriolet im Serientrimm mit seinem ebenso markanten wie nützlichen Überrollbügel und einer Kapuze, die, wie beim Käfer, im abgeklappten Zustand die Sicht nach hinten maximal einschränkte.

Karmanns ersten Vorschlag für ein Golf Cabrio lehnte das Volkswagen-Management nach Überschlagsversuchen ab. Außerdem war eine solche Lösung einfach unpraktisch. (Foto: Volkswagen Classic)

Karmann entwickelte auch ein Jetta-Cabriolet, das mehr Platz für Gepäck gehabt hätte als der Golf, die Entwicklung wurde aber nicht weiterverfolgt. (Foto: Stiftung Automuseum)

Das Golf-Cabrio wurde über mehr als zwei Jahre entwickelt und war weit mehr als ein Dreitürer minus Dach. Letztlich summierten sich die zusätzlichen Längsträger zwischen den Radkästen am Unterboden, die Querstreben und Versteifungen in den Türen und die komplett umgestaltete Heckpartie auf ein Mehrgewicht von etwa 90 Kilogramm. Weil Volkswagen auf einen vernünftigen Kofferraum beharrte (offenbar stellte eine Kiste Bier das Mindestmaß dar), türmte sich das Verdeck schließlich auf dem Heck auf. Die Qualität war so gut wie beim Käfer; die Faltmütze wog 40 Kilogramm mehr als das Stahldach und saß nach einer Modellpflege für das Jahr 1981 zehn Zentimeter tiefer, was sich optisch positiv auswirkte.

Das Dach bestand aus fünf Schichten, dem als Scherenkonstruktion ausgebildeten Gestänge und zwei Spannbügeln, die das Verdeck am Windschutzscheibenrahmen befestigten. Zwei Halteklammern sicherten das Verdeckpaket im abgeklappten Zustand, zwei Gasdruckfedern erleichterten den Schließvorgang, der rund eine halbe Minute in Anspruch nahm. Die beheizbare Glasheckscheibe war wesentlicher Bestandteil des Designs, und nach entsprechenden Windkanalversuchen hatten die Karmann-Ingenieure auch den richtigen Anstellwinkel gefunden, der eine allzu große Verschmutzung verhinderte und auch bei höherem Tempo (die Höchstgeschwindigkeit aller Cabrio-Versionen lag etwas niedriger als bei den Limousinen) eine anständige Aerodynamik bot. Eine elektrische Verdeckbetätigung wurde aus Gewichts- und Platzgründen nicht angeboten.

Der Golf Cabrio debütierte auf dem Genfer Autosalon im März 1979 in zwei Versionen als GLS und GLI. Angesichts des zusätzlichen Gewichts, das er trug, wurde der 1,1-Liter-Motor nur für Märkte angeboten, in denen der kleine Motor seinen Besitzern Steuervorteile bescherte. Die Cabrio-Basis bildete ansonsten der GLS mit dem 1,5-Liter-Motor und 70 PS, darüber angesiedelt war der GLI mit dem 110-PS-Einspritzer des Golf GTI. Laut Werksangabe beschleunigte der GLI in 10,2 Sekunden zur 100-km/h-Marke. Natürlich war der offenen Golf nicht ganz so verwindungssteif wie die Limousine, das von Testern festgestellte leichte Karosseriezittern aber war nicht nur unvermeidlich, sondern auch notwendig und beeinträchtigte die Alltagstauglichkeit in keiner Weise. Der GLS war übrigens etwas softer abgestimmt als der GLI. Vorhersehbar waren

Ein 1982er Golf mit den Facelift-Stoßfängern. Die zweite Golf-Generation war schon in Sicht.

Bei der Einführung des Diesel 1976 erinnerte dieser Aufkleber auf der Windschutzscheibe den Fahrer an das notwendige »Vorglühen« des Motors bei einer bestimmten Zündschlüssel-Position. Links der Lenksäule zu erkennen ist der Kaltstart-Beschleunigerzug, der KBZ.

die Beschwerden wegen der mangelhaften Übersichtlichkeit nach hinten, und die Fahrer lernten schnell, ihre Außenspiegel zu nutzen. Die Aussicht auf ein Ende des Käfer Cabrios, von dem alleine 1978 über 18.000 Exemplare gebaut worden waren, mobilisierte die Käfer-Fans, denen die Vorstellung, ein »Erdbeerkörbchen« fahren zu müssen, ein Graus war. Es gab eine Sternfahrt nach Wolfsburg und Hupproteste. Allerdings lud PR-Manager Anton Konrad alle Käfer-Cabriolet-Besitzer zum Werksbesuch ein, es gab Bier und Wurst, ein Dankeschön für die große Verbundenheit und die herzliche Bitte, dem neuen Produkt eine Chance zu geben. Natürlich standen einige neue Golf Cabriolets für Probefahrten bereit, und danach unterschrieben diverse Käfer-Besitzer auch auf der gepunkteten Linie des Kaufvertrages.

Wie der GTI läutete auch das Golf Cabrio einen Trend ein. Fiat gab Bertone einen offenen Ritmo in Auftrag, Ford wurde bei Karmann vorstellig und ließ dort nach 1983 den offenen Escort vom Band laufen, sehr ähnlich dem Golf mit beheizbarerer Heckscheibe und prominentem Überrollbügel. Die Produktion des Golf Cabrio begann mit lediglich 2.000 Stück im Jahr. Alle entstanden bei Karmann in Osnabrück, wo die Fertigung erst 1993 endete.

Die zweite Diesel-Revolution

Vor dem Produktionsauslauf der ersten Generation in Europa gab es eine weitere bedeutende Golf-Variante: Den Turbo-Diesel. Eingeführt für das Modelljahr 1982, war sein Erscheinen keine besondere Überraschung, schließlich befand er sich seit 1978 in der Entwicklung. Durch den Einsatz eines Turboladers entwickelte der 1,6-Liter-Diesel dann 70 PS, eine Leistung, die dem des 1,5-Liter-Ottomotors entsprach. Hofbauer wollte den Diesel schon lange mit einer Aufladung versehen, hatte sich aber bekanntlich ja schon mit allem Nachdruck dafür einsetzen müssen, dass überhaupt die Saugmotor-Einheit verwirklicht wurde. »Es gab enormen Widerstand in den PSK-Treffen seitens Vertrieb und Finanzen gegen diesen Schritt, weil sich der normale, 2.000 Mal am Tag gebaute Saugmotor-Diesel so leicht verkaufte«, erinnert er sich. »Letztlich aber genehmigte PSK das Turbo-Programm mit dem Kommentar: ›Lassen Sie den Hofbauer seinen Turbo-Diesel machen. Die Verkaufszahlen werden gering sein, doch die Verluste, die wir machen, sind nicht von Bedeutung‹, so Prof. Tomee [Vorstand Finanzen] zu mir: ›Lassen Sie die reden; mit dem Diesel haben Sie VW gerettet.‹«

In den Siebzigern hatten die Volkswagen-Ingenieure den Turbolader als Mittel zur Leistungssteigerung bei Benzinmotoren öffentlich stets abgelehnt und dies mit dem möglicherweise höheren Motorverschleiß begründet. Und dann war da noch das Turboloch, das verzögerte Ansprechen des Motors auf den Druck aufs Gaspedal, denn der Lader benötigte eine gewisse Reaktionszeit. Das Problem bekam man später in den Griff, durch schnellere Gaswechsel dank der Sechzehnventiltechnik und eine entsprechende Ladergeometrie. Doch so weit war VW noch nicht, zu dem Zeitpunkt schien der Anbau eines Turboladers an die niedrig belasteten Selbstzünder der richtige Weg zu sein, um mehr Leistung bei gleicher Wirtschaftlichkeit zu erreichen.

Dafür musste der 1,6-Liter-Diesel mehr als 30 Änderungen über sich ergehen lassen, einschließlich eines größeren Ölkreislaufs samt Ölkühler und leistungsfähigerer Ölpumpe sowie Verstärkungen in all jenen Bereichen, die den höheren Abgastemperaturen ausgesetzt waren. Zum Einsatz kam ein Garrett-Turbolader oder einer

So extrem wie Günter Artz vom Volkswagen-Händler Nordstadt, Hannover, war sonst keiner: 1978 ließ er dieses Einzelstück mit Porsche-928-Technik bauen. Dazu hatte die Karosserie verbreitert und der Vorderwagen erheblich modifiziert werden müssen. (Foto: LAT)

Das Schottenkaro gehörte in den letzten GTI bereits der Vergangenheit an, nur der Golfball-Schaltknauf war noch da.

Einer der letzten: der Pirelli-Golf von 1983 mit den markanten Pirelli-Rädern. An den »P«-Durchbrüchen waren diese auf Anhieb zu erkennen. Die Windleitbleche an der A-Säule stammten vom Formel E.

Wem ein Standard-Golf-Cabrio nicht exklusiv genug war, der konnte sich 1982 an Nordstadt in Hannover wenden, wo man es in einen Speedster verwandelte, ihm zu einem neuen Interieur verhalf und mit dem Karosserie-Anbausatz von Kamei behängte. (Foto: LAT)

Tuners Liebling: Der Golf rief zahlreiche Tuner auf den Plan. Besonders extrem war der Flügeltürer des Schweizer Vordenkers Rinspeed, der den Golf außerdem mit einem Cocktail-Schrank versah. (Foto: LAT)

von KKK, das maximale Drehmoment lag bei 2.000 Touren an, das des gleichstarken Benziners bei 2.500 Umdrehungen. Im Test von *auto motor und sport* beschleunigte der Turbo in 14,0 Sekunden auf 100 km/h und erreichte eine Spitze von 160 km/h. Der Testverbrauch im Stadtverkehr lag bei 6,6 Litern Diesel. In der Optik erinnerte der GTD an den GTI; der fünftürige Testwagen kostete 19.514 Mark, das war gewiss kein Schnäppchen. Der GTD wurde nicht auf allen Märkten angeboten.

Mehr Leistung für den GTI

Der ursprüngliche GTI war noch immer erste Wahl für alle, die einen Kompaktsportler suchten, trotz einer wachsenden Anzahl von Hochleistungssportlern wie Renault 5 Alpine / Gordini Turbo, Opel Kadett oder Ford Escort XR3. Ende 1982, kurz bevor der Ford mit Kraftstoffeinspritzung in den Verkauf ging, schärfte Volkswagen den GTI nach und präsentierte ihn mit größerem 1,8-Liter-Motor. Der Hubraumzuwachs auf 1.781 Kubik war eine Folge der größeren Bohrung und des größeren Hubs; hinzu kamen Verfeinerungen wie ein verbesserter Massenausgleich und ein Drehschwingungsdämpfer. Zum Einsatz kam eine leichtere Nockenwelle, die Brennräume waren überarbeitet worden, außerdem stieg die Verdichtung von 9,5 auf 10 : 1.

Der Leistungszuwachs von 110 auf 112 PS war weniger wichtig als der Zuwachs an Drehmoment, die Absenkung des Innengeräuschniveaus und der geringere Benzinverbrauch. Der neue Motor war ausschließlich mit Fünfgang-Handschaltung zu haben, der DIN-Verbrauch lag bei 10,9 Litern auf 100 km/h, mithin 0,3 Liter weniger als beim 110-PS-GTI. Neu war auch die Multifunktionsanzeige für Uhrzeit, Fahrzeit, Durchschnittsverbrauch, Öl- und Außentemperatur sowie weiteren Annehmlichkeiten, die in den frühen 1980er Jahren noch keine Selbstverständlichkeit darstellten. Durch einen Knopf am Ende des Scheibenwischerhebels konnten diese Informationen abgerufen werden; dazu kam eine Schaltzeitpunktanzeige. Das Innere war ansonsten unverändert, das Schwarz dominierte weiterhin, es gab in Wagenfarbe lackierte Türbrüstungen und die obligatorischen karierten Recaro-Sportsitze. »Mit dem neuen 1,8-Liter-Einspritzmotor hat VW den Leistungsvorsprung .... zum grössten Teil wieder hergestellt.

Der GTI behauptet sich – und das ist angesichts seiner nicht mehr ganz taufrischen Karosserie besonders bemerkenswert – nach wie vor als ungekrönter Leader in seiner Klasse«, bilanzierte die Schweizer *AR*.

Eine Legende verabschiedet sich

Für das Jahr 1982 begann das Großreinemachen im Golf-Programm, die Einführung des Nachfolgers stand auf dem Plan. Damit einher ging eine Neuordnung der Ausstattungslinien, die bei der Gelegenheit neue Bezeichnungen erhielten. Der Standard-Golf hieß nun C beziehungsweise CD (»Complete«), darüber angesiedelt waren der CL, dann der GL, der GTI und der GTD. Darüber hinaus konnte die Formel-E-Option gewählt werden, nur nicht für den GTI. Eine kleine, aber sehr nützliche Änderung in punkto Korrosionsschutzmaßnahmen bestand in den neuen vorderen Kunststoff-Innenkotflügeln, welche die A-Säule, Vorderwagen und

Das Wettbewerbsumfeld anno 1983. In der 1,8-Liter-Klasse tummelten sich Kadett/Astra GTE, Alfa Romeo Alfasud Ti und Ford Escort XR3i. Alfa und GTI sind mit einem Sonnendach nachgerüstet worden, damals sehr beliebt.

Bei der GTD-Einführung verfügte der Golf bereits über das neue Armaturenbrett mit zentralen Luftauslassöffnungen (wenn die auch recht niedrig angebracht waren) und ein größeres Handschuhfach.

Der Golf GTD im GTI-Trimm war so etwas wie der Sportwagen unter den Dieseln.

Der Golf GTD war der erste Großserien-Kompakte mit aufgeladenem Selbstzünder.

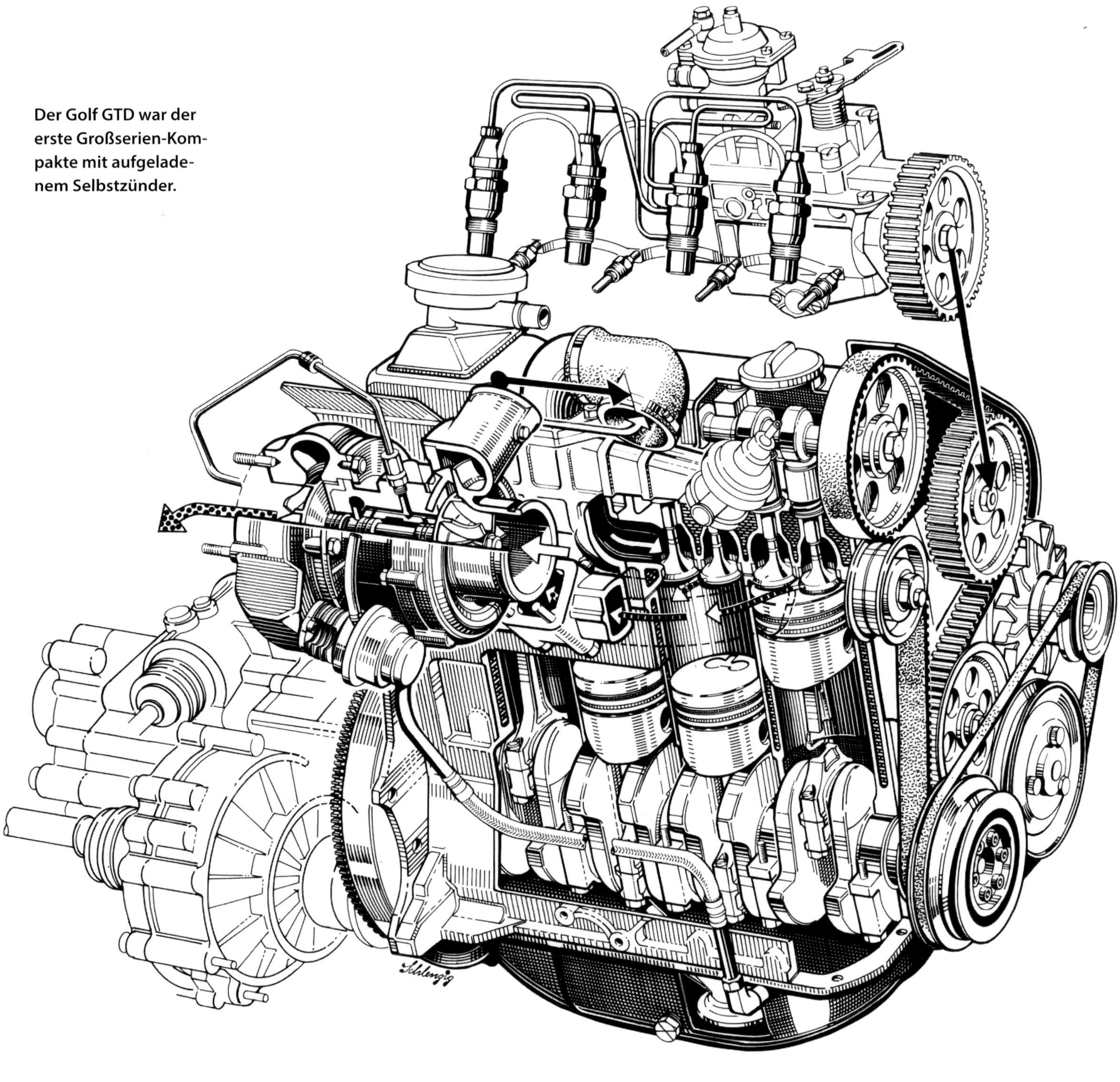

Federbeindome abschirmten. Im Jahre 1983 erschienen verschiedene, mit Extras vollgestopfte Sondermodelle, um den Abverkauf der letzten Golf-Exemplare zu beschleunigen und die Lager zu räumen für den nächsten Golf, der im September kommen sollte. Nachgerade legendär wurden die GTI-Sonderausgaben der »Pirelli Edition«. Dessen Kennzeichen waren die runden Doppelscheinwerfer. Erhältlich war der Pirelli-Golf in den Sonderfarben Alpinweiß, Heliosblau Metallic, Marsrot und Lhasagrün Metallic mit jeweils entsprechend darauf abgestimmter Innenausstattung. Unverwechselbar waren die Leichtmetallräder mit Löchern in Form des Pirelli-P und Reifen der Dimension 185/60 HR 14 des gleichen Herstellers. Die geplante Auflage von 10.500 Exemplaren war innerhalb von sechs Monaten ausverkauft. Ähnlich ausgestattete Modelle hießen »Trophy« (Schweiz), »Plus« in Frankreich und »Campaigne« in Großbritannien, von dem 1.000 Stück gebaut wurden. Die Produktion der ersten Golf-Generation endete in Europa im Oktober 1983, drei Monate nachdem die Fertigung des Nachfolgers angelaufen war. Einschließlich aller Varianten wie Jetta und Caddy waren in den neun Jahren 6.720.000 Einheiten entstanden. Der Golf veränderte die Automobilgeschichte, sein Konzept wurde zum Meilenstein. Seitdem werden Fahrzeuge dieses Zuschnitts als »Golf-Klasse« bezeichnet, und auch die Initialen »GTI« wurden zum Inbegriff eines Kompaktsportlers.

Die Nebendarsteller: Audi 80, Passat, Scirocco und Polo

Der Audi 80 GT von 1973 hatte einen neuen 1,6-Liter-Motor, der schließlich als Einspritzer auch im Golf GTI eingesetzt wurde. (Foto: Audi)

Chef Rudolf Leiding durfte kein Risiko eingehen, der Flop auch nur eines der geplanten Modelle der neuen Generation hätte das ganze Unternehmen gefährden können. Das jedenfalls lehrte die Vergangenheit, siehe die schlechten Verkaufszahlen von 411 und K70. Zwischen 1972 und 1975 wurde eine schlagkräftige Familie von Fronttrieblern vorgestellt, die neben dem Golf Hits wie Audi 80, Volkswagen Polo, Passat und Scirocco hervorbrachte. Und jeder der neuen Volkswagen begründete eine langlebige Sippe.

Audi 80

Den Grundstein für die neue Volkswagen-Generation legte der Audi 80. Im Juli 1972 angekündigt und sowohl in Ingolstadt als auch in Wolfsburg produziert, bildete er das erste Eigengewächs der Marke mit wassergekühltem Motor. Unter seiner schnörkellosen, konservativen Karosserie saß ein neuer, gusseiserner Vierzylinder mit obenliegender Nockenwelle und Aluminiumkopf. Das Triebwerk mit der Kennung EA 827 wurde mit 1.296 und 1.470 Kubikzentimetern Hubraum angeboten und befeuerte alle Volkswagen der neuen Generation – mal abgesehen vom Polo. Auf dieser Basis entstanden Varianten für den Betrieb mit Benzin, Diesel, Methanol und Alkohol; er legte auch die Grundlage für den Fünfzylinder-Audi-Motor, der zum Markenzeichen des Unternehmens avancierte und auch den Quattro motorisierte. Bei Audi 80 und Passat war der 827er längs montiert, bei Golf und Scirocco dann quer.

Während das Styling vergleichsweise konservativ geriet, war der Audi 80 doch das erste Auto der Welt mit negativem Lenkrollradius als wichtigem Bestandteil des Sicherheitskonzepts. Auch bei harten Bremsmanövern und wechselnden Fahrbahnbelägen wäre der Wagen jederzeit sicher beherrschbar, selbst bei einem Reifenplatzer. Der Audi 80 war ein sofortiger Erfolg, der den Audi-Anteil am deutschen Markt von 6,6 auf über 10 % steigen ließ. Vom »Auto des Jahres 1973« wurden bis 1975 eine halbe Million Fahrzeuge produziert.

Volkswagen Passat

Im Mai 1973 erschien der Passat als erste neue Mittelklasse-Limousine des Konzerns mit Frontantrieb. Er machte den K70 überflüssig, kippte die Typen 3 und 4 aus dem Programm und war die Blaupause für den im Folgejahr startenden Golf. Die Presseabteilung von Volkswagen bezeichnete ihn als »das wichtigste Auto seit dem Käfer«.

Die Arbeiten hatten 1968 unter der Regie von Lotz begonnen, als die PSK die Grundzüge einer künftigen Modellstruktur festlegte und dabei eine Reihe von weitreichenden Entschlüssen zu neuen Fahrzeugen in der »A«- und der »B«-Klasse fasste. Aus dem »A«-Wagen wurde der Golf, aus der »B«-Klasse der Passat. Eine Reihe von Zwischen- und seltsamen Zwitterlösungen gingen ihm voraus, so ein Entwurf mit wassergekühltem Boxermotor oder ein 411 mit Frontmotor von Audi, bevor sich das Management zunächst auf den EA 272 festlegte. Das hätte Frontmotor und Heckantrieb bedeutet, aber Volkswagen entschloss sich dann doch noch, sich technisch am Audi-Frontmotor-Layout zu orientieren.

Die neue Motorenpalette umfasste drei wassergekühlte Triebwerke und deckte den Hubraumbereich zwischen 1,3 und 2,0 Liter ab. Sie sollten quer eingebaut werden, und während der Passat im Prototypenbau langsam Gestalt annahm, wurden die neuen Motoren in Audis und Autobianchis getestet.

Der Styling-Auftrag sollte zunächst an Pininfarina gehen, mit dem Volkswagen bereits einen Vertrag hatte, wurde dann aber an Giorgio Giugiaros neue Firma Ital Design vergeben. Volkswagen orderte eine Fließheck-Limousine als Zwei- und Viertürer, denn die neue Limousine sollte die bisherigen Typ-4-Kunden bei der Stange halten. Frühe Prototypen verfügten bereits über die große Heckklappe, die beim Passat erst mit der zweiten Generation richtig populär werden sollte.

Die ersten Entwürfe erinnerten sehr stark an den gleichzeitig entstehenden Golf, doch das Schicksal des EA 272, dessen Markteinführung für 1972 geplant war, nahm 1971 eine jähe Wendung. Der neue Chef, Rudolf Leiding, musste schnell feststellen, dass die Kassen leer waren und der Konzern es sich nicht leisten konnte, zwei komplett neue Fahrzeugfamilien, nämlich A- und B-Wagen, EA 272 und EA 337, zu entwickeln. Er fand die

Der Prototyp des Passat aus dem Jahr 1972 steht heute im Automuseum. Er gleicht einem großen Golf und hatte auch einen Quermotor. (Foto: Autor)

Lösung dieses Dilemmas bei Audi, denn dort hatte man bereits einen B-Wagen.

»Wir hatten in Ingolstadt natürlich bemerkt, dass der Käfer stark abgesackt war und auch der 1600 nicht sonderlich gut ging«, erinnerte sich Audi-Chefkonstrukteur Ludwig Kraus. »Leiding sah den Wagen und wollte ihn haben, allerdings gab es bei VW auch Stimmen, die dafür plädierten, den Audi 80 sofort als Stufenheck-VW zu verkaufen – er war damals ja schon fertig und stand kurz vor Produktionsbeginn.«

Für den Audi 80 war eine nahezu identische Motorenpalette mit gleichen Hubräumen vorgesehen, wie Volkswagen sie auch geplant hatte, allerdings war die Einbaulage anders: Die Aggregate waren hier längs platziert, was einen längeren Vorderwagen erforderte, und den wiederum galt es mit dem Fließheck-Entwurf von Ital Design zu kombinieren. Die Suche nach einer harmonischen Lösung verzögerte die Markteinführung bis ins Jahr 1973.

Das neue Auto war auch das erste einer ganzen Reihe von Volkswagen, die als Modellbezeichnungen keine Zahlen, sondern die Namen von Winden trugen. Maserati hatte schon diverse Fahrzeuge in seinem Programm, die nach berühmten Winden benannt worden waren (Indy, Ghibli und so weiter), aber der Passat wurde nach den Passatwinden benannt, die Columbus nach Amerika gepustet hatten.

Auf den amerikanischen Märkten lautete die Bezeichnung »Dasher« (eines der Rentiere von Santa Claus trägt diesen Namen), während der Audi 80 zum »Fox« (Fuchs) mutierte.

Ungewöhnlich und unerwartet für einen Volkswagen war auch die Variantenvielfalt. Die Basis war zwar nicht üppig ausgestattet, doch umfasste das Passat-Programm 17 verschiedene Kombinationen von Motor, Ausstattung und Karosserie. Zwei- und Viertürer mit Fließheck und Kofferraumklappe (die Heckklappe kam später) sowie ein viertüriger Kombi.

Das Motorenprogramm war nun vollständig, umfasste einen 1,3-Liter mit 55 PS (60 PS für den Export) sowie zwei 1,5-Liter mit 75 und 85 PS (bei den frühen Vorserienautos war noch der Audi-Schriftzug auf dem Zylinderkopf zu sehen). Verglichen mit dem 80 bestand die größte mechanische Veränderung in der Verlagerung des Kraftstofftanks und des Reserverads sowie der umgestalteten hinteren Radaufhängung: Um die Platzverhältnisse im Kofferraumplatz zu optimieren, wurden Federung und Dämpfung getrennt.

Nun lässt sich trefflich darüber streiten, ob die Schützenhilfe durch Audi die Passat-Entwicklung tatsächlich verbilligte, Fakt ist aber: Letztlich wurde das Geld von der linken in die rechte Hosentasche geschoben, denn Volkswagen hielt direkt 35 % der Audi-Anteile, und der 80er wurde 1973 auch in Wolfsburg produziert. Der Passat emanzipierte sich erst 1988 vom Audi, dann nämlich wurde er auf ein Quermotor -Layout umgestellt, was erheblich mehr Platz im Innenraum brachte. Die Einbaulage des Motors änderte sich später noch häufiger, 1996 wurde er wieder längs eingebaut, im Jahr 2005 wieder quer.

Aus Geld- und Zeitgründen wurde die Technik des Audi 80 adaptiert, wobei die Festlegung erst in einem sehr späten Stadium erfolgte. Je nach Ausstattungslinie waren die Scheinwerfer rund oder eckig.

Volkswagen Scirocco

Klingt vielleicht komisch, ist aber so: Ausgerechnet die finanzschwache Volkswagen AG leistete sich den Luxus eines dreitürigen Coupés, das dann auch noch Monate vor dem Golf, nämlich im März 1974, erschien. Andererseits: So war dem Neuling maximale Aufmerksamkeit sicher, und da er die Golf-Technik vorwegnahm, vermittelte er schon einen ersten Eindruck von den Qualitäten des sagenumwobenen Käfer-Nachfolgers EA 337.

Intern als EA 398 bekannt, war der bei Giugiaro gestylte Scirocco parallel zum Golf entstanden, und auch sein Entstehungsort, nämlich die Karmann-Bänder, war kein Zufall. Erstens waren die prognostizierten Stückzahlen zu klein für Wolfsburg, und zweitens benötigten die Osnabrücker dringend Ersatz für das hoffnungslos veraltete Karmann-Ghia-Coupé auf Käfer-Basis. Der »Große Karmann Ghia« auf Typ-3-Basis war ein Verkaufsflop gewesen, und der VW-Porsche 914 war nun auch nicht zukunftsträchtig. Und die eigenen Coupés (TC) konnte Karmann nur in Brasilien loswerden, denn auch diese hatten die luftgekühlten Boxer im Heck.Der Scirocco entstand aber auch, weil Giugiaro

Der Audi 50 entstand in Wolfsburg, die Tageskapazität lag bei 400 Fahrzeugen. (Foto: Schwab / Slg. Kuch)

die Golf-Plattform für die ideale Basis eines kleinen Coupés hielt, und nachdem Karmann weitgehend die Entwicklungskosten trug, konnte das Auto schließlich gebaut werden.

Die Scirocco-Karosserie war leicht, effizient und zeittypisch elegant, die Technik teilte er sich mit dem Golf, das heißt also Frontantrieb, Quermotor und Verbundlenkerachse, McPherson-Federbein-Vorderachse und Zahnstangenlenkung. Und da er vor dem Golf erschien, war der Scirocco der Hinweis darauf, wie Volkswagen sich ein optimales Frontantriebslayout vorstellte. Diese Antriebspalette glich jener der ersten Golfs, das Basis-Coupé hatte den 1.093-Kubik-Motor mit 50 PS, darüber angesiedelt waren die 1,5-Liter-Varianten mit 75 oder 85 PS aus VW Passat beziehungsweise Audi 80.

So war der Scirocco der zweite neue Volkswagen, der nach einem Wind benannt worden war, diesmal stand ein heißer Wüstenwind Pate, wobei unternehmensinterne Protokolle belegen, dass auch die Schreibweise »Scirokko« diskutiert wurde und man da »exotische« Assoziationen hatte, vielleicht zu einem Auto von Alfa Romeo. Pläne, den Wagen für die USA »Blizzard« zu nennen, ließ man wieder fallen.

Bei Karmann in Osnabrück gebaut, diente der vor dem Golf eingeführte Scirocco dazu, den Antriebsstrang zu testen und den Werkstätten Gelegenheit zu geben, sich mit der neuen Technik vertraut zu machen. Außerdem konnte so auch schrittweise die Taktzahl der neuen Motor-Fertigungsstraßen erhöht werden, denn eines war klar: Wenn der Golf anlief, musste alles reibungslos funktionieren – und es mussten viel höhere Stückzahlen gefahren werden. »Eigentlich ist der Scirocco viel weniger wichtig als seine Auswirkungen«, urteilte das britische Fachblatt *Motor* und traf damit den Nagel auf den Kopf.

Dem Scirocco ist in diesem Buch ein eigenes Kapitel gewidmet, der Vollständigkeit halber darf er hier aber nicht übergangen werden.

Audi 50

Der letzte Baustein der Frontantriebs-Revolution des Konzerns war der Audi 50, der zugleich auch als Rettungsleine für den Konzern gedacht war, falls der Golf scheitern sollte. Stattdessen aber wurde er selbst zu einer festen Größe im VW-Programm. Alles begann mit dem Audi 50.

Die Styling-Studien zu einem ansehnlichen Dreitürer – die Essenz der in den Siebzigern immer größer werdenden

Auf dieser Gruppenaufnahme von 1974 scheint noch immer der Käfer die dominante Rolle zu spielen. Der Kübelwagen hinten links ist der Käfer-basierte Typ 181, der in Amerika »the thing« (das Ding) genannt wurde.

Der Polo war im Wesentlichen ein Audi 50 mit einem kleineren Motor. Für VW wurde er fast so bedeutend wie der Golf.

Kleinwagen-Klasse – gehen zurück auf das Jahr 1968, aber erst die Fusion mit NSU 1969 verlieh dem Kleinwagenprojekt den notwendigen Schwung. Die Neckarsulmer nämlich benötigten dringend einen Ersatz für ihren angejahrten Prinz, eine Heckschleuder. Die neuen Hausherren verfügten, dass der neue Audi auch als Volkswagen und sogar potenzieller Käfer-Nachfolger zu dienen hatte.

»Im Konzern war der Wunsch aufgekommen, ein Auto unterhalb des geplanten Golfs zu haben«, so Ludwig Kraus. »VW wünschte sich dieses Fahrzeug aus unserem Haus. Damals haben wir errechnet, dass ein solches kleines Auto erst ab 2.000 Einheiten pro Tag billig herzustellen wäre – bei Audi hatten wir solche Kapazitäten nicht. Wir hätten auch nicht das Geld für Investitionen in dieser Größenordnung gehabt. Deshalb war es nicht schwer, mit unserer Kalkulation durchzudringen, weshalb die Entscheidung fiel, das neue Auto bei Audi zu entwickeln und bei VW zu fertigen.«

Ein großer Teil der Details war der Öffentlichkeit bekannt, lange bevor der Audi 50 in den Verkauf ging als Ersatz für den gestrichen EA 266. Die Presse spekulierte über eine Markteinführung bereits im Jahre 1972. Nach Passat, Scirocco und Golf lief die Produktion des Audi 50 dann im September 1974 an. Er trug den Golf-Basismotor mit 1.093 Kubik. Andererseits waren 1,1 Liter lange Jahre das Maß aller Dinge für den Käfer gewesen, und mancher – traditionsverbundene – Journalist sah daher im Audi 50 den echten, den wahren Käfer-Nachfolger.

Audi nutzte bei der Entwicklung eigene Ideen, nicht einfach Golf-Teile. Mit 3,5 Metern Länge war der Audi um 20 Zentimeter kürzer als der Golf und auch nur als Dreitürer zu haben. Das klare, moderne Design verriet die Hand eines italienischen Designers. Das Design stammte dennoch aus Ingolstadt, Helmut Warkuss war dafür verantwortlich; Nuccio Bertone und sein Chefdesigner Marcello Gandini haben nur noch Kleinigkeiten verändert.

Wie inzwischen bei Volkswagen-Audi üblich, trug der Audi 50 eine McPherson-Federbein-Vorderachse und hinten eine einfache Verbundlenkerachse mit Quer- und Längslenkern ohne Panhardstab. Zur Markteinführung verwiesen die Audi-Ingenieure auf die sorgfältige Chassisabstimmung, die auf öffentlichen Straßen erfolgt sei, denn man verfüge ja über keine eigene Teststrecke. Der 1,1-Liter-Motor wurde in zwei Leistungsstufen angeboten, mit 50 und mit 60 PS, die Ausstattungslinien hießen LS und GL. Da es sich um einen Audi handelte, wenn auch einen kleinen, umfasste die Ausstattung Bodenteppiche und Holz beziehungsweise Holzdekor. Eine Servounterstützung für die Scheiben/war optional für beide Ausstattungen, Gürtelreifen hatte nur der GL serienmäßig.

Volkswagen Polo

Der Volkswagen Polo wurde dann endlich im März 1975 der internationalen Presse vorgestellt. Wie erwartet, handelte es sich dabei um einen einfacher ausgestatteten Audi 50. Unterhalb des Golf positioniert, gab es den Polo weder als Viertürer noch mit einem Motor über 1,1 Liter Hubraum, und auch die Getriebeautomatik blieb ihm versagt. Außerdem kostete er rund zehn Prozent weniger als ein Golf, also auch in dieser Beziehung war der Respektsabstand gewahrt. Verglichen wurde er daher weniger mit dem Golf als vielmehr mit dem VW Käfer 1200. Das sollte sich aber später ändern, mit jeder neuen Auflage kam der Polo dem Golf wieder ein kleines Stückchen näher. Der erste Polo aber hatte als Basis-Triebwerk einen 0,9-Liter-Motor (genauer: 895 Kubik),

Golfs und Polos warten in Wolfsburg darauf, auf Güterzüge verladen zu werden. Der Polo war auch als Rettungsanker gedacht für den Fall, dass der Golf scheitern sollte, aber bekanntlich wurden ja beide zu einem großen Erfolg. (Foto: Giles Chapman Bildarchiv)

eine Ableitung des 1.093-Kubik-Motors aus Golf N und Audi 50. Das kleinere Volumen war eine Folge der neuen Kurbelwelle mit 59 statt 72 mm Hub. Die Bohrung blieb mit 69,5 mm unverändert.

Der Vierzylinder galt seinerzeit als sehr drehfreudig und elastisch. Abgesehen vom kleineren Motor unterschieden sich VW und Audi nur in der Ausstattung (im Falle des Polo eher in der Abwesenheit einer solchen) und in den Firmenemblemen. Das Grundmodell des Jahres 1975 war eine traurige Angelegenheit, nacktes Blech, Gummimatten, ein Scheibenwischer mit nur einer Geschwindigkeit und nur ein einstufiges Gebläse. Verzögert wurde ausschließlich über Trommelbremsen, und Diagonalreifen waren serienmäßig.

Dem Käfer zeigte sich der Polo, wenig überraschend, dennoch in jeder Beziehung überlegen. Obwohl er um 506 mm und damit um gut einen halben Meter kürzer war als der Käfer und sein 0,9-Liter-Motor ein beachtliches Hubraummanko im Vergleich zum 1.192-Kubik-Motor des VW 1200 aufwies, war er geräumiger und mit 40 PS bei 5.900 Umdrehungen wesentlich kräftiger als der 34-PS-Oldie. Außerdem war er um gut 70 Kilogramm leichter. Der Polo war auf Anhieb ein Erfolg und ließ alle Konkurrenten wie den Renault 5, den Fiat 127 und den Ford Fiesta (obwohl der erst 1977 eingeführt wurde) alt aussehen.

Er entwickelte sich zur unbestrittenen Nummer eins in seiner Klasse in Deutschland und stand 16 Monate an der Spitze der Charts. Anders als ursprünglich geplant, erweiterte Volkswagen mit den Jahren im Rahmen der Modellpflege die Polo-Palette um 1,1- und 1,3-Liter-Motoren, den kurzlebigen sportlichen Polo GT und eine zweitürige Stufenhecklimousine, die allerdings nicht Polo, sondern Derby hieß.

1983 – 1991

Golf II

Der Golf wird erwachsen

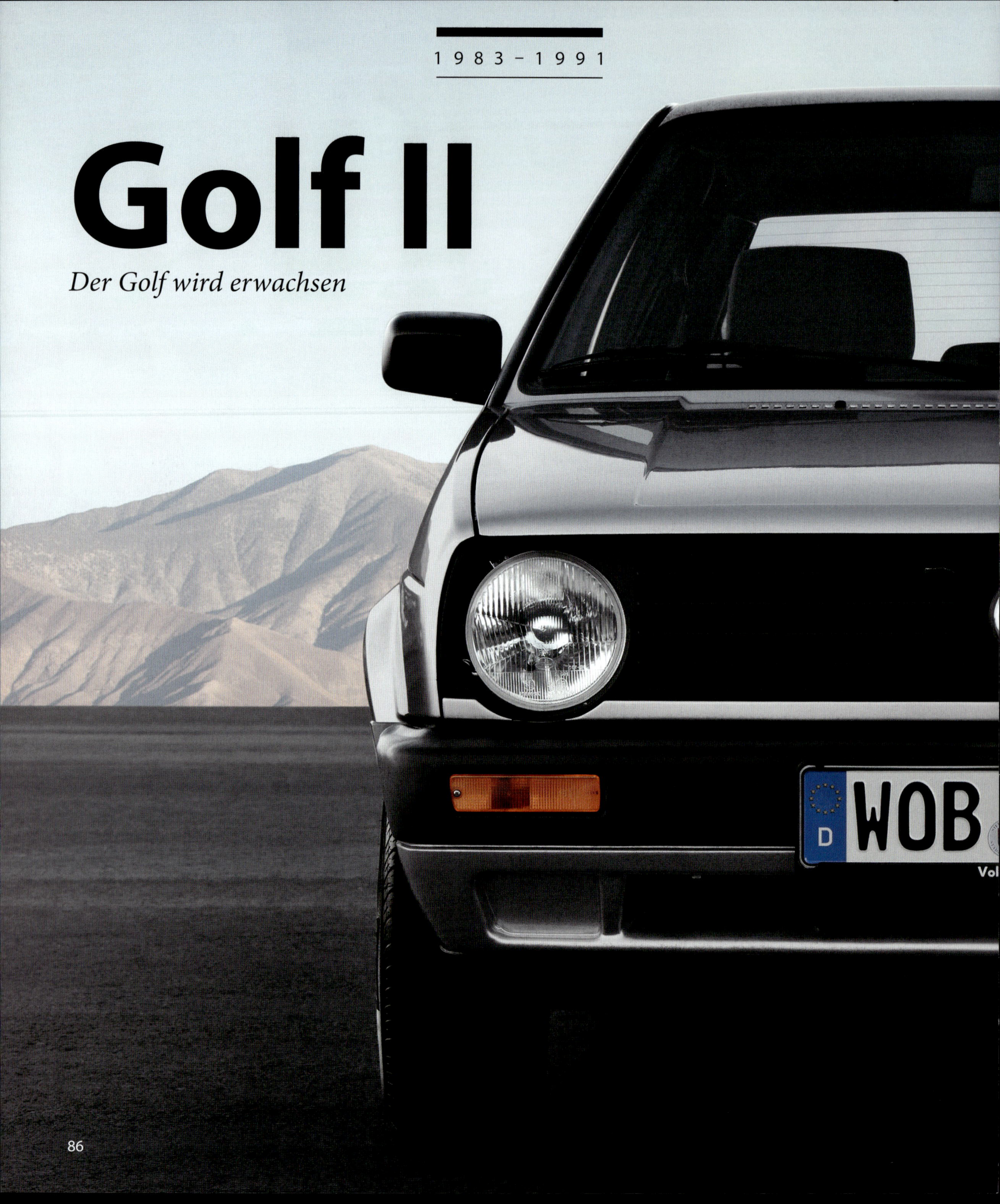

0 502
ssic

Die Pressemappe 1983 zeigte auch Fotos aus der Entstehungsgeschichte. Damals, in der Vor-CAD-Zeit, wurde nach traditioneller Sitte noch mit Tonmodellen gearbeitet. Die Aufnahme links zeigt, dass man auch deutlich radikalere Entwürfe für die Heckgestaltung untersuchte.

»Wenn Sie einen VW fahren, ist das wie in alten Käfer-Tagen: Niemand weiß, ob Sie ein Milliardär, ein Millionär oder einer sind, der einfach gut zu tun hat: Sie gehören damit einem bestimmten Club an, einer bestimmten Kategorie. «

Carl H. Hahn, 2013

August 1983: Christian Hildebrandt, Projektingenieur für den Golf II, lädt zum Vergleich mit dem Vorgänger. (Foto: LAT)

Ein bahnbrechendes Auto zu ersetzen ist nie einfach. Obwohl die zweite Golf-Generation von den bedeutendsten Innovationen des Konzerns auf dem Motor- und Antriebssektor 1980er Jahre profitierte, diskutierten die Menschen in erster Linie über deren Optik. Im Sommer 1983 gab es fieberhafte Spekulationen darüber, wie Volkswagen den Erfolg der ersten Golf-Generation – über sechs Millionen produzierte Exemplare in neun Jahren – fortsetzen wollte. Erlkönig-Fotos geisterten Monate vor der Präsentation im August durch die Presse, und alle sollten sich letztlich als falsch erweisen. Viele hielten das »Auto 2000«, eine Studie von 1981 (siehe Kasten) auf der Basis eines Golf-Chassis für einen Vorboten der kommenden neuen Generation. Angeblich hat sich Opel von der Linienführung dieser Studie bei der Konzeption des Kadett E von 1984 beeinflussen lassen.

Die Realität sah ganz anders aus, es kam eine konservative Überarbeitung des bisherigen Golf, die einige der aerodynamischen Lehren, die man aus der Auto-2000-Studie gezogen hatte, beherzigte. Nachdem Volkswagen mit dem Golf ein neues Marktsegment geschaffen hatte, war die Entscheidung für einen Nachfolger besonders schwierig, denn anders als beim Golf I, der keinen Vorgänger hatte, musste sich der Golf II am Welterfolg von Giugiaros Entwurf messen lassen.

Die ersten Arbeiten am zweiten Golf begannen im März 1977. Die Entscheidung, das Projekt voranzutreiben, fiel 1978, als das Original sich immer noch hervorragend verkaufte. Allerdings wuchs der Druck, die Produktionskosten zu reduzieren, da die japanischen Automobilhersteller der Welt vormachten, wie eine effiziente, kostengünstige Großserienherstellung auszusehen hatte. Im Lastenheft für die Neuauflage standen Verbesserungen in Kopf-, Bein- und Schulterfreiheit hinten, um den Golf zu einem vollwertigen Fünfsitzer zu machen, und außerdem ging es auch um mehr Platz im Kofferraum. Angeblich lagen die Entwicklungskosten bei rund zwei Milliarden Mark. Im Verlauf der Formfindung entstanden wieder verschiedene Entwürfe, zehn davon – zwei stammten von externen Anbietern wie Giugiaro – wurden rund 500 ausgewählten Personen vorgeführt. Zwei davon wurden in November 1978 ausgewählt, und bei der letzten Präsentation im Mai 1979 setzte sich das hauseigene Design von Herbert Schäfer durch, der ähnlich evolutionäre Entwürfe für die zweite Generation von Scirocco und Passat erstellte. Die Marketing-Abteilung, so hieß es, habe einen hohen Wiedererkennungseffekt gefordert und eine deutliche sichtbare Verwandtschaft von altem und neuem Golf verlangt, um die treuen Golf-Käufer nicht zu verprellen.

»Das erwies sich als eine sehr gute Entscheidung, denn das Auto verkaufte sich gut«, so Patrick Le Quément im Jahre 2013. Le Quément war zwischen 1985 und 1987 verantwortlich für das Volkswagen-Design, bevor er dann als Designchef bei Renault anheuerte. »Ich denke, dass eine der Stärken des Entwurfs von Schäfer und VW, darin bestand, das Auto robuster aussehen zu lassen, anders als Giugiaro zu der Zeit mit seinen harten Kanten und den relativ flachen, geraden Flächen.«

»Ich hielt ihn für einen sehr großen Schritt nach vorne«, erinnert sich Carl Hahn an die Entwicklung des Golf II. Hahn war nach einem Intermezzo als Chef von Continental wieder nach Wolfsburg zurückgekehrt und ein Jahr vor Serienanlauf auf den Vorstandsvorsitz gekommen. »Er war viel größer, aber hatte einen schweren Nachteil im Design: Er war mir nicht luftig genug, die Fensterflächen zwischen B- und C-Säule waren mir zu klein, das ließ ich ändern. Aber abgesehen davon kann ich mich noch daran erinnern, dass wir bei Händlerpräsentationen Witze über den neuen kleinen Mercedes [den 190] machten, der größer war als der Golf, aber weniger Platz im Innenraum bot.«

Das neue Design stieß auf viel Kritik, nationale wie internationale Presse zeigten sich gleichermaßen enttäuscht: Der Designansatz habe, meinte etwa *Der Spiegel*, keinen »Aha«-Effekt, ganz anders als etwa der Ford-Taunus-Nachfolger Sierra oder Audi mit seinem superaerodynamischen 100er. Bei der Wahl zum »Auto des Jahres 1984« – die Jury bestand aus rund 50 Journalisten, darunter sieben

Teil der Einführungskampagne war auch eine Schallplatte. Das Cover der Single war Programm: »Der neue Golf. Oder wie man einen Bestseller noch besser macht«.

Aus der Pressemappe: Dieser Querschnitt zeigt die Platzverhältnisse im neuen Golf. Besonders im Fond war der Gewinn an Innenraum beachtlich.

Ein wenig Schwund ist immer: die Glasfläche in der Heckklappe war kleiner geworden, aber der Kofferraum selbst größer. An der noch immer hohen Ladekante wegen des Heckabschlussbleches (das unverzichtbar für die Karosseriesteifigkeit war) änderte sich nichts. (Foto: LAT)

aus jeder großen europäischen Industrienation – belegte der Golf nur den dritten Rang, hinter Fiat Uno und Peugeot 205.

Jürgen Lewandowski von der *Süddeutschen Zeitung* sah den neuen Volkswagen sogar nur auf dem vierten Rang, zusammen mit dem ähnlich vorsichtigen neuen Dreier-BMW E 30: »VW Golf: wie BMW – ein guter Wagen. Der beste Golf, den es je gab, aber: gibt es bei VW keine Ästheten?«

Hans Werner vom *Stern* setzte den Uno auf Platz eins und den Golf dahinter – mit vernichtendem Lob: »Ich würde dem VW Golf einen höheren Rang einräumen, wenn seine Schöpfer ihn nicht mit dem langweiligsten Design des Jahres gestraft hätten. Lobenswerterweise gibt es jedoch viele Verbesserungen.« Aber für Volkswagen stand eine Menge auf dem Spiel, und das sind nie gute Voraussetzungen für eine Revolution. Der Golf steuerte nun bis zu 40 Prozent zum Markenabsatz bei.

Wie die anderen Automobilhersteller litt auch Volkswagen unter der schwierigen Situation auf dem schrumpfenden US-Markt, und im Jahr 1982 berichtete *Der Spiegel* von Konzernverlusten in Höhe von 300 Millionen Mark durch das US-Geschäft. Zum ersten Mal seit zehn Jahren erhielten die Aktionäre keine Dividende ausbezahlt, VW schrieb rote Zahlen.

Der damalige Vorstandsvorsitzende Carl H. Hahn (hier ein Foto von 1987) trieb die Expansion von Volkswagen energisch voran. Die Akquisition von SEAT und Škoda ist ihm zu verdanken.

Raumfragen

Bei einer Gesamtlänge von 3.985 Millimetern war der neue Golf um 17 Zentimeter länger als der alte und hatte einen Radstand von 2.475 Millimetern, ein Plus von 75 Millimetern. Die neue, etwas pummelige Karosserie baute um 55 Millimeter breiter, die Höhe hatte um fünf auf 1.415 mm zugelegt. Die Spur beim Grundmodell war vorne um 23, hinten um 50 Millimeter breiter.

Zu dieser Zeit setzte Audi in Werbung und Marketing ganz auf das Thema Aerodynamik und betonte explizit die Qualitäten der neuen Audi-C3-Generation mit ihren bündig verklebten Scheiben, daher war es unvermeidlich, dass auch der neue Golf ausgiebig im Windkanal getestet wurde. Angeblich hat sich dadurch der Gesamtluftwiderstand um 17 Prozent verringert. Obwohl der VW-Windkanal bereits 1965 gebaut worden war, begann Volkswagen erst 1978, ihn intensiv zu nutzen, nachdem durch steigende Benzinpreise der Luftwiderstand immer größere Bedeutung erlangte.

Der Golf II bot zwar eine größere Innenraumbreite, verjüngte sich aber zum Bug hin, um keine größere Stirnfläche als der Vorgänger zu bieten. Heckscheibenunterkante und Hutablage rückten etwas höher, was das Blickfeld nach hinten leicht einschränkte. Außerdem wurde der Einfassung der Seitenscheiben besondere Aufmerksamkeit geschenkt. Die neue Dachleiste mit integrierter Regenrinne leitete den Regen ab, auf eine konventionelle Rinne konnte verzichtet werden, und das vordere Dreiecksfenster wurde bündig in die Karosserieoberfläche mit einbezogen. Die Volkswagen-Ingenieure erklärten, diese Maßnahmen allein seien fast so wirkungsvoll (und viel billiger) als das vollflächig bündige Glas beim Audi 100. Der Unterboden wurde mit einem Luftleitblech versehen, und der Steg zwischen Motorhaube und Kühler unterstützte die Führung des Luftstroms durch den Motorraum und reduzierte die Turbulenzen auf ein Minimum. Der Gesamteffekt aller Maßnahmen führte zu einer Reduzierung des Luftwiderstandbeiwerts von 0,42 auf 0,34 beim Golf II.

Durch die Verwendung von Türverkleidungen mit vorgeformten Armlehnen ergab sich ein Zuwachs an Ellenbogenfreiheit von 92 Millimetern vorn, und der längere Radstand verbesserte die Kniefreiheit der Fondpassagiere. Die Rücksitzlehne war ab der GL-Ausstattung geteilt umklappbar. Das Kofferraumvolumen hatte um 30 Prozent zugelegt, sofern das platzsparende Notrad in der Mulde lag. Dieses Feature war durchaus umstritten, Volkswagen bot optional und gegen Aufpreis ein vollwertiges Ersatzrad an. Das allerdings schränkte wiederum den zur Verfügung stehenden Raum ein.

Die Ingenieure waren besonders stolz auf den neuen Kunststofftank, der so komplex geformt war, dass er sich an Hinterachse und Ersatzmulde anschmiegte. Bis zur Halskrause gefüllt (was dank einer speziellen Entlüftung auch möglich war), lag das Fassungsvermögen jetzt bei 55 Litern (gegenüber 40 Litern beim Golf I), die Reichweite des Diesels stieg somit auf bis zu fast 1.000 Kilometer. Der Motorraum bot genügend Platz zur Wartung und Unterbringung von Klimaanlage und Turbolader.

Heizung und Lüftung präsentierten sich ebenfalls erheblich verbessert, da sie mit einem von Kühlmittel durchflossenen Wärmetauscher arbeiteten. Das mit luftseitiger Regelung versehene System bot

Der neue Kunststofftank war eine beachtlichen Ingenieursleistung, die dann auch ein eigenes Bild wert war. Die ausgefeilte Technik sollte ein Überlaufen ausschließen.

Aus der Entwicklung: Eine Videokamera filmte die Bewegung des Antriebsstrangs in verschiedenen Lastzuständen. Volkswagen war stolz auf die gewaltigen Entwicklungsanstrengungen.

Am 25. Juni 1985 rollte nach nur zwei Jahren der millionste Golf vom Band, der neue verkaufte sich sogar noch schneller als sein Vorgänger. Links gratulieren der millionste Golf I, rechts der millionste Käfer von 1955.

Halle 54 war der Geburtsort der zweiten Golf-Generation. Einer der 80 Roboter verstaute zum Beispiel – hier im Bild – das Not-Ersatzrad im Kofferraum. Ein konventionelles Reserverad war zwar ebenfalls erhältlich, kostete aber Aufpreis.

Die Stoffsitzbezüge bestanden aus einem strapazierfähigen, Tweed-ähnlichen Material. Von oben nach unten: Golf C, CL und GL. Das Armaturenbrett war schwarz oder braun. (Foto: Sammlung des Autors)

sehr kurze Ansprechzeiten, war unabhängiger von der gefahrenen Geschwindigkeit und kam einer Forderung des US-Marktes mit seinen extremen Temperaturen nach, da nun die Klimaanlage viel schneller den Innenraum zu kühlen vermochte als zuvor. Außerdem wiesen alle Heizungs- und Lüftungskanäle größere Querschnitte auf, was den Luftdurchsatz erhöhte. Eine Folge der Verbesserungen war die Gewichtszunahme, 1974 kam ein dreitüriger Golf 1100 auf ein Gewicht von 750 Kilogramm ohne Treibstoff; das nunmehrige neue Grundmodell mit 1,3 Liter Hubraum wog mindestens 845 Kilo. Einiges von diesem Gewicht verdankte der Golf der größeren Fensterfläche, aber die verbesserte Aerodynamik, so das Werk, macht diese Nachteile in Verbrauch und Leistung wieder wett.

Der Golf kam als Drei- und Fünftürer, es gab keinen neuen Caddy und auch kein neues Cabriolet. Ein neuer Jetta erschien im Februar 1984, er war zusammen mit dem Schrägheck-Golf entwickelt worden.

Neu und doch vertraut: die Technik

Stammten karosserieseitig nur die Türgriffe und im Innenraum nur der Schalthebel vom Vormodell, so galt das nicht für die Motoren. In ihren Grundzügen waren das zwar auch alte Bekannte, doch die waren erheblich modifiziert worden. Bei der Markteinführung 1983 (und in den Prospekten) wurde als Grundmotor nur das 55 PS starke 1,3-Liter-Aggregat genannt. Andererseits wurde, mutmaßlich auf Druck aus Italien, wo das Steuersystem kleinere Autos bevorzugte, eine Basis-Variante unterhalb des Golf C mit dem 1.043-Kubik-Motor (45 PS) des Polo nachgeschoben. Die um fünf PS schwächere Motorleistung und das höhere Gewicht machten, wenig überraschend, diesen italienischen Einsteiger-Golf langsamer als den bisherigen – leichteren – 1100er. Offiziell lief dieser kleine Golf 140 Stundenkilometer und genehmigte sich 21 Sekunden für den Standardsprint zu 100-km/h-Marke. Auch der britische Markt wurde zu Beginn des Jahres 1984 damit beliefert, was den Wagen preislich attraktiv machte, doch nach den Werksferien im Sommer stieg die Leistung auf 50 PS, was nichts daran änderte, dass sich bis Mitte 1985 der 1300er in den meisten Märkten durchgesetzt hatte.

Gegenüber dem Vorgänger hatte dieser ein höheres Verdichtungsverhältnis von 9,5 : 1 und einen um 17 Prozent geringeren Verbrauch, verglichen mit dem alten 1,1-Liter-Golf. Er war mit einem 3+E- und einem 4+E-Getriebe oder als Formel E mit Start-Stopp-Automatik zu haben. Diese schaltete den Motor ab, sobald die Geschwindigkeit für zwei Sekunden unter fünf Stundenkilometer sank – eine unpopuläre, aber im Grunde gute Idee, leider ihrer Zeit weit voraus. Bei den größeren Benzinmotoren kamen Vergaser mit elektrisch gesteuerter Schubabschaltung bei Motordrehzahlen unter 1.200 Touren zum Einsatz, was im Stadtverkehr Verbrauchsvorteile versprach; Fiat bot ein ähnliches System im Ritmo an. Leichtere Pleuel und Kolben erhöhten ebenso den Wirkungsgrad des Motors wie die elektrische Saugrohr-Vorheizung. Darüber angesiedelt war der 75 PS starke 1,6-Liter-Normalbenziner. Neu ins Programm rückte ein 1,8-Liter mit 90 PS und Vergaser; erstmals war ein so hubraumgroßer Motor außerhalb des GTI verfügbar. Das serienmäßige Fünfgang- (4+E-) Getriebe ermöglichte entspanntes Cruisen mit 5.200 Umdrehungen, das maximale Drehmoment lag bei 3.300 Touren an. Obwohl nicht sofort in den Ausstellungsräumen, wurden bereits im August 1983 die Eckwerte des neuen GTI verkündet: Es blieb zunächst beim bekannten 1,8-Liter-Aggregat mit 112 PS, ein 130 PS starker 16-Ventiler wurde für später versprochen. Für Dieselfreunde gab es den Selbstzünder mit 54 PS als Sauger oder mit 70 PS als Turbodiesel, letzterer lieferbar (wenn auch nicht für alle Märkte) für alle Ausstattungslinien einschließlich GTD.

Die frühere Dreigang-Automatik als Option war für den 1,6- und den 1,8-Liter-Motor zu haben, es gab vorne neue Federbeinlager und eine Motoraufhängung, die die Schallübertragung in den Fahrgastraum verringerte – nur eine von zahllosen Detailmaßnahmen, um den Golf noch besser zu machen.

Die Ausstattungslinien hießen noch gleich – C, CL, GL; hinzu kam als neues Topmodell der 1.8 GLX mit Luxuszutaten wie Zentralverriegelung, elektrischen Fensterhebern vorn und Servolenkung sowie dem Bordcomputer aus dem GTI. Wichtiger noch: Alle Golf – angefangen beim C – hatten eine Heckscheibenwischwaschanlage serienmäßig, dazu kamen neue Sitzbezüge: Strapazierfähiger Tweed bei C und CL, nobleres Velours bei GL und GLX. Kunstleder gab's für die Alltags-Golfs als Option.

Der erfolgreichen Philosophie der McPherson-Federbein-Vorderachse und Verbundlenker-Hinterachse blieb Volkswagen treu, ließ aber eine Reihe von Änderungen zur Verbesserung von Fahrverhalten und Handling einfließen, dazu gehörten längere Federwege ebenso wie neue obere Federbeinlager, die der Vorderachse das immer wieder bemängelte Stuckern abgewöhnen sollten. Der Stahlblechträger an der Hinterradaufhängung wurde mit V-förmigem Profil (bisher: T-förmig) ähnlich dem neuen Passat und spurkorrigierenden Achslagern versehen. Die sorgten für ein narrensicheres Eigenlenkverhalten bei leerem wie bei beladenem Fahrzeug, die bisher üblichen Lastwechselreaktionen waren nahezu verschwunden.

Es blieb bei der bekannten, wenn auch stabiler ausgelegten Zahnstangenlenkung. Die Servolenkung war für die letzten US-Rabbits bereits angeboten worden; sie gehörte jetzt ab GL zur Serienausstattung. Es gab Scheibenbremsen vorne in allen Ausführungen, und die britische Presse vergaß nicht zu erwähnen, dass bei Links- und Rechtslenkern das Bremspedal direkt auf den Servo wirkte und nicht über ein Gestänge.

Der Langzeit-VW

Auf den ersten Blick schien Volkswagen beim Golf die Käfer-Maxime weiterverfolgen zu wollen: Keine großen optischen Änderungen, dafür viele Verbesserungen im Detail, keine revolutionären Schritte. Die Preise stiegen zwangsläufig, aber Fialas Team rechnete anders: Der Käufer eines neuen 1,3-Liter-Golf

Der Überlebende: Das unverwüstliche Cabrio

Vom Cabrio gab es eine Unmenge von Sondereditionen, wie hier den Havanna. Zur Ausstattung gehörte eine Teillederausstattung.

Mit der Markteinführung des Golf II wurde auch ein neues Cabrio mit Spannung erwartet, allein, es kam nicht. Volkswagens Finanzdecke war 1982, in jenem Jahr, in dem die endgültige Entscheidung hätte fallen müssen, ziemlich löchrig. Für Carl Hahn stand fest: Die mutmaßlich hohen Entwicklungskosten machen das Cabriolet zu teuer, so viel zahlt der Kunde nicht. Also musste eine andere Lösung her, und die hieß: Weitermachen. Ganz einfach aber war es nicht, den Vorstand davon zu überzeugen, das Golf-Cabrio beizubehalten, auch weil ein neues Auto mehr Technik und Komfort geboten hätte. Andererseits: Das Cabrio war erst vier Jahre alt (und, weil erst später eingeführt, noch relativ frisch auf dem wichtigen US-Markt) und lief ganz anständig: Die Verkäufe bewegten sich bei rund 2.000 Einheiten pro Jahr. Es war eine pragmatische Entscheidung, keine Ressourcen in die Entwicklung einen neuen Fahrzeugs zu stecken.

Mitte der 1980er Jahre gab es zwar einige ernsthafte Konkurrenten, etwa in Form des Escort Cabrio – entwickelt und gebaut von Karmann – oder des Kadett E (der entstand bei Bertone in Italien), doch der Golf war das Maß aller Dinge unter den offenen Kompakten. In vielen Vergleichstests biss sich die jüngere Konkurrenz am Altmeister den Bügel aus.

Um sein Alter zu kaschieren, verfeinerte Volkswagen seinen Veteranen immer wieder. 1983 wurde beispielsweise das Cabrio mit Stoßfängern in Wagenfarbe ausgestattet und erhielt bei der Gelegenheit einen größeren Tank. Einen Diesel gab es nicht, der Kunde hatte die Wahl zwischen dem 1,6- und dem 1,8-Liter-Benziner, die in verschiedenen Leistungsstufen zu haben waren. Es gab übrigens ein einziges Golf-II-Cabriolet mit Jetta-Heck; doch die Studie aus dem Jahre 1985 wurde im Hinblick auf das Original, das sich immer noch verkaufte wie geschnittenes Brot, verschrottet.

Das große Cabrio-Facelift kam nach den Werksferien 1987 für das Modelljahr 1988: Das Cabriolet wurde reichlich mit Plastik behängt, erhielt voluminöse Stoßfänger und Schwellerverkleidungen, um das Auto größer wirken zu lassen, als es war, und um Platz für die immer größer werdenden Räder und Reifen zu schaffen.

Die Käufer des 1990er Modells konnten sich endlich für einen elektrischen Verdeckmechanismus entscheiden, außerdem wuchs die Palette an nett anzusehenden Sondermodellen sowie – Stichwort »Quartett« – die Möglichkeit, sich aus vier Außen- und Verdeckfarben sowie diversen Innenausstattungen den persönlichen Golf zusammenzustellen; 64 Möglichkeiten bot das Werk schon im aufwändigen Prospekt mit eingehefteter Klarsichtfolie, dazu kam die ganze Palette an Extras, die so einen Golf eben ausmachten: Am Ende seiner Laufbahn waren es nicht mehr der Preis oder die Ausgewogenheit, die einen Käufer zum Golf greifen ließen, sondern Lifestyle: Das Golf Cabrio war zum Mode-Accessoire geworden, das mit ständig wechselnden Farben und Sondereditionen die Kunden lockte. Das funktionierte in allen Märkten. Volkswagen UK etwa strich das GTI-Cabriolet (dem Namen nach) im Mai 1991 und ersetzte es durch zwei Sondermodelle, den »Rivage« mit Fünfganggetriebe und den »Rivage« mit Lederausstattung, beide hoffnungslos veraltet, aber ausgesprochen selbstbewusst ausgepreist. Im Sommer folgte dann der volkstümlichere »Clipper« mit 90 PS.

Was hier wie da blieb, war die straffe Fahrwerksabstimmung, welche die Fahrer jederzeit über den Fahrbahnzustand unterrichtete, und das schwerfällige Rangieren, zumindest wenn die Servolenkung – seit 1986 optional zu haben – nicht mit an Bord war: »Wir sind erstaunt, dass sich das Käufer, die vor allem in der Stadt unterwegs sind, gefallen lassen«, wunderte sich das Fachblatt *What Car*. Andererseits: In Solidität und Qualität stach der Altmeister die jüngere Konkurrenz immer noch mühelos aus.

Einen Fahrer-Airbag gab es 1992, die Produktion lief aber im Folgejahr aus. Stattdessen legte Karmann den Nachfolger auf Golf-III-Basis auf. Mit 331.848 Exemplaren löste das Golf-I-Cabrio das Käfer-Cabrio als meistgebauten offenen Viersitzer der Welt ab.

Das Golf-Cabrio wurde nicht abgelöst, aber weiterentwickelt: 1982 war das Verdeck flacher zusammenfaltbar und wurde 1987 rundum mit lackierten Schürzen behängt, um seine optische Präsenz zu erhöhen. Heute bereits ein Klassiker.

Ein britisches »Erdbeerkörbchen« mit Zulassung von 1991. Leder und Alus waren serienmäßig; in den letzten Jahren ließ sich der antiquierte offene Golf praktisch nur noch mit Sonderausstattung verkaufen.

Der Biagini Passo, eine in Italien gebaute Kombination von Golf-Country-Fahrwerk und überarbeiteter Cabrio-Karosserie, entstand zwischen 1990 und 1993. (Foto: Volkswagen Classic)

Der Innenraum eines Golf II von 1983 in mittlerer Ausstattung. Kein Metall zu sehen, der gesamte Innenraum war verkleidet, und die Türtafeln waren so ausgeformt, dass sie maximale Ellenbogenfreiheit erlaubten. Das Armaturenbrett brachte eine wesentliche Verbesserung der Belüftung. (Foto: LAT)

Ein Blick auf die Rücksitze. Drei Personen fanden Platz; die Rücksitzbank war neuerdings im Verhältnis zwei zu eins umklappbar.

sparte durch geringeren Verbrauch und bessere Technik wie etwa eine Auspuffanlage mit doppelter Lebensdauer gegenüber dem bisherigen Grundmodell nach zwei Jahren 840 und nach vier 1.665 Mark. Die deutsche Preisliste begann bei 13.950 Mark. Der Golf war eine langfristige Investitionen, zumal Volkswagen hier darauf achtete, in Sachen Rostschutz nicht den gleichen Fehler zu machen wie beim Vormodell: Man flutete die Hohlräume der Karosserie mit heißem Wachs, sodass ein dünner Film das Blech überzog, dazu kamen Radhausschalen aus Kunststoff, um zu verhindern, dass sich am Übergang vom Kotflügel zur A-Säule der Gammel einnistete. Das schien zu funktionieren; im Jahr 2002, fast 20 Jahre später, liefen auf deutschen Straßen noch immer rund 450.000 Exemplare der zweiten Generation, und auch ein Dutzend Jahre später bereitete es keine Schwierigkeiten, einen Golf II im Straßenverkehr zu sichten: 2014 liefen immer noch über 125.000 Fahrzeuge. Seine Konkurrenten aus der Zeit damals? Praktisch ausgestorben.

Auch in der Produktionstechnik hatte der Golf einen riesigen Schritt nach vorne gemacht. Die Effizienz japanischer Fertigungsmethoden und deren dadurch möglich gewordenen aggressiveren Importe zwangen westliche Autohersteller zu einer erhöhten Automatisierung, sehr zum Unmut der Gewerkschaften. Der Fiat Ritmo von 1978 war der erste europäische Wagen, der vollautomatisch von Robotern gefertigt wurde.

Im Lastenheft des Golf II hatte daher auch gestanden, dass er nicht nur besser, sondern auch schneller und effizienter zu bauen sein sollte. Volkswagen begann 1979 ein Programm zur Produktionsrationalisierung und führte im Karosseriebau 1981 programmierbare Maschinen ein, was bedeutete, dass durch neue Steuerungssysteme jedes im Bau befindliche Fahrzeug einzeln angefahren und exakt nach individuellen Kundenwünschen konfiguriert werden konnte.

Zum Symbol dafür wurde die Halle 54, die im Juni 1983 in Betrieb ging. Wolfsburg bezeichnete sie als »modernste Automobilfabrik der Welt«, der Automatisierungsgrad lag bei rund 25 Prozent. VW hatte rund 80 Roboter im Einsatz, die Aktionen wie den Einbau der Batterie, das Einsetzen von Keilriemen, die Montage von Rädern und Motor erledigten und über 300 Schrauben festzogen. Auf der ersten Etage der 53.000 Quadratmeter großen Halle erfolgte die vollautomatische Montage von Teilen zu kompletten Modulen, während die Karosserien auf fünf Linien zusammengesetzt wurden. Die Endmontage erfolgte dann im Erdgeschoss.

Doch nicht nur die Position der Schrauben war so gewählt, dass diese für gelenkige Roboterarme zugänglich waren, auch die Positionierung von Kraftstoff- und Bremsleitungen und die Form des Tanks folgten den Erfordernissen einer automatischen Montage. Am deutlichsten aber wurde das beim Vorderwagen, der nun so gestaltet wurde, dass der Antriebsstrang in einem Arbeitsgang eingesetzt werden konnte. Die Kotflügel waren verschraubt, nicht verschweißt, und bei der Konzeption hatte man auch darauf geachtet, den Männern am Fließband die Arbeit so weit wie möglich zu erleichtern.

Spürbare Fortschritte

Die Auslieferung des Golf begann am 10. September 1983, die Nachfrage war so groß, dass sogar Wartelisten angelegt werden mussten; die ersten Rechtslenker für Großbritannien waren ab Dezember 1984 lieferbar. Der erste Test eines britischen Magazins, *Autocar,* erfolgte Anfang November mit einem in Deutschland zugelassenen 1,6-GL-Dreitürer, einer ziemlich repräsentativen Spezifikation für einen Markt, der fünf Türen forderte. Und repräsentativ für die europäische Presselandschaft war auch das, was die Briten schrieben: Sie waren enttäuscht vom Aussehen des neuen Autos, bestätigten den Entwicklern aber, einen guten Job gemacht zu haben: »Er ist in allen wichtigen Bereichen feiner als sein Vorgänger«, er sei leiser und weise noch immer all jene Tugenden auf, welche »den Golf bekannt gemacht haben: sehr gutes Fahrverhalten und Handling, leichte, zielgenaue Lenkung und gute Ladekapazität.« Viele Autozeitschriften verglichen den alten mit dem neuen Golf, die *Auto Zeitung* ließ einen Golf I 1500 (70 PS) und einen neuen 1600er vorfahren. Der Zuwachs an Leistung und Drehmoment machte den Zweier spürbar flinker, trotz des um rund 60 Kilogramm höheren Gewichtes. Die Spitzengeschwindigkeit lag bei 165 km/h (alt: 157 km/h), die Beschleunigung von 0–100 km/h bei 18,6 s (alt: 19,7 s). Außerdem war er elastischer geworden, im vierten Gang beschleunigte er in 12,2 Sekunden von 60 auf 100 km/h, damit war er um 3,3 Sekunden schneller als der Vorgänger. Auch mit Formel-E-Getriebe wurde die Höchstgeschwindigkeit im vierten Gang erreicht, der fünfte diente als verbrauchssenkender Autobahngang.

Der Motor benahm sich tadellos wie stets, nicht jedermanns Sache war die kraftstoffsparende Schubabschaltung, die »dem Gaspedal einen eigenen Willen zu verleihen schien«, wie die Briten schrieben. Vor allem im Straßenverkehr fühle man sich an ein Automatikgetriebe erinnert, hieß es, ein Urteil, das in der deutschen Presse kaum zu lesen war.

Auch in Sachen Kraftstoffeinsparung zeigte man sich enttäuscht, »mittelmäßig«, moserte *Autocar*, während die *Auto Zeitung* den kleinen Verbrauchsvorteil (nur 0,1 Liter weniger als ein alter Golf) in Relation zum Gebotenen immer noch als Fortschritt bezeichnete. Und: »Außerdem muss dem Neuling zugutegehalten werden, dass er während der Verbrauchsfahrt erst wenige hundert Kilometer hinter sich hatte.«

Komfort und Innenraum zeigten Verbesserungen, aber die Sicht nach hinten nicht. Die breite C-Säule schränkte die Übersichtlichkeit stark ein. Sie müsse aber so stark sein, so Volkswagen, aus Gründen der Sicherheit beziehungsweise des Überrollschutzes. Für die meisten Betrachter war aber klar, dass Volkswagen diese Partie als wichtiges, unverwechselbares Charakteristikum des Wagens betrachtete. Und während die Briten noch darüber nachdachten, ob der neue Golf so viel besser sei als der alte (»Der neue Golf ist gleich gut und sogar ein kleines bisschen mehr. Aber ist das genug?«), war sich das Publikum dessen sicher. Es verhalf dem neuen Golf zu einem Traumstart und machte ihn im ersten vollen Verkaufsjahr – 1984 – mit 577.062 Stück zum erfolgreichsten Auto aus europäischer Produktion, gefolgt von Fiat Uno und Ford Escort. Dank der höheren Gewinne von Audi und des Aufwärtstrends in Südamerika machte die Gruppe wieder einen Gewinn nach Steuern von 228 Millionen Mark.

Aus dem Rabbit wird ein Golf

Der neue Golf erreichte den amerikanischen Markt zu Beginn des Jahres 1985. Und er hieß auch so und nicht mehr »Rabbit«; der letzte Hase hatte Westmoreland im Juni 1984 verlassen. Die *New York Times* wusste zu berichten, dass die Produktion von Zwei- und Viertürern im August anlaufen solle, die Produktionsumstellung werde etwa 200 Millionen Dollar verschlingen: Der Rabbit war Geschichte, für Österreich und Belgien gab es noch einige letzte Rabbit-Sondermodelle, aber dann war Schluss. »Ich war der Meinung, das passte nicht«, sagte Carl Hahn im Jahr 2013: »Wir haben Welt-Autos, und ich sah keinen Grund, diese anders zu plakatieren. Angesichts der Mobilität unserer Kunden, der enormen Zahl von Amerikanern, die auf Reisen gehen, hielt ich es für einen Fehler, in Amerika einen anderen Namen zu verwenden.«

Der Westmoreland-Golf war einmal mehr leicht von seinem europäischen Pendant zu unterscheiden; er hatte rechteckige Scheinwerfer. Außerdem war er einen Hauch anders abgestimmt, weil sein Gewicht ausstattungsbedingt – etwa durch die Abgastechnik – höher lag als bei seinem europäischen Pendant. Die Ausstattung mit Klimaanlage und Servolenkung war von Anfang an vorgesehen gewesen, und damit war der Golf viel besser gerüstet, um gegen die japanischen Herausforderer anzutreten, allen voran Toyota Corolla und Mitsubishi Mirage (Colt).

Road & Track war vom konservativen neuen Styling nicht gerade überwältigt: »Der Golf ist nicht aufregend. Er sieht nicht anders aus.« Dennoch wurden das verbesserte Platzangebot und der erhöhte Nutzwert sehr geschätzt, ebenso die neue Basis-Motorisierung, der 1,8-Liter-Vierzylinder mit Bosch-Kraftstoffeinspritzung und Drei-Wege-Katalysator. In US-Spezifikationen kamen so 85 PS zusammen, fünf weniger als beim Europa-Modell. Diese Leistung lag fast auf gleichem Niveau wie beim bisherigen GTI. »Was der Golf-Motor hat, ist Elastizität.«

Alternativ dazu gab es den 1,6-Liter-Saugdiesel und, später im Jahr 1985, den Jetta, den dann aber auch mit dem Turbo-Diesel als Zugabe. Wie in Europa gab es kein neues Golf Cabrio für Amerika. Neu war aber dessen Ausstattung mit dem 1,8 Liter. Als Sondermodell hatte es Servolenkung, Lederausstattung und Leichtmetallfelgen. Es hieß weiterhin schlicht nur »Volkswagen Convertible«, so wie auch der GTI nur »GTI« hieß, ganz ohne »Golf« oder sonstiges Beiwerk. Diese Praxis wurde auch später beibehalten.

Doch die Tage des in den USA gebauten Golf waren gezählt. Der neue GTI startete gut in sein erstes US-Verkaufsjahr, doch es folgte ein Einbruch in der US-Industrie und ein Erstarken der japanischen Konkurrenz. Der Golf litt, und der Jetta ließ sich mit rund 60.000 Autos pro Jahr viel besser verkaufen. Im Jahr 1988 fällte Carl Hahn die Entscheidung, das Werk Westmoreland zu schließen. »Es war nicht rentabel. Wir waren an anderen Orten ständig dabei, neue Kapazitäten zu schaffen, und wir mussten eine neue Fabrik in Sachsen und an anderen Orten bauen, daher hielt ich es für richtig, diese Fabrik zu schließen. Wäre das in Deutschland passiert, hätte das als Katastrophe gegolten, aber der Gouverneur von Pennsylvania signalisierte mir per Kabel sein Einverständnis. Wir arbeiteten fair zusammen. Zu Weihnachten erhielt ich eine Karte von unseren Arbeitern, die uns dafür dankten, dass sie zehn Jahre lang zu fairen Löhnen hatten für uns arbeiten dürfen.«

Nachdem die früher nicht unumstrittene Fabrik geschlossen worden war, erfolgte die Belieferung des nordamerikanischen Marktes mit Golf und Jetta vom modernisierten Werk in Puebla, Mexiko, aus. Nach weiteren turbulenten Jahren kehrte Volkswagen dann in die USA zurück und baute 2009 ein neues Werk in Chattanooga, Tennessee. Hier sollte Volkswagen dem großen Ziel, den

Auto 2000

Man muss dankbar sein, dass der Golf II nichts vom Styling des Auto 2000 mitbekam. Nur der Passat 1988 duckte sich nicht schnell genug weg und bekam eine auf die Schnauze.

Volkswagens Auto 2000 war ein Konzeptauto des Jahres 1981, das die Bundesregierung und das Bundesministerium für Forschung und Entwicklung finanzierten. Der Technologieträger sollte einen Ausblick auf die Zukunft des Autofahrens im Jahre 2000 geben.

Bei dieser Studie fanden sich viele Features, die später auch in der Großserie verwirklicht wurden. Nachdem Audis Leichtbau-Forschungsauto dann im Folgejahr als Audi 100 in Serie ging und sich viele Elemente der Ford-Studie Probe 3 beim späteren Ford Sierra wiederfinden ließen, ging die Konkurrenz – allen voran Opel – davon aus, dass die VW-Studie einen Ausblick auf den künftigen Golf geben würde. Weit gefehlt. Nur das Frontstyling sollte sich in ähnlicher Form bei der dritten Passat-Generation von 1988 wiederfinden. Der neue Golf aber sah deutlich anders aus. Doch im Nachhinein stellte sich heraus, dass das Auto 2000 fast jedes Feature aufwies, das Volkswagen über die folgenden drei Jahrzehnte in seinen Serienfahrzeugen einführte. Entwickelt unter der Federführung von Ulrich Seiffert und Hans Wilhelm Grove, hatte das Auto der Zukunft einen Luftwiderstandsbeiwert von 0,25, zwei verschiedene Motorkonzepte, zwei Getriebeoptionen und ein einzigartiges Energiemanagementsystem.

Das Sicherheitspaket war vorbildlich, die Karosseriestruktur wurde so ausgelegt, dass über genau definierte Lastpfade die bei einem Unfall auftretenden Aufprallkräfte zum Mitteltunnel abgeleitet wurden; die B-Säulen waren verstärkt, und um Gewicht zu sparen, wurden die Werkstoffe Stahl, Kunststoff und Aluminium verwendet. Ohne Produktionskostendruck entwickelt, verwendete man für die Hinterachse Kunststoff und Fiberglas. Das mit Teves entwickelt Antiblockier-Bremssystem und das passive Sicherheitsgurt-Rückhaltesystem aus dem US-Rabbit waren ebenfalls mit an Bord.

Der Bordcomputer informierte den Fahrer jederzeit über Kraftstoffverbrauch, Geschwindigkeit und die Kraftstoffmenge im Tank, es gab eine Fernbedienung für das Radio und eine Vielzahl von Warnsystemen wie eine digitale Informationsanzeige, die bei niedrigem Reifendruck Alarm schlug.

Das Auto 2000 wurde sowohl mit Benzin- als auch mit Dieselmotor getestet. Bei letzterem handelte es sich um einen Dreizylinder-Motor mit 1.191 Kubik, der vom 1,6-Liter-Diesel mit Direkteinspritzung abgeleitet war, aber ein sehr hohes Verdichtungsverhältnis von 20 : 1 aufwies.

Im Vorgriff auf den späteren G-Lader wurden hier zwei Arten der Aufladung erprobt, ein Abgas-Turbolader und ein Comprex-Druckwellen-Kompressor. Obwohl der Druckwellenlader noch nicht ausgereift war, überzeugte er im Versuchsbetrieb durch ein höheres Drehmoment und eine höhere Leistungsausbeute.

Ebenfalls mit an Bord war ein automatisches Start-Stopp-System mit Hilfe eines Schwungrades, das beim Anhalten des Motors zwar ausrückte, aber noch einige Zeit nachlief, weil nur sehr geringe Reibungskräfte darauf wirkten. Sank die Drehzahl auf unter 800 Touren ab, trat ein E-Starter in Aktion. Wenn Motorleistung erforderlich war, stellte die »Kupplung C2« den Kraftschluss her, und das Schwungrad startete den Motor.

Ein weiterer 1.060-Kubik-Vierzylinder-Benziner mit Roots-Kompressor und Mehrpunkt-Kraftstoffeinspritzung sowie Drei- oder Viergangautomatik mit Freilauffunktion befand sich ebenfalls in der Erprobung.

Professor Fiala, zu damaliger Zeit Leiter der Entwicklung bei Volkswagen, erzählte dem Autor, dass man im Hause damals beim Auto 2000 eher an eine neue Marke denn an einen neuen Golf gedacht hatte. Das Auto 2000 hätte als erstes Fahrzeug einer solchen neuen High-Tech-Marke zwischen Volkswagen und Audi positioniert werden können, gedacht war an eine Wiederbelebung von »Wanderer« als Marke. »Am Ende haben wir uns entschieden, das nicht zu tun, und auch beim bekannten Golf-Bild zu bleiben. In jenen Tagen in den späten 70er Jahren waren wir wegen der Katastrophe in den USA geschockt.

Das war vielleicht der Grund, dass nicht beides umgesetzt wurde, ein neuer Golf und die Etablierung von Wanderer oder eines neues Unternehmens. Das Auto 2000 hätte für VW den Markteintritt in ein höheres Segment bedeutet, eine Art technisch außerordentlich aufwendiger Mittelklasse-Audi mit einem höheren Preis.«

Konzernabsatz in den USA auf über eine Million Fahrzeuge pro Jahr bis 2018 zu steigern, näher kommen. Produziert wird seit 2011 eine speziell für den US-Markt konzipierte Passat-Ausführung (mit 85 % local content), die gut angenommen wurde: 2012 produzierte VW 117.023 dieser US-Passat, die zu einem Gesamt-Jahresabsatz von 483.133 Fahrzeugen beigetragen haben, und das sind Größenordnungen, die Volkswagen zuletzt Anfang der Siebziger gesehen hatte. Doch Amerika bleibt weiter ein hart umkämpfter Markt, und innerhalb des Konzerns sieht man da noch Wachstumspotenzial.

Der arg dezente GTI

Zurück ins Europa der 1980er Jahre. Obwohl avisiert, erschien der neue GTI nicht vor Januar 1984. Von der Papierform her hatte sich nicht viel getan, den 1.781-Kubik-Motor mit 112 PS kannte man aus dem Vorgänger. Allerdings erfolgte die Leistungsabgabe noch harmonischer, der Durchzug war spürbar besser geworden. Indiz dafür war die Spitzenleistung, die nun bei 5.000 Touren und damit um 300 Umdrehungen früher als zuvor anlag. Der Drehmomentzuwachs lag bei fünf Prozent, das maximale Drehmoment von 155 Nm stand bei 3.100 Touren zur Verfügung. Die Übersetzungsverhältnisse von Achsantrieb (kürzer) und fünftem Gang (länger) änderten sich.

Neues auch beim Fahrwerk, der GTI hatte härtere Federn und Dämpfer und lag zehn Millimeter tiefer als die schwächeren Modelle, dazu kamen Stabilisatoren vorn und hinten. Er rollte jetzt auf 14-Zoll-Rädern; Stahlfelgen serienmäßig; Alus in Pirelli-Optik –185/60 R14 P6-Reifen – kosteten extra. Der GTI hatte Scheibenbremsen rundum, vorne innenbelüftet.

Jenseits der technischen Fortschritte war es aber die Optik, die am meisten auffiel – oder eben nicht. Die Inneneinrichtung war so schwarz wie eh und je, doch vom klassischen Schottenkaro keine Spur: Die Sportsitze – bei roter Außenlackierung – hatten an Sitzfläche und Lehne jeweils orangefarbene Partien, und auch die roten Ziernähte konnten da nichts retten: Es gab nur noch wenig, was einen GTI von einem GTD oder GLX unterschied, zumal der GTI nur zwei Rundscheinwerfer und schlichte schwarze Stoßstangen aufwies. Vielleicht hatten sich die Kunden viel zu sehr an das Vieraugen-Gesicht des abgelösten GTI gewöhnt, auf jeden Fall sank der Anteil des GTI am Golf-Programm von 30 auf 13 Prozent ab, wobei besonders die großen GTI-Märkte Frankreich und Italien deutlich verloren.

Gegen Ende des Jahres 1984, weniger als ein Jahr nach seiner deutscher Markteinführung und weniger als sechs Monate nach Verkaufsbeginn in Großbritannien, wurde der GTI einem vorzeitigen Facelift für das Modelljahr 1985 unterzogen. Laut *Car* bat Volkswagen seine Händler um Verbesserungsvorschläge, nannte dabei als Limit aber die Grenze von £ 250 pro Auto. Ähnliche Umfragen dürfte es auch auf anderen Märkten gegeben haben, jedenfalls präsentierte sich der GTI des Modelljahres 1985 etwas unverwechselbarer: Er hatte einen Doppelscheinwerfergrill, zusätzliche rote Linien an Stoßfängern und Seitenleisten, schwarze Schweller, zwei Auspuffendrohre, neue Sitzbezüge und Türverkleidungen sowie neue Sechs-Zoll-Stahlfelgen auf der Aufpreisliste. Das Konkurrenzumfeld war stark geworden: Kadett GSi und Ford Escort XR3i waren alte Bekannte, neu waren Feuerzeuge wie der Peugeot 205 GTI, der in puncto Handling dem Golf etwas die Schau stahl: »Der VW GTI wirkt beispielsweise gegenüber dem Peugeot 205 GTI wie ein flinker Dackel gegen ein Wiesel: Den meisten wetzt er davon, aber es gibt halt jemand, der's noch besser kann.« (*Auto Zeitung*)

Der Altmeister hatte also nur meist die Schnauze vorn, obwohl er der teuerste war. Im Test wurde der GTI mit einer Höchstgeschwindigkeit von 189 km/h gemessen; den Standardsprint zur 100-km/h-Marke absolvierte er in 9,2 Sekunden. Und es war der Motor, der ein ums andere Mal begeisterte, ein »Glanzstück der Motorenbaukunst«, so die *Auto Zeitung*, »immer wieder ein Erlebnis«, lobte *auto motor und sport*. Willig legte der langhubige Vierzylinder los, stürmte ab 600 Touren eifrig durch das Drehzahlregister und jubelte hoch bis zu 6.000 Umdrehungen. Erst der Drehzahlbegrenzer setzte bei 6.800 Touren dem quirligen Treiben ein Wende.

Bemängelt wurde das Fehlen der Servounterstützung – die kostete 1.126 Mark Aufpreis –, umso mehr, wenn breiteres Geläuf aufgezogen war (serienmäßig rollte der GTI auf Rädern 175/70 HR 13); wobei sich mit den optionalen Breitreifen (DM 1.070,-) die Lenkkräfte im Stand »an der Grenze des Zumutbaren« (*auto motor und sport*) bewegten. Das mustergültige Kurvenverhalten litt nicht darunter, Kurven umrundete der GTI neutral und legte erst im Grenzbereich eine leichte Tendenz zum Untersteuern an den Tag – »die früher stark spürbaren Lastwechselreaktionen konnten auf ein harmloses Maß reduziert werden«. Die Bremsanlage – Scheiben rundum, vorne innenbelüftet – verzögerte jederzeit sicher und fadingfrei.

Letztlich präsentierte sich der GTI ernsthafter und erwachsener, er war nicht mehr der junge Wilde. Im Grunde genommen brachten es die Briten am besten auf den Punkt, als sie 1984 urteilten: »Zweifellos haben die Verbesserungen die Tugenden des neuen GTI noch unterstrichen, und er ist jetzt sicher ein besseres Familienauto. Auch ambitionierte Fahrer werden immer noch das Gleiche fühlen, der GTI hat nichts von seiner Magie verloren.« Nur eine kleine Einschränkung war noch zu lesen: »Aber bei der Suche nach einem breiteren Publikum hat VW nicht mehr als einen Seitwärtsschritt gemacht.«

Der neue GTI war ab 1985 auch in den USA lieferbar. Er orientierte sich an den europäischen Spezifikation, bot aber Optionen wie etwa einen Tempomat. Mit Drei-Wege-Katalysator lag die Leistung bei 110 PS, und für wen Geld keine Rolle spielte, dem war Tuner Callaway Reeves aus Connecticut gerne behilflich: Er installierte einen Turbolader und entlockte dem Triebwerk so gut 150 PS.

Mehr Ventile: Golf GTI 16V

Schon bei der Markteinführung wurde erklärt, dass das Werk einen noch stärkeren GTI in der Pipeline habe, denn mehr und mehr Hersteller brachten eigene GTIs: Das Leistungswettrüs-

Die Montage des US-Golf in Westmoreland. Der Automatisierungsgrad war nicht so hoch wie in Wolfsburgs Halle 54. (Fotos: VWoA)

Auch Jahrzehnte später noch im Einsatz: Ein US-Golf bei einer Rallye in Goodsprings, Nevada, November 2014. (Foto: Sebastian Krywult /TurnDriverSide.com / cc by sa 4.0)

Dieser Prospekt für den britischen Markt vom Januar 1985 zeigt den in Windeseile mit roter Linierung am Stoßfänger und Doppelscheinwerfern aufgewerteten GTI. Gab es natürlich auch für den Fünftürer. (Foto: Sammlung des Autors)

Die Leichtmetallräder bei diesem GTI von 1983 kosteten Extra, doch zu den Einfachscheinwerfern gab es zunächst keine Alternative. Auf die massiven Proteste und Absatzrückgänge reagierten die Wolfsburger aber außerordentlich schnell.

ten war bereits im Gange. Anfang 1984 hatten die stärksten Kompakten zwischen 105 und 115 PS, Fiat führte dann im Juni 1983 den Ritmo Abarth 130 TC mit Doppelvergaser und Zweilitermaschine ein, und Ford hatte soeben seinen 1,6-Liter-XR3i mit einem Turbolader versehen und so den 132 PS starken RS Turbo ins Programm des Jahres 1984 gehievt.

Volkswagens Antwort bestand nicht in einer Zwangsbeatmung des GTI-Motors, denn die Wolfsburger Ingenieure hielten wenig von der Kombination Turbolader und Ottomotor: Turbo, das bedeutete für sie schlechtes Drehmoment bei niedriger Drehzahl und hoher Kraftstoffverbrauch. Nicht etwa, dass sie es nicht versucht hätten: Tests begannen – nach James Rupperts Geschichte – 1981 mit dem 1,6-Liter-Motor, dann wieder im Jahre 1983 mit einem 1,7-Liter-Motor nach US-Spezifikationen, aber Wärmeentwicklung und Verbrauch waren unbefriedigend. »Wenn wir jemals eine Zwangsbeatmung nutzen«, so ein VW-Ingenieur damals, »dann in Form einer mechanischen Aufladung, keine Turboaufladung.« Die späteren Ereignisse bewiesen die Wahrheit dieser Aussage.

Ernst Fiala erinnert sich: »Wir hatten einen Turbo-Scirocco mit 150 PS serienreif. Wir hatten sogar schon die ersten Autos produziert, aber es gab einen Unfall, bei dem ein Schwungrad explodierte. Das hatte zwar nichts mit dem Turbolader zu tun, aber das bedeutete das Ende der Experimente. Erst später, beim Audi 200 [1979], kamen wir darauf wieder zurück.«

Die nächste Stufe der Motorenentwicklung führte über die im Rennsport übliche Praxis zur Leistungssteigerung vermittels Vierventiltechnik (zwei Ein- und zwei Auslassventile) und zwei obenliegenden Nockenwellen. Ein solcher Sechzehnventil-Vierzylinder stellte eine echte Alternative zur Turboaufladung dar und war bei europäischen Herstellern noch die Ausnahme (vielleicht abgesehen vom Triumph Dolomite Sprint, aber der war sowieso ein Sonderfall). Mitte der Achtziger waren solche Motoren eine Domäne der japanischen Hersteller.

Volkswagen begann mit der Entwicklung eines 16-Ventil-Zylinderkopf für den 1,8 im Jahr 1981, zunächst für Golf und Scirocco, später auch für andere Modelle. Nach den Erfahrungen mit dem Vierventil-Kopf von Oettinger – und dem Vernehmen nach auf Druck der französischen Vertriebsorganisation von Volkswagen – wurde ein 16-Ventil-Programm auf Basis des bewährten EA-827-Motors aufgelegt, wobei Audi die Federführung übernahm. Ein Prototyp wurde der Presse im September 1983 gezeigt, aber der Produktionsanlauf verzögerte sich, weil angeblich die Audi-Ingenieure nicht so recht damit zufrieden waren. Zwei Versionen entstanden, eine für den Betrieb mit verbleitem und eine für den Betrieb mit unverbleitem Kraftstoff und Katalysator. Die Standard-GTI-Einspritzung Bosch K-Jetronic (Verdichtung 10 : 1) blieb im Prinzip unangetastet, der Zylinderkopf war einteilig und die Ventilquerschnitte größer, was die Gaswechsel beschleunigte. Für eine bessere Wärmeabfuhr sorgten natriumgefüllte Auslassventile; bei einem Öldruck jenseits von zwei bar wurden die Kolbenböden mit einem Ölstrahl aus dem Hauptkreislauf gekühlt, was ebenfalls zur Wärmeabfuhr beitrug. Die Ölpumpenleistung lag um 15 Prozent höher als beim

Volkswagen und Seat

Da der spanische Markt die konventionelle Stufenheckoptik bevorzugte, tarnte Seat beim Golf-Klon Toledo seine Heckklappe entsprechend. Eine ungemein praktische Lösung, die seinerzeit nicht ungewöhnlich war, Fiat zum Beispiel machte das so beim Croma, ebenso Saab.

Mit Blick auf den Aufbau einer einheimischen Automobilindustrie und den Bau eines Volksautomobils entstand unter Beteiligung der spanischen Regierung 1950 die »Sociedad Española de Automóviles de Turismo S.A.«, kurz SEAT. Partner war Fiat, Gegenstand der Vereinbarung war die Montage einer spanischen Version des Fiat 1400. 1953 war bereits auch die Produktion des Volkswagen Käfer erwogen, dann aber wieder verworfen worden, denn so kurz nach dem Krieg war das ein hochsensibles politisches Thema, weil der spanische Diktator Franco mit deutscher Unterstützung – und Bomben – an die Macht gekommen war.

Seat produzierte diverse Fiat-Typen unter eigenem Markenzeichen, ab und an setzten Eigenkonstruktionen mit Fiat-Technik Akzente. Richtig rentabel war die Produktion aber nicht, daher wurde schon in den 1960er und frühen 1970er Jahren nach starken Partnern Ausschau gehalten. Im Jahr 1979 schließlich strebte man eine Fusion mit Fiat an, doch der italienische Riese zog sich ein Jahr später heraus und ließ Seat auf einem riesigen Schuldenberg sitzen.

Die Probleme bei Seat zu Beginn der 1980er lenkten die Aufmerksamkeit des Volkswagen-Vorstands Toni Schmücker auf den spanischen Autobauer, es fanden eine Reihe informeller Treffen und Besuche statt. Während Volkswagen auf allen westeuropäischen Märkten gut vertreten war, hatten die Wolfsburger in Spanien nur wenig Vertriebspräsenz. Schmücker unterzeichnete 1981 eine Absichtserklärung mit der spanischen Regierung, die aber nach Schmückers plötzlichem Herztod erst von Carl Hahn mit Leben erfüllt werden konnte.

Hahn wollte Volkswagen als internationales Unternehmen aufstellen. Bis zu diesem Zeitpunkt war es vom deutsch-amerikanischen Zusammenspiel geprägt worden, und das wurde angesichts der Probleme in den USA immer schwieriger. Jetzt verlagerte sich der Fokus wieder zurück nach Europa. Im Jahr 1982 war Volkswagen fünftgrößter Hersteller in Europa. Durch die Übernahme von Seat konnte

Achtventiler, die Pumpe stammte vom Diesel. Das Layout des neuen 16-Ventil-Zylinderkopfs war weitgehend identisch mit dem des Achtventilkopfs, die Auslassventile standen, wie gehabt, senkrecht, die Einlassventile im 25-Grad-Winkel zur Senkrechten geneigt. Die Ventilbetätigung erfolgte über wartungsfreie hydraulische Tassenstößel. Normalerweise wurden damals die beiden obenliegenden Nockenwellen über eine Kette oder einen Zahnriemen angetrieben, aber um Platz zu sparen, folgte Volkswagen der bei Porsche üblichen Praxis und trieb die Auslassnockenwelle per Zahnriemen an. Die Verbindung zur Einlassnockenwelle – an der gegenüber liegenden Seite platziert – erfolgte in der Vorserie noch über Stirnräder, in der Serie dann über eine Kette, was die Lärmentwicklung verringerte. Die untere Hälfte des Motorblocks blieb weitgehend unangetastet, die Kurbelwelle aber war modifiziert worden, um mit den auftretenden zusätzlichen Belastungen fertig zu werden. Außerdem kamen leichtere Kolben zum Einsatz. Der 16V-Treibsatz galt als bemerkenswert standfest.

In seiner endgültigen Form entwickelte der 16V eine Spitzenleistung von 139 PS bei 6.100 Umdrehungen. In der Praxis hätte er auch Drehzahlen von mehr als 7.000 Umdrehungen verkraftet, allerdings gab es einen Drehzahlbegrenzer bei 7.200/min, bei 7.300/min wurde dann die Zündung unterbrochen. Der Scirocco GTX 16V ging in

VW auf Rang zwei oder gar eins aufrücken. Die Verkäufe in Südeuropa waren übermäßig abhängig von Golf, Jetta und Scirocco, die rund 45 Prozent des Absatzes ausmachten, während der Polo lediglich auf zwölf Prozent kam. Der Marktanteil von VW lag in Spanien bei lediglich 0,6 Prozent, und Seat verfügte über ein komplettes Händlernetz. Außerdem waren die Produktionskosten vor Ort vergleichsweise niedrig.

Die Besiegelung der industriellen und wirtschaftlichen Zusammenarbeit erfolgte im September 1982; bei den Spaniern begann die Produktion von Passat und Santana, dann des Polo. Sobald die Produktqualität stimmte, begann der Export zurück nach Deutschland.

So wie beim Ausbau der US-Produktion zehn Jahren zuvor entspann sich eine heftige Debatte über die befürchtete »Ausfuhr von Arbeitsplätzen« nach Spanien, das war in Deutschland ein heikles Thema. Am Ende schuf Volkswagen 2.000 neue Arbeitsplätze und ein neues Werk in Martorell bei Barcelona, das 1993 in Betrieb ging.

Um die geplante Vertriebsoffensive in Europa starten zu können, benötigte Seat eine Reihe von eigenen Autos. Der Kleinwagen Ibiza von 1984 erhielt ein Styling von Giugiaro, Innenraumlayout und Motor waren Porsche-Entwicklungen, und die Karosserieentwicklung erfolgte bei Karmann. Der Fiat Ritmo erlebte seine Wiedergeburt als Seat Ronda, und nachdem Volkswagen das Unternehmen 1985 vollständig übernommen hatte, wanderte ein großzügiger Scheck zur Abgeltung eventueller künftiger Lizenzgebühren an den bisherigen Partner Fiat nach Turin. Damit war Volkswagen nun alleiniger Herr im spanischen Hause.

Toledo – der spanische Golf

Der erste Seat unter Volkswagen-Ägide hieß »Toledo«. Es war ein Fünftürer, entworfen in schnellen drei Jahren. Bei diesem Wagen von 1991 spiegeln sich diverse Designeinflüsse und Entwicklungen wider, ein europäischer Cocktail, zu dem auch die Turiner Spezialisten von Italdesign beigetragen hatten, die mehr als 20 Prototypen zusammengebaut und diese immer wieder nach Maßgabe aus Wolfsburg verändert hatten. Einige dieser Prototypen waren echte Temperamentsbolzen und nutzten Motor und Antriebsstrang des Rallye-Golf.

Laut offizieller Geschichtsschreibung bezweifelte Volkswagen, dass der Giugiaro-Entwurf produktionstechnisch kostengünstig umzusetzen war, doch Seat versprach Kosten auf Jetta-Niveau, und so gab Ferdinand Piëch seinen Segen.

Der Toledo basierte auf der stark modifizierten Bodengruppe des Jetta der zweiten Generation, denn die Plattform des B3-Passat von 1988 war zu groß, und die dritte Generation des Golf stand zu kurz vor der Markteinführung. Der Toledo startete teils mit Ibiza- (»System Porsche«) und teils mit Volkswagen-Motoren, später wurden dann immer mehr Golf-Motoren eingeführt und der Motorraum für die Aufnahme des VR6 umgebaut. Mit solchen Toledos wurden in Wolfsburg auch Crashtests durchgeführt.

Wie bei Volkswagen gängige Praxis, zeigte der Toledo wenig Hinweise auf seine deutschen Wurzeln, zumindest soweit sichtbar (mal ausgenommen die Schalter, die stammten unverkennbar aus dem VW-Regal). Unter der Oberfläche aber fanden sich reichlich VW-Komponenten. Und das Armaturenbrett war eigentlich für einen künftigen Audi entwickelt worden und im Stylingstudio in Düsseldorf entstanden.

Im Konzernverbund war ursprünglich geplant, Seat als »Zwischenmarke« zu positionieren. Der Ibiza passte zwischen Polo und Golf und der Toledo zwischen Golf und Passat, sodass die spanischen Volkswagen eher eine Ergänzung denn eine Konkurrenz für die deutsche Marke darstellen sollten. Die ersten Toledo bauten mit ihrem großen Kofferabteil mithin viel länger als ein Golf, aber nicht breiter. Diese Strategie war nicht übermäßig erfolgreich, die Ausrichtung änderte sich mit der zweiten Generation des Ibiza und des Toledo von 1998, sie zielten nun auf dieselbe Kundengruppe wie Polo und Golf. Anders als Škoda war die Geschichte der VW-Tochtermarke keine uneingeschränkte Erfolgsstory, erst in den letzten Jahren scheinen die Spanier das zu schaffen, was sich Carl Hahn von Anfang an vorgestellt hatte: »Alles, was wir von ihnen verlangten, war, dass sie ihren spanischen, feurigen Charakter beibehielten und dabei das Qualitätsniveau vom Rest der Gruppe hielten.«

Deutschland im August 1985 in den Verkauf, um Zeit für den Aufbau entsprechender Produktionskapazitäten im Motorenbau zu erhalten; der Golf GTI 16V folgte im November 1985. Eine abgasentgiftete Variante mit 129 PS für den Export folgte, das war ein wenig mager nach Meinung der Zeitgenossen. Im Test lief der GTI 16V 208 km/h und beschleunigte in 8,5 Sekunden auf 100 km/h. Dabei genehmigte sich der Über-Golf im DIN-Drittelmix 8,2 Liter Unverbleites, im Testalltag waren es knapp elf Liter, wobei die schadstoffarmen Varianten um rund zehn Prozent höher lagen. Der optische Auftritt des Kraftmeiers gestaltete sich sehr dezent. Es gab rote 16V-Schriftzüge an Bug und Heck, eine geänderte Feder-Dämpfer-Abstimmung und einen um zehn Millimeter abgesenkten Schwerpunkt, einen vergrößerten Frontspoiler mit Luftführung zu den Bremsen, Stabis mit größeren Querschnitten und größere Bremskolbendurchmesser. Mit 25.595 Mark war der 16V um knapp 3.000 Mark teurer als der normale GTI, die Ausstattung war aber nicht unbedingt besser. Von einem Ausstattungsumfang wie etwa in Großbritannien, wo Leichtmetallfelgen, elektrische Fensterheber vorn und Zentralverriegelung mit an Bord waren, konnten deutsche Fans nur träumen. Eine Servolenkung stand hier wie dort auf der Optionsliste.

Auf anderen Märkten führte die 16V-Einführung zur Neuordnung der Golf-Palette. In den USA beispielsweise wurde der Acht-

Diskreter Auftritt: Der 16V von 1985 war äußerlich nur an den Schriftzügen zu erkennen, polierte aber das GTI-Image wieder mächtig auf.

Die lange und gründliche Entwicklung des ersten Volkswagen-16-Ventil-Motors zahlte sich später aus: Er war standfest und zuverlässig.

Blick in den Innenraum eines 1986er GTI. Der kleine Aufkleber links unter dem Entlüftungsschlitz erinnert den Fahrer daran, bleifreies Benzin zu tanken, um den Katalysator nicht zu beschädigen.

ventil-GTI künftig als GT verkauft; mit Trommelbremsen hinten und anderen Sitzen, aber einem 134 PS starkem Zweiliter-Sechzehnventiler ab 1991. Ab 1987 war in Südafrika ein Fünftürer mit Servolenkung, Ledersitzen und Klimaanlage zu haben (Bezeichnung: »Executive«), der die Fahrwerksabstimmung des regulären GTI aufwies.

Unser Golf soll grüner werden

Nach den Werksferien 1985 lief eine neue Generation von Volkswagen-Ottomotoren vom Band, die wesentlich wartungsfreundlicher geworden waren, mit Hydrostößeln, elektronischer Zündung, Longlife-Zündkerzen und selbstnachstellender Kupplung. Die Intervalle für die große Inspektion wurden für alle Benzinmotoren von Audi und Volkswagen von 15.000 auf 30.000 Kilometer verdoppelt. Basismotorisierung bildete nun die 1,3-Liter-Maschine im Golf C, die vom Hubraum her den entsprechenden Modellen von Ford und Opel klar überlegen war, die nur 1.100 Kubikzentimeter Hubraum aufwiesen. »Er ist auch in der Basis-Version ein Auto mit vielen Höhen und ohne Tiefen, das gerade in seiner billigsten Form einen überdurchschnittlich hohen Gegenwert bietet«, so das Fazit eines Test von *auto motor und sport* vom Juli 1985, »in seiner billigsten Form bietet er einen außergewöhnlich hohen Wert.« Allerdings entschieden sich nur 13 Prozent der deutschen Golf-Käufer für dieses Grundmodell. Während am oberen Ende des Golf-Angebots vielfach gelobte Power-Versionen standen, wuchs am anderen der Druck von Kunden und Regierung, doch bitte schön auch etwas für den Umweltschutz zu tun; das »Waldsterben« gehörte zu den großen Themen der bundesdeutschen Innenpolitik. 1980 hatte sich mit »Die Grünen« eine Partei gegründet, welche die deutsche Parteienlandschaft nachhaltig verändern sollte: Aus der Anti-Atomkraft- und Anti-Aufrüstungspartei wurde eine bestimmende Größe, daher rückten auch die kritische Auseinandersetzung mit dem Auto und den Folgen des Fahrens für die Umwelt in den Focus der Käufer.

Auch auf europäischer Ebene begann der Umweltschutz, die Schlagzeilen zu beherrschen. Letztlich führte das zu immer wieder verschärften Abgas- und Zulassungsbestimmungen, die Auflagen zur Luftreinhaltung ließen sich ohne Katalysatortechnik nicht mehr erfüllen. Unverbrannte Kohlenwasserstoffe und Kohlenmonoxid sorgten für »dicke Luft«, und um den Smog zu reduzieren, erließen in den späten 1980er Jahren einige deutsche Stadtverwaltungen bei Smog ein Fahrverbot für Privatfahrzeuge. Das ermutigte andererseits Audi und Volkswagen, Versuche mit Hybrid-Autos durchzuführen (siehe Anhang).

Natürlich hatten die VW und Audi für den US-Markt seit 1976 Drei-Wege-Katalysatoren mit Kraftstoffeinspritzung, die Entgiftungskur aber schlug spürbar auf das Temperament: Solche lendenlahmen Kisten wollte die deutsche Industrie ihren Kunden denn auch nicht zumuten. Im Jahr 1983 führte Audi den Katalysator als Option ein, und im folgenden Jahr begann auch Volkswagen, schadstoffarme Varianten anzubieten. Für den Golf war der geregelte Katalysator bei bestimmten Motorisierungen ab 1985 zu haben. In der Fachpresse wurde darüber heiß diskutiert, um den Wert und die Haltbarkeit der Katalysatoren zu belegen, ließ Volkswagen zwei Kat-Golf nach Gruppe-A-Reglement beim 24-Stunden-Rennen auf dem Nürburgring im Sommer 1985 antreten. Schäden traten zwar auf, aber am Radlager, nicht am Katalysator.

Die Umstellung auf die Katalysator-Technik war Ende 1987 zu einem großen Teil abgeschlossen, wobei das Modellangebot in der Übergangszeit sehr unübersichtlich ausfiel, denn der Übergang auf den geregelten Drei-Wege-Kat erfolgte über eine Zwischenstufe, nämlich schadstoffarm nach EU-Norm. Diese Varianten mit Zwei-Wege-Kat waren zwar steuerbefreit, aber nicht optimal entgiftet. Das Golf-Programm des Jahres 1987 umfasste fünf Varianten mit G-Kat und Digijet-Einspritzung (55 PS – 129 PS) und vier mit U-Kat (55 PS – 107 PS), dazu kamen fünf Benziner (55 PS –139 PS) ohne Abgasnachbehandlung.

1989 hatte das Durcheinander dann ein Ende, der geregelte Katalysator bei Neuwagen wurde zur Pflicht. Andere Märkte folgten, 1992 etwa Großbritannien. In diesen frühen Jahren stellte die flächendeckende Verfügbarkeit von bleifreiem Benzin durchaus noch ein Problem dar.

Emissionswerte waren beim Diesel noch kein Thema, denn durch den sparsameren Verbrauch, so dachte man, wären eventuelle Schadstoffe kein Problem. Andererseits hatten seit 1976 über eine Million Golf-Selbstzünder die Produktionslinien verlassen, daher begann man dann doch, genauer hinzusehen. Immerhin wurden Dieselmotoren jetzt in den meisten Autos der Golf-Klasse angeboten, und in Europa stiegen immer mehr Käufer auf den Turbodiesel GTD, den GTI-Doppelgänger, um. Für Diesel-Käufer hielt Volkswagen seit der IAA 1987 zwei als schadstoffarm eingestufte Motoren bereit, jeweils mit 1,6 Liter Hubraum. Der zwangsbeatmete Golf hatte einen Garret-T3-Turbolader und entwickelte 70 PS, also 16 mehr als der normale 54-PS-Diesel mit 1.588 Kubik. Außerdem war der GTD wesentlich flinker als der Sauger. Im Oktober 1989 rüstete Volkswagen dann seinen Diesel auf Katalysator um, aber auch so genehmigte er sich im Drittelmix laut Werk nicht mehr als 6,1 Liter auf 100 Kilometer. Diese positiven Nachrichten konnte der Diesel durchaus vertragen, denn nach dem Höhepunkt 1986, als jeder vierte Golf und Jetta mit Selbstzünder das Werk verlassen hatte, war der Dieselanteil kontinuierlich gesunken, 1989 lag er bei nur noch 15 Prozent. Der erste schadstoffarme Dieselmotor verfügte über einen Zwei-Wege-Katalysator, einen Oxidationskatalysator, der in der Lage war, Kohlenmonoxid und Kohlenwasserstoff-Emissionen zu reduzieren, nicht aber die Stickoxide und Rußpartikel herauszufiltern. Die Abgasreduktion setzte die Verwendung eines kleinen Turboladers voraus, der nicht die Leistung erhöhte – weil die eingespritzte Kraftstoffmenge sich nicht erhöhte –, sondern durch den in allen Betriebszuständen höheren Luftanteil im Gemisch mehr als die Hälfte der im Abgas enthaltenen Kohlenwasserstoffe eliminierte. Der Umwelt-Diesel hatte eine Leistung von 60 PS und keinerlei sportlichen Ambitionen. Er unterbot jedoch alle damals geltenden

Mit der Ankunft des 16V in den USA 1987 etikettierte Volkswagen of America den bisherigen Achtventil-GTI um und nannte ihn GT. Es blieb bei dem in den USA gebauten 102-PS-Motor. (Foto: VWoA)

Das Stufenheck als zweite Karosserieform war von Anfang an mit eingeplant. Der Jetta war mit den meisten Motorvarianten des Golf zu haben und in den USA viel erfolgreicher als in Deutschland.

Emissionsgrenzwerte. Auf dieser Basis entstand auch Ende 1989, finanziert von der Niedersächsischen Landesregierung, das Forschungsprojekt »Öko-Golf« mit Schwung-Nutz-Automatik mit automatischer Abschaltung im Schubbetrieb und im Leerlauf. Im Straßenversuch, vor allem im Stadtverkehr, konnten je nach Fahrweise Verbräuche im Bereich von vier Litern auf 100 Kilometer erzielt werden. Eine Serieneinführung könnte man sich, so VW damals, für 1992 vorstellen.

Syncro, der Golf auf allen Vieren

Sehr viel zeitiger erfolgte die Produktion des Allrad-Golf. Audi hatte mit seinem Quattro Coupé 1980 die Rolle des Allradpioniers innerhalb des Konzerns übernommen und überragende Erfolge verzeichnet. Es war daher nur eine Frage der Zeit, bis die Allradtechnik auch im Volkswagen-Programm auftauchte. Mitte der Achtziger gab es, neben Audi, eigentlich nur noch den japanischen Hersteller Subaru, der Allradfahrzeuge (und das ausschließlich) produzierte. Dazu kamen europäische Kleinserienhersteller wie Sinpar in Frankreich, der Renault auf Allrad umbaute. Allerdings gab es keinen offensichtlichen Bedarf für diese Technik in einem Großserienauto. Das Bild änderte sich nachhaltig nach den Sporterfolgen von Audi mit dem Quattro, und 1983 ging die VW-Tochter dazu über, diese Technik auch für den Großserien-Topseller Audi 80 anzubieten. Und Fiat startete 1984 mit dem Allrad-Panda, Ford zog 1985 mit dem Ford Sierra 4x4 nach, auch BMW, Mercedes, weitere Japaner – »4x4« wurde, geradeso wie »Turbo«, zu einem Schlagwort in der Automobilbranche der Achtziger.

Audis »Quattro«-Konzept – korrekt eigentlich mit einem kleinen »q« geschrieben – umfasste einen differenzialgesteuerten, permanenten Allradantrieb; die Kraftverteilung erfolgte hälftig auf Vorder- und Hinterachse, und die mittleren und hinteren Differenziale waren sperrbar, um die Traktion auf Eis oder auf rutschigem Untergrund zu verbessern. Der Passat als technischer Zwilling des Audi 80 erhielt 1984 als erster Volkswagen eine Allrad-Option, er etablierte die Zusatzbezeichnung »syncro«.

Im März 1985 wurde die syncro-Option auf das Caravelle-/Transporter-Programm ausgeweitet. VW und Steyr Puch in Österreich hatten an diesem Prinzip seit 1978 gearbeitet. Die Funktionsweise war verblüffend einfach, das Geheimnis hieß »Viskokupplung«. Diese saß am Ende der neuen, dreiteiligen Kardanwelle, und aus ihr heraus führte eine Welle ins Hinterachs-Differenzial. Innerhalb der mit Silikonöl gefüllten Kupplungsdose befanden sich 59 Stahllamellen, dreißig davon trugen Löcher und waren mit dem Gehäuse fest verbunden. Die übrigen 29, geschlitzt, saßen auf der Welle, wobei beide Lamellenarten sich ablösten, zwischen zwei Gehäuselamellen drehte sich eine Antriebslamelle; ein kleiner Teil der Antriebskraft wurde ständig an die Hinterachse geleitet. Bei größeren Drehzahldifferenzen zwischen den beiden Achsen – und damit unterschiedlichen Rotationsgeschwindigkeiten von festen und beweglichen Lamellen – erhöhte sich die innere Flüssigkeitsreibung. Die dabei auftretenden Scherkräfte zwangen dann letztlich alle Lamellen dazu, wieder mit gleicher Geschwindigkeit rotierten: Damit war der Kraftschluss hergestellt und entsprechend Antrieb an der Hinterachse. Das funktionierte blitzschnell und bemerkenswert unaufgeregt, ohne dass der Fahrer irgendwelche Schalter betätigen oder Differenziale sperren musste. Und, anders als beim quattro, war das syncro-System variabel und schickte die Antriebskraft nur dann nach hinten, wenn die Bedingungen schwierig wurden.

Im März 1985 hatte Volkswagens Technik-Chef Wolfgang Linke erklärt, dass die schwierigste Aufgabe in der Unterbringung von Hinterachse und Antriebsstrang gelegen habe, denn der dafür benötigte Platz wurde ja vom ingeniösen Kunststofftank eingenommen. Er kündigte der Presse gegenüber außerdem an, das Allrad-System sowohl für schwächer wie auch stärker motorisierte Golf-Varianten anzubieten.

Wie erwartet, stellte Volkswagen den Golf syncro kurz vor der IAA in Frankfurt im September 1985 vor. Man präsentierte das neue Allrad-Antriebssystem als eines mit »Schlupfsensibler Kraftverteilung«. Das System war so ausgelegt, dass es problemlos bei jeder Baureihe mit Quermotor und -schaltgetriebe verwendet werden konnte. Es erforderte lediglich ein neues Gehäuse neben dem vorderen, quer eingebauten Differenzial und eine kurze Antriebswelle zu einem mittig platzierten Winkel-Zahnradsatz, der die Kraft an die dreiteilige Kardanwelle weiterreichte. Von dort wurde sie, wie geschildert, an die Viskokupplung und die neuen hinteren Antriebswellen geleitet. Die Schräglenker-Hinterachse stammte vom Passat syncro und war komplett anders als bei den Fronttrieblern. Das Ensemble aus Schräg- und unteren Querlenkern anstelle der gewohnten Golf-Achse reduzierte den Platz im Kofferraum um ein Drittel. Die Bodengruppe war in diesem Bereich ebenfalls geändert worden, und der Tank ebenfalls.

Meistens verblieben noch fünf Prozent der Antriebskraft an der Vorderachse, doch je nach Situation – etwa bei durchdrehenden Rädern – wirkte die Viskokupplung auch als 100-Prozent-Sperre zwischen den Achsen; bei starrem Durchtrieb verteilte sich die Kraft dann gleichmäßig auf Vorder- und Hinterachse.

Zu den üblichen Nachteilen eines Allradlers gehörte damals das schlechtere Kurvenverhalten wegen der Verspannungen im Antriebsstrang und die Blockierneigung bei Bremsmanövern. Volkswagen integrierte daher im Hinterachsdifferenzial einen automatischen Freilauf. Sobald der Fahrer bremste, wurde die Kraftzufuhr zur Hinterachse unterbrochen, was dazu führte, dass die Hinterräder weiterhin Seitenführungskräfte aufbauen konnten. Außerdem war so der Einbau eines ABS möglich.

Zu den fahrwerksseitigen Änderungen zählten auch straffere Federn und Stoßdämpfer, ein zusätzlicher Drehstabilisator vorn und ein Stabilisator sowie größere Trommelbremsen hinten.

»Vor zwanzig oder dreißig Jahren wurden wir für unsere Allrad-Palette ausgelacht«, erinnert sich Carl Hahn. »Aber ich kann mir lebhaft vorstellen, wie damals die Chefingenieure von Mercedes und BMW gegenüber dem Vorstand nach Entschuldigungen für das Fehlen einer Allradlösung gesucht haben müssen. Denn bei der Einladung nach St. Moritz musste der Mercedes unten stehen bleiben, und sein Besitzer musste zu Fuß nach oben stapfen, während der Audi direkt zur Berghütte vorfuhr, und das beeindruckte alle!«

Allerdings hatte auch der syncro seine Kritiker. Das System war nicht schwerer als im Audi, erhöhte aber das Golf-Gewicht um stramme 90 Kilogramm. Und es gab Gemurre, weil der Allrad-Antrieb das Temperament doch spürbar dämpfte und die angekündigten leistungsstarken Varianten nicht kamen. VW begründete dies mit dem beim 90-PS-Golf besseren Drehmomentverlauf gegenüber dem GTI 16V und der Tatsache, dass die Zielgruppe – die Bewohner von gebirgigen, schneereichen Regionen – keine sportlichen Fahrer, sondern eher daran interessiert seien, auch bei Schlechtwetter ihr Ziel zu erreichen.

Den syncro gab es zunächst mit dem 1,8-Liter-Vergasermotor und 90 PS; zum Modelljahr 1988 wuchs die Modellpalette um das Grundmodell und den gleichstarken 1,8-Liter-Einspritzer mit G-Kat und ABS als GT. Im Jahr 1989 stieg die Leistung des GT dann auf 98 PS. Billig war der Allradantrieb nicht, je nach Ausführung und Extras waren zwischen 5.700 und 6.800 Mark zusätzlich zu überweisen. Übrigens wurde auch der Jetta mit Allradantrieb angeboten.

Die Nachfrage war in Alpenländern naturgemäß höher als anderswo, Großbritannien etwa rechnete mit 1.000 Golf syncro, verkaufte aber zwischen Oktober 1988 und der Ablösung 1991 nicht mehr als 678 Exemplare.

Fast ein SUV und ein leichtes Facelift

Der Golf syncro bildete auch die Basis für eine Kuriosität in der Volkswagen-Geschichte, eine Idee, die ihrer Zeit voraus war. In den späten 1980er Jahren war das europäische Interesse an »Offroadern« oder, um den amerikanischen Begriff zu verwenden, »Sport Utility Vehicles« (SUVs) noch wenig ausgeprägt. Beim Genfer Salon im März 1989 aber überraschte Volkswagen mit der Studie »Montana«, einer Art Golf syncro auf Stelzen mit den Attributen eines Geländewagens wie einem »Rammschutz« vorn und einem außenliegenden Ersatzrad hinten. Dieser Wagen war eine Lieblingsidee von Ernst Fiala: »Es war mir klar, dass die meisten Käufer gerne in einem schwereren Auto und eine Stufe höher als der durchschnittliche Fahrer sitzen, um so quasi über die Dächer hinwegsehen zu können. Für Volkswagen bestand die einfachste Lösung darin, das Auto so um ungefähr 50 Millimeter höher zu legen, was sehr preiswert zu realisieren war.«

Der Verkauf begann im Sommer 1990 als »Golf Country«, und man erhoffte sich 4.000 Verkäufe pro Jahr. Volkswagen investierte rund sechs Millionen Mark bei Steyr-Daimler-Puch in Österreich und lieferte 98-PS-syncros mit zwölf Zentimeter langen Distanzstücken – VW sprach von einem Zwischenrahmen – zwischen Karosserie und Achsen. Dazu kamen neue Federbeine mit einer neuen Feder-/Dämpferabstimmung; welche die Bodenfreiheit um sechs Zentimeter erhöhte. Die Fahrzeughöhe stieg damit um etwa 18 Zentimeter. Steyr brachte dann Ölwannenschutz, Frontschutzbügel und eine Rohrrahmenhalterung für das außenliegende Ersatzrad an, Dekor und die entsprechenden Leichtmetallräder. Es gab spezielle Sitze und ein Sportlenkrad. Dieser hochbeinige Golf – den es nur als Viertürer gab – kostete mindestens 32.275 Mark, also 1.465 Mark mehr als der normale Golf syncro GT Kat. Außerdem war

Richtung Osten

Mit dem von Bertone gestylten Favorit mit Frontantrieb begann 1991, nach der Übernahme durch Volkswagen, der Aufstieg des tschechischen Herstellers in Westeuropa: Gewiss keine schlechte Ausgangsbasis (Foto: Škoda).

Der Octavia auf Basis des Golf entwickelte sich zu Škodas Exportschlager Nummer 1. Anfängliche Bedenken bezüglich der Qualität erwiesen sich rasch als überflüssig: Die vierte Marke im VW-Konzern überzeugt mit einem außergewöhnlich guten Verhältnis von Qualität und Preis. (Foto: Miloslav Rejha), © CC BY-SA 3.0

In den späten 1980er Jahren beschleunigten viele politische und wirtschaftliche Faktoren das Ende der Sowjetunion. Der kommunistische Machtblock bröckelte, und der russische Präsident Michail Gorbatschow begann seine »Perestroika« (Umbau), eine Politik der politischen und wirtschaftlichen Liberalisierung.

Damit endete der Kalte Krieg, eine Tatsache, die das politische und teilweise auch das gesellschaftliche Leben seit dem Ende des Zweiten Weltkrieges bestimmt hatte. Der Fall des Eisernen Vorhangs entließ zahlreiche vorher unter sowjetischer Kontrolle stehende Länder in die Eigenstaatlichkeit. Ungarn öffnete seine Grenzen nach Österreich im Mai 1989, was zu einem Massenexodus von DDR-Bürgern führte, die über diesen Umweg aus der DDR in den Westen flüchteten. Signalwirkung hatte der Fall der Berliner Mauer, des Symbols für die Teilung der Welt in ideologische Machtblöcke, im November 1989.

Jetzt wuchs zusammen, was, so Alt-Kanzler Willy Brandt, zusammengehörte. Der von der Planwirtschaft gegängelte Osten entwickelte einen ungeheuren Appetit auf die Warenwelt des Westens, was sich nicht zuletzt am Zusammenbruch der Nachfrage nach DDR-Personenwagen der Marken Wartburg und Trabant zeigte. Und da die DDR-Währung im Verhältnis eins zu eins in D-Mark umgetauscht wurde, war in der ehemaligen DDR nun auch genügend Geld für Westware vorhanden. Für die westliche Industrie eröffnete sich ein riesiger Markt, Millionen Käufer warteten begierig auf den Moment, in dem sie ihr Geld ausgeben konnten.

Während andere westliche Hersteller sich auf Polen und Ungarn konzentrierten, nahm Volkswagen in erster Line die andere

Hälfte Deutschlands ins Visier – immerhin konnte Carl Hahn die ehemalige Grenze aus den Fenstern seines Büros sehen. »Wir haben ein neues Asien entdeckt«, sagte ein VW-Manager zu Georg Kacher 1990, »seine Grenzen verlaufen keine 100 Kilometer von Wolfsburg entfernt, und trotz aller Veränderungen sprechen die Menschen dort sogar die gleiche Sprache wie wir.« Der Golf war in der DDR kein Unbekannter, 1977 waren 10.000 Stück mit 50- und 70-PS-Benzinmotor sowie 50-PS-Diesel importiert worden, und in den Achtzigern hatte Volkswagen einen Kontrakt über die Produktion von Polo-Motoren in der DDR abgeschlossen.

Volkswagen war aber nicht der einzige westdeutsche Hersteller, der in der ehemaligen DDR Ausschau hielt. Auch Fiat und General Motors (Opel) warben mit attraktiven Angeboten um die verarmten Automobilhersteller im Osten. Opel erhielt den Zuschlag für das Automobilwerk Eisenach, die Produktionsstätte des Wartburg, aber Volkswagen hatte ja bereits, wie oben erwähnt, einen Fuß in der ostdeutschen Tür: 1984 hatten die Wolfsburger eine Fertigungsstraße für Vierzylinder-Benzinmotoren mit 1.100 und 1.300 Kubikzentimeter nach Karl-Marx-Stadt (das nach der Wende dann wieder in Chemnitz umgetauft wurde) geliefert und in Betrieb genommen. Diese Motoren sollten Wartburg und Trabant befeuern, gleichzeitig wurden sie auch in den Westen geliefert. Allerdings war es den westlichen (ausländischen) Firmen zu jener Zeit nicht gestattet, mehr als 49 Prozent der Anteile am Gemeinschaftsunternehmen zu erwerben, den Rest hielt der ostdeutsche Staat.

Nach 1989 installierte Volkswagen eine Planungsgesellschaft zur Vorbereitung der Entwicklung und Produktion eines international wettbewerbsfähigen Fahrzeugs, das Hahn einen »neuen Trabant« nannte. Es stellte sich aber schnell heraus, dass die Menschen eigentlich nur einen neuen Volkswagen wollten, keinen neuen Trabant.

In Chemnitz entstanden die Motoren, deren Zylinderköpfe in Eisenach gefertigt wurden. Heute firmiert Chemnitz als Volkswagen Sachsen GmbH, am Standort werden Motoren entwickelt und gefertigt, auch der Variant rollt dort vom Band. Im Juli 1990 wurde der letzte Trabant 601 im Zwickauer Werk gebaut, kein Zweitakter mehr, sondern ein Trabant 1.1 mit einem Polo-Motor. Die letzten Exemplare standen noch bis April 1991 auf Halde, bis endlich auch diese ihre Käufer gefunden hatten.

Hahn war es auch, der entschied, im Norden von Zwickau ein neues Werk zu errichten. Die Fabrik Mosel-Zwickau hatte eine Kapazität von 250.000 Fahrzeugen pro Jahr. Dort begann im Jahr 1990 die Polo-Montage, wobei die Logistik noch nicht optimal gelöst war, denn die »Hochzeit«, also das Zusammenfügen von Motor und lackierter Karosserie, erfolgte bei Audi in Ingolstadt. Diese Reise quer durch die Republik war natürlich unwirtschaftlich. Ab 1991 begannen die ehemaligen Trabant-Mitarbeiter mit der Montage der letzten Golf-II-Modelle; bei der dritten Golf-Generation waren sie dann von Anfang an mit dabei.

Škoda

Nach der erfolgreichen Übernahme von Seat nahm Volkswagen-Chef Hahn den tschechischen Automobilhersteller Škoda ins Visier. Dieser Hersteller war im Jahr 1895 in Mlada Bolesev, rund 85 Kilometer nördlich von Prag, gegründet worden und hatte über die Jahrzehnte vor allem Heckmotor-Autos gebaut. Diese Heckschleudern waren im Osten zwar begehrt, im Westen aber nie über eine Außenseiterrolle hinausgekommen. Das hatte sich erst mit dem Fronttriebler namens Favorit etwas geändert, aber die Entwicklungskosten für diesen Fließheck-Kompakten waren immens gewesen, und das Auto warf kaum Gewinn ab. Škoda war auf der Suche nach einem Partner und hatte Kontakt aufgenommen zu BMW und Renault, aber Volkswagen bot mit seinem Baukasten von quer einzubauenden Vierzylindermotoren ideale Voraussetzungen zur Weiterentwicklung der Favorit-Familie und zur Entwicklung einer neuen, größeren Limousine. Das VW-Management wiederum war von den Fähigkeiten der Belegschaft, der relativ modernen Fabrik und – natürlich – den niedrigen Arbeitskosten beeindruckt. »Als der Eiserne Vorhang sich öffnete, habe ich den Wert von Škoda zu schätzen gelernt«, so Hahn. »Das war mein Hauptziel. In der Fabrik in Bratislava produzieren wir heute alle komplizierten Fahrzeuge, alle Allrad-Pkw zum Beispiel. Dort wird sehr hochwertige Arbeit geleistet. Die ungarische Fabrik, die Audi errichtete, ist ebenfalls sehr wichtig und hat uns erlaubt, die Motorenproduktion für Audi komplett von Deutschland aus dorthin zu verlagern.«

Im Dezember 1990 erlaubte die tschechische Regierung der Volkswagen AG, 100 Prozent der Anteile der »Škoda automobilová« zu erwerben, und seit April 1991 sind die Tschechen offiziell die vierte eigenständige Marke innerhalb des Volkswagen-Konzerns. Der Favorit wurde 1994 durch den Felicia mit Golf-Motoren abgelöst, alles, was danach kam, entstand dann auf Basis der jeweiligen Volkswagen-Modelle: Der Fabia als Polo-, der Octavia als Golf- und der Superb als Passat-Ableger. Andererseits erhebt sich die Frage, ob Volkswagen durch das immer breitere Angebot an – günstigeren – Konzernfahrzeugen nicht sich selbst (und dem Golf) allmählich das Wasser abgräbt. »Es gab schon Bedenken«, räumt Hahn ein, »und eine gewisse Substitution ist nie zu vermeiden. Wie sich aber herausstellte, haben alle diese Unternehmen ihre eigene Identität und behielten diese auch bei, und da sich diese Fahrzeuge deutlich voneinander und vom Golf unterscheiden, haben wir eigentlich keine Probleme – vorausgesetzt natürlich, dass die Händlernetze entsprechend profiliert sind.«

Zum Zeitpunkt der Drucklegung dieses Buches ist auf jeden Fall längst klar, dass die Entscheidung, bei Škoda einzusteigen, außerordentlich klug und weitsichtig war. Im dortigen Entwicklungszentrum wird auch für Bentley gearbeitet, und es werden Motoren sowie Getriebe für Audi entworfen. Nur eine Sorge treibt wohl noch den einen oder anderen Manager um: Die Tschechen haben inzwischen ein solches Niveau erreicht, dass in der Tat eine gewisser Kannibalisierungseffekt zu den anderen, teureren Konzernmarken nicht mehr wegzudiskutieren ist.

Bei der IAA 1985 feierte der Allradantrieb beim Golf seine Premiere: Sobald am Wagen auf der Rampe vorn Schlupf auftrat, traten die Hinterräder in Aktion – und umgekehrt, natürlich. (Foto: LAT)

Wie schon vom ersten Golf gab es auch vom Golf II einen Kleinlieferwagen mit flachem Ladeboden bis zu den Vordersitzen. Die hohe Ladekante aber blieb. Für größere Arbeiten gab es den Caddy auf Basis des Golf I. (Foto: Sammlung des Autors)

Ein 1984er GTD kam dem GTI zwar optisch nahe, aber nicht in der Leistung. Zu diesem Zeitpunkt gab es ihn noch nicht in allen Märkten, Großbritannien etwa wurde erst später bedient.

er schwerer und teurer im Unterhalt; Georg Kacher nannte ihn in *Car* »weder Fisch noch Fleisch. Im Off-Road-Betrieb kann er nicht mit den echten Schlammwühlern konkurrieren; und auf der Straße gehört er zu den langsamsten und am wenigsten wirtschaftlichen Golfs, die man kriegen kann.«

Übrigens: Für Mitarbeiter gab es eine Sonderserie des Country, die »Wolfsburg-Edition« mit 1,8-Liter-GTI-Motor, aber ohne GTI-Embleme. Insgesamt wurden zwischen Januar 1990 und Dezember 1991 7.735 Country gebaut; das Experiment wurde in der nächsten Auflage nicht wiederholt.

Die Entscheidung, der zweiten Golf-Generation einen konservativen Look zu geben, zahlte sich aus, denn während der gesamten achtjährigen Bauzeit wurde kaum etwas geändert, und selbst diese leichten Änderungen fielen nicht weiter ins Gewicht. Im Jahr 1987 gab es einen neuen Kühlergrill mit breiteren Lamellen, breiteren Seitenschutzleisten und einem größeren VW-Logo. Die vorderen Dreieckfenster – einst wegen der flächenbündigen Einpassung gepriesen – entfielen zugunsten größerer Seitenscheiben, und die Außenspiegel wurden weiter nach vorne ins Fensterdreieck gesetzt, eine späte Genugtuung für jene Kritiker, welche von Anfang an gesagt hatten, dass sie zu weit hinten angebracht wären. Ein zweites Facelift kam im August 1989 mit voluminöseren Stoßfängern für GL- und GTI-Modelle, was die Zugehörigkeit zu den anderen Mitgliedern der VW-Familie betonte, plus kleine Änderungen im Innenraum. Das aber war auch schon alles. Viel spannender waren die neuen Mitglieder der Golf-Familie.

Die Kompressor-Golfs

Gegen Ende der 1980er Jahre, als die dritte Generation sich bereits in der Entwicklung befand, produzierte Volkswagen einige superschnelle Ausführungen, sowohl um damit im Motorsport agieren als auch um die immer hysterischer agierende Konkurrenz auf Distanz halten zu können. Sie sorgten für ein gewaltiges Rauschen im Blätterwald.

Obwohl seit den frühen 1980er Jahren Top-Audis wie der quattro mit Turbolader unterwegs waren und eine ganze Reihe von Tunern Golf-Turbo-Umbauten anboten, vertrat Volkswagen noch immer die Ansicht, ein Turbolader würde am besten zum Diesel passen. Gleichwohl forschten die Wolfsburger seit 1978 an mechanischen Aufladungssystemen, wie sie bei Hochleistungsfahrzeugen in den 1920er und 30er Jahren zu finden gewesen waren. Der bekannteste Kompressor dieser Zeit war der von »Roots«, der Druckluft in den Motor blies, um die Zündfähigkeit des Gemischs zu verbessern. Dazu wurde die Luft durch zwei Rotoren verdichtet. Die Volkswagen-Lösung griff ein Design von 1905 auf, bei dem die Luft durch Metallschaufeln verdichtet wurde. Zum damaligen Zeitpunkt war die Technik aber noch nicht weit genug, um die Teile mit hinreichender Genauigkeit fertigen zu können. Angeblich hat Volkswagen über 400 Konfigurationen ausprobiert. Turbolader und Kompressoren sind in ihrer Wirkung ähnlich. Während aber der Turbolader von den Abgasen im Abgassystem aktiviert wird, erfolgt der Antrieb eines Kompressors durch einen Riemen von der Kurbelwelle aus. Ein Kompressor dreht die ganze Zeit mit, seine Leistung steigt im Verhältnis zur Motordrehzahl, anders als ein Turbolader, der erst mit Verzögerung anspricht (was dann früher zum berüchtigten Turboloch, dem verzögerten Leistungseinsatz, führte.) Volkswagen favorisierte den mechanischen Lader auch, weil sich Ladedruck, Drehmoment und Leistung über das gesamte Drehzahlregister hinweg rasch aufbauten. Ein Kompressor erzeugt auch wesentlich weniger Wärme als ein Turbo, der spezielle Materialien für Abgaskrümmer und Leitungen erfordert. Außerdem läuft er leiser und erfordert keine spezielle Schmierung. Vor dem Eintritt in den Motor wird die Druckluft durch einen Zwischenkühler geleitet, der sie abkühlt und damit die Dichte erhöht.

Der erste Volkswagen mit Spirallader war die zweite Polo-Generation, die ein Imageproblem hatte, weil das neue Modell im Kleinkombi-Design mit dem langen hinteren Seitenfenster zunächst gar nicht gut ankam. Daher wurde 1982 ein Coupé nachgeschoben. Die beengten Platzverhältnisse im Polo-Motorraum ließen aber den Einbau größerer Motoren nicht zu, daher musste, um sportlichere Fahrleistungen zu realisieren, eine Aufladung her. Im Jahr 1983 wurde ausgewählten Pressevertretern ein Versuchswagen mit 1,3-Liter-Kompressor-Motor vorgeführt; zur IAA 1985 stand das Polo-Coupé GT G40 auf dem Messestand. Bei ähnlicher Leistung wie ein GTI entwickelte der 1,3-Liter-Vierzylinder 115 PS dank dem, was Volkswagen nach den G-förmigen Spiralen im Innern des Laders »G-Lader« nannte. Die »40« stand für die Spiralbreite in Millimetern.

Der VW-Kompressor arbeitete nach dem Verdrängerprinzip, das heißt: Im zweiteiligen Gehäuse, dessen Spiralen einem G ähnelten, rotierte eine Scheibe (»Verdränger«) mit ebenfalls G-förmigen Spiralen. Die dabei entstehenden Kammern füllten sich mit Luft, die durch die Rotation komprimiert und zum Auslass geführt wurde. Die vorverdichtete Luft wurde dann über den Ladeluftkühler auf 55 Grad heruntergekühlt und in die Brennräume geleitet; über eine Bypass-Leitung floss die nicht benötigte Luft wieder in die Lader-Ansaugleitung zurück.

Zum Start der neuen Technologie schickte Volkswagen drei modifizierte, 129 PS starke Polo auf die Rundstrecke, um einen 24-Stunden-Geschwindigkeitsrekord zu brechen, die Durchschnittsgeschwindigkeit lag bei 212,5 Stundenkilometern. Man kalkulierte vorsichtig, mehr als 500 Polo G40 sollten im Jahr 1986 nicht gebaut werden; 1987/88 gingen dann 1.500 Stück über den Tresen. Eine Übertragung des Prinzips auf den Golf bot sich an, ein größerer Lader – G60 –für den 1,8-Liter-Motor befand sich bereits in der Entwicklung.

Der erste Volkswagen indes, der diesen G60-Motor erhielt, war nicht der Golf, sondern eine GT-Version der neuen Passat-Generation mit Quermotor von 1988, dann der Corrado, eine Art halber Porsche, in der Modellhierarchie oberhalb des Scirocco angesiedelt und mit Golf-II-Technik aufgebaut. In beiden Fahrzeugen wurde der Lader mit dem Achtventil-1,8-Liter zusammengespannt. Das

Der Golf Country war ein Beinahe-SUV und seiner Zeit voraus. Nicht wirklich ein ernsthafter Offroader, verfügte er aber über einen Unterfahrschutz. Ein Gewehrhalter war eine Option.

Dieser Basis-Golf für den britischen Markt zeigt die bescheidene optische Auffrischung, die Volkswagen 1988 seinem Bestseller gönnte: Seitenschutzleisten, Kühlergrill und neue Seitenscheiben ohne vordere Dreiecksfenster, mehr war nicht.

Die konzentrischen Spiralen des G-Laders sind hier gut zu sehen, sie gaben dem Lader seinen Namen. Die Kompressor-Ära endete bei Volkswagen 1994 mit Auslaufen des Polo G40.

Dieser britische 16V von 1989 verfügt über die optionalen BBS-Leichtmetallfelgen, Nebelscheinwerfer und abgedunkelte Rückleuchten.

Der Rallye-Golf 1989/90 schlug sich wacker, blieb aber weitgehend chancenlos. Das Homologationsmodell ist heute sehr gesucht.

Verdichtungsverhältnis betrug hier nicht 10,0 : 1 sondern 8,0 : 1; Der Lader rotierte mit rund 1,7-facher Drehzahl, der maximale Ladedruck betrug 0,65 bar. Volkswagen nannte für den G60 eine Leistung von 160 PS, Leistung und Drehmoment entsprächen einem 2,6-Liter-V6-Motor (an dem, wie man wusste, VW auch arbeitete – siehe Kapitel 4). Der Corrado und die nachfolgenden Golf-Modelle mit dem G60-Motor des Passat erhielten auch dessen seilzuggeschaltetes Fünfgang-Getriebe.

Im Juni 1988 veröffentliche Volkswagen die ersten Bilder eines 160 PS starken, aufgeladenen »Super Golf« mit Allradantrieb. Das Foto zeigte einen Dreitürer mit schmalen rechteckigen Scheinwerfern, einem breiten Kühlergrill mit imponierendem Lufteinlass quer über die gesamte Fahrzeugbreite und ausgestellten Radhäusern für die Aufnahme von Breitreifen. Der Wagen, so ließ man verlauten, sei serienreif, es hänge aber von der Reaktion der Kunden ab, ob diese Variante tatsächlich im Folgejahr in Serie gehen würde.

Ein Blick auf diese Radhäuser indes verriet den wahren Einsatzzweck: Das hier war ein reinrassiges Renngerät für den Motorsport. Audis Triumphe mit dem Quattro und dem Quattro Sport zu Beginn des Jahrzehnts hatten dazu geführt, dass im Rallyesport der Gruppe B die Allradler – allen voran Lancia mit dem Delta – dominierten. Die Leistungszahlen erreichten ungeahnte Höhen, zwischen 500 und 650 PS waren normal in der Rallye-WM. Nach einer Reihe von tragischen Unfällen, bei denen Zuschauer starben, wurde das Reglement geändert und die Autos verboten. Audi schockierte die Rallye-Welt durch den abrupten Rückzug seiner Mannschaft im Mai 1986, die Ingolstädter hatten beschlossen, ihre Aktivitäten auf den Tourenwagensport zu verlagern.

Volkswagen war mit dem Golf GTI während dieser Zeit im Rallyesport aktiv und hatte im Jahr 1986 mit einem 215 PS starken GTI 16V die neu ins Leben gerufene Gruppe-A-Weltmeisterschaft – ausgeschrieben für Fahrzeuge ohne Aufladung – unter Kenneth Eriksson und Peter Diekmann gewonnen. Nachdem das syncro-System serienmäßig lieferbar war, war der Weg offen für Volkswagen Motorsport, mit diesem Allradantrieb in der Saison 1990 an den Start zu gehen. Die Homologation in der Gruppe A erforderte die Produktion von mindestens 5.000 Wagen innerhalb von zwölf Monaten. Um diese auch verkaufen zu können, entfachte Volkswagen einen gewaltigen Medienrummel, tatsächlich wurde das Werk mit Anfragen und Bestellungen für den »Super Golf« überschüttet. Letztlich wurden schließlich 5.600 Fahrzeuge, allesamt mit Linkslenkung, gebaut; 2.000 blieben in Deutschland.

Dieses hoch spezialisierte Projekt entstand beim belgischen Volkswagen-Ableger in Brüssel (wo auch der zehnmillionste Golf im Juni 1988 vom Band gelaufen war). Die Federführung hatte Ingenieur Rolf Trump, der seit 1973 für Volkswagen arbeitete und an verschiedenen Golf-Generationen mitwirkte. »Brüssel«, so erinnerte er sich 2013, »hatte bessere Voraussetzungen für ein solches Projekt.« Und weiter: »Der Plan war tatsächlich, nur diese Kleinserie zu bauen. Wir hatten entsprechende Werkzeuge und Kapazitäten für diese Stückzahl, und wenn es mehr als die 5.600 Stück, die wir tatsächlich bauten, geworden wären, hätten wir weitere Investitionen tätigen müssen.«

Der dann als »Golf Rallye G60« vermarktete Überflieger war im Wesentlichen ein Cocktail aus GTI, syncro und Corrado G60, von dem er den Achtventil-Vierzylinder erbte. Der Motor hatte aber etwas weniger Hubraum – 1.763 statt 1.781 Kubikzentimeter –, denn für aufgeladene Motoren galt ein Handicap-Faktor von 1,7. Der tatsächliche Hubraum, mit diesem Wert multipliziert, hätte rechnerisch einen Hubraum von über drei Litern ergeben, dann wiederum passte das geforderte Gewicht nicht. Also wurde der Hubraum etwas reduziert, und so war der Golf in der Klasse bis drei

Den G60 kennzeichneten die »großen« Stoßfänger des späten Golf II und die markante Dachantenne des Golf GTI, die dann alle Golfs in der Zeit erhielten.

Liter startberechtigt. Dass der Rallye nur den Acht- und nicht den Sechzehnventiler erhielt, lag angeblich daran, dass Volkswagen aus Kapazitätsgründen nicht in der Lage war, die entsprechenden Zylinderköpfe zu liefern, weil die Nachfrage nach den 16V-Varianten von Golf, Scirocco, Corrado und Passat so groß war. Die Kombination aus 8V und Spirallader war nicht so gefragt und damit leichter verfügbar. Zwei Katalysatoren waren serienmäßig.

Der Wettbewerbswagen entwickelte 280 PS, aber auch in der 120 PS schwächeren Kundenausführung war es der stärkste Golf, den Volkswagen bislang von der Leine gelassen hatte. Die weiteren Eckwerte indes waren eine Enttäuschung, mit einem Mehrgewicht von 230 Kilogramm gegenüber dem bisherigen Top-Golfer, dem GTI 16V, war der Rallye kaum schneller als dieser. Seine Höchstgeschwindigkeit lag im Test bei 220 km/h, und die Beschleunigungswerte waren auch nicht so überwältigend: 0–100 km/h in 8,8 statt 9,7 Sekunden. Natürlich, in Sachen Drehmoment und auch durch die Tatsache, dass der 16V nur Frontantrieb hatte, zeigte sich der Rallye klar überlegen. Verkauft wurde er in Deutschland für 44.500 Mark, damit war er rund 14.000 Mark teurer als ein GTI 16V, brachte allerdings Servolenkung, Sportsitze, Lederlenkrad und weiteres Leder für Sitze, Türtafeln und so weiter mit.

Der erhoffte Rallye-Erfolg stellte sich allerdings nicht ein, einzig bemerkenswertes Ergebnis war ein dritter Platz bei der Rallye Neuseeland 1990. Lancia und Toyota hatten einfach die schnelleren Autos, bessere Allradsysteme und mehr Erfahrung in der Rallye-WM. Volkswagen zog sich mit Ablauf der Saison 1990 aus dem Rallyesport zurück und kam erst 2011 zurück. Das letzte Wort zum »Super Golf« gebührt der britischen *Car*: »Hässlich wie ein Staffordshire-Bullterrier, aber ohne dessen Biss.«

G60 Limited

Nach der Enttäuschung mit dem zu zahmen Golf Rallye G60 gab die Volkswagen Motorsport im Mai 1989 bekannt, an einem 210 PS starken Golf G60 mit Sechzehnventilmotor und Allradantrieb zu arbeiten, der in die Serienfertigung überführt werden sollte. Außerdem, so war zu vernehmen, sollten bei der VW Motorsport pro Woche zwei Fahrzeuge gebaut werden, sobald der Umzug in die neue Betriebsstätte abgeschlossen wäre – avisiert war der Juli. Und dann sei auch bereits die Entwicklung einer 16-Ventil-Version des Corrado G60 im Gange, der in der zweiten Jahreshälfte anlaufen könnte. Auch ohne dass darüber berichtet worden war, lagen bereits über 100 Bestellungen vor, in Konzernkreisen sprach sich so etwas schnell herum.

Diese ganzen Ankündigungen führten in der Realität zum schnellsten und exklusivsten aller Hochleistungs-Golfmodelle: Der Golf G60 Limited verfügte über die normale Fünftürer-GTI-Karosserie, hatte aber die vergrößerten Radhäuser des Rallye-Golf, nicht aber dessen Kotflügelverbreiterungen. Auch ein einziger Dreitürer wurde gebaut, er existiert heute noch. Der Limited hatte die Vor-Facelift-Stoßstangen und unterschied sich von den anderen

Der Allrad-Golf G60 Limited von 1990 war der ultimative Understatement-Sportler, ohne die großen Stoßfänger. Nur das blaue Signet der VW Motorsport am Heck und der Kühlergrill unterstrichen seinen Ausnahmestatus.

G60 durch das VW-Motorsport-Abzeichen im Grill und die blaue Zierlinie anstelle der GTI-typischen roten Kühlergrillumrandung. Klaus-Peter Rosorius, zu der Zeit Leiter der Motorsport-Abteilung, wird mit den Worten zitiert: »Wir wollten einen schönen, elegant aussehenden Serien-Golf ohne äußere Änderungen haben, aber mit viel Faszination unter der Haube.«

Angetrieben wurde dieser Wolf im Schafspelz vom modifizierten 1,8-Liter-16V-Motor mit Spirallader. Spezialkolben mit vernickelten Böden, spezielle Kolbenringe, eine stärkere Zylinderkopfdichtung und eine neue Einlass-Nockenwelle – mehr brauchte es nicht, um daraus den bis dahin mit rund 230 km/h schnellsten Golf aller Zeiten zu machen.Das Verdichtungsverhältnis wurde auf 8,8 : 1 reduziert; es gab zwei Katalysatoren und die VW-eigene Digifant-Einspritzung, welche ab 1987 die berühmte Bosch K-Jetronic ersetzt hatte. Das maximale Drehmoment von 252 Newtonmeter lag bei 5.000 Umdrehungen an; der 210-PS-Golf spielte in einer Liga mit BMW M3, Lancia Delta Integrale oder auch dem Sierra Cosworth.

Das üppige Leistungsangebot – 0–100 km/h in 7,4 Sekunden – erfolgte, so *auto motor und sport*, »mit sauberem Leerlauf und samtiger Leistungsentfaltung bis hin zum Limit bei 7.000 Touren ... aber ohne jede Dramatik.« Neben dem syncro-Antrieb spendierte Volkswagen seinem Schmuckstück eine große elektronische Differenzialsperre (EDS), eine frühe Art von Traktionskontrolle.

Die Ausstattung war ausgesprochen üppig, Leder, ABS, Servo, Sitzheizung, Schiebedach und elektrische Fensterheber – der »Golf mit Allem« war mit 1.275 Kilogramm kein Leichtgewicht: »Das Erstaunliche am unscheinbaren Limited-Golf ist, dass er nicht nur hurtig beschleunigt, sondern dass er seine Passagiere dabei auch noch mit einem ordentlichen Maß an Komfort verwöhnt.« Der Limited wurde zwischen 1989 und 1991 gebaut, mehr als ein Fahrzeug pro Woche entstand nie. Gebaut wurde er im Auftrag von Volkswagen

Der aufgeladene Golf GTI G60 war Höhe- und Endpunkt der zweiten GTI-Generation. Er erschien im Jahr 1990 und benötigte eine Traktionskontrolle, um seine 160-Kompressor-PS schlupffrei auf die Straße zu bringen. Es gab ihn für einige Märkte auch als syncro. (Foto: LAT)

Motorsport in der Halle 18, dort, wo auch die Vorserienfertigung neuer Baureihen erfolgte. Der Anteil an Handarbeit war sehr groß, wobei einige Exemplare wohl auch bei der Motorsportabteilung in Hannover gebaut worden sein dürften. Nur 71 Fahrzeuge entstanden auf Bestellung, der Stückpreis lag bei DM 68.500,-

Der GTI G60

Der letzte und eher erschwingliche Vertreter der zweiten GTI-Generation wurde 1989 zur IAA in Frankfurt angekündigt: Der Golf GTI G60. Er hatte den 160 PS starken 1,8-Liter-Achtventilmotor des Corrado G60 und ein maximales Drehmoment von 225 Nm bei 3.800 Umdrehungen. Er sollte weniger als zwei Jahre lang gebaut werden.

Die Markteinführung des GTI G60 im Deutschland erfolgte im März 1990. Mit DM 37.125,- war er rund 20 Prozent teurer als der normale 16V (DM 31.100,-), hatte aber um ein Viertel mehr Leistung. Es gab ihn nur als Linkslenker, da das Fünfganggetriebe aus dem Passat keine Rechtslenkung gestattete (was erklärt, warum der britische Importeur überlegte, auf diesen Ober-GTI zu verzichten). Die Chassis-Änderungen beim G60 umfassten 15-Zoll-Räder, die Corrado-Bremsanlage, straffere Dämpfer, eine »keilförmige Tieferlegung«, wie das Werk mitteilte, das heißt 20 Millimeter weniger Bodenfreiheit vorn und zehn Millimeter weniger hinten. Servolenkung (leider rückmeldungsarm), ABS und Leichtmetallräder – Reifen 185/55 R 15 – waren serienmäßig, die Elektronische Differenzialsperre (EDS) aus dem Limited gab es gegen Aufpreis von 595 Mark, ihre Anschaffung war empfehlenswert.

Die Golf-Modellpalette umfasste zu Beginn des neuen Jahrzehnts dann drei GTI-Modelle: Den normalen GTI, den 16V und eben den G60. *Auto motor und sport* unterzog alle drei einem ausführlichen Vergleichstest und wies jedem seinen Platz innerhalb der Familie zu. Das Basismodell sei ein GTI »nur noch dem Namen nach«, entschädige aber für die »zu kurz gekommene Sportlichkeit« durch Laufkultur und Komfort. Der 16V habe ebenfalls nicht mehr die »einst GTI-typische Überlegenheit«, biete aber eine »erfreulich muntere Kraftentfaltung«, wenn auch nur »durchschnittliche« Fahrleistungen. Der G60 schließlich war in Fahrleistungen, Kurvenstabilität und Bremsen überlegen, »kein Zweifel«, so das Fazit: »Wer heute GTI meint, muss auch G60 sagen.«

Dessen Höchstgeschwindigkeit lag bei 224 km/h, der Null-auf-Hundert-Sprint war eine Angelegenheit von 8,3 Sekunden, die Kraftentfaltung lässig: Bei aller Drehmomentstärke aber regte sich Kritik an der Getriebeabstufung, besonders die Spreizung zwischen zweitem und drittem Gang war zu groß, und die Schaltung hätte präziser flutschen können. Möglicherweise hatte die Entscheidung für das Passat-Getriebe etwas mit den Kapazitätsproblemen im Getriebewerk Kassel zu tun. Der GTI G60 lief bis Ende 1991. Für das letzte Modelljahr gab es den G60 auch als syncro sowie als Sondermodell »Fire and Ice« mit Sonderlack und Emblemen. Der GTI G60 war Höhe- und Endpunkt der zweiten Golf-GTI-Generation.

Volkswagen verstand es virtuos, aus dem großen Konzernbaukasten stets neue, interessante Sonderserien zusammenzustellen. Ob nun »GTI Edition One«, der »10-Millionen-Golf« oder die nach amerikanischen Städten benannten Sondermodelle »Boston«, »Memphis«, Manhattan« – im VW-Autohaus gab es stets Neues zu entdecken, auch als die dritte Golf-Generation bereits vom Band lief: Der immensen Nachfrage nach neuen Fahrzeugen, welche auf die deutsche Wiedervereinigung folgte, begegnete Volkswagen, indem es den Golf II als preisgünstiges Einsteigermodell »Function« bis Ende 1992 in der neuen Fabrik in Mosel, in der Nähe der alten Trabant-Fabrik, vom Band laufen ließ. Zu diesem Zeitpunkt wurde der Nachfolger bereits seit einem Jahr produziert.

Der »GTI Edition One« stand zwischen Mai 1989 und April 1991 im Angebot. Die roten Zierstreifen auf dem Kühlergrill fehlten hier.

Der »Function« wurde auch nach Produktionsanlauf des Golf III gebaut und diente als preisgünstiges Einsteigermodell. (Foto: Detectandpreserve / cc-by-sa 3.0)

Die Tuner und der Golf

Tunen, frisieren, veredlen – verschiedene Worte, ein Ziel: Den Wagen schneller zu machen. Und damit beschäftigten sich ein Vielzahl großer und kleinerer Tuningbetriebe rund um den Globus. Das Angebot war wesentlich vielfältiger als bei anderen Autos, und das hatte auch einen guten Grund: Der Golf (und auch der Scirocco) galten schon von Haus aus als sportlich, boten darüber hinaus aber auch gute Möglichkeiten, Fahrleistungen und Fahrverhalten nachträglich noch weiter zu verbessern.

Zu den ersten Anlaufstellen in Sachen Fahrwerkstuning gehörten in den Siebzigern und Achtzigern Firmen wie Bilstein und Boge (Federbeine und Stoßdämpfer), Fichtel & Sachs und Koni (Federbeine). Leichtmetallräder kamen von ATS und BBS, Bremsen von ATE. Um mehr Dampf unter der Haube kümmerten sich Abt, Decker, Dennert, Nothelle oder Oettinger, Nockenwellen kamen von Schrick, Turbos von KKK und Spoilerwerk von Kamei oder Zender. Natürlich waren die Einspritzmotoren besonders geeignet für eine Leistungssteigerung; in

Golf-Tuning gehörte zu den Mega-Trends. Das Stuttgarter Fachblatt, das zu den Initiatoren des Cup-Scirocco gehörte, widmete sich dem Thema mit Ausdauer und Begeisterung, hier mit dem Nothelle-Golf, der ursprünglich einmal grün gewesen war.

Der auf dem Cover zu sehende Sorgler-GTI kostete, komplett auf- und umgebaut, rund 38.000 Mark.

Dezent: Der Dennert-GTI, Duisburg, entlockte dem Kat-GTI, im Normalfall 129 PS stark, durch klassisches Zylinderkopftuning Kat-lose 162 PS bei 6.500 Umdrehungen. (Foto: Dennert)

Bunter Hund: Der Kamei-Golf war 1977/78 der schnellste (und bekannteste) der schnellen GTI. Umfassend verspoilert, entwickelte er 180 PS. Er war für die Gruppe 2 homologiert. (Fotos: Postkarte Kamei; Eamonn Stack , cc-by-sa 2.0)

Die britische Tuningschmiede GTi Engineering betreute die Rennaktivitäten des britischen Importeurs in den späten Siebzigern und veredelte das gesamte Programm, teilweise mit Oettinger-Motoren. Vom Polo bis zum Audi Coupé war alles vertreten, wie dieses Foto vom Mai 1981 beweist. Später rüsteten die Briten weiter auf, Turbo-Technik, 16-V-Zylinderköpfe und mehr Hubraum führten zu 1,9-Liter-Motoren mit bis zu 165 PS. Bis Ende 1987 waren rund 1.000 Umbauten entstanden. (Foto: LAT)

Die üblichen Verdächtigen: Neben Nothelle gehörten Oettinger und Abt zu den bekanntesten Golf-Veredlern. (Foto: Abt)

Daten und Fahrleistungen im Vergleich

	MM-Turbo	Nothelle-Turbo	Schmidt-Turbo	Sorgler-Turbo	Oettinger 2,0 E
Hubraum	1588 ccm	1588 ccm	1588 ccm	1588 ccm	1996 ccm
Leistung	99 kW (135 PS) bei 6100/min	105 kW (143 PS) bei 6200/min	105 kW (143 PS) bei 6200/min	105 kW (143 PS) bei 6200/min	100 kW (136 PS) bei 5550/min
max. Drehmoment	166 Nm b. 5500/min	205 Nm b. 3300/min	205 Nm b. 3300/min	205 Nm b. 3300/min	180 Nm b. 4900/min
max. Ladedruck	0,5 bar	0,65 bar	0,65 bar	0,65 bar	–
Verdichtung	8,5:1	9,5:1	9,5:1	9,5:1	9,7:1
Getriebe	GTI-Serie (3,45/ 2,12/1,44/1,29/0,91)	4-Gang (3,45/1,94/ 1,29/0,97)	5-Gang (3,45/1,94/ 1,29/0,97/0,76)	5-Gang (3,45/2,12/ 1,44/1,13/0,91)	GTI-Serie (3,45/ 2,12/1,44/1,29/0,91
Achsübersetzung	GTI-Serie (3,89)	3,7	3,89	3,89	3,48
Beschleunigung					
0– 40 km/h	2,4 sec	2,3 sec	2,3 sec	2,3 sec	2,3 sec
0– 80 km/h	5,5 sec	5,2 sec	5,6 sec	5,5 sec	5,3 sec
0–100 km/h	8,0 sec	7,2 sec	7,9 sec	7,8 sec	7,2 sec
0–140 km/h	15,1 sec	13,1 sec	15,1 sec	15,0 sec	13,7 sec
0–180 km/h	34,2 sec	27,2 sec	34,8 sec	31,3 sec	28,8 sec
1 km mit stehendem Start	29,1 sec	28,0 sec	29,0 sec	28,7 sec	28,2 sec
Höchstgeschwindigkeit	193,6 km/h	204 km/h	197,8 km/h	199,5 km/h	201,1 km/h
Elastizität (im 3. Gang)					
50– 80 km/h	4,9 sec	4,5 sec	4,6 sec	4,5 sec	4,1 sec
50–100 km/h	7,4 sec	6,6 sec	6,9 sec	6,8 sec	6,8 sec
50–130 km/h	12,2 sec	10,5 sec	11,3 sec	11,0 sec	11,0 sec
Testverbrauch:	12,9 l/100 km	13,0 l/100 km	13,9 l/100 km	12,8 l/100 km	11,7 l/100 km
***Preis** für Turbo-Kit	6250,– DM	9000,– DM	8990,– DM	9028,– DM	6094,– DM
Adresse	Max Moritz GmbH Karlstr. 97 7410 Reutlingen Tel. (07121) 1331	Nothelle Tuning Cäcilienstr. 10–12 4330 Mülheim Tel. (0208) 422078	Schmidt Tuning Steinacher Kreuz 8500 Nürnberg Tel. (0911) 30944	V·A·G Sorgler Auf der Koppel 1 5882 Meinerzhagen Tel. (02354) 2548	Dipl.-Ing. Oettinger Max-Planck-Str. 1 6382 Friedrichsdorf Tel. (06172) 72031

Keine Sonderangebote: Turbo-Kits und Tuner im Überblick, 1980. Solche Tabellen und Tests erschienen mit schöner Regelmäßigkeit in so ziemlich allen Automagazinen.

Auch dem Golf II ging es ans Blech: Hier der Aufschnitt von Ostermann-Germer ...

... Ostermann ...

.... von Speedster Cabrio Design ...

Ja, es waren die Achtziger, und Cabrio-Umbauten hatten Hochkonjunktur: Golf I von Ostermann ...

... oder von Bieber in Borken, um nur einige zu nennen. (Fotos: Hersteller/ Slg. Kuch).

... und natürlich Bieber. Unabdingbar war die reichliche Verwendung von GFK. (Fotos: Hersteller/Slg. Kuch)

Großbritannien waren es Firmen wie GTi Engineering, welche Oettinger-Umbausätze anbot.

Die K-Jetronic war gut für bis zu 150 PS; für den Renneinsatz empfahl sich die Umrüstung auf Kugelfischer-Einspritzung oder das CS-Einspritzsystem von Pierburg. Die teuerste Möglichkeit, einem GTI der ersten Generation Beine zu machen, bot der Turbo von Schrick. Die konstruktiven Änderungen gegenüber dem normalen 1,6-Liter umfassten den Einbau eines KKK-Turbos – Ladedruck 0,65 bar – samt gebläsegekühltem Bypass-Ventil und Ladeluftkühler, eine neue Auspuffanlage und Transistorzündung. Die Leistung stieg damit auf 143 PS bei 6.200 Umdrehungen.

Billig war der Umbau nicht, rund 9.000 Mark kostete der Spaß, und da waren weder ein Sportfahrwerk noch sonstige Features inkludiert. Auch ein amerikanischer Magnacharger war eine Möglichkeit, 1985 brachte ein GTI damit 165 PS auf die Straße. Horag in der Schweiz verwendete den KKK-Turbo; die Schweizer *Automobil Revue* hatte sowohl einen solchen 143-PS-Turbo als auch einen Oettinger-Sechzehnventiler im Test, die Höchstgeschwindigkeit lag bei beiden an der 200-km/h-Grenze.

Oettinger befasst sich auch intensiv mit der zweiten Golf-Generation. Die preiswerteste Möglichkeit, den Golf in GTI-Leistungsregionen zu bringen – auch in der zweiten Generation hatte der GTI zunächst längere Lieferzeiten – bestand im Umbau des 75-PS-1600ers; dazu verwendet Oettinger die 1800er-Kurbelwelle des GTI samt entsprechender Kolben, eine schärfere Nockenwelle mit verstellbarem Antriebsrad sowie andere Zündkerzen. Das brachte im Endeffekt 25 PS mehr und kostete keine 3.700 Mark.

Nachdem der GTI endlich zu haben war, diente er natürlich als Basis, insbesondere als Sechzehnventiler: Oettinger vergrößerte die Bohrung von 81 auf 82 Millimeter, installierte eine neue Nockenwelle und entsprechende Kolben, was einen Hubraum von 1.996 Kubikzentimeter ergab. Noch etwas Feinarbeit hier und da, und Oettingers »2000 E / 16 V« brachte es trotz Katalysator auf stattliche 156 PS, 27 mehr als ein normaler, Kat-loser 16V. Der Motorumbau kostete rund 8.000 Mark, wenn Oettinger alle Register zog, waren bis zu 170 PS möglich (und fast 20.000 Mark Umbaukosten). Umbausätze für den Zweier-Golf gab es praktisch von allen Tunern, die auch den Golf I unter ihre Fittiche genommen hatten, so Schrick (143 PS), Escher (145 PS) und Abt (150 PS), um nur einige zu nennen.

Etwas, was nur Tuningbetriebe liefern konnten, waren nachträglich zu Cabriolets umgebaute Golf-Limousinen, was insbesondere die Generationen I und II betraf.

Zender in Mülheim beschränkte sich in der Regel auf optisches Tuning, wie dieser feine Golf III beweist.

1991 – 1997

Golf III

Schwerer, sicherer, sauberer

0 503

Am Anfang stand der Zeichenstift: Eine frühe Designskizze, die doch schon recht genau die Richtung weist. Natürlich änderte sich bis zur blechgewordenen Wirklichkeit noch manches, so etwa die Radausschnitte. (Foto: LAT)

Der Golf III wirkte noch einmal bulliger als der Vorgänger. Sein Markenzeichen waren die ovalen Scheinwerfer. In Basis-Ausführung waren die Schürzen an Bug und Heck nicht in Wagenfarbe lackiert, was die Attraktivität nicht gerade steigerte.

»Weil sie nicht sehr viel geändert haben und das wenige eher einer Evolution als einer Revolution gleichkam, gelang es Volkswagen, den Golf eine halbe Klasse höher zu positionieren. Er wurde zum Maßstab für Autos dieser Art. Das hat kein anderer geschafft.«

Ray Hutton, 2012

Im Juli 1991, nach einer Golf-Gesamtproduktion von 12,7 Millionen, präsentierte Volkswagen einen neuen Blick auf seinen Bestseller, auf den inzwischen in Westeuropa (ohne Deutschland) fast 50 Prozent des VW-Absatzes entfielen. Das Styling war zwar wieder evolutionär und nicht revolutionär, doch das Technikpaket gehörte mit zum Fortschrittlichsten, was die 1990er zu bieten hatten: V6-Motor, Antiblockiersystem, Traktionskontrolle und ein bahnbrechender Dieselmotor.

Einmal mehr steckten die größten Fortschritte im Detail. Dieser Golf, so ließ Volkswagen verlauten, solle ein Jahrzehnt lang gebaut werden, und Chefingenieur Ulrich Seiffert hatte einen entsprechenden Zehn-Jahres-Plan ausgearbeitet, der die Einführung zahlreicher neuer Motor- und Karosserievarianten vorsah, um das Interesse nicht erlahmen zu lassen. Ein komplett neues Cabriolet und die erstmalige Einführung eines Kombimodells 1993 standen ebenso auf der Agenda wie die Produktion von Elektro- und Allradausführungen. Und eine neue Stufenhecklimousine war sowieso gesetzt.

Der neue Golf erlebte seine Publikumspremiere bei der IAA in Frankfurt im September 1991, praktisch zeitgleich mit dem neuen Opel Astra, sodass der Golf sich von Anfang an einem gleichstarken Gegner zu stellen hatte. Zu diesem Zeitpunkt lag der Marktanteil des Golf in seiner Klasse bei 32 Prozent in Deutschland und bei elf Prozent in Frankreich, Italien, Spanien und Großbritannien. Neben dem Stammwerk in Wolfsburg wurde der neue Golf in Puebla in Mexiko, Uitenhage in Südafrika, in Brüssel und im neuen Werk Mosel unweit des ehemaligen Trabant-Werks im ostdeutschen Zwickau gebaut. Volkswagen Bratislava (Škoda) zeichnete seit 1994 für die Produktion des syncro verantwortlich und wurde zum Kompetenzzentrum für die Allradfahrzeuge der Gruppe ausgebaut.

Carl Hahn sah sich in seiner Expansionsstrategie durch die ständig steigende Nachfrage vollständig bestätigt. Für den deutschen Markt wurde für 1991 ein Neuwagenabsatz von 2,8 Millionen Fahrzeugen prognostiziert, doch die Nachfrage war nach der Wiedervereinigung so groß, dass mit rund 3,5 Millionen Fahrzeugen gerechnet wurde, nachdem der erste Bedarf zunächst durch Gebrauchtwagen gestillt worden war. Es gab sogar Importe von gebrauchten Golf für Ostdeutschland aus den USA (Chicago).

Im Styling wenig Neues

Das Exterieur-Design des neuen Golf verantwortete noch einmal Herbert Schäfer, Chef der Design-Entwicklung von 1972 bis 1993. Seine ungewöhnlichste Schöpfung war der Passat '88 gewesen, der einen radikalen Bruch im Styling darstellte, der Golf aber blieb sich treu. Er behielt seinen kastenförmigen, schnörkellosen Stil bei und auch weitere Merkmale wie die breite C-Säule (die noch breiter und betonter gestaltet worden war) oder das charakteristische Verhältnis von Glas- und Blechflächen in der Seitenlinie. Die größte Neuheit fand sich an der Front, dort kamen Scheinwerfer mit fast ovalen, flächenbündigen Gläsern zum Einsatz, welche die Einzel- oder Doppelscheinwerfer abdeckten. Giugiaros Rundscheinwerfer-Look gehörte der Vergangenheit an. Wo immer es möglich war, schlossen die Fensterscheiben bündig mit der Karosserie ab.

Im Vorfeld der Designfindung hatte Volkswagen versucht, frischen Wind in seine Abteilung zu bringen und internationale Stylisten zu gewinnen, wie andere Automobilhersteller auch. Carl Hahn hatte daher Patrick Le Quément 1985 die Gesamtverantwortung für das Konzerndesign übertragen; der Franzose war zuvor bei Ford gewesen. Er sollte Schäfer ablösen, der in den Ruhestand gehen würde. »Sie merkten selbst, dass es ihnen an Kreativität fehlte«, so Le Quément gegenüber dem Autor im Jahr 2013. »Im Grunde machten sie Variationen des Bekannten, von Vorgängermodellen – wobei alles mit Giugiaro begann. Sie erkannten aber nicht, dass abgesehen von Änderungen im ›Packaging‹ [dem Verhältnis von Technik zu Innenraum – d. Ü.] die Designsprache gleich geblieben war und das für ein neues Projekt einfach nicht genug Differenzierung darstellte.«

Le Quément erhielt freie Hand für die Einrichtung eines Designstudios außerhalb des Werks, nicht zuletzt auch, weil er und sein neues Team nicht im Wolfsburger Saft schmoren und von unangekündigten Besuchen der Volkswagen-Granden verschont bleiben sollten. Neuer Standort war Düsseldorf, Deutschlands Modestadt, und Le Quément rekrutierte Designer wie Gert Hildebrand, der später die Entwicklung der zweiten Mini-Generation verantwortete (und noch später die der China-Marke Qoros) oder Axel Breun, der Le Quément dann zu Renault folgte. Das neue Designstudio war auch in den Wettbewerb für die dritte Golf-Generation eingebunden und legte eigene Entwürfe vor. Laut Le Quément hat Schäfer einige Entwürfe vorgelegt, und einer stammte von Hildebrand, der 1989 Leiter der Abteilung Stylingstudien geworden war. Audi entwickelte einen weiteren Vorschlag, und das Studio Düsseldorf schickte zwei Autos ins Rennen. »Einer war eindeutig ein wenig zu fortschrittlich, aber das wussten wir«, sagt Le Quément. »Wir hatten ein Auto mit einer geteilten Heckscheibe, wie sie Audi später beim A2 verwendete, und ein klassisches Design, das alle Eckpunkte des Golf-Designs aufgriff. Es gab dann eine Präsentation, bei der alle Modelle vorgeführt wurden. Dieser Entwurf gefiel ihnen, aber für Gert Hildebrand war nicht genug Volkswagen darin, zu sportlich. Schäfers Auto war ihnen zu langweilig.«

Laut Le Quément wurde dann der zweite, konservativere Entwurf aus Düsseldorf mit Rechteckscheinwerfern und glatter Front ohne Kühlergrill im Passat-Stil ausgewählt und von Schäfer überarbeitet. Einige Monate später, 1987, wurde dieser Entwurf dann erneut vorgeführt und abgesegnet. Zu dieser Zeit hatte der Franzose bereits beschlossen, das Angebot als Designchef von Renault anzunehmen. Hahn indes fürchtete, dass das Wissen um den neuen Golf III der eigentliche Grund für die Offerte gewesen sein könnte.

Die Golf-Proportionen wirkten vertraut, gestiegen waren der Komfort für die Passagiere, das Gepäckraumvolumen und die Sicherheit, trotz eines Radstandes von 2.475 Millimetern, der dem des Golf II entsprach. Die Spur war breiter geworden, um die sehr reale Solidität, die der Golf verkörperte, auch optisch auf die Straße zu bringen. Außerdem hatte er zugelegt, nicht so sehr in der Länge – da waren es nur 25 Millimeter –, sondern im Gewicht: Rund 100 Kilogramm im Schnitt, je nach Variante sogar noch etwas mehr. Die vordere Spur wurde von 1.413 auf 1.478 Millimeter verbreitert, durch unterschiedliche Einpresstiefen der Räder wurde sichergestellt, dass auch bei den breiter bereiften stärkeren Versionen die Räder stets bündig mit der Karosserie abschlossen.

Eine erfreuliche Entwicklung stellte die Absenkung der Heckklappe bis auf den Stoßfänger dar; neu waren auch die geschlossen gestalteten Stoßfängerschalen vorn und hinten mit Prallflächen, die im Unterbau ohne Stahl auskamen. Das reduzierte die Anzahl der benötigten Teile und versprach Kosten- und Produktionsvorteile, doch *Der Spiegel* zitierte im Sommer 1991 eine werksinterne Analyse, gemäß derer viele Wettbewerber weniger Aufwand betrieben. Das Unternehmen hatte gegenüber den europäischen Herstellern einen Produktivitätsnachteil von »zirka 23 Prozent«, obwohl jedes Auto in der Halle 54 zu 80 Prozent von Maschinen zusammengebaut wurde.

So wie jede Audi-Innovation irgendwann und in vielleicht abgespeckter Form bei Volkswagen erschien, so fanden sich auch zahlreiche Merkmale des höherpreisigen Passat in der dritten Golf-Generation. Das gelang umso besser, als der Passat 1988 auf Quermotor umgestellt worden war und daher als Spender von Motoren und Fahrwerkskomponenten dienen konnte. Wie gehabt – und wie bei Corrado und Passat – war die Verbundlenker-Hinterachse mit spurkorrigierenden Hinterachslagern ausgerüstet. Entsprechend der Kurvengeschwindigkeit und den auftretenden Seitenkräften sorgten sie für einen Lenkeffekt und trugen so zum neutralen Fahrverhalten bei; nur GTI und VR6 hatten einen Stabilisator hinten.

Die McPherson-Federbein-Vorderachse mit unteren Querlenkern stammte im Prinzip ebenfalls aus dem Vorgänger, neu war das bei GTI und VR6 verwendete »Plus«-Fahrwerk für einen besseren Geradeauslauf: Dazu reduzierten die Ingenieure den sogenannten »Störkrafthebelarm«, an dem die Vortriebskräfte wirkten. Die konstruktive Verringerung dieses Hebelarms – des Abstands zwischen der Lenkachse und dem Punkt, an dem das Rad Kontakt mit der Fahrbahnoberfläche hat – von 52 auf 40 Millimeter minimierte unerwünschte Einflüsse auf die Servolenkung und verbesserte, zusammen mit einer Erhöhung des Nachlaufs und einem anderen Nachlaufversatz, den Geradeauslauf. Dazu kamen eine steifer ausgelegte Servolenkung und eine modifizierte Feder/Dämpferabstimmung mit Gasdruckstoßdämpfern hinten.

Die Tatsache, dass Volkswagen bei den schwächeren Ausführungen auf einen Hinterachs-Stabilisator verzichtete, sorgte bei nicht wenigen Kommentatoren für Verwunderung, denn während Fahrkomfort und Abrollverhalten des Neuen nur Lob verdienten, so war doch das Kurvenwankverhalten bei schneller Fahrt wegen des erneut gestiegenen Gewichts weit weniger vorbildlich. Vielleicht wurde dem Golf da seine eigene Legende zum Verhängnis, denn mit der ersten Generation hatte ja Volkswagen erst bewiesen, dass eine Familienkutsche durchaus sportlich sein durfte.

Die elektronische Differenzialsperre EDS war Serie beim VR6 und stand für GT und GTI auf der Aufpreisliste; ebenso wie auch das elektronisch geregelte Vier-Sensoren-ABS nur beim VR6 von Anfang an mitfuhr. Die Sensoren überwachten die Geschwindigkeit jedes einzelnen Rades; ein Rechner verglich die Geschwindigkeitssignale mit vorprogrammierten Werten und griff ein, um Drehzahldifferenzen auszugleichen. Dazu wurde der Hydraulikdruck zwischen vier und zehn Mal pro Sekunde reguliert, der Fahrer fühlte dann ein Pulsieren im Pedal. Die EDS verhinderte ein Durchdrehen des Rads und damit den sonst entstehenden Schlupfverlust.

Die Ausstattung

Um den Anschluss an die Konkurrenz nicht zu verlieren, legte Volkswagen in punkto Ausstattung noch eine Schippe nach, was allerdings auch für die Preise galt. Und die Liste der aufpreispflichtigen Extras war lang wie eh und je. Die verfügbaren Optionen differierten je nach Land; die bekannten Bezeichnungen CL, GL, GT, GTD und GTI blieben im Prinzip. Nicht jeder Importeur aber musste jede Ausführung ins Programm nehmen. Die Briten etwa nahmen nur den GTI, nicht aber die ihnen optisch zu nahe am GTI befindlichen GT- und GTD-Modelle.

Die französische GL-Spezifikation zum Beispiel war ziemlich repräsentativ für das, was die meisten Käufer erwarteten: Eine Servolenkung, Zentralverriegelung und elektrische Fensterheber gehörten dazu (letztere gab es in Deutschland selbst 1997 erst in der dritten Ausstattungslinie); beim Verkaufsstart 1992 in Großbritannien hatte

Die meisten Tester monierten den Verzicht auf einen Hinterachs-Stabilisator bei den schwächeren Golf-Varianten. Dass hier der Rotstift angesetzt worden war, überraschte. (Foto: LAT)

Ein syncro der zweiten Generation. Auch bei diesem Allradantrieb handelte es sich um das bekannte »quasi-permanente« System, das die Kraft stufenlos zwischen Vorder- und Hinterachse verteilte. Und wie gehabt gab es an der Hinterachse einen Freilauf, sodass bei abrupten Lastwechseln der Motor nur auf die Vorderachse wirkte.

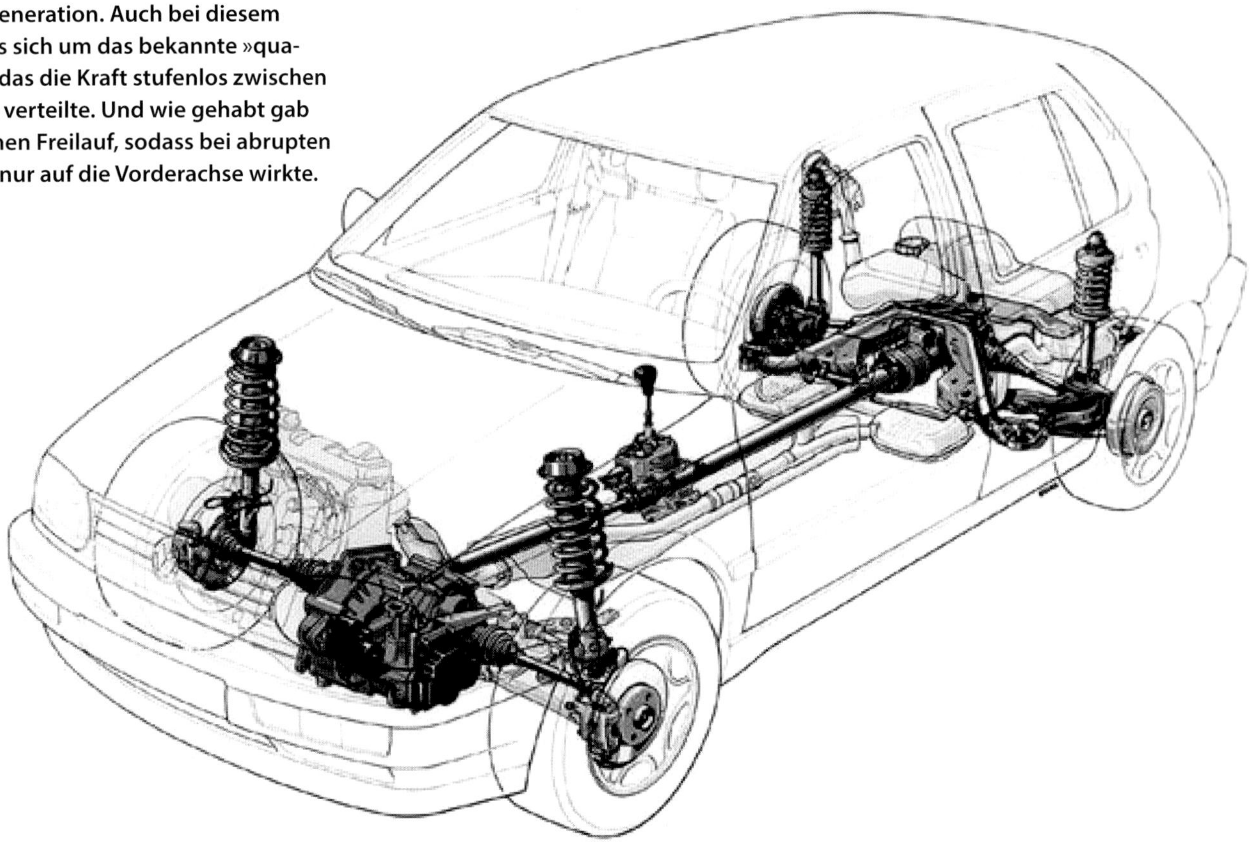

der Golf keine elektrischen Fensterheber, aber Metallic-Lack. Der VR6 hatte alles, was gut und teuer war, mit an Bord. Wie gehabt wuchs der Ausstattungsumfang mit der Produktionsdauer.

Alle Golf hatten einen Heckscheibenwischer und eine Höhenverstellung für den Fahrersitz, die den gesamten Sitz anhob und nicht nur die Sitzfläche vorn oder hinten. Die Platzverhältnisse im Innenraum waren besser, es gab mehr Kopffreiheit, und die bereits gute Sitzposition wurde durch die – optional – in der Höhe verstellbare Lenksäule verbessert. Die Sitze selbst waren alle mit gedeckten Stoffen bezogen, in der Regel schwarzmeliert und ab GL aufwärts in Velours-ähnlichem Material.

Das Cockpit war neu, als »fahrerorientiert« beschrieb es die Pressemappe. Es wurde als komplettes Modul angeliefert und dann eingesetzt. Links vom Lenkrad befand sich der Drehschalter für das Licht, rechts der Drehschalter für die Steuerung von Luftzufuhr und Gebläse, eine Lösung, die sich auch bei den nachfolgenden Generationen fand. Es gab eine ganze Reihe von Funktionen, die teilweise zwar extra kosteten, aber durchaus als »mercedesmäßig« galten, etwa die auf Antippen reagierenden elektrischen Fensterheber, die elektrisch beheizbaren Außenspiegel oder der Drehknopf für das Licht, in den die Bedienung von Nebelscheinwerfer und Nebelschlussleuchte integriert war. Bei einem Ausschalten der Beleuchtung wurden zwangsläufig auch die Nebelscheinwerfer abgeschaltet.

Nach damaligen Maßstäben geradezu üppig waren die Ablagen innen (serienmäßige Becherhalter für die USA!), und Top-Modelle hatten eine Kassettenbox in der Mittelkonsole. Wo angeboten, fügte sich das Radio nahtlos in das Armaturenbrett ein. Dahinter saß der Pollenfilter, in dem 99 Prozent der über die Lüftung ins Innere gelangenden Heuschnupfenauslöserpollen hängen blieben. Außerdem saßen in diesem Bereich, sofern mit Klimaanlage versehen, die Temperaturregler und der weniger Leistung als üblich ziehende Klimakompressor.

Bei seiner Präsentation verwies Volkswagen mit Stolz auf die Detailverliebtheit, mit der man zu Werke gegangen war. So waren etwa alle Säulen vollständig verkleidet und die Halteklips, die den Formteilhimmel hielten, von außen nicht zu sehen. Weder im Koffer- noch im Innenraum gab es blankes Blech zu sehen, selbst in den entlegensten Winkeln nicht. BMW, das nahezu gleichzeitig mit dem E36 die dritte Generation des Dreiers an den Start gebracht hatte, war da noch lange nicht so weit und sorgte mit überraschenden Problemen in der Verarbeitungsqualität für Verwunderung. Die britische *Autocar* riet den BMW-Mannen, den neuen Golf ganz genau zu studieren, sie könnten in Sachen Verarbeitung und Ausreifung das Eine oder Andere vielleicht noch lernen. Einhellig aber war die Meinung: Volkswagen machte mit dem neuen Golf einen gewaltigen Schritt hin in Richtung Mercedes.

Hier begann auch der nachgerade mit Besessenheit gepflegte Kult um die Spaltmaße, für die Volkswagen später berühmt werden sollte.Außerdem war die Bordelektrik versiegelt, wasserdicht und mit korrosionsbeständigen Steckern ausgeführt. Roboter (oder »Eiserne Sklaven«, wie sie in Wolfsburg genannt wurden) übernahmen einen Großteil der Montage; die Fließbandarbeiter erledigten nun die Fertigung und die Überprüfung der ans Band angelieferten Module, bevor sie der Kollege Roboter in das Auto einsetzte. Das sollte eine stets gleich bleibende, wenn nicht sogar steigende Qualität gewährleisten.

Auch das sprach für Qualität: Volkswagen verwende, so die eigene Aussage, im Innenraum Kunststoffe mit Materialien, die wenig ausdünsteten, was den bei Neuwagen typischen Niederschlag an den Scheiben innen verhindere. Allerdings, so die Presse, rieche dann auch ein Neuwagen kaum mehr nach neu, aber: »Man kann nicht alles haben.« In späteren Jahren und Jahrzehnten sollte sich aber zeigen, dass in Sachen Langzeitqualität der Golf III eine eher traurige Figur abgab, der Golf II galt als wesentlich haltbarer, und sein Nachfolger, der Golf IV, als wesentlich wertiger. Doch diese Geschichten waren zum Zeitpunkt der Golf-III-Premiere noch lange nicht geschrieben

Sicher, grün und schwer

Die Marktuntersuchungen von Volkswagen belegten, dass die Themen Umwelt und Sicherheit bei deutschen Käufern einen immer höheren Stellenwert einnahmen, was zu einem sofortigen Werbekrieg zwischen Golf und Astra führte. Medial schlug man sich die jeweiligen Argumente um die Ohren, dabei schenkten sich die beiden weder in punkto Sicherheit noch Luftwiderstandsbeiwert etwas.

Passend zum geplanten zehnjährigen Lebenszyklus und der anhaltenden Bedeutung des US-Marktes Rechnung tragend, wurde die dritte Golf-Generation bereits so ausgelegt, dass sie alle gültigen und auch in absehbarer Zeit zu erwartenden Crash-Test-Standards (vor allem in Nordamerika) erfüllte. Die Volkswagen-Werber nutzten auch Bilder von Crashtests; VW unterzog seinen neuen Golf Aufprallversuchen, die noch kein Gesetz verlangt hatte, so einen Frontalcrash mit 35 Stundenmeilen (56 km/h), was um fünf Stundenmeilen über dem in Europa erforderlichen Wert lag. »Diese Prüfung besteht der neue Golf einwandfrei«, so die Pressemitteilung, »und beweist damit, dass er nicht nur das sicherste Fahrzeug seiner Klasse ist, sondern sich auch im Feld größerer und teurerer Automobile sehen lassen kann.« Das Selbstverständnis des Herstellers verlangte eine solche Übererfüllung der Sicherheitsbestimmungen.

Deutschlands meistverkauftes Auto musste auch Klassenbester sein, keine Frage, zumal auch die Presse – sehr zur Bestürzung der Automobilhersteller – begann, Druck aufzubauen. In den frühen 1990er Jahren begann die deutsche Zeitschrift *auto motor und sport* zusammen mit dem TÜV Bayern eigene Crashtestreihen durchzuführen, um zusammen mit den Schwesterzeitschriften auf europäischer Ebene härtere Normen durchzusetzen als die geltenden, bei denen ein Frontalcrash mit 30 Stundenmeilen (48 km/h) auf eine feste Barriere simuliert wurde.

Die Motorpresse drückte letztlich so den weithin respektierten Standard durch, den sogenannten Offset-Crash, bei dem das Fahrzeug um 50 Prozent seitlich versetzt mit 55 km/h auf einen Betonblock gefahren wird. Mit diesem Offset-Crash sollte das reale Unfallgeschehen bei Gegenverkehr besser abgedeckt werden als

Der schwierige Weg zum VW-Sechszylinder

Schnittbild des Serien-VR6, wie es in den Prospekten zu finden war. Der erste Sechszylinder-Golf war eine außerordentlich bemerkenswerte Konstruktion. (Foto: Sammlung des Autors)

Passt doch: Ein früher Zweiliter-VR6 im engen Maschinenabteil eines Golf I. Der Sechszylinder mit nur einer obenliegenden Nockenwelle und noch engerem Zylinderbankwinkel leistete 100 PS. (Foto: Volkswagen Classic)

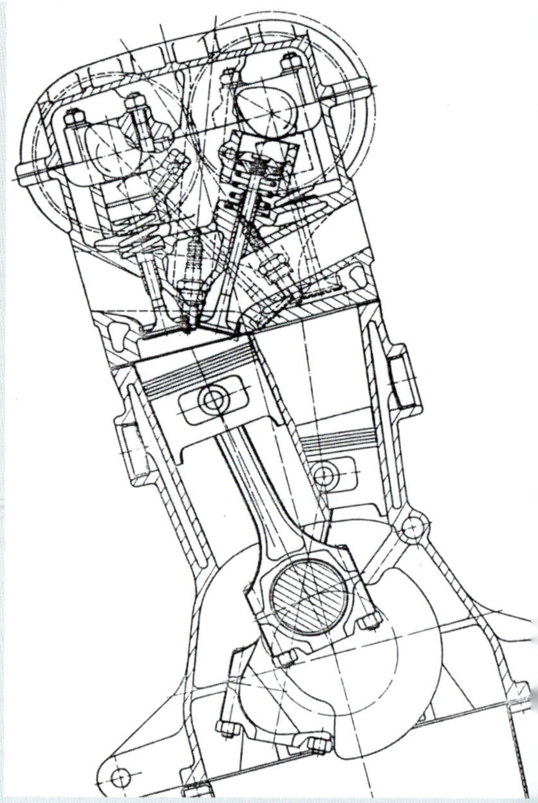

Risszeichnung des geplanten 2,2-Liter-Motors, der in diesem Stadium noch als »RV« bezeichnet wurde. Hier schön zu sehen: Das Aggregat war kaum breiter als ein konventioneller Reihenmotor und verfügte über vier Ventile pro Zylinder, zum Serienbau reifte aber nur ein Zweiventiler. (Foto: Volkswagen Classic)

Die Wurzeln des VR reichen im Grunde genommen zurück bis in die siebziger Jahre. Die Idee für einen Sechszylinder, der quer eingebaut in den Motorraum eines Fronttrieblers im Golf-Format passte, formulierte zuerst Peter Hofbauer, seinerzeit Chef der Vorausentwicklung bei Volkswagen. Er und sein Kollege Dr. Krüger, so Hofbauer gegenüber dem Autor, dachten seit Mitte der Siebziger über die verschiedensten Antriebskonzepte nach und genossen dabei die vollste Unterstützung von Technikvorstand Prof. Dr. Ernst Fiala.Ursprünglich lief die Entwicklung unter der Bezeichnung RV6, »Reihenmotor V6«, weil ein V6 mit den Maßen eines Reihenmotors und einem gemeinsamen Zylinderkopf entstehen sollte. Von der Arbeitsbezeichnung rückte Hofbauer aber bald wieder ab: »Als Fiala und ich in den USA waren, sahen wir überall »Recreational Vehicles«, also RVs. Das ging gar nicht. Daher drehten wir die Initialen um.« So wurde aus dem RV6 der VR6 und später nur noch der V6. Nach Eberhard Kittler, Vorstand der Stiftung AutoMuseum Volkswagen, entstand eine Zweiliter-Maschine mit einer Leistung von 100 PS um 1978/79, gefolgt von einer 2,2- und 2,4-Liter-Ausführung, die in diversen Golf und Jetta der ersten Generation erprobt wurden. »Wir mussten den Hubraum vergrößern, weil wir sonst die Gaswechsel nicht in den Griff bekommen hätten«, so Hofbauer. »Immerhin traten wir mit einer komplett neuen Architektur gegen ein sehr gutes, 80 Jahre altes Layout [das des V6] an. Und die sind heute noch besser.« Die Arbeiten am VR6 wurden in den Folgejahren fortgeführt, doch in der ersten Hälfte der Achtziger sah man keinen Bedarf an einem Sechszylinder-Golf – in Anbetracht der Ölkrisen und des Zwangs zur Kraftstoffeinsparung vielleicht auch nur zu verständlich.

Neuen Schub brachte die Ernennung von Carl H. Hahn zum VW-Chef 1981. In seiner Autobiographie Meine Jahre mit Volkswagen schreibt er: »... Wir benötigten ein glaubwürdiges, konkurrenzfähiges Sechszylinder-Programm ... Es sollte insbesondere für den Quereinbau geeignet sein. Unser [Audi-]Fünfzylindermotor war dafür zu lang. Schließlich besaßen die europäischen und japanischen Konkurrenten bereits Sechszylindertriebwerke ab der Passatklasse aufwärts ... Für US-Automobile war eine Vierzylindermotorisierung ab dieser Klasse sogar vorübergehend so gut wie ausgestorben.« Und nachdem sich der Passat in der dritten Auflage von seine Audi-Wurzeln vollkommen gelöst hatte, wurde ein kompakter Sechszylinder für Fahrzeuge mit front-quer eingebauten Motoren für den amerikanischen Markt sowieso unerlässlich.

Die zwei Sechser

Doch obwohl Audi mit seinen längs eingebauten Fünfzylindern so etwas wie ein Alleinstellungsmerkmal hatte, dachte man auch in Ingolstadt über einen V6-Motor nach, der die Grundlage eines V8 bilden und als Türöffner für den Eintritt in die Oberklasse fungieren könnte.

Die naheliegende Konsequenz daraus wäre gewesen, Audi mit der Entwicklung einer solchen Maschine für beide Marken zu betrauen, aber Audi-Chef Ferdinand Piëch und VW-Chef Hahn beschlossen in der zweiten Hälfte der Achtziger, die Entwicklung in beiden Häusern voranzutreiben. Von diesen miteinander konkurrierenden Entwürfen sollte dann das bessere Sechszylinder-Konzept konzernübergreifend eingesetzt werden. Allerdings waren beide Entwürfe so gut, dass der Vorstand Hahns Vorschlag folgte und beiden Motorkonzepten die Freigabe zur Weiterentwicklung erteilte. Doch wegen der Rivalität zwischen Ingolstadt und Wolfsburg verliefen die Sitzungen des Produkt Strategie Komitees (PSK) nicht sonderlich harmonisch, wenn es um die Motoren ging. »Piëch war von Anfang an dafür«, erinnert sich Hofbauer. »Er wollte beide, und Fiala wollte beide, aber Sie können sich vorstellen, dass die Finanz- und die Vertriebsleute auf eine Entscheidung drängten, daher war dies ein langer Kampf. Ich denke, er ist immer noch nicht vorüber.« Das V6-Design war eine bekannte Größe, doch der VR6 war möglicherweise leichter zu bauen, weil hier der Ventiltrieb nur ein- und nicht zweimal gebraucht wurde. Es entstanden verschiedene Versionen mit einer und zwei obenliegenden Nockenwellen sowie zwei und vier Ventilen pro Zylinder.

Der erste Prototyp des Audi-V6 lief laut Autor Eric Dymock im Jahr 1985 auf dem Prüfstand und war konventioneller als die Schmalwinkel-V von Volkswagen. Er hatte zunächst einen 60-Grad-Winkel, aber dann einen 90-Grad-Winkel und konnte auf der gleichen Produktionslinie wie der neue V8 gebaut werden, der 1988 in Serie ging und einige Komponenten aus der ehrwürdigen Vierzylinder-Motorenbaureihe EA 827 verwendete.

Ein V6 mit einem solchen Zylinderwinkel war vielleicht kompakt genug, um in Längsrichtung in einen Audi-Motorraum zu passen, er konnte aber unmöglich quer im Motorabteil eines Golf versenkt werden, denn er war beinahe doppelt so breit wie ein Vierzylinder. Beim normalen V6 befinden sich die Einlässe mittig im V zwischen den Zylinderbänken, die Auslässe jeweils seitlich. Einen solchen Motor quer einzubauen geht zwar, doch dann passt nichts mehr davor, weil die Krümmer zu heiß werden.

Dagegen lässt selbst in einem kleinen Fahrzeug der VR-Motor noch Platz für eine vordere Knautschzone, und bei entsprechender Nachfrage hatte Hahn auch eine VR6-Variante des Polo vorgesehen. Übrigens hatte Volkswagen 1993 einen Vertrag mit Mercedes-Benz über die Belieferung mit VR6-Motoren und Getrieben für die neue, 1996 geplante V-Klasse geschlossen, denn der Mercedes-V6 würde nicht unter die kurze Motorhaube passen. Von der Entwicklung eines solchen Motors war verschiedentlich zu hören, doch dass an den Gerüchten tatsächlich etwas dran war, zeigte sich erst bei der Vorstellung 1990 inder britischen *Car*. Aus der VW-Vorstandsetage wurde mir kürzlich erzählt, dass Piëch sich für einen eigenen V6 stark macht, weil BMW und Mercedes ebenfalls eigene Sechszylinder-Motoren anbieten. Es tut Audis geplanter Höherpositionierung nicht gut, argumentiert Piëch, wenn solche Motoren auch bei Volkswagen-Fahrzeugen zu finden sind.« Audis V8 wurde im Jahr 1988 eingeführt und der V6 folgte 1994.

Die Einführung des Volkswagen Corrado G60 mit G-Lader und einer Spitzenleistung von 160 PS schien das ganze VR6-Projekt sowieso in Frage zu stellen, im Oktober 1988 meldete die *Auto Zeitung*, dass die VR6-Entwicklung eingestellt worden sei, weil es Lärm- und Schwingungsprobleme gebe. Stattdessen würde der von Audi entwickelte V6 zum Einsatz kommen. Dr. Ulrich Seiffert kommentierte die Gerüchte um den VW-Sechszylinder beim Pariser Salon nicht weiter und erklärte lediglich, dass ein Sechszylinder kommen werde. Die Stimmen, die von Vibrationen und Überhitzungsproblemen wissen wollten, verstummten auch im folgenden Jahr nicht, obwohl Hofbauer, der Volkswagen im Jahr 1987 verließ, sich an keine wirklichen thermischen Probleme erinnert, weil die Räume zwischen den Zylinderwänden einen großzügig dimensionierten Wassermantel erlaubten.

Obwohl der VR6 in der Golf-Klasse für so viel Aufsehen sorgte, zogen die Konkurrenten nicht nach; die Leistungswerte erreichten die späteren GTI-Konkurrenten auch mit Vierzylindern. Das jetzt vergessene kleine Mazda-MX-3-Coupé aus dem Jahr 1991 hatte den weltweit kleinsten quer eingebauten V6, eine 1,8-Liter-Maschine mit Vierventil-Köpfen.

Letztlich blieb der Golf VR6 bis zu seiner Produktionseinstellung 2009 ohne Rivalen. Opel legte seinen Astra angeblich auf den Einbau eines V6 aus, zu einem Serienbau kam es aber nie.

mit dem bisherigen Frontalcrash. Dieser Härtetest stellt denn auch wesentlich höhere Anforderungen an die Struktur eines Fahrzeugs, weil sich hier die Last nur auf einer Seite des Fahrzeugs konzentriert. Das schlechte Abschneiden bei den stark beachteten Tests zwang einige große Hersteller zurück ans Reißbrett. Ford und Fiat besserten bei Escort und Tipo nach, Opel musste 1992 nach einem Versagen im Crashtest seinen Vectra wegen eines fehlerhaften Gurtschlosses in die Werkstätten zurückrufen, und beim ersten Renault Twingo kollabierte die Fahrgastzelle. Selbst der Golf III, in der Entwicklung entsprechend getestet, verhielt sich nicht tadellos, was die Einführung von Airbags beschleunigte.

Für 1994 schrieben die US-Sicherheitsstandards den Aufprall auf eine schräglaufende, 1,4 Tonnen schwere Barriere bei 54 km/h vor, was einen Seitencrash simulieren sollte. Volkswagen setzte daher auf stärkere Türschweller, Sicherheitsquerträger unterhalb der Schalttafel, Querverstärkungen im Fahrzeugboden sowie auf einen in die Tür integrierten Flankenschutz (was natürlich werblich mit entsprechenden Schnittbildern aufbereitet wurde und Opel zum werblichen Konter veranlasste).

Carl Hahn jedenfalls war sich bei der Produkteinführung des Golf III sicher, dass der neue Golf in puncto »Umweltschutz, Recycling, Styling, Funktionalität, Qualität, Wirtschaftlichkeit und Fahrvergnügen« wieder »Vorreiter und Maßstab« werde.

Als eine der Maßnahmen, die zum ausgezeichneten Crashverhalten beitrugen, nannte Volkswagen die neuen quetschtnahtgeschweißten Längsträger, die im Falle eines Frontaufpralls die Aufgabe hatten, die dabei auftretenden Kräfte gezielt aufzunehmen. Daher falteten sie sich ziehharmonikaartig zusammen, um eine größtmögliche Lastaufnahme zu gewährleisten. Dabei nahm die Blechdicke im Verlauf des Längsträgers von vorne nach hinten zu, was wiederum erst durch ein neues Verfahren möglich worden war, bei dem Platinen aus unterschiedlichen Blechen zusammengeschweißt und erst in der Presse zum Längsträger geformt wurden.

Allein die Verstärkungsprofile in den Türen erhöhten die Steifigkeit gegenüber dem ohnehin nicht schlechten Vorgänger noch einmal um 30 Prozent, woran auch der oben und unten mittig abgestützte Sicherheitsquerträger unterhalb der Armaturentafel wesentlichen Anteil hatte. Im Bereich der Vordersitze wurde außerdem die Bodengruppe verstärkt, um die Bodenplatte zu versteifen. Die Arretierung der hinteren Sitzlehnen wurde verstärkt, damit sie auch dann an Ort und Stelle blieben, wenn beim Aufprall das Gepäck nach vorne drückte.

Alle Sicherheitsgurte waren höhenverstellbar, auf der Fahrerseite gab es einen Gurtwegbegrenzer, der das Gurtband im Falle eines Unfalls sperrte und so den Gurtauszug verringerte. Der Astra ging jedoch mit dem Einsatz von Gurtstraffern weiter, eine kleine Sprengladung sorgte Millisekunden vor dem Crash dafür, dass die Gurte straff gezogen wurden. Obwohl das gepolsterte Lenkrad aussah, als ob sich unter der Prallplatte bereits ein Airbag befände, wurde ein solcher für Fahrer und Beifahrer Golf- und Vento-Käufern erst im Mai 1992 zum Preis von 1.200 Mark angeboten, wobei es auch die Möglichkeit der Nachrüstung eines Fahrer-Airbags gab. Doppelairbags waren Standard für die US-Modelle ab 1994. Neben Sicherheitsaspekten genossen auch Umweltaspekte einen außerordentlich hohen Stellenwert in Deutschland, höher als auf anderen Märkten. Produktion, Nutzung und Verschrottung von Autos avancierten zum Politikum, und Volkswagen reagierte auf diesen gesellschaftspolitischen Trend bereits bei der Fahrzeugentwicklung: Noch bevor auch nur ein Kunde seinen Golf III in Empfang nehmen konnte, hatte Volkswagen die Entsorgung am Ende des Lebenszyklus geregelt. Über 60 Kunststoffteile wie Stoßfänger und Türtaschen ließen sich vollständig recyceln (im April 1991 begann Volkswagen, europaweit Stoßdämpfer zu sammeln), und die Innenkotflügel bestanden bereits aus recyceltem Kunststoff.

Umweltverträglichkeit und Ressourcenschonung waren das eine, konsequentes Recycling das andere: Ab dem Modelljahr 1992 garantierte der Volkswagen-Konzern als erster Hersteller in Deutschland die kostenlose Rücknahme und Demontage von Golf-III-Altfahrzeugen. Opel hatte den neuen Astra nur wenige Wochen vor dem Golf präsentiert und, um dem Rivalen keinen Wettbewerbsvorteil zu lassen, einen Tag nach der Ankündigung von Volkswagen ebenfalls angeboten, alle alten Astras zurückzunehmen und zu verschrotten.

Hatte wiederum Opel als erster europäischer Hersteller ab 1989 seine Fahrzeuge serienmäßig mit geregelten Katalysatoren bestückt, so war natürlich auch der neue Golf nicht mehr ohne zu bekommen. Volkswagen investierte fast eine Milliarde Mark in eine neue Lackiererei, die die neuesten Umwelttechnologien nutzte und mit wasserverdünnter Grundierung, Wasser-Basislack und einem lösungsmittelarmen Zweikomponenten-Klarlack arbeitete.

Gute Mischung

Diese zusätzliche Sicherheit machte sich auf der Waage bemerkbar, der leichteste Golf wog nun 960 Kilogramm (was gegenüber dem Vorgänger ein Plus von 115 kg darstellte), der entsprechende Astra wog dreißig Kilo weniger.

Das höhere Gewicht bedingte stärkere Motoren, die allerdings, abgesehen vom VR6, auf den bekannten Aggregaten beruhten. Schwerpunkt bei der Entwicklung waren Elastizität, Verbrauch und Laufkultur gewesen, nicht eine höhere Spitzenleistung.

Zur Markteinführung gab es vier verschiedene Benzinmotoren (alle mit Kraftstoffeinspritzung) und zwei Dieselmotoren von 1,4 bis 2,8 Liter Hubraum mit einer Leistung von 60 bis 174 PS. Alle hatten Zylinderköpfe mit zwei Ventilen pro Zylinder, nur die Japaner setzten Sechzehnventil-Motoren auch außerhalb ihrer Sportmodelle ein, etwa Nissan beim Sunny oder Toyota beim Corolla (dort auch Zwölfventiler). Prunkstück bei den Selbstzündern war der Umwelt-Diesel. Der 1,9-l-Kat-Diesel mit milder Aufladung. Der war mit 75 PS der sauberste Diesel seiner Klasse.

Neue Einstiegsmotorisierung bildete der 1,4-l-Motor mit 1.391 Kubik (1.390 ccm nach 1994, als er im neuen 6N-Polo zum Einsatz kam) und einer Nennleistung von 60 PS (vorher: 55 PS). Deutlich gestiegen war das Drehmoment, im Bestpunkt bei 2.800 Umdrehungen lagen nun 107 statt 97 Newtonmeter bei 3000/min an. Darüber angesiedelt war der in zwei Leistungsstufen erhältliche 1,8-Liter

Um das hohe Sicherheitsniveau des neuen Golf zu demonstrieren, versammelte Volkswagen im Sommer 1992 die Meute der Pressetester auf dem Testgelände Ehra-Lessien und ließ einen Golf gegen einen Passat antreten. Der Frontalcrash verdeutlichte den Stellenwert, den die Wolfsburger mittlerweile dem Thema Sicherheit beimaßen.

Normalerweise verließ der Golf mit einem Notrad das Werk, ein vollwertiges Ersatzrad kostete Aufpreis und führte zu einer unschönen Beule im Kofferraumboden. Wenigstens aber reichte jetzt die Heckklappe bis zum Stoßfänger hinunter, das erleichterte das Beladen.

Das dick umschäumte Lenkrad (»Vierspeichen-Komfortlenkrad«) und die große Prallplatte täuschen: Den Fahrerairbag gab's zunächst nur zur Nachrüstung, und den Doppelairbag für alle erst nach dem Facelift – also ab 8/95. Links am ummantelten Armaturenbrett findet sich der hoch gelobte Drehschalter für das Licht, in der Mittelkonsole sitzt die Cassettenbox.

Der VR6 war der erste Sechszylinder in der Kompaktklasse. Lediglich BMW konnte mit dem E36/5, dem »Compact« auf Basis der Dreierreihe, Paroli bieten. Eine Automatikversion wurde kurz nach Einführung nachgeschoben. Später gab es mit dem VR6 Highline eine Variante mit 2,9-Liter-Motor und syncro-Allradantrieb.

Ein GTI in US-Spezifikationen mit VR6-Motor. Da bei der Entwicklung schon von Anfang an die Erfordernisse des amerikanischen Marktes mitberücksichtigt worden waren, unterschieden sie sich kaum von den europäischen Ausführungen. Die hier zu sehenden Alufelgen gab es in Deutschland nicht.

(1.781 ccm), der im Prinzip aus dem Vormodell – dann aber mit 1,6 Litern – bekannt war. Verdichtet mit 9,0 : 1, lieferte er 75 PS bei 5.000 Touren; mit 10,0 : 1 verdichtet lieferte er dann 90 PS, war aber mit dieser Leistung an die GL- oder GT-Ausstattung gebunden. Märkte wie Frankreich hatten abweichende Leistungsangaben, da dort die Kfz-Steuer auf der Grundlage der Leistung statt des Hubraums berechnet wurde. Ein 1,6-Liter-Motor mit 75 PS komplettierte ab Januar 1993 das Programm.

Die GTI-Palette umfasste wie gehabt Acht- und Sechzehnventiler, neu indes war der Hubraum von 1.984 Kubik. Die Leistung des Passat-Achtventilers lag bei 115 PS, während die 16-Ventil-Version noch bis zum Modelljahr 1993 auf sich warten ließ. Mehr Hubraum auch bei den Ölbrennern, statt des 1,6-Liters kam nun der 1,9 Liter (1.896 ccm) große Motor zum Einsatz, der bereits bei anderen Fahrzeugen des Konzerns zu finden war.

Abgesehen von der 90-PS-Ausführung mit 1,8 Litern hatte jeder Benzinmotor auf dem Papier um fünf PS zugelegt, und Volkswagen reklamierte dafür bescheidene Verbesserungen in den Fahrleistungen und im Kraftstoffverbrauch. Die Presse war nicht sonderlich begeistert, der neue Basis-Golf war eine ziemlich enttäuschende Angelegenheit. »Flügellahm« nannte ihn die Zeitschrift *Auto/Deutscher Straßenverkehr*, doch: »In den Gängen zwei bis vier braucht das leicht und ausreichend präzis zu schaltende Getriebe dank des elastischen Motors erstaunlich selten bemüht zu werden.«. Die britische *Autocar & Motor* testete (wie auch deutsche Magazine) einen 1.4 CL und konnte den Käufern nur empfehlen, den Mehrpreis für den 1,8-Liter-Golf hinzublättern. Die Fahrleistungen gerieten bei einer Höchstgeschwindigkeit von 158 km/h und einer Beschleunigung von 17,9 Sekunden auf 100 km/h überschaubar. »Mit dem 1,4-Liter-Motor ist der Golf einfach untermotorisiert«, hieß es. »Seine Leistung ist so weit weg von den anderen fünftürigen Konkurrenten wie dem Citroën ZX 1.4, dass es einen Vergleich damit geradezu peinlich macht.«

Der 1,8-Liter-GL mit 90 PS bot gegenüber dem alten 1,6 kaum mehr – der 1600er war nämlich, abgesehen von der Höchstgeschwindigkeit, in fast allen Belangen schneller –, doch spürbar verbessert hatten sich die Elastizität im dritten und vierten Gang, und auch beim Mitschwimmen im Fünften konnte man meist getrost die Hand vom Schalthebel nehmen. Das britische Magazin testete auch den Umwelt-Diesel, den 1,9-Liter-Turbodiesel mit 75 PS. Die Leistung bewegte sich zwar in bescheidenem Rahmen (immer noch besser als beim 1.4 Benziner), doch der feine Motor überzeugte mit seiner Flexibilität. Das fand die französische Zeitschrift *L'Auto Journal* nicht, die positiven Leistungsaspekte des Golf Diesel im GTD-Trimm hätten sich mit der schwereren Karosserie des Neuen gegenüber dem Vorgänger ins Gegenteil verkehrt. Immerhin: 1993 erfolgte die Einführung des TDI-Direkteinspritzer-Diesels, und damit gab es dann keine Klagen mehr. Serienmäßig hatten alle Golf ein Fünfganggetriebe, nur der 1,4-Liter musste mit vier Fahrstufen auskommen. Die Bezeichnung »Formel E« oder »4 + E« entfiel. Gute Verbrauchswerte wurden jetzt einfach vorausgesetzt, das musste nicht mehr eigens unterstrichen werden. Volkswagen und Renault entwickelten übrigens zu der Zeit gemeinsam eine Siebengang-Automatik, stoppten das Projekt aber zwei Jahre vor Markteinführung, daher wurde die neue Passat-Viergang-Box optional für alle Motoren ab 1,8 Liter angeboten, einschließlich des VR6. Das war aber nicht die ganze Geschichte, wie Peter Hofbauer, Leiter der Aggregate-Entwicklung bis 1987, erzählte. Danach hatten sich Volkswagen und Renault in der Tat zusammengetan, um die Entwicklungskosten zu senken, und die Fertigung der Siebengang-Automatik sollte sowohl in Kassel als auch bei Renault erfolgen. »Am Ende haben wir die sieben Gänge nicht nutzen können, denn die Gangwechsel erfolgten zu hektisch und das Marketing wollte es nicht«, sagte er. »Wir haben dann das Getriebe auf vier Fahrstufen reduziert, wobei wir beim Schaltvorgang vom zweiten zum vierten Gang den dritten nur für Mikrosekunden angefahren haben, das gestaltete die Schaltvorgänge viel glatter.«

Der Sechszylinder-Golf

Wurden die Vierzylinder-Benzinmotoren des neuen Golf von den Kommentatoren weitgehend so hingenommen, so sorgte der komplett neue Sechszylinder VR6 als Top-Motorisierung für Begeisterung. Lange in der Entwicklung und erstmals im Passat eingebaut, war die Kombination aus Kompaktwagen und Sechszylinder beispiellos, geschweige denn dass es zuvor einen Sechszylinder gegeben hätte, der kompakt genug gewesen wäre, um ihn quer einzubauen.

Zu einem nicht geringen Teil trug der VR6-Motor dazu bei, dass der Golf zum ersten Mal »Auto des Jahres« wurde, vor dem viel gepriesenen Citroën ZX (dritter Platz), dem auf dem Jetta basierenden Seat Toledo und dem Volvo 850. Auch wenn die Jury das Design des neuen Golf wie schon beim Vorgänger bestenfalls als lauwarm empfand, so war doch der VR6 »hervorragend«. Georg Kacher (Deutschland) zeigte sich begeistert: »Der neue Golf ist nicht der automobile Meilenstein, der er hätte sein können. Er hat einige Schwächen und viele Stärken, und er setzt neue Maßstäbe in Bezug auf die aktive und passive Sicherheit. Doch der VR6 insbesondere ist ein Juwel mit echtem Kultpotenzial.« Das sahen nicht alle so, der Brite L.J.K. Setright vergab für den Golf überhaupt keine Punkte und stimmte überraschenderweise für den ZX, wobei er in Richtung Wolfsburg stichelte: »Volkswagen hüllt seinen neuen Golf hauptsächlich in politisches Grün – oder in Marketing-Zynismus, das ist heute dasselbe.«

Die Ankunft des VR6 wirbelte die Hierarchie der Golf-Familie gehörig durcheinander. Der 115 PS starke GTI stand für den Sommer 1991 in den Startlöchern, die erwartete 16-Ventil-Version war dagegen noch nicht konkret terminiert. Der 174 PS starke Golf VR6 dagegen war nicht nur viel schneller, sondern hatte auch einen ganz anderen Charakter als die anderen schnellen Golf. Er war technisch deswegen so interessant, weil hier zum ersten Mal ein Sechszylinder-Motor quer eingebaut wurde. Das geht normalerweise nicht, weil ein Reihen-Sechszylinder üblicherweise einen Zylinderwinkel von 60 bis 90 Grad aufweist, und dafür reicht der Platz nicht. Daher wählte Volkswagen einen Spreizwinkel von nur 15 Grad, was zur

Folge hatte, dass der Motor nicht breiter baute als ein konventioneller Vierzylinder (der dann auch die erforderliche Verformungszone bei Frontalunfällen aufwies). Durch diese Bauweise konnte für beide Zylinderbänke nur ein Zylinderkopf anstelle der in einem V6 sonst üblichen zwei verwendet werden. Die Kombination aus V- und Reihenmotor ergab dann den VR6. Obwohl er in verschiedenen Konfigurationen getestet wurde, entschied man sich letztlich für einen Hubraum von 2.792 Kubik und eine Leistung von 174 PS bei Golf und Passat; eine 2,9-Liter-Version mit 190 PS blieb dem Corrado vorbehalten.

Die Ausstattung dieses Spitzenmodells war nahezu komplett: Sportsitze, elektrische Fensterheber und -Außenspiegel, Schiebedach, Lederlenkrad, Halogenscheinwerfer und weitere Annehmlichkeiten mehr. Das VR6-Fahrwerk war straffer abgestimmt und um 20 Millimeter tiefer gelegt, die Vorderachse (Plus-Fahrwerk) hatte eine andere Geometrie und einen dickeren Stabilisator. Serienmäßig rollte der Golf-Chef auf Continental-Reifen der Größe 205/50 und BBS-Kreuzspeichen-Leichtmetallrädern der Größe 6,5 x 15. Das Anti-Blockier-System gab's serienmäßig, ebenso die elektronische Differenzialsperre EDS. Ledersitze und Klimaanlage waren optional. Die Frontblinker eines Golf VR6 waren weiß und die Heckleuchten abgedunkelt, doch insgesamt war es schwer, insbesondere bei dunklem Lack, den VR6 von einem normalen GTI-Vierzylinder zu unterscheiden. Doch vielleicht reizte gerade dieses Understatement seine Besitzer.

Ian Wagstaff zitiert in seinem britischen Buch über den Golf GTI Philippe Defechereux, den Leiter des Unternehmens-Marketings, 1991 mit den Worten: »Ich glaube, wir hatten das Käufer-Potenzial für den GTI voll ausgeschöpft. Der VR6 zielte zwar in eine ähnliche Richtung, aber bei diesem wurde mehr der Komfortaspekt, die Deluxe-Art des Autos in den Vordergrund gerückt, mit einem leistungsstarken Motor, geringem Innengeräuschlevel, gut abgestuftem Getriebe und gutem Durchzug in den höheren Gängen sowie einem einzigartigen Motor.« Anders gesagt: Als GTI-Eigner musste man nun nicht mehr die Marke wechseln und zum Beispiel auf einen Dreier-BMW umsteigen, was in den Achtzigern und Neunzigern die typische Autofahrer-Karriere für einen ambitionierten GTI-Piloten darstellte. Jetzt konnte er immer noch Golf fahren, einziger Nachteil indes war vielleicht die Tatsache, dass man einem Sechszylinder-BMW ein höheres Prestige zuschrieb.

Auf jeden Fall traten BMW 325 und VR6 in diversen Vergleichstests gegeneinander an, obwohl der eine Limousine mit Längsmotor und Heckantrieb und der andere ein Kompakter mit Frontantrieb und Quermotor war. Den BMW befeuerte ein 2,5-Liter-Motor mit 24 Ventilen und 192 PS; der hubraumgrößere 2,8-Liter des Golf war 18 PS schwächer, aber ein VR6 war gut 150 Kilogramm leichter als ein BMW. Die Leistungsgewichte waren ähnlich, in der Höchstgeschwindigkeit trennten sie gut zehn Stundenkilometer, die der BMW schneller war. In Sachen Laufkultur hatte der BMW die Schnauze vorn, in Sachen Elastizität, zumindest als Schalter, der VW. Anders sah die Sache mit Automatikgetriebe aus, da war der BMW wiederum im Vorteil. Der Verbrauch ging durchaus in Ordnung, *auto motor und sport* kam auf ein Mittel von 11,1 Litern, »bei verhaltener Fahrweise kommt man jedoch ohne weiteres auf weniger als zehn Liter.« Das Werk nannte für den Drittelmix einen Wert von 9,5 Litern auf 100 Kilometer.

Das Plus-Fahrwerk mit der geänderten Vorderachsgeometrie wurde den Fahrleistungen jederzeit gerecht. Das deutsche Magazin lobte im Test das EDS-System, das britische Magazin *Car* indes tadelte es als »halbherzig«. Dennoch gewann der Golf den Vergleich, die Briten widmeten dem VR6 im Dezember 1991 die Titelseite. Als sie den VR6 dann das nächste Mal auf den Titel hievten, geschah das im Kontext mit einer Zitrone: Diese Ausgabe beschäftigte sich nämlich in aller Ausführlichkeit mit den zahlreichen Mängeln und Gebrechen eines Dauertest-Wagens.

Der traurige GTI

Natürlich, es gab noch einen GTI, doch irgendwie schien sich auch sein Hersteller damit zu langweilen, der Hype konzentrierte sich auf jeden Fall ganz auf den Sechszylinder. Der GTI war ein reifes Auto, zu reif für Enthusiasten. Die Bedeutung der magischen drei Buchstaben als Statement, sie war verflogen. Als der Golf 1994 in den USA an den Start ging, trug der VR6 die GTI-Plakette, nicht der europäische GTI mit seinem 115 PS starken Motor. Ohne Kommentar oder sportliche Konnotation fand sich dieses Aggregat in diversen Golf- und Jetta-Modellen, der GTI-Nimbus war dahin.

Wenn schon bei der Premiere der zweiten Golf-GTI-Generation die große Nähe zu den normalen Mitgliedern der Golf-Familie kritisiert wurde, so galt das umso mehr für die dritte. Da alle Golf nun eine einzige Scheinwerferabdeckung hatten, war der GTI von den anderen Golf-Typen noch nicht einmal mehr an den Scheinwerfern zu unterscheiden, abgesehen von den Schriftzügen und den Klarglas-Blinkern. Auch der rote Keder im in Wagenfarbe lackierten Kühlergrill fiel weg. Um den typischen GTI-Look bemühten sich nun Tuner, Abt zeigte 1991 auf der IAA einen Golf mit »Sportline«-Paket, zu dem auch Doppelscheinwerfer gehörten. Es gab Sportsitze und viel Schwarz im Innenraum, aber keinen Golfball-Schaltknauf.

Und mit seiner Motorleistung war der GTI auch nicht mehr der Überflieger, Anfang der Neunziger gab es jede Menge hochpotenter Klein- und Kompaktwagen, die dem GTI leistungsmäßig das Wasser abgruben. Von unten drängten rasende Feuerzeuge wie ein Citroën AX GT (85 PS), bei den Kompakten war der 227 PS starke Ford Escort RS Cosworth das Maß aller Dinge. Jeder quetschte leistungsstarke, große Motoren in brave Familienkutschen, der Altmeister rangierte unter »ferner liefen«.

Der Achtventil-Zweiliter-GTI-Motor mit Gussblock und Alu-Zylinderkopf wurde aus dem bewährten 1,8 abgeleitet. Für die Hubraumzunahme verantwortlich war der gewachsene Kolbenhub von 86,4 auf 92,8 mm und eine von 81,0 auf 82,5 Millimeter vergrößerte Zylinderbohrung. Die Gemischaufbereitung erfolgte über die »Digifant«-Zünd- und Einspritzanlage, eine Volkswagen-eigene Version der L-Jetronic von Bosch, die den Zündzeitpunkt und die Kraftstoffmenge für jeden Zylinder einzeln festlegte. Laut Werk hat-

Hier unter der Plastikabdeckung verborgen, ließ der schmale Sechszylinder noch ausreichend Platz im Motorraum, um weitere Aggregate wie etwa die Klimaanlage unterzubringen.

Das A59-Rallye-Auto

Nicht über das Prototypenstadium hinaus gelangte der 275 PS starke A59, gedacht für den Einsatz in der Rallye-WM 1994. Der eine Allrad-Bolide ist im Volkswagen-Museum in Wolfsburg zu sehen, der andere in einem Autohaus bei Nürnberg. Das Auto war 2014 zur Sachsen-Classic im Rahmen der Gleichmäßigkeitswertung dabei. (Foto: Volkswagen Classic)

1992 begannen Gerüchte zu kursieren, dass Volkswagen noch einmal an einer Super-Hochleistungsversion des Golf arbeite. Diese High-Performance-Variante entstand im Hinblick auf die Rallyeweltmeisterschaft und den dort eingesetzten Ford Escort Cosworth.

Mitte März 1992 berichteten britische Medien von einem Vorstandsbeschluss, mit dem die Entwicklung eines mindestens 200 PS starken Super-Golf genehmigt worden sei. Zwei Prototypen mit verschiedenen Motor- und Vierrad-Antriebskombinationen standen angeblich schon in der Entwicklung, und Volkswagen stelle bereits ein Team zusammen, um auch von dieser Seite aus die Voraussetzungen dafür zu schaffen, mit dem Auto in der Spitze der Rallye-Weltmeisterschaft mitfahren zu können. Eingedenk der Tatsache, dass der Golf G60 Rallye – bestes Ergebnis ein dritter Platz bei der Rallye Neuseeland im Jahr 1990 – nicht siegfähig gewesen war, musste das neue Auto das maximal zulässige Hubraumlimit von zwei Litern vollständig ausschöpfen, denn die in der Rallye-WM antretende Konkurrenz von Lancia, Toyota und Co. verwendete Motoren mit weit über 300 PS im Rallye-Trimm.

»Wir haben über die endgültige Spezifikation des Motors noch nicht entschieden«, wurde Klaus Rosorius zitiert, damals Geschäftsführer der VW Motorsport. »Wir reden über einen Zweiliter-16- oder sogar 20-Ventil-Vierzylinder, und denken auch über einen Turbolader nach.«

Letztlich entstand ein 275 PS starker Zweiliter-Vierzylinder mit Turbolader für die Rallye-WM 1994, der im April 1993 seinen ersten Prüfstandslauf absolvierte. Entwickelt worden war er von der Abteilung Forschung und Entwicklung der Volkswagen AG (und nicht etwa von der VW Motorsport), sowie dem sehr erfolgreichen Motorsportteam von sms in Cadolzburg bei Nürnberg. Zu den Schlüsselfiguren im Team zählten Konrad Schmidt von sms, der ehemalige Toyota-Chefingenieur Rallye Karl-Heinz Goldstein und Walter Röhrl, Rallye-Weltmeister und unverzichtbar für die Fahrerprobung, der mit dem A59 rund 20.000 Kilometer auf der Nordschleife absolvierte. Der Rallye-Golf verfügte selbstverständlich über einen Allradantrieb und sollte bei Karmann entstehen. Insgesamt sollten 2.500 Fahrzeuge gebaut werden, der Basispreis lag bei 80.000 Mark.

Allerdings kam es nicht dazu, Volkswagen kehrte nicht in die Rallye-WM zurück. Beide Prototypen überlebten: Einer steht bei Volkswagen im Museum, der zweite beim Autohaus Konrad Schmidt in Cadolzburg.

Der Vento

Ein Golf mit einem konventionellen Stufenheck folgte schon ein halbes Jahr nach Markteinführung des Golf. Der Rucksackgolf vom Februar 1992 erhielt die Bezeichnung »Vento«, ein Name, den ein Mitarbeiter in Wolfsburg vorgeschlagen hatte. Der Name »Jetta« wurde aber für die US-Modelle beibehalten. Produziert wurde der Wagen in Mexiko und in Südafrika.

Hauptzielgruppe des Vento war nicht der deutsche Markt, hier dominierte das Fließheck. Die zweite Generation des Jetta brachte nur zehn Prozent der Golf-Zahlen, und auf anderen europäischen Märkten wie Großbritannien war es ähnlich, elf Prozent dort. Der Vento entsprach dem Golf in Sachen Sicherheit und Motoren, und die zusätzlichen 36 Zentimeter Außenlänge – 4,38 Meter insgesamt – kamen dem riesigen Kofferraum mit 550 Litern Fassungsvermögen und klappbaren Rücksitzen zugute. Ein hinterer Stabilisator war Pflicht, um auch bei voller Zuladung so problemlos fahrbar zu sein wie in unbeladenem Zustand.

Der Vento hatte ein modellspezifisches Frontstyling, aber als eigenständige Modellreihe wurde er nie so recht akzeptiert, weil auch hier der Wagen praktisch bis zu den hinteren Türen dem Golf entsprach. Wegen des Mehrgewichts wurde der Vento nie mit dem 1,4-Liter-Benziner angeboten, hier bildete der 1,6-Liter den Einstieg, während es das Topmodell Vento VR6 nicht mit syncro-Antrieb gab. Volkswagen sah, zumindest nach außen hin, im Vento mehr als »nur« einen Golf mit angedocktem Kofferraum, doch als neuen Zwischentyp zwischen dem Golf und dem Passat akzeptierte ihn keiner, die Fachpresse schon gar nicht. Immerhin tummelten sich in dieser Größenordnung schon ausgewachsene Mittelklässler wie Peugeot 405 und Opel Vectra, und als BMW-Dreier-Widersacher sah ihn sowieso keiner, da kam aus dem VW-Konzern höchsten der Audi A4 in Frage (der sich dann auch viel besser verkaufte).

Allerdings hat der Vento viel dazu beitragen, dass Volkswagen in den frühen 1990er Jahren in den USA wieder Tritt fassen konnte. Der Gesamtabsatz stieg von 49.533 Fahrzeugen im Jahr 1993 auf 97.043 Einheiten im nächsten Jahr, nach Einführung der dritten Jetta-Generation.

Da nicht in Basisausstattung verkauft, war der Vento nur mit in Wagenfarbe lackierten Stoßfängern zu haben. Der riesige Kofferraum wirkte immer noch ein wenig wie nachträglich angeklebt.

Es war nicht einfach, einen 16V-GTI vom normalen GTI zu unterscheiden, abgesehen von den Typenbezeichnungen am Fahrzeug und den Alufelgen gab es optisch keinerlei Unterschiede.

Wem der serienmäßige GTI zu viel Understatement hatte, der konnte beim VW-Händler seines Vertrauens vorsprechen und etwa Scheinwerfer in Vieraugen-Optik bestellen. Die bot Volkswagen über seine Zubehörmarke »Votex« an.

Haube auf, alles klar: Das ist ein 16V.

In der dritten Auflage gehörte die GTI- typische Doppelscheinwerferfront der Vergangenheit an.

te er eine Höchstgeschwindigkeit von 198 km/h und beschleunigte in 10,1 Sekunden von Null auf Hundert, was gegenüber dem Vorgänger keine nennenswerte Verbesserung darstellte.

GTI und VR6 lieferte Volkswagen mit dem bereits erwähnten »Plus«-Fahrwerk aus. Dieses beinhaltete in erster Linie eine überarbeitete Vorderachse und eine Tieferlegung um 10 Millimeter vorn und 20 Millimeter hinten. Verzögert wurde über eine 15-Zoll-Bremsanlage mit innenbelüfteten Scheiben vorn (Durchmesser 228 mm) und hinten (226 mm). Die Reifendimension lautete beim GTI 195/50 R 15 auf Leichtmetallrädern 6 x 15. Wie bereits erwähnt, war die Servolenkung Standard, das Antiblockiersystem und die elektronische Differenzialsperre EDS gab es gegen Aufpreis.

Der GTI kostete 29.590 Mark und erfreute, so die *Auto Zeitung*, »mit einem GTI-typischen, wunderbar agilen Handling.« Im Gegensatz zu seinen Konkurrenten war der Golf GTI als Drei- und als Fünftürer zu haben. Im März 1992 verglich *Autocar & Motor* einen fünftürigen Golf GTI mit dem neuesten Ford XR3i, der zum ersten Mal das Zeug zu haben schien, an den GTI heranzureichen, denn hier kam der neue 1,8-Liter-16-Ventil-Zetec-Motor mit 130 PS zum Einsatz. Außerdem war der nur als Dreitürer lieferbar XR3i spürbar günstiger als der Volkswagen. Denn der Ford hatte vieles serienmäßig, was sich Volkswagen teuer bezahlen ließ, angefangen von den elektrischen Fensterheben für alle vier Türen bis hin zur geteilt umlegbaren Rücksitzlehne (obwohl der GL die serienmäßig hatte). Das ABS kostete hier wie dort zusätzlich, bei VW 1.895 Mark ohne und 2.525 Mark mit EDS.

Auch wenn eine Sekunde oder so nur für echte Enthusiasten einen Unterschied ausmachte, so hängte der Ford den GTI dennoch locker ab. Den Standard-Sprint 0–60 Stundenmeilen (0-96 km/h) absolvierte der XR3i in 8,6 Sekunden, der behäbigere GTI in 9,9 Sekunden: Feuer sieht anders aus.

Natürlich, und das räumte das Magazin gerne ein, war im Vergleich zum GTI von 1984 der Zweiliter-Golf feiner, ausgewogener, einfach besser, und der Motor elastischer. Doch der Dreitürer war im Test sechs Jahre zuvor mit 8,3 Sekunden gestoppt worden. Gut, die Endgeschwindigkeit war dank der besseren Aerodynamik höher, doch: »Der XR3i schockiert den neuen GTI mit Leistungswerten, in deren Nähe der VW, in den meisten Fällen, nicht einmal ansatzweise kommt. Nicht, dass der Golf abfällt. Er ist viel zu gut dafür, auch technisch, zu gut gemacht, zu bodenständig. Mehr Leistung braucht es nicht, denn die ist hier nicht mehr als ein Mittel zum Zweck.« Und der Sechzehnventiler? In der Pressemappe wurde er bereits angekündigt, ohne Details und auch ohne einen Termin zu nennen.

Er hätte sicher mehr Begeisterung hervorgerufen, doch wegen seiner verspäteten Auslieferung hatten Konkurrenten wie auch der VR6 schon einen Teil des Rahms abgeschöpft. Bis dahin war der alte 16-Ventil-Golf (und Jetta GTI) in Jugoslawien, Mexiko und Südafrika weitergebaut worden, noch für 1992 lag die Absatzprognose für die abgelöste Generation bei 200.000 Einheiten Bei der Einführung des Achtventilers hatte Dr.-Ing. Ulrich Seiffert, Vorstand für Forschung und Entwicklung und damit Nachfolger von Fiala, keinen konkreten Termin für den Produktionsstart des 16V angegeben, bevor nicht die Nullserie angelaufen war; die Rede war lediglich vom ersten Quartal 1992 – in dem Fall wurde es dann das Ende. Laut Ian Wagstaff, und der wiederum hatte mit Chefingenieur Herbert Schuster – »Mister GTI« – gesprochen, sollte der neue 2,0-Liter-16-Ventil-Motor zwischen 142 und 150 PS entwickeln, seine Marktbedeutung wurde aber nicht mehr so hoch eingeschätzt, weil man damit rechnete, dass sich das Interesse auf den neuen VR6 verlagere. Abgesehen davon war es ein offenes Geheimnis, dass es dem Sechzehnventiler noch an Manieren mangelte, der Zweiliter-16V im Audi 80, den es schon zu kaufen gab, galt als laut, grob und wenig überzeugend.

Bleibt noch die Frage, warum nicht von Anfang an der GTI mit dem G60-Motor aus dem Corrado zum Einsatz kam. Auch mit zwei Ventilen pro Zylinder produzierte dieses Aggregat mit 160 PS genügend Schub und noch mehr Drehmoment. Das lag, so Schuster, an Überlegungen, mit G-Lader und neuem Sechzehnventiler erneut in der Rallye-WM an den Start zu gehen. Im Laden gab es diese Kombi nie zu kaufen. Für die Straße jedenfalls bildete der VR6 das Maß al-

Der Bügel, beim Vorgänger noch heftig umstritten, avancierte zum Markenzeichen des Cabrios auf Basis des Golf III. Karmann hatte auch Prototypen ohne den »Henkel« entwickelt, die aber wieder verworfen wurden.

ler Dinge, ihn galt es weiter zu verfeinern. Im Nachhinein betrachtet wird klar, dass Mitte der 1990er Jahre Volkswagen sein Interesse von Kompressor- hin zu Turbo-Benzinmotoren verlagerte. Der Corrado G60 war der letzte Volkswagen dieses Jahrzehnts mit Kompressor, und 1994 blies Audi mit einem Turbolader seinem 1,8-Liter-Vierzylinder 150 PS ein. Der Ingenieur Rolf Trump berichtete dem Autor 2012 von den Tücken der G-Lader-Technik: »Das Problem damals mit dem Ladegerät bestand darin, dass diese beiden gegenläufigen Spiralen nur sehr geringe Fertigungstoleranzen zuließen. Und das war mit den Fertigungsmethoden damals in der Großserie nicht leicht darzustellen.«

Im Januar 1993 schließlich tauchte der 16-Ventil-GTI mit 150 PS dann in den Schauräumen der Händler auf. Er markierte die logische Mitte in Leistung und Preis zwischen dem normalen GTI und dem VR6. Der Motor hatte 1.984 Kubikzentimeter und damit um 200 Kubik mehr als der 1,8-Liter der vorherigen Generation, was auf das Konto eines längeren Kolbenhubs und einer größeren Zylinderbohrung ging. Der gusseiserne Zylinderblock war mit 16,5 mm messenden Verstärkungsrippen versteift worden, die Ölwanne bestand aus Leichtmetall. Der 16-Ventil-Zylinderkopf wurde von Audi in Ingolstadt entwickelt und bestand aus Aluminium, der Nockenwellenantrieb erfolgte, wie gehabt, per Steuerkette.

Der GTI 16V trat so dezent auf wie der Achtventiler, es gab GTI-16V-Logos vorne und hinten sowie an den Flanken, schwarze Radläufe und Schweller sowie »Le Mans«- oder »Monte Carlo«-Leichtmetallräder und schwarze Recaro-Sportsitze. Die Traktionshilfe EDS war serienmäßig, und in Bremsanlage und Fahrwerk entsprach der 16V dem normalen GTI. Daran änderte sich erst bei der Modellpflege 1996 etwas. Ab 1994 war ein ABS bei allen GTI-Versionen serienmäßig, der Rest der Golf-Bande folgte ab September 1996. Die Höchstgeschwindigkeit lag bei 215 km/h, er beschleunigte in 8,3 Sekunden von 0 auf 100 km/h. Als Zweitürer kostete der 16V 36.215 Mark , mit 32.580 Mark schlug ein normaler GTI zu Buche, und einen VR6 gab's nicht unter 42.100 Mark.

Ein neuer Open-Air-Golf

Die bis 1992 gebaute erste Generation des Cabrios hatte den Käfer als meistgebautes Cabriolet der Welt abgelöst. Eine Volkswagen-Marktanalyse vom August stellte fest, dass es in diesem Segment inzwischen viel Konkurrenz gäbe und sich der Markt im Umbruch befände. Die Zuwachszahlen seien deutlich gewachsen. Im Vergleich zum Vorjahr wären um 44 Prozent mehr Cabrios verkauft worden.

In der Studie wurde bis 1995 eine Steigerung der Cabrio-Verkaufszahlen auf voraussichtlich 170.000 Autos jährlich prognostiziert, ebenso wie festgestellt wurde, dass der alte Golf mit der neuen Konkurrenz in Ausstattung und Preisstellung nicht mehr mithalten konnte. Nur in Farben und Innenausstattung war der Volkswagen immer noch führend. Das Fazit aber war klar: »Die jetzt 13 Jahre alte Form wird mehr und mehr überholt. Insbesondere seit dem Erscheinen des neuen A3-Golf liegt der altmodische Charakter des Cabrios im Außen- und Innendesign klar auf der Hand.«

Also stand auf der IAA in Frankfurt im September 1993 die zweite, komplett neue Golf-Cabrio-Generation. Karmann hatte im

Statistisch gesehen ist die Gefahr, sich mit einem Cabriolet bei einem Unfall zu überschlagen, zu vernachlässigen. Der Bügel erhöhte daher vor allem die »gefühlte« Sicherheit, und die Verwindungssteifigkeit lag mit dem Bügel auf dem Niveau der Limousine.

Der Überrollbügel entsprach nicht nur einer Forderung des US-Marktes, er hatte auch praktische Vorzüge. So ließ sich hier problemlos ein Windschott einhängen, das auch die Rücksitze abdeckte. In dem Fall konnte man dort natürlich nicht sitzen. Das Cabriolet war übrigens ein Viersitzer.

Auch vom neuen Golf-Cabriolet erschienen verschiedene Sondermodelle, wie die »Sport Edition«, der »Coast«, der »Colour Concept«, der »Edition Highline« oder die »Classic Edition«. (Foto: Detectandpreserve / CC BY-SA 3.0)

Volkswagen entschloss sich erst in der dritten Generation, einen Kombi anzubieten. Er trug die Traditionsbezeichnung »Variant« und erschien drei Jahrzehnte nach dem ersten Kombi des Hauses, dem im Februar 1962 gebauten VW 1500 Variant.

Auf Basis des Variant entstand diese Studie eines neuen Caddy. Der Pick-up ging nicht in Serie, der Prototyp befindet sich im Museumsmagazin des Herstellers. (Foto: Volkswagen Classic)

Vorfeld über 120 Studien zur Karosseriesteifigkeit angefertigt, alle mühsam in Lebensgröße aufgebaut und durchgeführt, das VW-Cabrio auf A3-Plattform war das letzte, das nicht in Computer Aided Design (CAD)-Technologie entwickelt worden war.

Wie beim Vorgänger gab es auch Prototypen ohne Überrollbügel, doch war der zunächst so umstrittene Bügel inzwischen zum Markenzeichen avanciert: Kein anderes Cabriolet war verwindungssteifer, es erfüllte die gleichen Sicherheitsstandards wie die Limousine und auch die Normen für den in den USA vorgeschriebenen Überschlagstest. Herbert Schuster, damals Technikvorstand, bestand auf einem festen Überrollbügel, wiewohl Volkswagen selbst zugab, dass Überschläge mit Cabrios äußerst selten waren. Unabhängige Tests im Jahre 1994 bescheinigten dem neuen Viersitzer-Cabrio im Falle eines solchen Unfalls nicht nur vorne, sondern auch hinten genügend Überlebensraum für die Insassen, während bei anderen Autos – darunter dem Audi 80 Cabrio – der Windschutzscheibenrahmen kollabierte, mit katastrophalen Folgen für die Insassen.

Das Festhalten am Überrollbügel hatte weitere Vorteile, er fungierte als stabile Auflage für das geschlossene Dach, führte die Seitenscheiben, erlaubte den Anbau eines Dachgepäckträgers und die Durchfahrt durch eine Waschanlage ohne Wassereinbrüche im Innenraum: Das neue Cabrio verdiente voll und ganz den alten Spitznamen vom »Erdbeerkörbchen«, auch wenn der Korb größer und schwerer geworden war. Die Karmänner verbauten in den offenen Wagen eine ganze Menge Zusatzmaterial – in Form steiferer Türschweller und zahlreicher Verstärkungen in Bodengruppe, Armaturenbrett, Bug und Heck. Herzstück der Maßnahmen war der Einbau zweier »Schwingungstilger«, von Zusatzgewichten. Der eine, zehn Kilogramm schwer, war ein Gusseisenblock auf Gummiblöcken hinter dem linken Hinterrad, vorne diente der gesamte Motor-Getriebe-Block, dessen Lagerung modifiziert wurde, als solcher.

Wie zuvor entstand der offene Golf III bei Karmann in Osnabrück, und ab April 1996 begann die Produktion auch in Puebla, Mexiko, für den US-Markt. Der Serienanlauf dort hatte sich, möchte man den Berichten glauben, wegen diverser Qualitätsprobleme verzögert. Insgesamt war das Cabriolet rund 100 Kilogramm schwerer als die Limousine.

Zugelegt hatte auch der Gepäckraum, der mit 270 Litern nach VDA-Norm noch immer nicht groß war, aber immerhin um 50 Liter über dem des Vorgängers lag. Mit dem 390-Liter-Gepäckabteil des neuen offenen Opel Astra, der bei Bertone in Italien gebaut wurde, ließ sich das zwar immer noch nicht messen, wenigstens aber waren durch das neue Viergelenkscharnier Öffnungswinkel und Zugänglichkeit besser als zuvor.

In Deutschland umfasste die Ausstattung des neuen Golf-Cabrios ein Anti-Blockier-System und Doppelairbags, dazu Servolenkung und eine beheizbare Heckscheibe. Eine neue Option stellte das Windschott dar, ein Netz, das am Überrollbügel befestigt wurde und die hinteren Sitze mit abdeckte. Auch das EDS rückte auf die Optionsliste, ebenso eine Zentralverriegelung.

Das sechslagige Verdeck mit Kunststoff-Dachhaut war solide wie eh und je, es ließ sich sehr flach auf dem Heck zusammenfalten, was die Sichtverhältnisse nach hinten verbesserte. Neuerdings standen auch drei verschiedene Motorisierungen mit 75, 90 und 115 PS zur Verfügung. Kombiniert werden konnten diese mit zwei Ausstattungen, wobei die höherwertige Ausführung »Avantgarde« hieß und Features wie Leichtmetallräder, elektrisch verstellbare Außenspiegel, Kotflügelverbreiterungen und andere Feinheiten aufwies. Die Ausstattung differierte je nach Bestimmungsort, die britische »Avantgarde« wies eine elektrische Verdeckbetätigung, Tempomat und Sitzheizung auf. Im Februar 1995 erfolgte die Einführung des TDI-Motors mit 90 PS, im November 1996 dann die des 110-PS-TDI. Ein Cabrio mit VR6- oder 16V-GTI-Motor gab es aber nicht.

Der erste Golf Variant

Die Ankunft des lang erwarteten Golf Variant, des Kombis, erfolgte im Jahr 1993 und wurde in Deutschland beworben mit dem Slogan: »Golf mit Happy End«. Seit der ersten Generation hatte Volkswagen unbeirrt die Überzeugung vertreten, dass Golf-Interessenten mit höherem Platzbedarf zum nächstgrößeren Passat greifen würden, aber der war nun deutlich gewachsen und wirklich keine Alternative mehr für Käufer eines Kompakt-Kombis. Da bestand viel mehr die Gefahr, dass diese zur Konkurrenz – Ford Escort und Opel Astra – abwanderten. Der neue Golf Kombi entsprach bis zur B-Säule samt den hinteren Türen der Stufenheck-Limousine, dahinter machte er sich lang: 32 zusätzliche Zentimeter streckten ihn auf stattliche 4,34 Meter Länge. Die Fallung der hinteren Seitenlinie verriet, das bei der Golf-III-Entwicklung der Kombi, anders als das Stufenheck, noch gar nicht fest eingeplant worden

Um einen möglichst großen Laderaum zu schaffen, musste die Hinterachse geändert werden. Die Mühe lohnte, die Breite zwischen den Radkästen lag bei 100 Zentimetern, und bei umgeklappten Rücksitzen und dachhoher Beladung schluckte der Kombi dann 1.425 Liter. Das waren lediglich 75 Liter weniger als beim Passat.

Wie weit reicht ein Tankfüllung? Immer ein Thema, aber selten so heftig im Mittelpunkt der Werbung wie Mitte der Neunziger, als Volkswagen mit seinen TDI-Motoren die Diesel-Geschichte neu schrieb. Mit einer Tankfüllung von Wolfsburg nach Paris? Locker machbar, die 857 Kilometer gingen, ohne nachzutanken.

Ein 1997er TDI in GL-Ausführung. Bei allen Golf-III-Modellen waren seit dem Modelljahr 1996 die Stoßfänger vollständig in Wagenfarbe lackiert.

war; der Variant baute daher im Wesentlichen auf der Vento-Plattform auf. Die Hinterradaufhängung war neu gestaltet worden, die Stoßdämpferdome ragten trotz raumoptimierter Feder-Dämpfer-Einheiten immer noch deutlich in den Laderaum und schränkten die nutzbare Innenraumbreite ein, hier fehlten gegenüber Escort Turnier und Astra Caravan mindestens 13 Zentimeter.

Für den Variant bot Volkswagen sechs verschiedene Motoren an, vier Benzinmotoren von 1,4 bis 2,0 Liter und 60 bis 115 PS sowie die beiden 1,9-Liter-Diesel mit 64 und 75 PS, wobei sich der Kombi mit dem 1,4-Liter-Benziner schon arg schwer tat. Der Turbodiesel-Direkteinspritzer war für Anfang 1994 angekündigt. In den folgenden Jahren wurde das Programm stetig ausgebaut, im Modelljahr 1998 markierte der 2,9-Liter-Sechszylinder mit 190 PS und Allradantrieb die Spitze des Modellangebots.

Den Wechsel zum Golf IV machte der Kombi zunächst nicht mit, er lief auch nach dem Modellwechsel zwischen 1997 und 1999 bei Karmann vom Band: Der Variant wurde zu einem festen Bestandteil der Modellpalette, der von Anfang an die Konkurrenz fest im Griff hatte. Im ersten großen Kombivergleich in *auto motor und sport* jedenfalls siegte der Volkswagen ganz souverän vor Citroën ZX Break, Astra Caravan und Escort Turnier (und um Längen vor Nissan Sunny und Toyota Corolla): »Handlichkeit und ein gediegener Federungskomfort gehen einher mit einem narrensicheren Fahrverhalten, das auch durch Beladung nicht beeinträchtigt wird.«

Zur Mitte des Jahrzehnts wurde die Palette der Benzinmotoren umfassend überarbeitet, so ersetzte 1994 der 75 PS starke 1,6-Liter-Motor den lahmen 1,8-Liter, und 1997 erfolgte die Einführung eines 100-PS-1,6ers, der auch in Passat und Audi A3 zu haben war.

Der Diesel wandelt sich zum TDI

Die dritte Golf-Generation war auch die erste, die mit den heute so wohlbekannten TDI-Motoren zu haben war. Wenn auch diese Aggregate in der VW-Werbung manchmal als »TDi« bezeichnet wurden: Sie änderten die öffentliche Wahrnehmung in Sachen Diesel. Denn bisher hatte gegolten, dass ein Diesel, selbst mit Turbolader, leistungsmäßig einem Benziner einfach immer unterlegen sein würde.

Das »T« stand für Turbo und das »I« für die Direkteinspritzung, bei der der Kraftstoff direkt in den Zylinder eingespritzt wurde statt wie bisher über eine Vorkammer, die für die Durchmischung des Kraftstoffs mit Luft sorgte. Das erforderte viel höhere Arbeitsdrücke als zuvor, doch in Kombination mit einem Turbolader, der seine Luft über einen Ladeluftkühler bezog, war ein wesentlich höheres Drehmoment bei niedrigeren Motordrehzahlen und geringeren Emissionen zu erzielen. Außerdem war ein solcher Motor um 15 bis 20 Prozent sparsamer im Verbrauch. Der erste Konzern-TDI war im Audi 100 von 1989 zu finden, ein 2,5-Liter-Direkteinspritzer mit fünf Zylindern, der ursprünglich aus dem Nutzfahrzeugbau stammte und wegen der hohen Innendrücke als ziemlich rauer Geselle galt. Um diese Unart abzustellen, entwickelte Audi Einspritzdüsen mit mehreren Düsen, die den Kraftstoff nicht auf einmal, sondern in zwei Schüben einspritzten. Zusammen mit den speziell geformten Einlasskanälen gestalteten sich so die Verbrennungsabläufe sanfter, dazu kamen hydraulische Motorlager, die sich versteiften, sobald der Motor über Leerlauf drehte. Der 1,9-Liter-Turbodiesel im Golf wandelte sich 1993 zum TDI. Seine Leistung lag mit 90 PS um 15 PS über der des Standard-Turbos und damit auf dem Niveau des 1,8-Liter-Benziners. Laut Werksangabe sollten Verbräuche im Drittelmix unter fünf Litern möglich sein, im Alltag allerdings waren um die sechseinhalb Liter realistisch. Der eine oder andere Tester monierte außerdem, dass die indirekt einspritzenden Diesel von Peugeot-Citroën ruhiger liefen und günstiger zu haben waren. Dennoch: Reichweiten von über 900 Kilometern waren auch ohne Fünfliter-Verbrauch möglich, mit den TDIs wirbelten Volkswagen und Audi den Diesel-Markt gehörig durcheinander.

Angeboten zusätzlich zu den bekannten Dieselmotoren, war der TDI bald quer durch den Konzern und in allen Teilen des Golf-Programms (und Vento / Jetta) zu finden. Im Jahr 1995 hielt er Einzug in das Cabriolet, und VW wies mit Stolz darauf hin, dass dies das erste Großserien-Dieselcabriolet der Welt sei. Die Furcht, die Fahrer würden sich durch den Diesel-Lärm belästigt fühlen oder der Dieselgestank würde in den Innenraum wehen, erwies sich als unbegründet. Vielmehr war das ab Mai lieferbare Diesel-Cabriolet ein feiner Reisewagen. Der offene TDI beschleunigte laut Werk in 13,3 Sekunden auf hundert, die Höchstgeschwindigkeit wurde mit 172 km/h angegeben. Der Verbrauch sollte bei 5,2 Litern auf 100 Kilometer liegen. In der Grundversion waren dafür 41.970 Mark fällig, der Avantgarde-TDI kostete 44.070 Mark. Nur das TDI-Schild und der Doppelauspuff verrieten den Ölbrenner. Generell aber war bis zu diesem Zeitpunkt ein Diesel-Cabrio undenkbar gewesen, allerdings brachte der VW-Vorstoß die Konkurrenz in Zugzwang, die dann nachlegte: Ford etwa bot das Escort-Cabrio für das Modelljahr 1996 mit einem 1,8-Liter-Turbodiesel (70 PS) an; Opel folgte.

Volkswagen baute seine Diesel-Palette in den folgenden Jahren kräftig aus und brachte 1995 den 64 PS starken SDI, einen Sauger mit Direkteinspritzung (der nach Testermeinung sich durch »schlechtes Kaltstartverhalten«, »unbefriedigenden Motorlauf« und Lautstärke auszeichnete), und im letzten Jahr vor Ablösung durch den Golf IV rückte auch noch der 110-PS-TDI aus dem Audi A4 ins Programm. Dieser Top-Diesel war für vier Ausstattungslinien erhältlich, die oberste »GT Special« bot Ausstattung und Fahrleistungen beinahe auf GTI-Niveau und war nicht allzu weit vom Drehmoment-Wunder VR6 entfernt: Die Nennleistung stand bereits ab 1.900 Umdrehungen an. Dieser Performance-Diesel unterschied sich optisch durch ein rotes »I« von den anderen TDI; in GTI-Ausführung (die tatsächlich aber »GT TDI« hieß) beschleunigte der Golf in 10,8 Sekunden auf hundert und schaffte eine Spitze von 193 km/h; die entsprechenden Werksangaben für den normalen GTI lauteten 10,1 Sekunden und 198 km/h. Der Turbolader verfügte über eine variable Geometrie und Abgasrückführung, was sich in Ansprechverhalten und Laufkultur auch in niedrigeren Drehzahlbereichen positiv bemerkbar machte.

TDI-Motoren wurden ungeheuer populär in Europa. Besonders Deutschland, so schien es, hatte nur darauf gewartet: Vier von zehn

21 Jahre nach der Premiere und 20 Jahre nach dem Verkaufsstart feierte Volkswagen seinen Kompaktsportler mit einem Jubiläumsmodell. Weitere GTI-Jubiläums-Sondermodelle folgten im Fünfjahres-Abstand.

Der Golf Harlequin war ein nur in den USA und Kanada verkauftes Sondermodell. Es entstanden 264 Stück. US- und Europa-Golf hatten übrigens verschiedene Heckklappen. (Foto: Analogue Kid at en.wikipedia /GNU)

zugelassenen deutschen Golf trugen das TDI-Kürzel, und daran sollte sich auch in den kommenden Generationen so gut wie nichts ändern. Die Technologie aber, die hinter den Buchstaben stand, veränderte sich über die Jahre deutlich. Der Ecomatic, eine weitere Diesel-Golf-Variante, erwies sich als weit weniger erfolgreich und wesentlich kurzlebiger.

Der Golfmarkt im Wandel

Im Mai 1994 knackte der Golf, beinahe routinemäßig schon, die 15-Millionen-Marke. Allerdings war nicht alles gut, wie Autojournalist und *mot*-Chefredakteur Engelbert Männer meinte: »Eine Menge Leute in der VW-Zentrale haben sich an den Gedanken gewöhnt, dass der Golf und sein Ableger, der Vento, auf Dauer die Position als europäischer Bestseller halten würde. Doch nach den ersten acht Monaten ist bereits eine Veränderung zu sehen, weil der Fiat Punto die Pole-Position übernommen hat. Der Hauptgrund hierfür ist der Rückgang der Golf-Neuzulassungen in Europa (durchschnittlich um 20 Prozent).«

Dafür gab es mehrere Ursachen. Der Boom nach der Wiedervereinigung flaute ab, dazu kam eine weltweite Rezession 1992/93. Die Position des Golf als Bestseller begann zu bröckeln, nach 1994 fielen die jährlichen Zulassungszahlen ab. Das lag nicht zuletzt auch an der Konkurrenz aus eigenem Hause, 1994 war der neue Polo vorgestellt worden, bei dem die Presse stellvertretend für viele Kunden fragte, ob nicht auch dieser genüge. Immerhin gab es für den Preis eines normalen Golf einen besser ausgestatteten und nur unwesentlich kleineren Polo. Außerdem rüstete die Konkurrenz kräftig auf: Fiat bot das Duett Bravo und Brava auf, Renault schob den neuen Mégane in den Ring, Ford renovierte seine Golf-Gegenspieler, Honda kam mit dem neuen Civic um die Ecke – und der Golf? Der wurde einfach nur als teuer empfunden: Ein Golf CL mit zwei Türen und Viergang-Getriebe kostete schon 22.730 Mark, für knapp einen Tausender weniger gab es bei Fiat dafür einen Brava mit 75 PS, Fünfgang-Getriebe, Fahrer-Airbag, Wärmeschutzverglasung, Radio und weiteren Annehmlichkeiten.

Und Renault legte mit dem Mégane Scenic 1996 die Basis für ein völlig neues Marktsegment, nämlich das der Minivans. Volkswagen musste reagieren, die interne Abstimmung zwischen den vier Konzernmarken verbessern und die Produktionsabläufe verschlanken, wie das auch die Japaner taten. Es ging auch darum, flexiblere Arbeitszeitmodelle umzusetzen, um so der schwankenden Nachfrage gerecht zu werden. Vor allem aber sollten Synergieeffekte erzielt werden, denn im Gesamtkonzern existierten 16 verschiedene Plattformen. In den neuen Werken Mosel (Deutschland) und Martorell (Spanien) wurden japanische Arbeitsabläufe implementiert und Managementebenen gestrichen, um einzelnen Teams mehr Entwicklungsverantwortung zu übertragen. Der stärkste Rivale aber erwuchs dem Golf aus den eigenen Reihen. Wie ausführlicher im nächsten Kapitel erläutert, bediente Audi künftig die gleiche Zielgruppe, und dieser Kompaktwagen nutzte eine Plattform, auf der dann der Golf IV aufbauen sollte. Der Audi A3 startete im September 1996, und dass mit dieser Technik weitere Konzernfahrzeuge folgen würden, war auch absehbar. »Die Tatsache, dass Audi Mitte 1996 einen Prestige-Golf liefern wird, macht die Sache noch schwieriger,«, so Männers Fazit. »Wer würde denn, Hand aufs Herz, noch einen GTI kaufen, wenn er oder sie für etwas mehr Geld einen viel attraktiven Audi A3 bekommen kann?«

Nachdem der Audi A3 im Spätjahr 1996 in den Verkauf ging, wurde er tatsächlich auch mit dem Golf GTI 16V verglichen. Der Audi war natürlich teurer, aber stilvoller und hochwertiger. Auch motorseitig konnte der Newcomer punkten, er hatte einen feinen 20-Ventil-1,8-Liter-Benzinmotor mit 125 PS, oder, mit Turbolader, 150 PS, und beide waren zu den beiden Golf GTI die bessere Alternative. Nur wer ein vollwertiges Familienfahrzeug mit vier Türen suchte, musste um den A3 einen Bogen machen, denn den gab es bis 1999 nur mit zwei Türen. Die GTI-Verkäufe waren nicht mehr das, was sie einst gewesen waren. Andererseits floss das Geld, das Audi verdiente, zurück in die große Konzernkasse. 1996 erreichte die Audi AG das beste Verkaufsergebnis in der Unternehmensgeschichte und steigerte den Gewinn vor Ergebnisabführung an die Volkswagen AG auf 250 Millionen Mark, so die bei der Bilanzpressekonferenz im April 1997 vorgelegten Zahlen für das abgelaufene Geschäftsjahr. Auch Seat, so war der Jahresbilanz zu entnehmen, hatte erstmals seit 1993 wieder ein positives Ergebnis erzielt. Das lag auch an attraktiven neuen Modellen wie dem auf dem Polo basierenden Ibiza GTI mit dem bekannten 1,8-Liter-Sechzehnventiler und 130 PS, oder dem größeren – und billigeren – Golf-Ableger Toledo GTI mit dem 2,0-Liter-16V-Motor: Auch innerhalb der Familie wurden die Karten neu gemischt.

Die Konkurrenz jedenfalls brachte Volkswagen in Zugzwang, was zu erheblichen Ausstattungsverbesserungen führte. Stoßfänger in Wagenfarbe ersetzten die massiven schwarzen Schürzen, 1996 gab es optional Seiten-Airbags (erstmals in dieser Klasse), und für 1997 wurden für die meisten europäischen Märkten die CL- und GL-Ausstattungsbezeichnungen durch »Trendline« und »Comfortline« ersetzt. Außerdem wurden die Golf III im letzten Jahr serienmäßig mit Airbags und ABS ausgeliefert.

Daneben gab es gegen Ende des Lebenszyklus wieder eine ganze Menge von Sondermodellen, inklusive solcher, die der Zusammenarbeit mit weltberühmten Rockbands entsprangen: »Pink Floyd«, »Bon Jovi«, »Genesis« und »Rolling Stones«. Es gab neue Farbkonzepte mit hellen Farben innen und außen, und im Jahr 1996 wurde auch »20 Jahre GTI« gefeiert. Zu diesem Anlass legte man eine auf 1.000 Fahrzeuge limitierte Sonderserie auf, zu haben mit beiden GTI-Motoren und dem 110-PS-TDI.

Und diese Sondermodelle boten auch, was Enthusiasten so schmerzlich vermissten, nämlich GTI-spezifische Ausstattungsmerkmale wie Recaro-Sportsitze vorn und passende Rücksitze mit Sitzbezügen im GTI-Look, rote Sicherheitsgurte vorne und hinten, einen Golfball-Schaltknauf halb in Chrom, halb in Leder gehüllt, und ein Lederlenkrad, das ebenso wie die Gamasche für den Handbremshebel rote Nähte aufwies. Rote Akzente fanden sich auch außen, nämlich in Form von Zierlinien an den Stoßfängern und roten Bremssätteln.

Der Golf Ecomatic

Nur der Schriftzug am Heck lässt erkennen, dass dieser Golf über ein Start-Stopp-System verfügt: Es ist der Ecomatic.

Er sollte ein Umwelt-Vorreiter sein, aber der Golf Ecomatic von 1993 war eine Idee zu weit seiner Zeit voraus und eine Spur zu wenig benutzerfreundlich. Technisch griff Volkswagen hier frühere Ideen wie die Schwungnutzautomatik wieder auf, den Formel-E-Gedanken und Erkenntnisse vom Auto-2000-Konzept. Dieser Golf hier schaltete den Diesel-Motor automatisch ab, wann immer er nicht gebraucht wurde – vor der roten Ampel, beim Ausrollen oder beim Bergabfahren.

Bereits 1989 hatte Volkswagen zusammen mit dem Land Niedersachsen einen Öko-Golf- (Golf Eco-) Prototypen mit einem Katalysator-gereinigten Turbodieselmotor und Start-Stopp-Automatik auf den Weg gebracht. Der Wagen wurde im Behördenalltag erprobt, blieb aber zunächst folgenlos. Vier Jahre später ging der Golf Ecomatic in Serie. Jetzt mit den sparsamen Wirbelkammer-Diesel zusammengespannt, sah das Unternehmen mit dieser Kombination den Beweis erbracht, dass ein Verbrauch von 5,5 Litern auf 100 km machbar sei. Diese Zahl hatte nicht nur Symbolcharakter, denn die Bundesrepublik hatte einen solchen Wert für das Jahr 2005 als Durchschnitts-Flottenverbrauch vorgegeben. Und durch den Einsatz von Leichtbaumaterial sollte zum Ende des Jahrzehnts ein Auto, das auf 100 Kilometer mit drei Litern Kraftstoff auskam, in den Verkauf gehen. Volkswagen erreichte dieses Ziel tatsächlich mit dem Lupo 3L von 1999 und intelligentem Leichtbau, einem 1,2-Liter-Aluminium-Direkteinspritzer-Dieselmotor und Start-Stopp-Automatik. Der Golf Ecomatic wurde 1993 auf der IAA in Frankfurt gezeigt. Er verfügte über einen 1,9-Liter-Saugdiesel, der nicht nur abschaltete, wenn keine Leistung erforderlich war wie bei Leerlauf im Stadtverkehr oder bergab im Schubbetrieb. Beim Zufahren auf eine rote Ampel müsse man den Fuß vom

Gas nehmen, dann würde der Motor abschalten und man könne den Wagen mit der Bremse zum Stillstand bringen, so die Bedienungsanleitung. Das Einlegen des ersten Ganges und das Betätigen der Kupplung ließ den Motor dann sofort wieder anspringen. Angeblich ließ sich so ein Durchschnittsverbrauch von 4,6 Litern und von 4,9 Liter/ 100 km im Stadtverkehr erreichen. Nach VW-eigenen Messungen ließ sich ein 22-prozentiger Rückgang in Kohlendioxidausstoß und Kraftstoffverbrauch messen, während die Partikelemissionen um elf Prozent zurückgingen. Die Innentemperatur des Katalysators war höher als beim herkömmlichen Diesel. Die Kraftübertragung erfolgte nicht über eine konventionelle Automatik, sondern über ein Fünfgang-Schaltgetriebe, bei dem die Kupplung automatisch aktiviert wurde (was eigentlich den Kraftstoffverbrauch erhöhte). Ein Kontakt im Ganghebel steuerte ihren Einsatz, die Gaswegnahme bei gleichzeitiger Betätigung des Schalthebel aktivierte die Kupplung. Dieses System mit Unterdruck-Servo war weltweit das erste seiner Art, das in Serie ging. Es stellte nach anderthalbsekündigem Leerlauf den Motor ab.

Herzstück des Systems war die elektronische Steuereinheit »Digi Swing«. Diese erhielt ihre Impulse von rund um das Auto verteilten Sensoren, die Kühlmitteltemperatur, Motordrehzahl und Geschwindigkeit abprüften, um im richtigen Moment den Motor an- und abzuschalten und die Hilfsaggregate zu aktivieren. Dazu gehörte auch der Abgleich zwischen Motordrehzahl und Getriebeausgangswellendrehzahl, um glatte Gangwechsel zu ermöglichen.

Der Ecomatic besaß einige Merkmale der früheren Formel-E-Ausstattung. Wichtig war auch die Ecomatic-Taste im Scheibenwischerhebel, mit der der Betriebszustand geändert werden konnte. Ein Drücken der Taste schaltete die Ecomatic aus, in diesem Fall dann wurde im Schubbetrieb der Motor nicht abgeschaltet, die Motorbremse war also wirksam, was bei Bergabfahrten von Vorteil war. Dafür gab es eine Kontrollleuchte im Tacho sowie eine Schaltanzeige, die in den ersten vier Gängen den Schaltzeitpunkt anzeigte. Bei abgeschaltetem Ecomatic-Betrieb verhielt sich der Golf wie jedes andere Fahrzeug mit Halbautomatik. Der Aufwand war groß, eine ganze Reihe von Sicherheitssystemen war erforderlich, um sicherzustellen, dass Heizung, Beleuchtung, Bremse und Lenkunterstützung auch bei abgeschaltetem Motor einwandfrei funktionierten.

Nach dem Öffnen der Fahrertür baute eine elektrische Pumpe Unterdruck auf, um das Kupplungssystem zu versorgen. Erst danach konnte der Motor angelassen werden. Nach dem Start wurde automatisch der Ecomatic-Betrieb eingeschaltet. Wenn der Motor in diesem Betriebszustand abschaltete, erfolgte der Neustart durch Betätigung des Gaspedals (Gänge zwei bis fünf) oder durch Einlegen der ersten Fahrstufe beziehungsweise des Rückwärtsgangs. Im Rückwärtsgang übrigens war die Ecomatic nicht aktiv, so konnte das Fahrzeug jederzeit rangiert werden. Die Servolenkung wurde elektrisch angetrieben, lief aber im Gegensatz zu normalen Hydraulikpumpen nicht die ganze Zeit mit, zum Beispiel bei Autobahnfahrten, auch das sparte Kraftstoff. Eine elektrische Pumpe betrieb den Kühlmittelkreislauf bei abgeschaltetem Motor.

Motor, Kupplung und Getriebe entsprachen denen des normalen 64-PS-Diesels, denn ein neuer TDI mit seinem Turbolader und Ladeluftkühler hätte im Motorraum eines Ecomatic wegen dessen Nebenaggregaten keinen Platz gehabt. Letztlich, so die Überlegung der Wolfsburger, müsste der Ecomatic als ganz besonders wirtschaftlicher Golf für Behörden oder Unternehmen mit überwiegendem Stadtverkehr von ganz besonderem Interesse sein – und damit war Volkswagen in der Tat ein Trendsetter.

Die Reaktion von Presse und Publikum war jämmerlich. In Deutschland ab September 1993 mit einem Aufpreis von 1.320 Mark angeboten, waren die Verkaufszahlen von Anfang an schlecht und weit entfernt von den 10.000 Exemplaren im Jahr, die man in Mosel hatte bauen wollen. Bis März 1994 waren nur 3.500 Golf Ecomatic hierzulande verkauft worden, und deutsche Händler berichteten von einer ausgeprägten Skepsis seitens älterer Kunden, die nicht als »Versuchskaninchen« für eine neue und in ihren Augen unerprobte Technik herhalten wollten. Und für jüngere Kunden war der Golf mit seinem 64-PS-Wirbelkammerdiesel zu lahm.

Der Ecomatic war seiner Zeit voraus, und auch die Motorjournalisten waren noch nicht so weit. Ein britisches Magazin beispielsweise, *Complete Car*, testete einen in Deutschland registrierten Ecomatic für seine April-Ausgabe 1994 und war nicht beeindruckt: »Das Auto hat eine Reihe von Unarten, welche viele Autofahrer kaum dulden werden; ein plötzliches Absterben in langsamen Kurven, ein Schütteln beim Abstellen des Motors und ein träges Ansprechen des Gaspedals. Bei unserem Test lag viel Schnee, und mit dem Golf kann man dann im Grunde genommen nur im ersten Gang fahren. Die Ecomatic lässt sich vermittels einer Taste am Wischerhebel abschalten, und da man das als Fahrer oft tun wird, ist der ganze Aufwand für die Katz'.« Die *Rheinische Post* sah das nicht ganz so kritisch, musste aber zugeben: »Gewöhnen muss man sich daran, dass es beim Gaswegnehmen in Kurven und in Bergab-Passagen keine Motorbremskraft gibt. Wird sie – etwa bei Passfahrten im Gebirge – benötigt, kann das automatische Abschalten des Motors per Tastendruck auf den Wischerhebel aufgehoben werden. Derselbe Eingriff empfiehlt sich im Parksuchverkehr und in Parkhäusern, wo ständiges Abschalten und Wiederstarten des Motors nervt. Noch nicht ganz im Griff hat VW das deutliche Rupfen der Kupplungsautomatik beim An- und Rückwärtsfahren über kleine Hindernisse wie die Garagenkante. Da packt die Kupplung so spät und plötzlich, dass Passanten glauben, hier übe ein Fahrschüler.«

Obwohl der Kraftstoffverbrauch laut Werk bei 4,6 Litern lag, kam die Zeitung im Testbetrieb dann auf einen Durchschnitt von 5,5 l / 100 km: »Rund 0,5 bis 0,7 l weniger als der (sehr sparsame) Normaldiesel. Klartext: Der beim Kauf bezahlte Aufpreis rechnet sich erst weit jenseits der 100.000 km.« Doch auch wenn der Golf Ecomatic seinerzeit einen kommerziellen Misserfolg darstellte, so war die Schwungnutzautomatik doch schon ein Vorreiter all jener Start-Stopp-Systeme und Komponenten, die heute einen wesentlichen Baustein zur Reduzierung von Emissionen und Verbrauch bilden.

1997 – 2003

Golf IV

Erschwinglicher Luxus

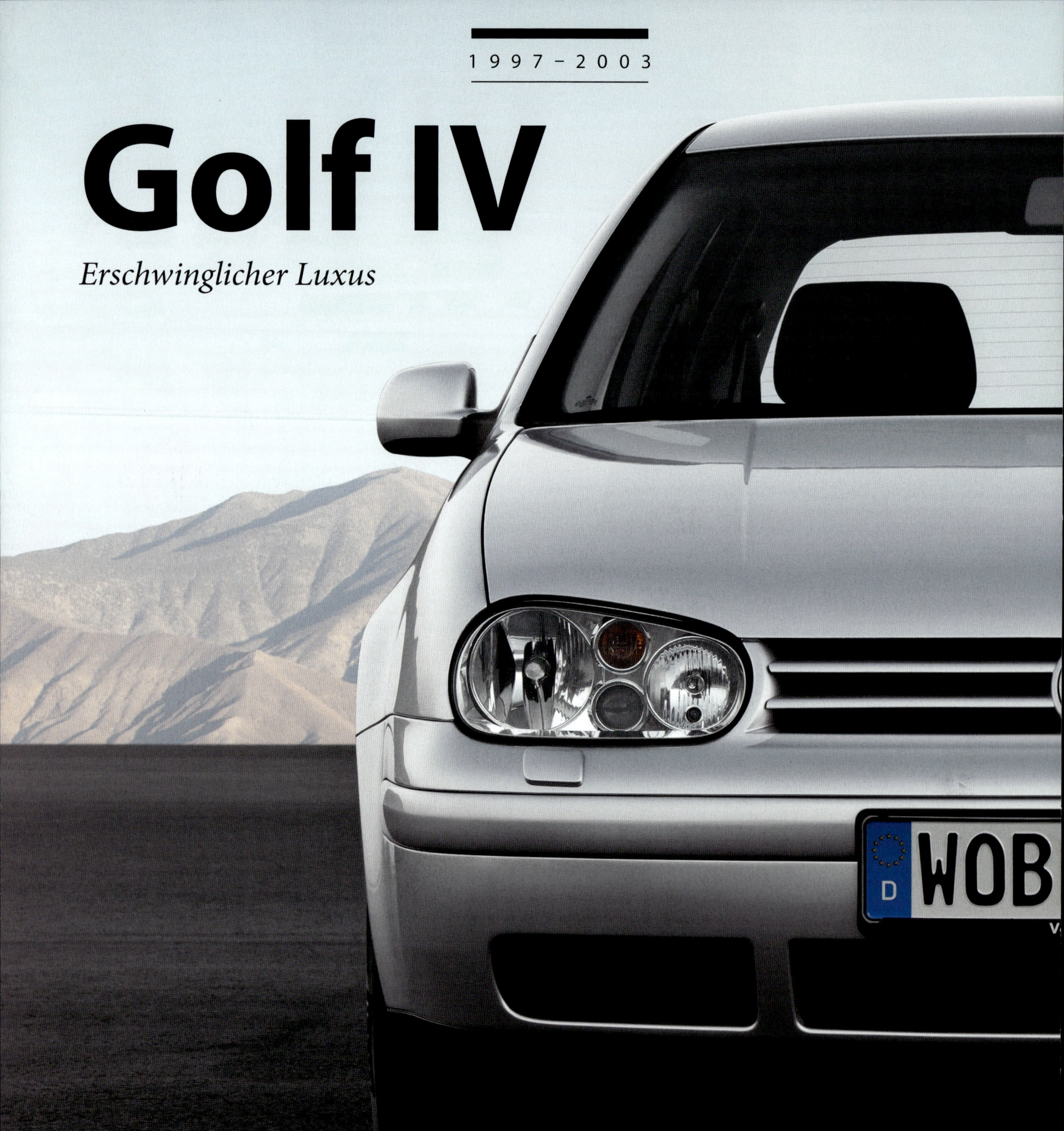

504

Der Golf von 1997 gilt als Design-Meilenstein. Vor allem die Form der Dachsäule und deren Schwung, das »gepfeilte C«, avancierten zum Markenzeichen.

Alle Modelle hatten in Wagenfarbe lackierte Stoßfänger und Kühlergitter, so war es schwierig, einen GTI von den schwächeren Gölfen zu unterscheiden. Anders nämlich als beim GTI III gab es keine schwarzen Karosserieapplikationen und auch keine abgedunkelten Heckleuchten.

»Jede neue Golf-Generation erhöht den Golf-Faktor, die ›Golfness‹. Wie ein lebender Organismus enthält sie ererbte und prädiktive Gene. Wie bei einem Porsche oder einer Leica genügt ein Blick auf ein kleines Detail, um das Ganze zu verstehen. Das ist eine der Definitionen für ein Meisterwerk.«

Stephen Bayley, 2013

In den letzten Jahren vor dem Start der vierten Golf-Generation wurde wieder, wie üblich, wild darüber spekuliert, wie sie denn nun aussehen würde, die Nummer vier. Diesmal allerdings war zumindest so viel bekannt: Der neue Golf würde mit Sicherheit ein Kind der neuen Plattform-Strategie der Volkswagen-Gruppe sein, jener neuen Produktpolitik, welche es erlaubte, unterschiedliche Fahrzeuge mit gleicher technischer Basis zu bauen.

Audis A4 von 1994 markierte den Beginn des ehrgeizigen Plans, die Zahl der Plattformen, die damals konzernweit bei insgesamt 16 lag, auf nur noch vier Grundplattformen zu reduzieren. Den Anfang bei VW machte der neuen Passat von 1996 auf der Basis der Audi-B-Plattform, was für diesen Typ die Rückkehr von quer zu längs eingebauten Motoren bedeutete. Diese Strategie barg durchaus Risiken, so schrieb der deutsche Journalist Engelbert Männer 1995 für das britische Magazin *Complete Car* etwas zynisch: »Ein neuer VW könnte ein paar Monate später in Gestalt eines Seat, aber für deutlich weniger Geld auftauchen«.

Allen Unkenrufen zum Trotz: der erste Kompakte kam von Audi im Juni 1996. Der brandneue kleine Fließheck-Audi A3 trug unter seinem Blechkleid die neue Basis für den nächsten Golf, mit genau den gleichen Dimensionen in Radstand, Spur und Breite. Diese Plattform, die sogenannte A4-Plattform (PQ 34, so die interne Bezeichnung) bildete auch die Grundlage für den Škoda Octavia, die neuen Seat Toledo und Leon sowie, auch wenn zu dem Zeitpunkt darüber nur spekuliert werden konnte, den neuen Audi mit Aluminiumkarosserie, der dann als Audi TT Coupé in die Verkaufsräume gelangte. Nicht zu vergessen den in letzter Minute nachgeschobenen »New Beetle« (siehe Kasten).

Vom Image her rückte die Marke Audi näher an BMW und Mercedes heran, und der A3 als neues Angebot in der Kompaktklasse war der Golf für all diejenigen, die daran teilhaben wollten. Bis der neue Golf fest etabliert war, wurde der A3 nur als Dreitürer mit einer geringeren Auswahl an Motoren angeboten, als Fünftürer gab es ihn erst ab 1999. Preislich war er natürlich über dem Golf angesiedelt. Die einzigen Golf-III-Modelle, die unter der neuen Konkurrenz aus eigenem Hause litten, waren die GTI, aber bis sich das entsprechend bemerkbar machte, hatte der GTI schon nahezu fünf Produktionsjahre auf dem Buckel.

Eine neue Stilikone?

Die dritte Generation hatte den Golf als Auto neu definiert, die Werte Solidität, Sicherheit und Qualität sollte er verkörpern, doch ein Leichtfuß war er nicht, er wirkte nach Meinung nicht weniger Betrachter schwer und plump. Vom Nachfolger erwartete man denn auch Variationen eines Themas, also Evolution, nicht Revolution.

Unter diesen Vorzeichen begann im Jahr 1994 der Designprozess mit dem üblichen Styling-Wettbewerb, bei dem sechs Entwürfe in Lebensgröße – von völlig abgedreht bis betont konservativ – zur Begutachtung standen. Auch Giugiaro reichte wieder einen Vorschlag ein, doch der wurde als zu konservativ abgelehnt. Das Rennen machte schließlich der Vorschlag der hausinternen Stylingabteilung, und es dauerte 31 Monate von der Verabschiedung des Stylingkonzepts (VW sprach vom »›Einfrieren‹ der Konturdaten des Modellentwurfs«) bis zum Beginn der Produktion.

Einmal mehr war hier ein ganz neuer Golf entstanden, der nichtsdestotrotz immer noch so aussah, wie ein Golf aussehen sollte. Volkswagen begründete dies mit intensiven Umfragen unter Golf-Eignern auf der ganzen Welt, die ergeben hätten, dass Wiedererkennbarkeit und die klassenlose Ausstrahlung des Autos vielfach die kaufentscheidenden Kriterien gewesen seien.

Die Verantwortung für den Golf IV lag bei Martin Winterkorn, der 2003 Leiter der Qualitätssicherung und 2007 zum Vorsitzenden der Volkswagen AG aufsteigen sollte; das Design verantwortete Hartmut Warkuß, der ehemalige Audi-Chefdesigner und einer derjenigen im Hause, die sich für den Bau des »New Beetle« stark gemacht hatten. Vor dem Golf hatte er den 1996 präsentierten neuen Passat gestylt.

Walter de Silva, als Designvorstand für alle Produkte des Konzerns verantwortlich, betonte dem Autor gegenüber bei der Premiere der siebten Golf-Generation im Jahr 2012 die Wichtigkeit des Golf-IV-Designs, denn wie das Auto, das die »DNA« des Golf definierte – der Ur-Golf – wies der neue Golf den Weg in die Zukunft: Der Golf erfand sich neu. »Der Golf war immer erfolgreich«, so de Silva, »aber der Golf IV verschob wie der Golf I die Maßstäbe. Alle Ideen waren da, wenn auch nicht alle sofort schon umgesetzt worden waren. Warkuß hatte die wesentlichen Merkmale des Golf betont. Eine niedrige Linie mit betonter Säulen-Struktur, gute Proportionen und extreme Linearität. Der Golf IV weist einen sehr

Der neue Golf bot nach einhelliger Meinung der Tester wesentlich bessere Fahreigenschaften als sein Vorgänger, war aber noch immer kein Auto für überengagierte Fahrer. (Foto: LAT)

Beim Golf IV kam es zur ersten großen Änderung an der Verbundlenker-Hinterachse: Federung und Dämpfung wurden getrennt.

spezifischen, abgerundeten Schnitt der Türen auf, was man als Essenz, als das Wesen des Auto-Designs betrachten kann. Nichts ist überflüssig. Ich denke, dass die Generationen I, IV und VII echte Design-Meilensteine darstellen.«

Obwohl vom Stil her unzweifelhaft als Golf erkennbar, war durchaus auch eine gewisse Familienähnlichkeit mit dem Beetle und dem Passat vorhanden. Die vorderen Türsäulen hatten einen leichten Schwung, die Radhäuser waren kräftiger modelliert und sollten Anklänge an den Käfer nehmen. Zum ersten Mal reichten die Türen bis in das Dach hinein. Die C-Säule wies ein fast pfeilförmiges Profil auf; die Karosseriefuge des Heckstoßfängers verlief parallel zum unteren Teil der Fondtür – natürlich nur beim Fünftürer – hoch zur ebenfalls abgewinkelten Heckleuchteneinheit; die Fuge der Heckklappe dagegen nahm den Schwung der oberen Türhälfte wieder auf. Diese Betonung der C-Säule wurde zu einem Markenzeichen der folgenden Golf-Generationen.

Vorn kamen nahezu ovale Freiflächen-Scheinwerfer zum Einsatz, die Klarglasoptik mit Einzel- oder Doppelscheinwerfern integrierte vordere Blinker und Nebelscheinwerfer, was den Bug des Wagens außerordentlich aufgeräumt wirken ließ. Natürlich machten es die integrierten Doppelscheinwerfer noch schwieriger, einen GTI von seinen schwächeren Geschwistern zu unterscheiden, es blieben eigentlich nur noch die Logos als Erkennungsmerkmal. Es gab keine roten Paspeln und auch keine Embleme an den Flanken mehr, und Leichtmetallfelgen waren inzwischen so weit verbreitet, dass auch diese nicht mehr als Alleinstellungsmerkmal taugten. Die markantesten Merkmale von GTD oder GTI waren Stoßfänger, Türgriffe und Seitenschutzleisten in Wagenfarbe statt Schwarz plus abgedunkelte Linsen in den Rückleuchten. Dieser diskrete Auftritt hatte durchaus seine Berechtigung, denn in den 1990ern war die Diebstahlquote stark gestiegen, »heiße Kompakte« gefielen auch Langfingern ausgesprochen gut ...

Wie bei jedem seiner Konkurrenten auch, waren die Erwartungen in puncto Verfeinerung, Platzangebot und Unfallsicherheit hoch. Das bedeutete, dass der neue Golf breiter, länger und größer zu sein hatte. Dem neuen Styling aber war es zu verdanken, dass er im Vergleich zum Dreier kleiner wirkte – ein Trugschluss, denn er war tatsächlich 131 Millimeter länger und 30 Millimeter breiter, und er hatte 39 Millimeter mehr Abstand zwischen den Achsen, was dem Kofferraumvolumen und der Beinfreiheit zugutekam. Bei der Höhe von 1.439 Millimeter gab es keine nennenswerten Differenzen.

Fortschritte gab es auch vom Chassis zu vermelden, auch das Basismodell rollte jetzt bereits auf 14-Zoll-Felgen (vorher: 13 Zoll), die mittleren Ausstattungen kamen auf 15-Zöllern daher, und die GTI-Radhäuser füllten 16-Zoll-Räder. Das Leergewicht erhöhte sich gegenüber dem Vorgänger von 1.163 Kilogramm auf 1.207 Kilogramm, im Schnitt wuchs das Gewicht um rund 60 Kilogramm, was auf das Konto von Ausstattung und Blechdicken ging. Der Längenzuwachs vergrößerte den Platz im Kofferraum, der nun lauf VDA-Norm 330 Liter schluckte, 22 Zentimeter länger war und sich wegen der flacheren Seitenverkleidungen und der niedrigeren Ladekante außerdem besser beladen ließ. Die Torsionssteifigkeit einer Karosserie gilt als Maß dafür, wie gut ein Auto gebaut ist, was natürlich nur auf schlechten Straßen zum Tragen kommt. Der neue Golf war in diesem Punkt doppelt so steif wie sein Urahn, der 1974er Golf, was Volkswagen hauptsächlich auf neue Fügetechniken wie das Laserschweißen und neue Verfahren bei der Montage von Windschutzscheibe und Heckscheibe zurückführte. Das beschleunigte auch die Fertigungszeiten, eine Schweißnaht wurde in zehn Sekunden gesetzt. Die verbesserten Produktionsmethoden erlaubten auch jene ganz besondere Art von Fetisch, welche Volkswagen zum ersten Mal in dieser Konsequenz beim Golf IV zelebrierte – sehr zum Entsetzen der Konkurrenz: Das Spaltmaß, der gleichbleibende Abstand zwischen zwei nebeneinander liegenden Karosserieteilen – etwa bei den Türen – wurde als neuer Maßstab für die Qualität eines Fahrzeugs definiert. Ein gigantischer Fertigungsaufwand war notwendig, um ein durchgehendes Spaltmaß von 3,5 Millimetern rund um den Golf zu erreichen. Diese Detailversessenheit war ein besonderes Markenzeichen des VW-Vorsitzenden Ferdinand Piëch. Volkswagen-Ingenieur Rolf Trump, der seit dem Golf-II-Facelift an jedem neuen Golf mitgearbeitet hatte, erinnert sich, wie Piëch, begnadeter Ingenieur, der er nun einmal war, sich in die Entwicklung einbrachte: »Präzision und Genauigkeit und Qualität ging ihm über alles, und wir hatten eine hohe Qualität – Spaltmaße waren immer sein großes Thema.« Der c_W-Wert lag mit 0,31 auf dem Niveau der besten Vertreter der Vorgängerbaureihe; Unterbodenverkleidungen glätteten den Luftstrom an Vorder- und Hinterachse.

Was darunter lag

Die Verbundlenker-Hinterachse blieb, allerdings waren hier Stoßdämpfer und Schraubenfedern getrennt angeordnet, was bisher nur beim Variant der Fall gewesen war, wobei die Federlager sich unter den Längsträgern befanden. Das vergrößerte die Durchladebreite im Kofferraum um 60 Millimeter bei der Limousine wie auch beim kommenden Kombi.

Verbesserungen gab es auch an der Vorderachse, die zwar nach wie vor an McPherson-Federbeinen und Querlenkern die Räder führte, aber auf einem von der Karosserie abgekoppelten Hilfsrahmen saß. Das »Plus«-Fahrwerk mit entsprechend ausgelegter Lenkung und Fahrwerk – bislang für die leistungsstärkeren Modelle obligatorisch – entfiel, es gab nur noch ein Setup für alle Motoren. Die neue Vorderachse bot mehr Fahrkomfort und minimierte äußere Einflüsse, die Anordnung der Federbeine sorgte laut Werk dafür, dass »im Hauptfederbereich praktisch keine Querkraft« auf die Stoßdämpfer wirkte. Zusammen mit dem vergrößerten negativen Lenkrollradius sorgten diese und weitere konstruktive Maßnahmen für eine hohe Fahrsicherheit, und dank der neuen Aufhängung sollte im Falle einer Kollision der Motor nach unten wegtauchen, also nicht in Richtung Fahrgastzelle schieben. Abgesehen vom GTI galt der Golf, wie zu erwarten, mit seiner neuen Fahrwerksgeometrie und den üppigen Federwegen als sehr komfortabler Wagen. In den Kurven, so die Tester, lag er viel stabiler als sein Vorgänger, was auch an den serienmäßigen Stabilisatoren an Vorder- und Hinterachse lag. Wenn es allerdings so richtig flott ums Eck gehen sollte, dann offenbarte auch das Golf-Fahrwerk seine Schwächen. Die Zeiten, da Hersteller in der Kompaktklasse sich eine Servolenkung bezahlen lassen konnten, waren vorüber, von Anfang an gehörte die Lenkunterstützung zum Serienumfang. Das Chassis war natürlich genau das gleiche wie beim Audi A3, und die Motorpresse versuchte begeistert, die Unterschiede zu erfassen. Das Ergebnis: Audi straffer, Golf weicher.

Mit dem Golf IV wärmten die Marketing-Experten einen uralten VW-Werbeslogan wieder auf, nämlich den von der »Demokratisierung des Luxus«. Dahinter verbarg sich nichts anderes als die Tatsache, dass all jene Features, die zuvor die feine Tochter Audi exklusiv verbaut hatte, irgendwann unweigerlich bei Volkswagen endeten (und noch später dann bei den anderen Konzernmarken). Allerdings ging es nun, dem Kostendruck und der Gleichteilstrategie sei Dank, bedeutend schneller, sodass Leckereien, die zuerst den Audi A3 zierten, ziemlich bald auf der Golf-Aufpreisliste landeten.

Außerdem vollzog Volkswagen mit dem neuen Golf einen echten Sprung in der fühlbaren Qualität. Der Innenraum wirkte hochwertig, je nach der Farbe der Sitzverkleidung war das Unterteil der Armaturentafel in einer entsprechenden Kontrastfarbe, während das Oberteil stets schwarz war. Häufig gewählt wurde der Farbton »Hellbeige«, die Farbe fand sich dann auch an den unteren Hälften der Türverkleidungen. Eine Fertigungstechnik namens »Slush-Molding« erlaubte den Einsatz eines neuen, handschmeichlerischen Materials für die Oberseite der Armaturenträger, der dann mit Softlack veredelt wurde. Nicht ganz so vornehm ging's überall dort zu, wo man nicht täglich hinfassen musste, dort musste flächiges, aber solides Hartplastik genügen. »... erinnert an die Oberklasse«, lobte die *Auto Zeitung*, »Türtafeln der Edelklasse«, staunte *mot*, die den Golf der A-Klasse von Mercedes überlegen fand: »Die qualitative Anmutung des Golf wird von den Konkurrenten nicht erreicht.«

Die vierte Generation des Golf war die erste, bei der Volkswagen japanische Fertigungsmethoden einführte, international sprach man von »Lean Production«, bei VW hieß das »modulares Fertigungskonzept«. Dabei wurden Komponenten und Baugruppen bei unabhängigen Zulieferern entwickelt und gebaut, die einzelnen Module wurden dann bedarfsgerecht direkt ans Band geliefert und dort montiert. Manche Entwicklungen wurden sowohl im als auch außer Haus vorangetrieben, diese Konkurrenzsituation führte zu mehr Innovationen, wie die *Automotive News* zu berichten wusste. Die Türmodule etwa wurden von Brose und Meritor entwickelt und erlaubten eine erheblich einfachere Montage, die Zeitersparnis lag angeblich bei rund 30 Prozent. Die komplexe Scheinwerfereinheit wurde von Valeo entwickelt, und die beruhigend blaue Beleuchtung der Instrumententafel – ein bei Golf-Fahrern sehr geschätztes Feature – war eine Siemens-Entwicklung.

Die Handschrift des neuen VW-Chefs Ferdinand Piëch war deutlich zu spüren, auch und vor allem in den kleinen Details, die der vierten Golf-Generation einen Premium-Touch verliehen. Ein sehr kleines, aber oft bemerktes Detail, das die Sorgfalt unterstrich, mit der Volkswagen die »fühlbare Qualität« bedachte, war zum Beispiel der Einbau von Dämpfern in den Haltegriffen im Dach, die nach der Betätigung nicht einfach wieder zurückschnappten, sondern sanft zurückglitten – wie man das vom darüber angesiedelten Passat ja schon kannte. Es gab jeweils zwei versenkbare Becherhalter an Armaturenbrett und hinterer Konsole, ein Handschuhfach mit flüssigkeitsgefülltem Dämpfer und filzähnlicher Innenauskleidung – dasselbe Material, mit dem auch die Innenseiten der Türtaschen ausgeklebt war, um zu verhindern, dass darin befindliche Gegenstände herumklapperten. All diese Details wurden in ihrer Summe zu einem Markenzeichen des neuen Golf. Die Motorhaube stieg sanft an Gasdruckfedern nach oben, anstatt angehoben und abgestützt zu werden. Solche Feinheiten kosteten Geld in der Produktion, aber da diese Teile konzernweit verbaut wurden, relativierte sich das.

Zweifelsohne war die Fertigungsqualität hoch, auf Passat-Niveau mindestens, oder vielleicht auch auf Audi-Ebene, und in der Tat gab es neue Luxus-Ausstattungen wie einen automatisch abblendenden Innenspiegel oder einen Regensensor, was in dieser Klasse bisher noch niemand angeboten hatte. Die Liste der Optionen umfasste auch elektrisch verstellbare Vordersitze, ein Navigationssystem mit schwenkbarem Farbdisplay und einen Sechsfach-CD-Wechsler (das Radio-Kassettengerät war allerdings noch nicht in allen Ausstattungen serienmäßig, da war die Konkurrenz schon weiter). Die Außenspiegel waren baugleich mit denen des Passat, eine Folge der neuen Plattformstrategie mit möglichst hohem Anteil an Gleichteilen. Der Spiegel auf der Beifahrerseite war etwas kleiner, auf dem britischen Markt allerdings gleich groß.

Die neuen Ausstattungslinien hießen europaweit Golf, Comfortline, Trendline, Highline und GTI, nur Großbritannien machte wieder eine Ausnahme, nämlich E, S, SE; es gab dort auch eine Highline-Version des VR6.

Auch wenn die Preise stiegen, war der Golf laut Volkswagen durch die bessere Ausstattung doch günstiger als der Vorgänger. Und natürlich setzte auch der Konkurrenzdruck dem Altmeister zu, was noch auf der Aufpreisliste stand, war in dieser Klasse zum neuen Jahrtausend dann bereits vielfach Standard. Die Ausstattung bewegte sich selbst bei der Basis bereits auf akzeptablem Niveau. Wärmeschutzverglasung, ABS, vier Airbags und eine elektronische Wegfahrsperre waren ebenso selbstverständlich wie Servolenkung und ein Heckscheibenwischer mit Intervallschaltung.

Deutsche Käufer konnten weitere Sonderausstattungen in Paketen bestellen, so das »Winterpaket« mit Sitzheizung oder das »Technikpaket« mit Alarmanlage und Bordcomputer mit erweitertem Funktionsumfang. Für die Modelle oberhalb der Basis (ab 55 kW) war die Klimaautomatik »Climatronic« zu ordern.

Die Diebstahlsicherung im neuen Golf wurde auch mit Hilfe von Testern aus der britischen Versicherungswirtschaft entwickelt. Sie umfasste abgeschirmte Türschlösser, Drehtürschlösser, die Zündung und eine neue Art der Wegfahrsperre. Mit Stolz verwies Volkswagen auf die vollverzinkte Karosserie und gab eine Zwölf-Jahres-Garantie gegen Korrosion, was mit dazu beiträgt, dass auch heute noch immer viele glänzende Vierer-Golf auf der Straße unterwegs sind. »Wenn man nicht gerade auf Optik und Charisma des Audi A3 abfährt, muss man doch einräumen, dass der Golf eher ein besseres Preis-Leistungs-Verhältnis aufweist«, resümierte *Autocar* in seinem

Dieser Golf fühlte sich eher wie ein Audi an. Die Qualitätsanmutung hielt jedem Vergleich mit einem Mercedes stand. (Foto: LAT)

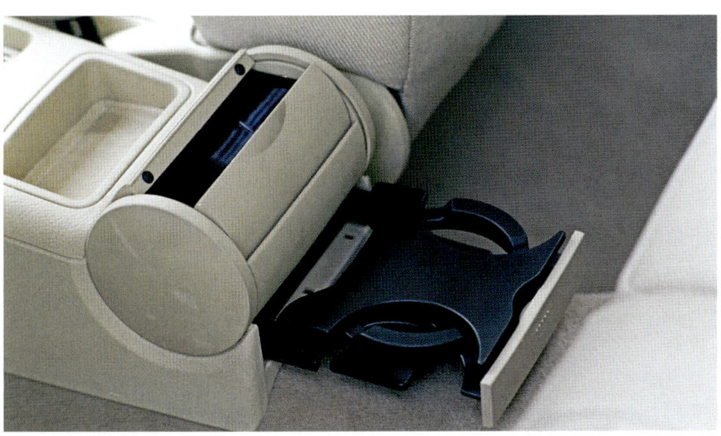

Auch hinten gab es Becherhalter, auch diese wirkten wertig und sollten den »Premium«-Anspruch unterstreichen. (Foto: LAT)

Ein vollwertiges Ersatzrad saß unter der Kofferraumboden. Vier verchromte Verzurr-Ösen und eine Steckdose im Kofferraum unterstrich Wertigkeit und Luxus. Der 55-Liter-Benzintank war mit dem des Audi A3 identisch. (Foto: LAT)

Es war zwingend notwendig, dass der neue Golf beim Euro NCAP-Test die volle Punktzahl einfuhr. Hier eine Aufnahme aus den Testreihen beim Offset-Chrash.

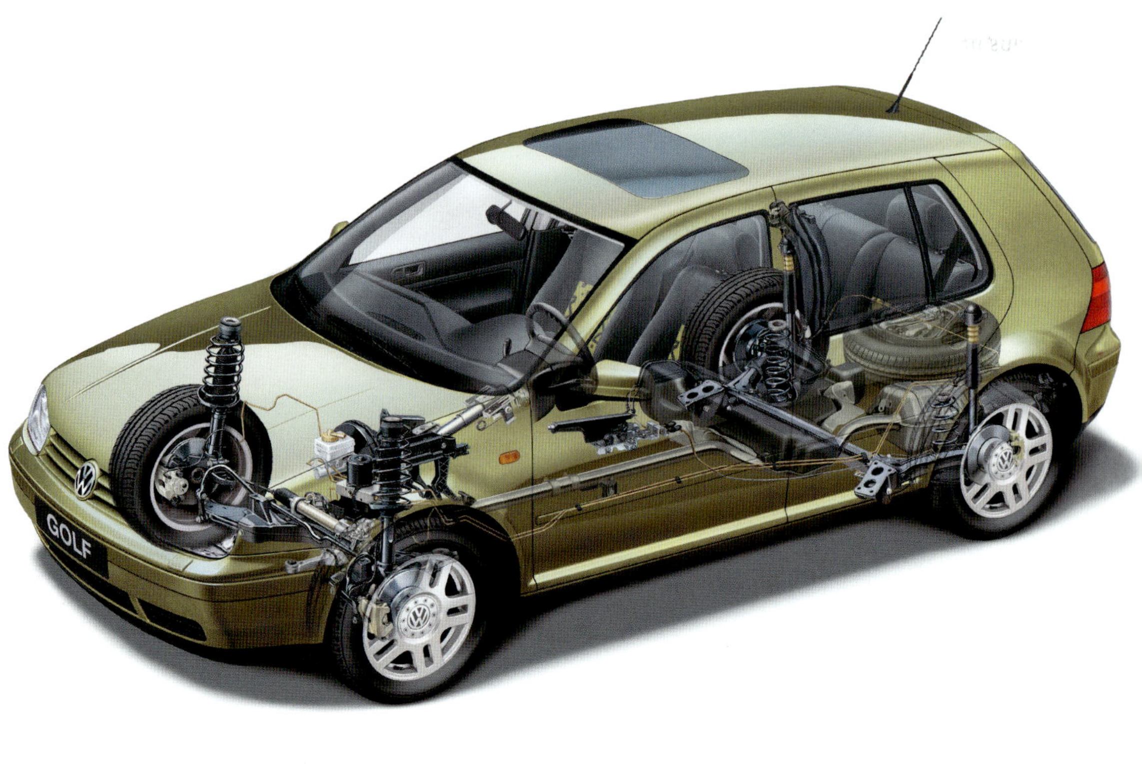

Fahrwerk und Bodengruppe des Golf fanden sich auch im Audi A3, dem Seat Leon und dem Škoda Octavia, später dann im Audi TT und dem New Beetle. Die Plattformstrategie machte sie alle möglich, obwohl sie doch so verschieden aussahen.

ersten Test im August 1997. »Raffiniert, ja, und hervorragend gebaut, aber nicht gerade eine begnadete Fahrmaschine.« Es gab keinen »Auto des Jahres«-Titel für diesen Golf, auf dem ersten Platz landete der Alfa Romeo 156 – ärgerlich, aber noch schlimmer wäre gewesen, wenn die revolutionäre Mercedes-A-Klasse gewonnen hätte, aber der verhagelten ihre weithin bekannten Stabilitätsprobleme die Ernte. Nach Ansicht der Juroren hatte der Golf zweifelsohne einen großen Schritt in Richtung »Premium-Auto« gemacht, aber einigen Kritikern war das nicht genug, und sie wiesen mit spitzem Mündchen darauf hin, dass das hier schließlich nach Audi A3 und Škoda Octavia der dritte Aufguss der bekannten Plattform-Technik sei, und überhaupt: »Der VW Golf ist ein schönes Auto, aber das Konzept ist jetzt 25 Jahre alt. Ich hätte lieber eine Veränderung «, schrieb Steve Cropley von *Autocar* und bewies damit einmal mehr, dass auch Experten so richtig daneben liegen können.

Das nächste Level

In Sachen aktive und passive Sicherheit wird mit jeder neuen Fahrzeugkonstruktion die Latte höher gelegt, und das nicht nur von den Käufern, sondern auch von gesetzlicher Seite.

In den 1990er Jahren wuchs der öffentliche Druck auf die Hersteller, Autos zu bauen, die höheren Sicherheitsstandards genügten als bloß den gesetzlichen Mindestanforderungen. Der Golf III war ein solcher Getriebener. Der Offset-Crash-Test, den *auto motor und sport* und ADAC erstmals durchführten, entwickelte sich – obwohl nicht vorgeschrieben – zum Gradmesser, den die Hersteller zwar nur widerwillig, aber letztlich doch akzeptierten. Europäische Gesetzgeber und Verbraucherschützer entwickelten dann gemeinsam ein offizielles Prüfsiegel, das ab 1997 Neuwagen erteilt wurde, die sich dem »European New Car Assessment Programme« (Euro NCAP) unterzogen. Dieses Programm ging weit über die *ams*-Tests hinaus und vergab auch Noten für die Insassensicherheit – von Erwachsenen und Kindern –, den Front- und Seitenaufprallschutz, den Schutz von Fußgängern und so weiter, und das Verfahren wurde im Laufe der Jahre immer ausgefeilter und komplexer.

Die Testergebnisse wurden Gegenstand öffentlicher Diskussionen, und bald schon überschlugen sich die Hersteller beinahe vor Eifer, um als Erster die maximale Vier-Sterne-Bewertung einzufahren. Das Rennen machte Volvo mit dem S40 im Juli 1997, und weil auch bereits die vorherige Generation beim Offset-Test sich wacker geschlagen hatte, war klar, dass auch der Golf IV mit Maximalpunktzahl abschneiden musste.

Ferdinand Piëch jedenfalls ließ keinen Zweifel daran, dass der neue Golf die Sterne holen musste, und als sich bei hausinternen Crashversuchen zeigte, dass beim Seitenaufprall die zentrale B-Säule zu schwach ausgelegt sein könnte, wurde dieser Bereich in einer Hauruck-Aktion kurz vor Produktionsanlauf (und der war für den September geplant) verstärkt, was einen ganzen Rattenschwanz nach sich zog: Die Produktionsanlaufkurve verlief flacher, und zur Einführung in Deutschland – terminiert auf den 10. Oktober – standen nicht genügend Fahrzeuge zur Verfügung: 5.000 Autos für 3.000 Händler, die mit fünf oder sechs Modellen rechneten, waren viel zu wenig. Einige erhielten überhaupt keine und mussten anderweitig besänftigt werden. Kunden, die bis Ende November bestellten, mussten mit Lieferzeiten bis in den folgenden Sommer rechnen. Immerhin: Den neuen Golf setzte *auto motor und sport* Ende 1997 an die Wand und erreichte Bestwerte, und da die Normen denen des Euro NCAP entsprachen, war der Erfolg bei dieser Versuchsserie (die erst 1998 durchgeführt wurde) reine Formsache: Der Fünftürer, der mit zwei Front- und Seitenairbags getestet wurde, erhielt die begehrte Vier-Sterne-Bewertung.

Genau berechnet waren auch die Deformationswege, also die Krafteinleitung über Längs- und Radhausträger beim Frontalcrash. Auch der Verformung des Fußraums versuchten die VW-Techniker eine Riegel vorzuschieben, indem sie Dreiecksquerlenker mit Sollknickstellen versahen und den Fahrschemel so berechneten, dass der Motor leichter als beim Vorgänger nach unten abtauchen konnte. Um 27 Prozent besser als der Vorgänger war der Vierer in dieser Disziplin, und um 25 Prozent beim Seitencrash. Dort wirkten Türverkleidungen, Dämpfungsschaum, Deformationselemente und Verkrallungselemente zwischen Schweller und Türen als vertrauensbildende Maßnahmen. Airbags für Fahrer und Beifahrer waren jetzt serienmäßig für alle Märkte, und je nach Markt – in Deutschland hatte sie der Golf von Anfang an, in Großbritannien erst Ende 1998 – auch Seitenairbags in den Vordersitzen.

Ein Anti-Blockier-System brachte nun jeder Golf mit, zusammen mit der Elektronischen Bremskraftverteilung (EBV), die dafür sorgte, dass beim Verzögerungsvorgang jedes Rad individuell angesteuert wurde, was wiederum den Einbau von Scheibenbremsen rundum erforderlich machte. Im Crashfall entriegelten eventuell verriegelte Türen automatisch. Bei den Top-Modellen Highline und GTI serienmäßig war, ebenfalls aus der Elektronik-Trickkiste, die elektronische Differenzialsperre EDS, eine Traktionskontrolle, bei der Radsensoren permanent die Drehgeschwindigkeit der Vorderräder überwachten und die, wenn die Differenz einen bestimmten Wert überschritt, das sich schneller drehende Rad automatisch einbremste, bis beide Räder sich wieder gleich schnell drehten.

Ein völlig neues Merkmal war die serienmäßige Ausrüstung mit ISOFIX-Befestigungen für die Kinderautositze. Man musste sich nicht mehr mit dem Gurtgewurstel herumschlagen, um einen Kindersitz zu befestigten, der neue Golf verfügte über entsprechende karosserieseitige Aufnahmen, in die sich die neueste Generation von Kindersitzen einklicken ließen, und damit waren sie in die Sicherheitsstruktur des Fahrzeugs eingebunden.

Ein Volkswagen-Audi-Mix

Fünf Benzin- und drei Dieselmotoren waren im Angebot für den Golf des Jahres 1997. Das Portfolio war mehr oder weniger vollständig, und da einige Motoren sich auch im Audi A3 wiederfanden, standen – anders als beim Produktionsanlauf des Vorgängers – praktisch alle Motoren von Beginn an zur Verfügung. Alle Benzinmotoren verfügten über die Multipoint-Einspritzung,

Ferdinand Piëch

Geboren 1937 in Wien, ist Ferdinand Piëch, einer der Söhne von Ferdinand Porsches Tochter Luise, ein Enkel des legendären Volkswagen-Konstrukteurs. Er begann seine Karriere 1963 bei Porsche im Versuchsmotorenbau. Der begnadete Ingenieur entwickelte zahlreiche bemerkenswerte Projekte, so zum Ende des Jahrzehnts die Totgeburt des Käfer-Nachfolgers mit Mittelmotor, den EA 266 (siehe Kapitel 1), oder den legendären Porsche-917-Rennwagen, der in Le Mans 1970 und 1971 gewann.

1972, nachdem die Porsche-Kinder Ferry und Louise beschlossen hatten, das Familienunternehmen fit für die Börse zu machen und alle Familienmitglieder aus der Unternehmensspitze zu verbannen, wechselte Piëch als Technikvorstand zur Audi-NSU Auto Union AG. Die Fünf- und Sechszylinder-Motoren, Turboaufladung und Ladeluftkühlung gehen auf ihn zurück, und ebenso der Audi Quattro von 1979, das vielleicht wichtigste seiner Autos. Viele der Alleinstellungsmerkmale, die Audi auszeichneten, sind ihm zu verdanken, allen voran das geniale Quattro-Allradsystem, die vollverzinkten Karosserien und die aerodynamische Brillanz. Nach sechzehn Jahren an der Spitze von Forschung und Entwicklung übernahm er 1988 den Chefsessel bei Audi und trat 1993 als Vorstandsvorsitzender der Volkswagen AG die Nachfolge von Carl H. Hahn an.

Die erste große Aufgabe, der er sich gegenüber sah, war die Restrukturierung von Produktion und Vertrieb in Nordamerika, nachdem den Verkaufsrekorden der Vorjahre ein jäher Absturz gefolgt war.

»Ein bisschen überraschend war es schon, dass er tatsächlich den Job als Volkswagen-Chef bekam«, erinnert sich der britische Journalist Ray Hutton. »Er hatte bei Audi den Ruf erworben, sehr autokratisch zu sein, und man dachte eigentlich, dass diese Eigenschaft ein Hinderungsgrund für die Spitzenposition der viel größeren Volkswagen AG wäre, doch als er alles im Griff hatte, legte er richtig los. Er setzte die Marken-Einkaufstour seines Vorgängers fort und traf allerlei außergewöhnliche Entscheidungen, wie es zuzulassen, dass die Konzernmarken in Konkurrenz zueinander traten – da konnte es schon einmal sein, dass zwei Marken an unterschiedlichen V8-Konzepten arbeiteten. Er wollte das so, nach dem Motto ›mal sehen, welcher der bessere ist‹. Aber das verdoppelte halt die Kosten.«

Weltweit als überragende Gestalt in der Automobilindustrie akzeptiert, ist Piëch auch für seinen mitunter rüden Umgangston Journalisten gegenüber bekannt, er gilt in Interviews mitunter als sehr verschlossen und ist ganz sicher niemand, der Hohlköpfen gegenüber viel Geduld aufbringt.

Piëch erweiterte das Marken-Portfolio, das ihm sein Vorgänger Hahn hinterlassen hatte, um bemerkenswerte Namen. Innerhalb von zwölf Jahren wuchs die Volkswagen-Gruppe um Bentley, Bugatti, Ducati, Lamborghini, MAN, Porsche und Scania, und dass er auch Alfa-Romeo gerne gehabt hätte, ist ein offenes Geheimnis. Volkswagen ist, zusammen mit Toyota, an der Spitze der Automobilindustrie, in 2014 stieg der Absatz erstmals auf über zehn Millionen Fahrzeuge weltweit – und das, obwohl die Technik unter dem Blech vielfach identisch ist.

Nicht alles gelang, der Super-Luxus-Volkswagen Phaeton von 2002 verkaufte sich nur in geringen Stückzahlen und floppte zum Beispiel in den USA – doch war er ein prima Aushängeschild für die Gruppe, gebaut in der neuen »gläsernen« Fabrik in Dresden. Die Phaeton-Technik, bis hin zum radikalen W12-Motor, legte die Basis für den brandneuen Bentley Continental, der ebenfalls in diesem Jahr erschien und seinerseits zu dem bis heute andauernden Höhenflug der britischen Edelmarke führte. »Natürlich baute er den Phaeton und ein oder zwei andere Projekte, die nur mit durchgezogen werden konnten, weil das Unternehmen so viel Schwung hatte«, so Hutton.

Piëch schickte seine Manager ein- oder zweimal im Monat rund um die Welt, zur Teilnahme an Testfahrten und zum Ideenaustausch. »Unsere Art, unsere Kultur ist einzigartig«, sagte er der Zeitschrift *Fortune* gegenüber. »Bei anderen Automobilherstellern gibt die führende Marke oder Gruppe die Richtung vor, der sich alle anderen unterzuordnen haben. Hier ist es ein offener Markt. Sie setzen ihre Ideen um, und die anderen Marken übernehmen diese oder eben nicht.«

Ein Ingenieur durch und durch, reicht die Spannweite seiner Lieblingsprojekte vom 1-Liter-Auto bis zum schnellsten Auto der Welt, dem Bugatti Veyron. Während er radikale und oft unpopuläre Veränderungen durchsetzte, geriet Piëch Mitte der Neunziger über Kreuz mit General Motors. Die Amerikaner verklagten Volkswagen wegen der angeblichen Nutzung von Geschäftsgeheimnissen, die der neue VW-Manager und Produktionsspezialist Ignacio Lopez von seinem früheren Arbeitgeber GM mit nach Wolfsburg gebracht haben sollte.

Doch das ist heute bestenfalls eine Fußnote in der Geschichte der Ära Piëch, während Volkswagen zielstrebig und unbeirrbar alles unternimmt, um zum größten Automobilhersteller der Welt aufzusteigen. Laut *Fortune* machte Volkswagen bei Piëchs Amtsantritt rund 1,1 Milliarden Dollar Verlust, zum Zeitpunkt des Interviews verbuchte Volkswagen für 1998 einen Gewinnsprung um 63 Prozent auf 3,6 Milliarden Dollar vor

Der junge Ferdinand Piëch am Schreibtisch in Zuffenhausen. Später verließ er Porsche in Richtung Audi, bevor er schließlich bei Volkswagen landete. Der spürbare Qualitätssprung, den die Baureihe mit dem Wechsel zum Golf IV vollzog, ist unzweifelhaft ihm zu verdanken.

Steuern mit einem Absatz von mehr als 4,7 Millionen Fahrzeugen. 2013 lag der Gewinn von VW bei 11,5 Milliarden Euro vor Steuern und der Fahrzeugabsatz konzernweit bei 9,5 Millionen Fahrzeugen. Und er ist, wie oben erwähnt, weiter gestiegen.

Am Ende des Jahres 2000 wurde Volkswagen in zwei Markengruppen aufgeteilt; in die der »sportlichen« Marken Audi, Seat und Lamborghini sowie die der »klassischen« Marken Škoda, Bentley, Bugatti und Volkswagen. Mutmaßlich wurde diese Aufteilung aber nie umgesetzt.

Am 16. April 2002, seinem 65. Geburtstag, wurde Ferdinand Piëch Vorsitzender des Aufsichtsrats und übergab die Tagesgeschäfte an den ehemaligen BMW-Chef Bernd Pischetsrieder. In seiner neuen Rolle war er die treibende Kraft bei der Übernahme von Porsche durch Volkswagen im Jahre 2012.

So hat sich der Kreis geschlossen. Sein spektakulärer Rückzug aus dem Aufsichtsrat vom April 2015 ändert nichts an seinen Verdiensten.

Bei den Ottomotoren waren 16 Ventile jetzt serienmäßig. Der 1,4-Liter mit 75 PS war im Golf neu.

ebenso waren alle Versionen mit Fünfgang-Getriebe am Start, die Vier-Gang-Automatik war optional, später folgte dann das erste DSG, das automatisierte Doppelkupplungsgetriebe. Basismotorisierung bildete der neue 1,4-Liter-16-Ventiler, der 1994 im Polo debütiert hatte. Als dieser eingeführt worden war – nun als Fünftürer und fast genauso lang wie der ursprüngliche Golf – hatte man ihn als ernsthaften Rivalen für den Golf betrachtet, entsprechende Vergleiche ließen nicht lange auf sich warten. In der Tat gab es nicht allzu viel, was noch für den Golf III sprach, doch der Golf IV rückte die Hierarchie wieder gerade. Der Polo-Motor war eine 75 PS starke Vollaluminium-Einheit (erstmals in einem Golf) und verfügte über einen neuen Ventiltrieb, der weniger innermotorische Reibungsverluste aufwies und laut Werk einen um elf Prozent geringeren Kraftstoffverbrauch aufwies gegenüber dem gleichstarken 1,6-Liter des Vorgängers.

Die größte Nachfrage erwartete Volkswagen bei der Variante mit dem 100 PS starken 1,6-Liter-Achtventiler, der im Vorjahr eingeführt worden war. Dabei handelte es sich um eine Weiterentwicklung des bekannten 1,6-Liters, der nun für den Einsatz im A3 mit einem Leichtmetall-Zylinderblock versehen worden war. Dieser Vierzylinder mit 1.595 Kubik brachte die Leistung des alten 1,8-Liters und verfügte über eine variable Saugrohrgeometrie, hier änderte sich die Länge der Ansaugkanäle entsprechend der Motorlast.

Darüber angesiedelt waren zwei 1,8-Liter mit 115 und 150 PS – mit freundlicher Genehmigung von Audi. Diese waren in A4 und A3 eingeführt worden und wiesen fünf Ventile pro Zylinder auf, während andere Hersteller gerade mal den Sprung von zwei auf vier Ventile bewältigten. Diese Technik – drei Einlass- und zwei Auslassventile – erlaubte schnellere Gaswechsel, gestattete aber wegen der kleineren Ventiltellerdurchmesser wesentlich geringere Fertigungstoleranzen. Gebaut wurden diese im neuen Audi-Werk in Ungarn.

Der 115-PS-Motor wurde in Deutschland an die Highline-Ausstattung gekoppelt, in Großbritannien an den GTI. Dort hatte es seit Jahren zwei GTI-Varianten gegeben, und dieses Schema versuchte man beizubehalten. In Deutschland war die GTI-Ausstattung ausschließlich mit den 150-PS-Motoren zu haben. Die beliebten Direkteinspritzer 1,9-Liter-Diesel waren sowieso gesetzt: Der Saugdiesel SDI mit 68 PS, der 90-PS-TDI und der 110-PS-TDI. Dieser Motor war als Highline wie auch als GTI zu haben; »der wahre GTI«, wie die *Auto Zeitung* lobte, »der im Antritt an den Stammvater erinnert und in puncto Durchzug am ehesten die im Laufe der Jahre hinzugekommenen Pfunde vergessen lässt.«

Auch andere Magazine sahen das so, *Autocar* etwa zog den TDI dem gleichstarken und gleichteuren 1,8-Liter-Zwanzigventiler vor, denn – klar – der Diesel hatte wesentlich mehr Schmalz untenrum. Außerdem beschleunigte er nach deren Messungen sogar etwas schneller als der Benziner, auch wenn die Werksangaben – 0–100 km/h: 8,5 s Benziner, 10,6 s TDI – anderes aussagten. Und die Unterschiede in der Höchstgeschwindigkeit – 216 km/h zu 193 km/h – waren im Alltag weit weniger wichtig als der imponierende Durchzug von 235 Nm, der bereits bei 1.900 Umdrehungen anlag. Der Motor selbst zeigte sich verfeinert, etwa mit einer elektropneumatisch betätigten Abstellklappe im Ansaugrohr, die beim Abstellen des Motors die Ansaugluftzufuhr unterband und das dieseltypische abrupte Schlagen eliminierte. Im Grunde genommen waren die Buchstaben »GTI« zur Worthülse verkommen, sie bezeichneten eine Ausstattungslinie und nicht mehr einen Ausnahmesportler. Gleich stark und gleich teuer, aber deutlich anders war der 1,8-Liter-Benziner als einzige Alternative zum TDI-GTI: Dieser aufgeladene Zwanzigventilmotor bekam in Test durchweg gute Noten, zumal in Kombination mit dem kleinen Turbolader, der außerordentlich rasch ansprach und nichts mehr vom Turboloch vergangener Tage verspüren ließ.

Das Drehzahlregister war weit gespreizt, das maximale Drehmoment von 210 Newtonmetern lag zwischen 1.750 und 4.600 Umdrehungen an. Die Fahrleistungen waren respektabel, laut Werk lief der GTI gut 216 Stundenkilometer, und den Sprint von null auf hundert absolvierte der Turbo in 8,5 Sekunden. Und obwohl er straff federte, so galt er doch als relativ komfortabler Reisewagen. Nur die Lenkung hätte etwas mehr Rückmeldung geben können. Zu diesem Praradigmenwechsel passte die Tatsache, dass Volkswagen den GTI auch als fünftürige Familienkutsche vermarktete (was viele Konkurrenten nicht taten, deren Topsportler gab es stets nur als Dreitürer) und ihn optisch sehr zurückhaltend auftreten ließ: Im Grunde genommen waren es lediglich die BBS-Leichtmetallräder mit Reifen der Dimension 205/55 R 16 und der Schriftzug, dazu die hoch gelobten Recaro-Sportsitze, mehr nicht. Die Stoßschutzleisten und Türgriffe in Wagenfarbe wie auch die abgedunkelten Heck- und seitlichen Blinkleuchten gab es auch für den Highline.

Fünf- und Sechszylinder

Es gab einen zweiten Motor mit 150 PS im Programm, dieses Mal aber einen mit einem völlig anderen Charakter. Obwohl der Sechszylinder-Motor eigentlich konzernweit zum Einsatz kam, blieb der Top-Motor zunächst ausgerechnet dem Bestseller, dem neuen Golf, vorenthalten. Anstelle des V6 hatte der Golf einen V5, im Wesentlichen ein VR6 mit einem Zylinder weniger.

Ferdinand Piëch hatte bereits 1996 auf dem Internationalen Wiener Motorensymposium die Absicht erkennen lassen, einen 2,1-Liter-V5 als zusätzlichen Umsatzbringer bei Volkswagen einzuführen. Bei dieser Veranstaltung geben die Firmen üblicherweise einen Ausblick auf künftige Entwicklungen, und Piëch konnte für sein Vorhaben auf die außerordentlich positiven Erfahrungen zurückgreifen, die Audi mit dem von ihm entwickelten Fünfzylinder gemacht hatte.

»Als wir in späteren 70er Jahren den VR6 entwickelten«, so Ernst Fiala – mittlerweile pensionierter Leiter der Forschung und Entwicklung – gegenüber der *Automotive News*, »hatten wir auch einen VR5 entworfen. Der 15-Grad-Winkel passt sehr gut. Motoren mit so engem Zylinderwinkel können mit 3, 4, 5, 6 oder 7 Zylindern gebaut werden, mehr allerdings nicht.« Er fügte hinzu, dass Volkswagen auch VR-Diesel-Motoren im Versuch hatte, aber die Platzverhältnisse im Zylinderkopf, der mit Ventilen, Einspritzdüsen und Glühkerzen reichlich gefüllt war, sprachen dagegen. Beim VR5 wurden zwei Zylinder im üblichen 15-Grad-Winkel gegen die anderen drei geneigt. Der VR5 (die Bezeichnung »R« entfiel alsbald) war unter dem VR6 angesiedelt, der wiederum noch Luft nach oben zu haben schien. Innerhalb des Konzerns bislang das Alleinstellungsmerkmal von Audi, war ein Fünf-Zylinder-Motor ungewöhnlich, aber nicht mehr einzigartig: Fiat hatte seit 1995 einen Reihen-Fünfzylinder in seinen Golf-Konkurrenten Bravo und Marea am Start.

Der neue Vollaluminium-Motor – jetzt 2.324 Kubikzentimeter Hubraum – wurde etwas vorschnell im Frühsommer 1997 für den Passat angekündigt, nachdem die Presse gemeldet hatte, dass die Entwicklung wegen technischer Probleme – Lärm, Vibrationen und Laufkultur – hinter dem Zeitplan hinterherhinke. Er wurde als Alternative zu dem 1,8-Liter-Turbomotor bezeichnet, aber der britische Journalist Greg Kable in *Autocar* fand ihn »verdächtig halbgar«, unkultiviert bei niedrigen Drehzahlen und dabei weder elastisch noch sparsam ...

Als ein Jahr später der Fünfzylinder im Golf/Bora erschien, schienen diese Kinderkrankheiten zum Glück überwunden zu sein, der Fünfer galt als laufruhig und durchzugsstark und entwickelte bei entsprechender Leistungsabforderung ein befriedigendes Knurren. In der Tat war das ein idealer Antrieb für ein kleines Luxus-Auto, und in Deutschland war die Option ausschließlich in Verbindung mit der Highline- und der GTI-Ausstattung zu bekommen. Optional war die Vierstufen-Automatik mit Dynamischem Schaltprogramm (Dynamic Shift Program, DSP), die bereits im Vorgänger eingeführt worden und »lernfähig« war, das heißt: Sie passte die Schaltpunkte an die Fahrweise des Fahrers an. Der günstigste V5 Highline kostete 20.950 Euro, die Produktion der Golf-V5-Modelle endete zum Modelljahr 2003.

Besonders fein war die Kombination aus V5 und Allradantrieb, die ab Januar 1999 beim Händler stand. Das Allradsystem verfügte nicht mehr über die von den Vorgängern mit dem Namenszusatz »syncro« bekannte Visco-Kupplung sondern über eine neue, elektronisch gesteuerte Lamellenkupplung des schwedischen Unternehmens Haldex, die ihre Befehle über eine Software von Steyr-Daimler-Puch erhielt. Volkswagen nannte dieses Antriebskonzept nun »4MOTION«, und es markierte den Beginn einer langen Zusammenarbeit zwischen Haldex und Volkswagen. Wie gehabt ein System mit variabler Kraftverteilung, befand sich die Haldex-Einheit am Hinterachsgetriebe und stellte bei Drehzahldifferenzen zwischen Ein- und Ausgangswelle den Kraftschuss zwischen Vorder- und Hinterrädern her. In diesem Fall traten zwei kupplungsinterne Hydraulikpumpen in Aktion, die auf die Kupplungslamellen wirkten: je höher der Druck, desto größer das Drehmoment, das nach hinten übertragen wurde. Der Anpressdruck baute sich blitzschnell auf und regelte, je nach Drehzahldifferenz, die stufenlose Verteilung der Antriebskraft zwischen Vorder- und Hinterrädern. Im Extremfall konnten dann auch durchaus nur die Hinterräder aktiv sein.

Wichtiger Bestandteil dieses Systems war ein Steuergerät innerhalb der Haldex-Kupplung, das den Anpressdruck regelte. Das Steuergerät arbeitete im Tandem mit den ABS-Raddrehzahlsensoren und bezog darüber hinaus auch die Daten von Motormanagement, der Stellung des Gaspedals, des Bremsregelsystems und weiterer Einzelsensoren; fallweise wurde auch die Motordrehzahl geändert. Und da es sich auch auf den Öldruck in der Kupplungseinheit auswirkte, kam es auch beim Rangieren in enge Parklücken zu keinen Verspannungen im Antriebsstrang. Das System, so Volkswagen, biete »die Verbindung von blitzschneller Reaktion und Ansprechen auf kleinste Drehzahldifferenzen.«

Der Hinterradantrieb verlangte eine neue Hinterachse, und deren Entwicklung erfolgte parallel zu Entwicklung des neuen Wagens. Der V5 4Motion war der erste Golf mit Mehrlenker-Hinterachse an Doppelquer- und Längslenkern. Sie saß auf einem Hilfsrahmen, der über Gummilager mit dem Chassis verbunden war. Die Haldex-Kupplung baute sehr kompakt und schränkte, anders als der syncro-Antrieb, nicht den Platz im Kofferraum ein, im Gegenteil: Das Tankvolumen wuchs von 55 auf 62 Liter, der Kraftstoffverbrauch lag laut Werk im Falle des Bora bei 8,8 Litern auf 100 Kilometer, ein Wert, der im Test kaum bestätigt werden konnte. »Pferde, die laufen, saufen« heißt ein Sprichwort, und damit der Durst nicht gar zu groß wurde, kam mit dem V5 ein neues Dreiwellen-Sechsgang-Getriebe. Diese zusätzliche Fahrstufe wurde bei stärker motorisierten Wagen zusehends zum Standard und erlaubte eine noch bessere Nutzung der verschiedenen Leistungsbereiche eines Motors.

»In Wirklichkeit ist dieser Golf erheblich leistungsfähiger als das Frontantriebsmodell«, stellte *Autocar* im Juli 1998 fest. »Er untersteuert immer noch im Nassen, wenn auch deutlich weniger als der syncro. [] Im Trockenen aber zeigt das Chassis erst seine ganze Agilität.« Im Juni 1999 verschickte Volkswagen dann die Pressemappen zu den neuen Spitzenmodellen Golf V6 4MOTION, die neuen Topmodelle hatten Vierventilmotoren und Allradantrieb. Der neue V6 war im Grunde genommen der alte Zweiventil-VR6 mit Vierventilköpfen und verzichtete auf das »R« in der Modellbezeichnung.

»Als wir begannen, über vier Ventile nachzudenken, haben wir anfangs tatsächlich Uhrmacher eingesetzt, weil es so eine feine und knifflige Aufgabe war, aus der Zwei- eine Vier-Ventil-Version zu entwickeln«, so ein VW-Mann gegenüber dem Autor bei einem Besuch in Wolfsburg im Jahr 2012.

Die Leistung wuchs von 190 auf 204 PS, diese 4Motion-Variante war ausschließlich mit einem Sechsgang-Getriebe zu haben. Aber auch, wenn diese Allradler locker 210–220 km/h schnell waren, so traten sie doch sehr dezent auf, übermäßige Sportlichkeit unterstellte ihnen keiner. Einige Jahre später kam es zu einem Revival der Kombination aus V6 und 4Motion, der R32 als bislang letzter Sechszylinder-Golf hat in Fankreisen Kultcharakter. Übrigens wurden auch die Fünfzylinder für das Modelljahr 2000 auf Mehrventil-Zylinderköpfe umgestellt, was zusätzliche 20 PS freisetzte und die Leistung auf bis zu 170 PS anhob.

Während das neue Allradsystem für bestimmte Märkte an den V6-Motor gekoppelt war, konnten deutsche Kunden die 4Motion-Option beim 1,8-Liter-Benziner und dem 1,9-Dieselmotor ziehen. Auch wenn diese Allrad-Golf nicht in großer Stückzahl zu verkaufen waren, so fand aufgrund der Plattform-Strategie das 4Motion-System konzernweit eine deutlich breitere Anwendung als etwa das syncro-System. Für das Image der feinen Schwestermarke war es wichtig, dass jedes Modell in der Audi-Palette auch mit Vierradantrieb zu bekommen war, und das galt auch für A3 und

Der VR6 hieß jetzt schlicht »V6« und war ausschließlich in Verbindung mit Allradantrieb lieferbar – ein gutes Zugfahrzeug.

TT, die einzigen Audi-Modelle mit Quermotor. Der Golf 4Motion rollte einige Monate vor dem TT zu den Händlern; das Angebot an Allrad-Fahrzeugen wurde danach auch auf die anderen beiden Konzernmarken Seat und Škoda ausgeweitet.

Alte Rivalitäten, neue Konkurrenten

1998 waren die Kapazitätsschwierigkeiten behoben, aber die verzögerte Markteinführung hing Volkswagen immer noch ein wenig nach, zumal dem Golf Konkurrenz aus einer Ecke erwuchs, aus der man nie damit gerechnet hätte: Ford schickte den schnarchigen Escort in Rente und brachte den brandneuen, radikal anderen Focus an den Start. Mit dem, was Ford als »New Edge«-Design bezeichnete, verkörperte dieser Kompakte tatsächlich einen völlig neuen Designansatz. Ford wirbelte mit dem Focus die bisherige Rangordnung in der Golf-Klasse komplett durcheinander. Und dazu kam ein Sicherheitsniveau, das gleich hoch, wenn nicht sogar besser als beim Golf war – und die Presse zeigte sich vor allem vom Fahrverhalten restlos begeistert. Der Golf war ziemlich weich und komfortabel abgestimmt worden. Auch der Focus bot viel Komfort, legte aber gleichzeitig ein messerscharfes, präzises Handling an den Tag, das aktive Fahrernaturen begeisterte: Fords neue Mehrlenker-Hinterachse galt als neuer Maßstab in der Golf-Klasse, während die Konkurrenz noch immer der sattsam bekannten Verbundlenkerachse – im Prinzip auch schon über 20 Jahre alt – huldigte. Auch der

Im Grunde genommen war alles wie gehabt: Der Golf spurtete voran, und die Konkurrenz hechelte hinterher – bis der Focus auf der Bildfläche erschien. Bei diesem britischen Vergleichstest traten 1998 noch Mazda 323 und Opel (Vauxhall) Astra G an. (Foto: LAT)

Schön eingepackt: Auch an die Motorabdeckung hatten die Designer Hand angelegt. Zunächst markierte der Fünfzylinder-Motor die Spitze im Golf-Angebot.

neue Golf hatte die relativ einfache Verbundlenkerachse, während Ford mit seiner komplexeren (und damit teuren) Multi-Link-Hinterachse eine Lehrstunde in Sachen Handling, Komfort und Kompaktheit erteilte. Im Grunde genommen hatte nur der Golf 4Motion eine ähnlich aufwendige Konstruktion aufzuweisen, der damit verbundene Produktionsaufwand war aber nur für ein auf kleine Stückzahlen ausgelegtes Topmodell akzeptabel. Darüber hinaus hatten alle Focus-Benzinmotoren 16 Ventile und lagen in Sachen Leistung mindestens auf dem Niveau der hubraumgleichen Golf-Modelle. Und egal mit welchem Motor, jeder Focus bog gleichermaßen präzise ums Eck, und die Anmutung im Innenraum erreichte beinahe Golf-Niveau. »VW hat die Messlatte mit dem Golf IV schon ganz schön hoch gelegt, im Verkaufsraum werden Begehrlichkeiten geweckt«, so *Autocar.* »Der Focus aber geht noch einen Schritt weiter. Jeder potenzielle Kunde, der am Styling vielleicht noch zweifeln mag, wird sich mit Sicherheit nach einer Probefahrt ob der fahrdynamischen Qualitäten für den Focus entscheiden.« Zweite Plätze für den Golf in Vergleichstests kamen jetzt schon einmal vor.

Die deutsche Presse (und der Focus war ein deutscher Ford) war ebenso angetan. Als Volkswagen im Modelljahr 2000 einen neuen 1,6-Liter-16-Ventil-Alumotor mit 105 PS für den Golf einführte, ließ *auto motor und sport* diesen sofort gegen einen Focus antreten. Abschnitt für Abschnitt verlor der Golf an Boden. Seine Ausstattung wurde im Vergleich zum Focus in Trend-Ausstattung als dürftig bezeichnet, auch wenn Volkswagen mit dem neuen Motor die Elektronische Stabilitätskontrolle (ESP) einführte. »Wieder einmal muss sich der Wolfsburger Marktführer dem Focus geschlagen geben.« Seine überragenden fahrdynamischen Qualitäten verdankte der Focus seiner neuen Hinterradaufhängung, der Schwertlenker-Hinterachse. Volkswagen reagierte darauf in vielfacher Weise, unter anderem damit, dass es Fahrwerkstechniker wie Dr. Ulrich Eichhorn, der seit 1993 bei Ford gearbeitet hatte, und Karsten Schebsdat, später Leiter der Fahrwerksabstimmung, nach Wolfsburg holte.

Cabriolet, Kombi und die PD-Diesel

Das »neue« Golf-Cabrio erschien im Jahr 1998, im Grunde genommen nichts anderes als eine geschickt aufgewärmte Neuauflage des Golf-III-Cabrios von 1993. Eine Front im Stil des Golf IV, neue, glatte Stoßfänger vorne und hinten, eine modifizierte, glatte Heckklappe, die bis in den Stoßfänger hinunter reichte, und ein VW-Logo anstelle des bisherigen Nummernschildfeldes hinten (die Nummer selbst rückte eine Etage tiefer in den Stoßfänger) – fertig war die Laube. Innen gab es neue Sitzbezüge, die blaue Instrumententafel-Beleuchtung mit den 20 Leuchtdioden und Isofix-Kindersitzbefestigungen, das war's dann aber auch schon. So aufgebügelt, blieb das Cabrio in der Produktion bis 2002 und lief

Die Plattformstrategie erlaubte auch den Bau eines Jetta Sportwagon für die USA, der in Europa als Bora Variant verkauft wurde.

Kein neues Golf-IV-Cabrio, sondern ein geschickt aufgefrischter offener Golf III: Werks-Pressebilder des bis 2002 bei Karmann gebauten »Erdbeerkörbchens«.

Der New Beetle

Der Volkswagen Concept 1 von 1994 basierte noch auf einer Polo-Plattform. In der Serie saß der »Hut« dann auf der Golf-Plattform.

Zu Beginn der 1990er Jahre verkaufte Volkswagen weniger als 100.000 Autos in Amerika, und schon kursierten Gerüchte, Volkswagen erwäge den Rückzug aus dem US-Markt. Im Jahre 1991 eröffnete dann Volkswagen in einem Versuch, sein Styling mehr auf den US-Markt auszurichten, sein erstes nicht-europäisches Designstudio in Simi Valley, Kalifornien, wie es die japanischen Hersteller schon Jahre zuvor getan hatten. Federführend dabei war J. Carroll Mays, ein Amerikaner, der zwischen 1980 und 1983 als Designer bei Audi tätig gewesen war, dann zu BMW gewechselt hatte und letztlich bei Volkswagen die Leitung des Advanced-Design-Studios übernahm.

Den Beginn des New-Beetle-Projekts markierte die Idee zu einem Konzeptfahrzeug mit Elektroantrieb, da Kalifornien aus Umweltgründen einige der strengsten Abgasnormen der Welt hatte. Es dauerte nicht lange, bis sich aus diesem Ideenkern die Kurven des Käfers herausschälten und das Projekt unter der Verantwortung von VW-Designchef Hartmut Warkuß – mit Billigung von Ferdinand Piëch – in die Konzeptphase ging.

Es gab bereits einen Präzedenzfall für die erfolgreiche Übertragung eines alten Fahrzeugkonzeptes auf ein modernes Auto in der Neuzeit: Der 1989er Mazda MX-5 (»Miata« in Amerika) war in Kalifornien entstanden und ließ den Geist der 1960er-Sportwagen in einen modernen und doch nostalgisch angehauchten Fahrzeug wieder auferstehen. Mazda hatte zwar keine Tradition gehabt, auf die es sich hätte berufen können, schaffte es aber nach sorgfältiger Analyse, einen kleinen Roadster zu bauen, der die Fans der kleinen britischen Sportwagen der Sechziger entzückte. Der MX-5 avancierte zum erfolgreichsten Roadster der Welt und legte den Grundstein für eine weltweite Renaissance der kleinen offenen Spaßmobile; die ersten Exemplare gelten heute selbst schon als Klassiker.

Der Volkswagen Concept 1 – eine Anspielung auf den Ur-Käfer, den Typ 1 – erschien zuerst im Januar 1994 auf der Detroit Motor Show. Obwohl seit 1977 in den USA nicht mehr vertrieben, war der Ur-Käfer als liebgewonnene abstrakte Idee noch immer im Bewusstsein der Amerikaner präsent. Es war zwar sehr ungewöhnlich für Volkswagen, ein Konzeptfahrzeug in die Serienfertigung zu überführen (der Golf Country war ein kleines erstes Beispiel dafür), doch auf jeder Messe, auf der der Retro-Käfer gezeigt wurde, drehten die Menschen beinahe durch vor Begeisterung, umso mehr, als auf dem

Der New Beetle entstand auf Golf-Plattform und sollte formal an glorreiche Käfer-Zeiten erinnern. Der Erfolg hierzulande hielt sich in engen Grenzen, das Cabriolet war als Zweitwagen wesentlich gefragter als die zum Kult erklärte Kugel.

Genfer Salon im März dann eine Cabrio-Version enthüllt wurde, was den Hype noch mehr anheizte.

Im November 1994 erteilte der Vorstand die Produktionsfreigabe, und jetzt begann Wolfsburg mit der Entwicklung, obwohl eine Fertigung dort unwahrscheinlich war: Aus logistischen und wirtschaftlichen Gründen entstand der vor allem für den amerikanischen Markt entwickelte »New Beetle« im VW-Werk Puebla, Mexiko. Auch die für Europa bestimmten Modelle stammten von dort.

Der erste Konzept 1 hatte auf der Plattform des neuen Polo basiert, aber die 1995 auf der Tokyo Motor Show gezeigte Studie war deutlich größer: Piëch hatte angeordnet, dass der Serienausführung die A-Klasse-Plattform des Golf zu Grunde liegen sollte.

So war der neue Beetle das vierte Auto, das diese Plattform nutzte, wiewohl diese dafür wesentlich stärker modifiziert werden musste als bei den anderen Golf-Ablegern. Das Styling erforderte gewisse Kompromisse, über 50 Prozent der Bodengruppe waren beim New Beetle anders. Das Fahrwerk war das gleiche wie beim Golf, aber auf das höhere Gewicht des Käfers ausgelegt. Standardmotor war die Zweiliter-Maschine aus dem GTI III, obwohl auch andere Benzinmotoren, einschließlich des V5, sowie die Diesel schließlich angeboten wurden.

Die Markteinführung erfolgte in den USA 1998, und die Nachfrage war zunächst groß. Die Europäer wurden im Folgejahr bedient, und da war es nicht so. Insbesondere die deutschen Käufer reagierten zurückhaltend, der »New Beetle« war deutlich teurer als ein Golf, aber wesentlich unpraktischer, und die Optik galt vielfach nicht als cool, sondern nur als peinlich.

Wie man es richtig macht, zeigte BMW, wiederum ein Jahr später, mit der Neuauflage des Mini, der von Anfang an eine wesentlich höhere Akzeptanz fand. Der New Beetle dagegen erlitt das Schicksal eines Modeartikels. Bestes Verkaufsjahr in den USA war mit 88.000 Einheiten 1999, danach ließ das Interesse rapide nach, denn der Beetle war kein Fahrzeug für aktive Fahrernaturen. Mit der Idee von einem Kleinbus, gestylt wie der alte VW-Bus, wurde zwar gespielt, aber mehr nicht, sie wurde aufgegeben. Der New Beetle blieb bis 2010 in Produktion, durchlief nur ein leichtes Facelift und erhielt 2013 noch einen Nachfolger auf Grundlage der sechsten Golf-Generation. Dieser Entwurf, niedriger, stämmiger und etwas käferiger, soll nicht nur weibliche, sondern vermehrt auch männliche Käufer ansprechen. Der Erfolg in Europa zumindest ist und bleibt bescheiden.

Am Heck sollt Ihr sie erkennen: Ab Werk trug nur der R32 diese Auspuffanlage mit verchromten Doppelendrohren, die neuen Stoßfänger sowie die Seitenschweller.

Die mit Leder bezogenen Sportsitze, selbstverständlich mit Seitenairbags, stammten von König; das »R«-Logo wurde zum Markenzeichen der von der Sportabteilung veredelten Fahrzeuge.

Obwohl der R32 kein großer Verkaufsrenner war, machte doch die hier erstmals verwendete DSG-Automatik ganz groß Karriere: In den nächsten zehn Jahren setzte sich das DSG-Getriebe konzernweit durch und brachte die Konkurrenz in Zugzwang. Die Gangwechsel erfolgten in Richtung der Plus- und Minus-Symbole.

dann aus: Vom Golf V gab es keine offene Variante. Ein neuer Golf Variant erschien 1999, nach dem Erfolg der Erstauflage war klar, dass auch der neue Golf als Kombi kommen würde. Die neue Hinterachse verbesserte auch hier den Zugang zum Frachtabteil, das Volumen lag bei 1.470 Litern bei umgeklappten Rücksitzlehnen, ein Plus von 45 Litern gegenüber dem Vormodell. Da diese Karosserievariante auch als Bora verkauft wurde, standen für das Golf-Programm nicht alle Motoren zur Verfügung, so fehlten der V6 und der Top-Diesel. Der Kombi wurde in Brüssel, Wolfsburg und Mosel gebaut, die Produktion wurde 2003 dann zu Karmann nach Osnabrück verlagert, wo er noch drei weitere Jahre gebaut wurde.

Zur Jahrtausendwende tauchte eine neue Abkürzung in Volkswagens Technik-Lexikon auf: PD stand für »Pumpe-Düse« und war ein neues Einspritzsystem für die TDI-Motorenpalette. Diese 1999 eingeführte Technik war eine VW-eigene Entwicklung und löste die bisherigen Injektoren ab, die von einer Rotationspumpe beaufschlagt worden waren. Kennzeichen der PD-Motoren war die Einheit von Pumpenelement und Düse direkt im Zylinderkopf, was die bisher erforderlichen Druckleitungen und konventionellen Verteilereinspritzpumpen überflüssig machte. Volkswagen sprach von »konkurrenzlos hohen Drücken – bis über 2000 bar«, was eine Verbesserung des Kraftstoff-Luft-Gemischs nach sich zog und einen besseren Durchzug, aber wenig oder keine Änderung im Treibstoffverbrauch.

Zuerst bei Volkswagen und dann auch bei den anderen Marken eingeführt, erhöhte die Umstellung auf Pumpe-Düse die Leistung der 1,9-Liter-TDI-Motoren von 110 auf 115 PS. Wie die anderen Dieselmotoren wurde auch dieser an einen Katalysator gekoppelt und genügte damit den ab dem Jahr 2000 europaweit gültigen Abgas-Richtwerten. Mit dieser Einspritztechnik wurden nach und nach dann auch die anderen Dieselmotoren versehen, der Pumpe-Düse-Diesel wurde konzernweit zum Standard und trug mit dazu bei, die Vormacht der Selbstzünder innerhalb der Modellpalette zu zementieren. Zwischen dem Jahr 2000 und dem Produktionsauslauf gab es den Top-Diesel mit 130 und dann 150 PS, jeweils mit Sechsgang-Getriebe, wobei der 150-PS-Diesel von 2002 geradezu nach einem Vergleich mit den gleichstarken Benzinern schrie. *Auto motor und sport* widmete sich dieser Aufgabe mit Begeisterung und sah den GTI-TDI vor dem Benzin-GTI, weil »selbst im sportiven Bereich ein sehr guter Diesel dem Ottomotor Paroli bieten kann, zumal wenn jener nicht gerade zu den Perlen der Motorenbaukunst zählt«, so das Fazit des Tests. Eine Gemeinsamkeit hob Autor Gert Hack aber doch hervor: »Für beide GTI-Modell gilt: ein zu hoher Preis verbunden mit einer unzulänglichen Serienausstattung.«

Der erste Golf R

Auf der Essen Motor Show im November 2001 sahen Enthusiasten endlich den Golf, den sie wollten – den bis dahin stärksten Serien-Golf aller Zeiten. Auf dem Stand der Volkswagen Motorsport GmbH ausgestellt und noch als »Studie« deklariert, war hier ein aggressiv gestylter Dreitürer zu sehen mit tief nach unten gezogener Bugschürze, mächtigen Lufteinlassschlünden, einer üppigen Heckschürze, zwei verchromten Endrohren und Spoiler am Dach. Dieser Golf rollte auf 18-Zoll-Leichtmetallrädern. Damit warf Volkswagen seinen Hut in den Ring einer Arena, in der sich bislang Autos wie der Subaru Impreza WRX Turbo, der Mitsubishi Evo und der 212 PS starke Ford Focus RS tummelten. Vor allem diesen Fronttriebler mit Turbolader hatte Volkswagen im Visier, der bereits im Jahr 2000 hätte ausgeliefert werden sollen, tatsächlich aber erst ein Jahr später zu den Händlern kam.

Ins gleiche Jahr fiel auch die Umbenennung der Volkswagen Motorsport in Volkswagen Racing, die sich nun mit Nachdruck auf die Entwicklung von Fahrzeugen für einen VW-eigene Rennserie konzentrierte. Bei Volkswagen wurden diese Sportentwicklungen zunächst unter der Bezeichnung »RSI« vermarktet (die Renn-Ausführung des New Beetle hieß »Beetle RSI«), man entschied sich dann aber für den Buchstaben »R« plus verkürzte Hubraumangabe, ähnlich wie AMG bei Mercedes dies tat oder BMW mit seinen »M«-Modellen. In den folgende Jahren wurde das Angebot an sportlichem Zubehör immer weitere ausgebaut und auch auf andere Modellreihen ausgeweitet.

Der Golf R32 wurde offiziell auf der Madrider Motorshow im Mai 2002 als Flaggschiff der Modellfamilie eingeführt, angesiedelt über dem GTI. Für Vortrieb sorgte hier der mit größerer Bohrung und größerem Hub auf einen Hubraum von 3.189 Kubik gebrachte Schmalwinkel-V6 mit neu entwickeltem Zylinderkopf und zweiflutiger Abgasanlage. Auf den Turbolader wurde verzichtet, der quer eingebaute Sechszylinder mit stufenloser Abgas- und Ventilsteuerung kam auf 241 PS bei 6.250 Touren. Der Motor selbst war zwar neu im Golf, aber nicht neu für Volkswagen: Sowohl der Phaeton als auch der Luxus-SUV Touareg hatten dieses Aggregat im Bug. Die Abgasanlage wurde so abgestimmt, dass sie »jeden Tunnel zum Erlebnis macht, gleichzeitig aber auf langen Strecken nicht aufdringlich wird«, wie die Pressemappe vermerkte. Der R32 beschleunigte, wiederum laut Werk, in 6,6 Sekunden auf 100 Stundenkilometer, die Höchstgeschwindigkeit lag bei 247 km/h. Die Motorkraft wurde über ein modifiziertes Sechsganggetriebe an den serienmäßigen Allradantrieb weitergereicht.

Gegenüber der Basis lag der R32 um 20 Millimeter tiefer (gegenüber dem bisherigen Spitzenmodell Golf V6 waren es nur zehn), die direkter ansprechende Lenkung aus dem Audi TT fuhr ebenso serienmäßig mit wie auch die vergrößerte Bremsanlage aus dem Passat W8 mit innenbelüfteten Scheibenbremsen vorn und hinten oder die elektronischen Helferlein von ABS über EBV bis ESP.

Frisch aufpolierte zeigte sich auch der Innenraum mit Aluminium-Zierteilen, König-Sportsitzen mit integrierten Kopfstützen und reichlich zu findenden »R«-Logos – insgesamt 17 an der Zahl, wie *auto motor und sport* beim Zählapell festgestellt hatte. Mit einem Grundpreis von 31.950 Euro war der R32 kein Sonderangebot, allerdings war bis auf Schiebedach, Navi und Lederausstattung die Ausstattung mit Klimaautomatik, Xenon-Scheinwerfer, Regensensor, Metalliclack überkomplett – mehr ging kaum.

Dieser Golf war preislich in jedem Fall im Premium-Segment angesiedelt, und das wiederum zog Automobiltester magisch an.

Der Bora

Der Bora (als »Jetta« in den USA vermarktet) war innerhalb der Golf-Familie eigenständig, was auch an der anderen Dachlinie und neuen Fondtüren lag.

Im Januar 1997 wurde auf der Detroit Motor Show eine Studie gezeigt, die auf ein künftiges Golf-Coupé hinzuweisen schien. Dieses »Volkswagen CJ Coupé« nahm laut Werk sowohl die neue Frontoptik des für das nächste Jahr erwarteten Vento als auch eine neue Golf-Karosserievariante vorweg.

Wie bekannt, ist das Coupé nie erschienen, aber der auf dem Golf basierende Bora, eine Stufenhecklimousine, die in den USA weiterhin als »Jetta« vermarktet wurde, die gab es sehr wohl. Im Grunde genommen war das das gleiche Auto mit vier Türen, den Namen verdankte dieser Vento-Nachfolger einem Adria-Fallwind, den Maserati nicht mehr verwendete.

Auch wenn es sich hier einmal mehr um einen Golf mit Stufe handelte: Optisch war der Bora weit entfernt vom »Rucksack-Golf« mit angepatschter Gepäckkiste: Hier hatten die Designer ganze Arbeit geleistet, so hatte der Bora beispielsweise typeigene Fondtüren und eine eigene Dachlinie mit markant geschwungenen Formen, die eher an Passat und New Beetle denn an einen Golf erinnerten. Volkswagen bezeichnete den Bora auch immer eher als eine kleinere Ausgabe des Passat und nicht als größeren Golf.

Im Jahr 1999 wurde die Kombi-Ausgabe des Bora auf dem deutschen Markt neben dem Golf Variant vorgestellt, optisch von diesem nur durch die Bora-typische Frontgestaltung zu unterscheiden. Etwas schicker ausgestattet, war der Bora nur mit den größeren Motoren zu haben, der Bora sollte »Lifestyle«-affine Kunden locken. Natürlich regte sich reichlich Kritik, nicht zuletzt auch wurde der Marke vorgeworfen, ihr Modellportfolio übermäßig aufzublähen. »Dank der Plattform-Strategie kostet es uns überhaupt nichts«, beschied dagegen Piëch seinen Kritikern seinerzeit.

Für den europäischen Markt jedenfalls machte ein Bora-Kombi auch nicht mehr Sinn als der für das Jahr 2001 in den USA eingeführte Jetta-Kombi.

Der Volkswagen CJ Konzept, der 1997 auf der Detroit Motor Show erschien, nahm die Frontgestaltung des späteren Bora vorweg.

2001 erschien ein Sondermodell zum 25-jährigen GTI-Jubiläum. Der mit 180 PS bis dahin stärkste GTI entstand in einer Auflage von 3.000 Stück.

Die britische *Autocar* fand, dass der R32 den ramponierten GTI-Ruf wieder auffrischen konnte (tatsächlich sprachen die Briten von der »verlorenen Ehre der GTI«) und lobten die stoische Gelassenheit, mit der der Golf die Motorleistung auf die Straße brachte. Sie lobten den Allradantrieb und das modifizierte Fahrwerkssetup mit steiferen Stabilisatoren und straffer Federung auch in scharf angegangenen Kurven: »... funktioniert wirklich – so gut, in der Tat, dass wir uns nur fragen können, warum das jetzt erst, da der Golf IV fast schon Geschichte ist, der Fall ist.« Auch *auto motor und sport* lobte die fahrdynamischen Qualitäten, bescheinigte ihm »ausgezeichnete Traktion«, »ein unproblematisches Kurvenverhalten«, ein »gut beherrschbares, dezentes Hineindrehen in Kurven bei Lastwechseln« und einen geradezu »stoischen Geradeauslauf.«

Während das Standard-Getriebe für die erste R32-Generation eine Sechsgang-Schaltung gewesen war, konnten deutsche Käufer ab 2003 eine neuartige Getriebeautomatik bekommen, die auch beim Audi TT zum Einsatz kam: Das Direktschaltgetriebe (DSG) war eine Vollautomatik, die mitunter als »zwei Getriebe in einem« beschrieben wird: Vereinfacht gesagt, ist das eine Teilgetriebe für die geraden – also zwei, vier, sechs –, das zweite Teilgetriebe für die ungeraden Gänge – eins, drei, fünf – zuständig. Beide wirken auf den gleichen Abtrieb, besitzen aber jeweils eine eigene Kupplung. Im Fahrbetrieb wird, wenn der eine Gang eingelegt ist, der nächste, auf der anderen Welle liegende Gang, schon einmal bereitgestellt, vorsynchronisiert. Beim Schaltvorgang selbst öffnet dann die eine Kupplung, während gleichzeitig die andere geschlossen wird. Das verhindert, dass der Kraftfluss zwischen den beiden Teilgetrieben abreißt, und gewährleistet somit, dass die Motorkraft permanent auf die Antriebswelle gelangt. Das DSG war effizient, komfortabel und schnell, weil es Fahrstufenwechsel ohne Zugkraftunterbrechung erledigte. Ein Gangwechsel, so das Werk, werde in weniger als vier hundertstel Sekunden abgeschlossen. Die Betätigung erfolgte vollautomatisch oder aber durch ein Antippen des Schalthebels nach vorn oder hinten. Das Direktschaltgetriebe, später auch mit mehr Fahrstufen, wurde dann konzernweit eingeführt; weitere Hersteller kamen bald mit ähnlichen Lösungen auf den Markt.

Ursprünglich sollten vom R32 nur 5.000 Exemplare gebaut werden (2.300 wurden schließlich in Großbritannien verkauft), doch war die Nachfrage so groß, dass der US-Markt erst 2004 bedient werden konnte, obwohl zu diesem Zeitpunkt bereits der Golf V vom Band lief. In den USA positionierte Volkswagen den R32 direkt gegen den Impreza und den Mitsubishi Lancer Evo und verkaufte weitere 4.935 Exemplare. Weniger Schlagzeilen machte 2002 die Weiterentwicklung der Volkswagen-Ottomotoren, gekennzeichnet durch eine Direkteinspritzung. Volkswagen/Audi bezeich-

Das Jubiläumsmodell hatte Recaro-Sportsitze »Le Mans« und wieder einen Golfball-Schalthebel.

Die Diesel-Golfs mauserten sich zu veritablen GTI-Alternativen mit Leistungen bis zu 150 PS. Mit der vierten Golf-Generation erfolgte auch die Umstellung auf die »Pumpe-Düse«-Technologie.

Der Golf überholt den Käfer in der Hälfte der Zeit: Der 21.517.415. Golf verließ das Band in Wolfsburg am 25. Juni 2002. Es war ein V5 für einen Kunden in Hamburg.

In Deutschland sollte ab Juli 2001 ausschließlich über das Internet das Sondermodell »eGeneration« verkauft werden. Der gut ausgestattete Viertürer mit mobilem Internet kostete 43.908 Mark.

nete diese als »Fuel Stratified Injection«, FSI. Diese geschichtete Kraftstoffeinspritzung übertrug das beim TDI mit Erfolg praktizierte Prinzip der Direkteinspritzung auf den Benziner. FSI verwendete ein Hochdruck-Einspritzsystem, das den Kraftstoff direkt in den Brennraum drückte. Durch innermotorische Maßnahmen verbrannte der Kraftstoff im Schichtladebetrieb, was Verbrauchsvorteile im Teillastbetrieb versprach. Mitsubishi hatte 1996 zuerst Benzin-Direkteinspritzer angeboten, innerhalb des Konzerns hatte Audi die Vorreiterrolle übernommen. Volkswagen folgte dann mit dem 1,4-Liter-Polo FSI, und dann kam der Golf 1,6 FSI mit 110 PS. Der Normverbrauch dieser Variante lag bei 6,2 Litern Super Plus auf 100 Kilometer. Wegen der höheren Drücke kam hier ein Motorblock aus Gusseisen und nicht, wie bei den anderen Ottomotoren, aus Leichtmetall zum Einsatz; es blieb bei der Vierventiltechnik. Auch die FSI-Technik setzte sich in den nächsten Jahren auf breiter Front durch.

Und wie war das eigentlich mit dem GTI, der nach Erscheinen des R32 endgültig in der Versenkung zu verschwinden drohte? Volkswagen feierte ihn 2001 mit einem Sondermodell, denn ein viertel Jahrhundert zuvor war er in den Verkauf gegangen (die Premiere erfolgte ja bekanntlich bereits im Herbst 1975).

Dieses Mal legte sich Volkswagen mächtig ins Zeug, der schnellste Golf mit GTI-Logo war entweder mit einem 1,8-Liter-Turbo-Benzinmotor und 180 PS erhältlich (der noch nicht im Golf eingesetzt worden war, bei anderen Konzernmodellen schon) oder mit dem 150 PS starken Pumpe-Düse-TDI, jeweils mit Sechsgang-Getriebe, wobei der sechste als Schongang ausgelegt war. Zur Ausstattung gehörten 18-Zoll-BBS-Leichtmetallfelgen und Recaro-Sitze mit rotem Keder sowie verschiedene rote Innenraumapplikationen. Ein nettes Detail war die Aluminium-Pedalerie; auch der R32 hatte eine solche. Im April 2002 trat der ehemalige BMW-Mann Bernd Pischetsrieder sein Amt als Vorstandvorsitzender der Volkswagen AG an. Im Vorjahr hatte der Konzern in Europa 2,8 Millionen Fahrzeuge verkauft, von der vierten Golf-Generation waren insgesamt 4,3 Millionen Stück gebaut worden.

Trotz der neuen Plattform-Strategie aber klafften bei Volkswagen noch einige Lücken im Produktportfolio, der Golf war nicht mehr so unangreifbar wie zuvor. Dem Renault Scenic hatten die Wolfsburger nichts entgegenzusetzen, auch ein kleiner SUV war noch nicht weit gediehen, und der Nachfolger hinkte dem Zeitplan hinterher. Wie *The Times* Anfang Februar 2003 schrieb: »2002 war, in relativen Zahlen, kein perfektes Jahr für Volkswagen oder den Golf.« Der Peugeot 206 verdrängte ihn von der Spitze der europäischen Zulassungscharts, die Nachfrage sank, und mit ihm der Gewinn – um fast zehn Prozent. Der nächste Golf hatte eine ziemlich harte Nuss zu knacken.

Von wegen lahmer Diesel: Volkswagen brachte im April 2002 diesen Diesel-Renner bei britischen Veranstaltungen an den Start. Der TDI-Racer leistete 165 PS.

Die Golf-Klone

Der Seat Leon von 1999 war der sportlichste Golf-Klon.

Das Audi TT Coupé nutzte die Golf-Plattform

Der Octavia war ein Meilenstein für Škoda, mit diesem Auto begann der Aufstieg der ehemaligen Ostblock-Marke.

Der Audi A3 war vom Start weg ein Bestseller, auch wenn sich das Karosserieprogramm in den ersten Jahren auf zwei Türen plus Heckklappe beschränkte.

Wie Carl Hahn in seiner Autobiographie schrieb, war spätestens in den späten 1980er Jahren klar, dass BMW und Mercedes über kurz oder lang versuchen würden, im stückzahlträchtigen Golf-Revier zu wildern. Der BMW 3er Compact von 1994 – E 36/5 – war die erste Salve, er und die bahnbrechende, aber mit Anlaufschwächen behaftete A-Klasse von Mercedes aus dem Jahre 1997 hatten das Potenzial, sich zu einer sehr realen Bedrohung zu entwickeln. Volkswagen reagierte darauf zweigleisig, mit einer Aufwertung des Golf durch einen Sechszylinder – VR6 – und mit der Entscheidung, mit einem kleinen Audi gegen den großen Golf anzutreten. Das Audi-Jahresvolumen verharrte zu diesem Zeitpunkt bei etwa 450.000 Fahrzeugen, und Hahn wie auch Audi-Chef Ferdinand Piëch begannen, über einen Audi in der Golf-Klasse nachzudenken, wobei das wöchentliche Treffen – in der Regel an Dienstagen – des VW-Aufsichtsrates die geeignete Plattform bildete. Installiert 1989, brachte Piëch dazu seine Produktplaner mit, darunter Franz-Josef Paefgen (der später die Geschicke von Bentley leitete).

Die ursprüngliche Idee des Duos Piëch/Hahn sah die Kombination aus Golf-Bodengruppe mit einer typischen Audi-Karosserie vor, aber mit einer Audi-A4-Vorderachse (Längsmotor) und Golf-Hinterachse. Der erste Stylingversuch war einfach, man hackte das Heck eines Audi A4 ab und formte ein Fließheck, ähnlich wie BMW das beim Compact gemacht hatte. Aber diese Lösung wurde zugunsten eines völlig neuen Autos mit einem Quermotor-Antriebsstrang verworfen. Diese Motoreinbaulage stellte eine Premiere für Audi dar, Quermotoren waren ein Golf-Merkmal. Das erste Design-Modell für den A3 wurde im Herbst 1992 fertig gestellt, der Produktionsanlauf war für Frühjahr 1993 geplant.

Von einschneidender Bedeutung – und das galt sowohl für den nächsten Golf als auch für einen neuen Audi – war das Jahr 1993 in einer anderen Hinsicht: In diesem Jahr begann die Volkswagen-Gruppe, ihre Plattform-Strategie umzusetzen. Im Wesentlichen – und das sollte nicht immer so bleiben – definierte Volkswagen eine Plattform anfangs als Bodengruppe mitsamt inneren Radhäusern, einem Motor-/Getriebe-Paket und der hinteren Radaufhängung. Was auf diese Bodengruppe obendrauf gesetzt wurde, wurde als »Hut« bezeichnet, und diese Hüte erst machten aus der Bodengruppe dann Audis, Seats, Škodas oder Volkswagen.

Die PQ-34-Autos hatten den gleichen Radstand, die gleiche Spur zwischen den Rädern und 20 »Fixpunkte« wie die Mitte der Bodenwanne, Kotflügelverkleidungen, Fahrwerk, Motorlager und andere mehr. Ziel war es, so viele Gleichteile wie möglich zu nutzen, bis hin zum Schiebedach. Das Konzept umfasste denn auch weit mehr als Bleche und Motoren: Benzintanks und Sitzrahmen, Instrumententafel – nicht in der Optik, die war markenspezifisch, aber bei den darunter liegenden Komponenten –, Schalter für die Klimaanlage oder deren Kompressor, Leitungen und Kabelstränge: Wo immer möglich und vom Kunden nicht zu sehen, sollten gleiche Teile verwendet werden. Die einzelnen Marken definierten sich über ihre Optik, die Fahrwerksabstimmung und weitere fahrzeugspezifische Eigenschaften.

Die Bodengruppen für alle Marken entstanden ausschließlich in Deutschland und wurden von dort aus weltweit verteilt, Unterschiede wiesen sie nur im Front- und Heckbereich auf. So war es möglich, einerseits den Škoda Octavia mit seinem riesigen Kofferraum (der Radstand war um 40 Millimeter länger als beim Golf) und andererseits auch den kompakten Audi TT auf der gleichen Plattform aufzubauen. Der Audi A4 verwendete eine größere Plattform, die B-Plattform, und diese bildete die Grundlage für den 1996er Passat. Das wiederum hatte zur Folge, dass der Audi-Sechszylinder anstelle der VW-VR6 und das Quattro-System anstelle des syncro-Allrads zum Einsatz kam. Durch die Reduzierung auf vier Plattformen statt der bisherigen 16 erwartete Volkswagen Einsparungen von mehreren Milliarden D-Mark. Golf IV und Audi A3 wurden parallel entwickelt, wobei der Audi Priorität genoss, weil seine Markteinführung mit Juni 1996 über ein Jahr früher lag als die des Golfs, auch wenn das wenig schmeichelhafte Vergleiche für den Golf III nach sich zog. Volkswagen-Ingenieur Rolf Trump, der eng in dieses erste Plattform-Projekt involviert war, verriet im Interview dem Autor, wie die notwendige Abstimmung mit dem neuen Volkswagen-Vorsitzenden Piëch normalerweise ablief.: »Ich war bei einigen Sitzungen, bei denen er ebenfalls anwesend war. Er hielt in der Regel Besprechungen neben dem Auto, das Gegenstand der Sitzung war, ab. Dort wurde alles besprochen, was immer notwendig war, was immer bei diesem speziellen Fahrzeug an Fragen aufgekommen war. Er wollte sicher gehen, dass alles in seinem Sinne und auch genauso umgesetzt wurde.

Es war die Materialqualität, für die er sich am meisten interessierte, es sollte nicht nur gut aussehen, sondern sich auch gut anfassen, es ging darum, dem Kunden eine gute Haptik zu vermitteln. Also war das Armaturenbrett beispielsweise geschäumt, und wir hatten sehr gutes Leder für das Lenkrad.«

Im Sommer 1996 kam der Škoda Octavia, ein frühes Beispiel für die »Demokratisierung des Luxus«. Auch wenn er preislich am unteren Ende des Marktes rangierte, verfügte der tschechische »Billigheimer« über Audis viel gepriesenen 20-Ventil-1,8-Liter-Motor.

Bei der Einführung des Golf im Jahr 1997 lag laut Volkswagen die Gleichteilquote mit dem A3 bei etwa 60 Prozent. »Zwanzig Fixpunkte sind entscheidend für das Plattform-Management«, verriet Horst König, verantwortlich für die A-Klasse-Plattform, der britischen *Autocar*. »Wir verwenden für jedes Auto auf Golf-Plattform weltweit identische Maschineneinstellungen. Wir benötigen die Zustimmung des Vorstands für eine Veränderung; kein Loch kann gebohrt werden, ohne dass der Vorstand dies genehmigt.«

Die Tage, in denen der Konzern vom Golf abhängig war und damit rechnen musste, Kunden an Rivalen zu verlieren, die mehr Prestige boten oder billiger waren, sollten sich dem Ende zu neigen. Jetzt gab es im Haus drei andere Marken, unter denen der VW-müde Kunde wählen konnte. Natürlich hatte sich Volkswagen Konkurrenz im eigenen Hause herangezüchtet, doch die durch die Gleichteilstrategie möglichen Einsparungen kompensierten diesen Nachteil. »So lange, wie wir unseren Marktanteil auf dem richtigen Niveau halten, ist jede Ähnlichkeit nicht im negativen Sinne relevant«, so Erwin Stumpf, Marketing-Manager für die A-Klasse-Plattform gegenüber *Autocar*: »Die Quintessenz lautete: Es ist ein gutes Geschäft für uns.«

Friede, Freude, Eierkuchen? Fast. Denn die Gleichteilstrategie führte dazu, dass manche Märkte mit bestimmten Typen erst mit Verzögerung beliefert werden konnten. Britische Händler mussten zum Beispiel auf den Octavia-Rechtslenker arg lange warten: Dieser, 1996 erschienen, stand erst 1998 in England zum Verkauf, weil es bei einigen Komponenten zu Lieferengpässen gekommen war und der Golf IV von 1997 bevorzugt beliefert wurde. 1998 lag der Anteil am Gesamtabsatz der auf den vier Plattformen basierenden Fahrzeuge bei etwa zehn Prozent. Geplant war aber, die Zahl der Fahrzeuge von 38 auf 51 zu erweitern. In dem Maße aber, in dem die Plattform-Strategie zu immer neuen Variationen führte, änderten sich für den Golf die Modellzyklen: Die Zeiten, in denen eine Generation über acht oder neun Jahre gebaut wurde, neigten sich unwiderruflich dem Ende zu, und erst der Umstieg auf den MQB, den »Modularen Querbaukasten« von 2012, änderte daran wieder etwas.

Die Plattform-Strategie war zwar neu für Volkswagen, aber nicht einzigartig. Ferdinand Piëch wies beim *Fortune*-Interview von 1999 darauf hin, dass General Motors schon seit Jahren viele Fahrzeuge auf verschiedenen Plattformen baute, mit dem Ergebnis, dass viele von ihnen gleich fuhren und gleich aussahen. Und jenen Finanzanalysten, die eine große Verwirrung beim Kunden bezüglich VW Passt und Audi A4 gesehen haben wollten, rechnete der VW-Boss vor: Die Audi-A4-Bestellungen waren zwar zurückgegangen, aber lange nicht in dem Maße, wie 1996 erwartet worden war, und da die Bestellungen für beide Fahrzeuge zusammen um 50.000 Einheiten höher lagen als im Jahr zuvor, rechnete sich die Plattform. In den kommenden Jahren stellten auch andere Automobilhersteller auf gemeinsame Plattformen um.

2003 – 2008

Golf V

Die nächste Stufe

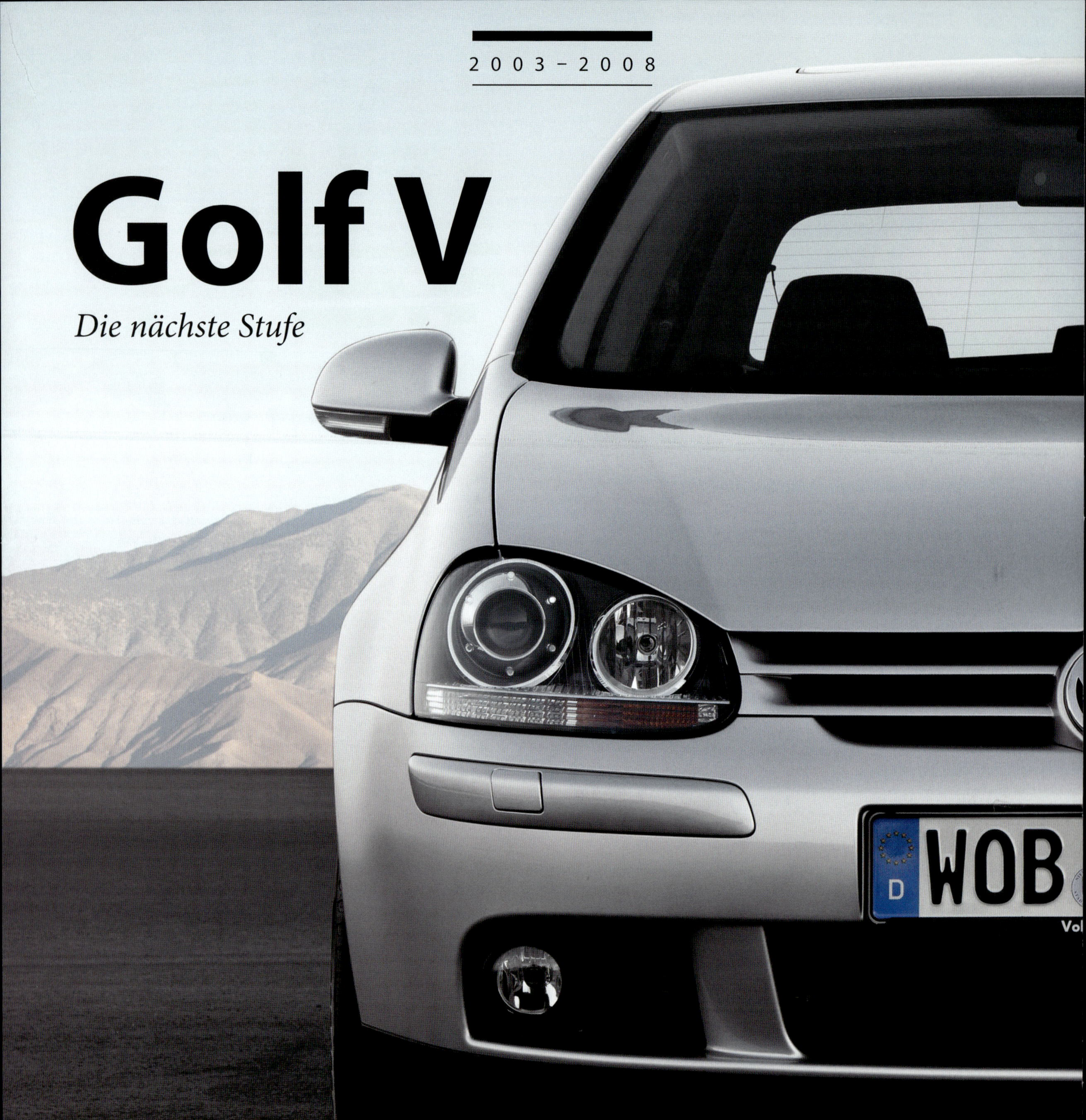

0 505

Der Touran von 2002 stellte den ersten Versuch von Volkswagen dar, in den boomenden Minivan-Markt einzusteigen. Und wie so oft: Trotz des späten Starts sicherte sich VW in Bezug auf die Zulassungszahlen die Poleposition in diesem Segment.

»Eher prosaisch betrachtet, hat er die richtige Größe – er ist groß genug, um die Bedürfnisse der meisten Menschen zu erfüllen, sodass man ihn sich deswegen kauft und nicht, weil man sich kein größeres Auto leisten kann. Wer Polo fährt, würde vielleicht lieber einen Golf fahren, aber wenn einer einen Golf fährt, kommt kaum einer auf die Idee, dass der Golf-Eigner lieber einen Passat gehabt hätte.«

Jay Nagley, 2014

2003, bei Einführung der fünften Golf-Generation, hatte sich der Markt grundlegender gewandelt als bei allen anderen Generationen zuvor. »Als wir im Jahr 1974 mit dem Golf starteten, gab es nur zehn vergleichbare Modelle«, so Vorstandsvorsitzender Bernd Pischetsrieder, »heute gibt es 130«.

Und die Vielfalt war größer als je zuvor. 1996 etwa hatte Renault mit dem Scenic das Segment der »Minivans« begründet, und alle großen Hersteller waren auf diesen Zug mit aufgesprungen. Minivans galten bald als praktische Alternative zur konventionellen Limousine. Große Sitzhöhe, mehr Kopffreiheit, große Türen, viele Staufächer und in alle Richtungen umklapp- oder verschiebbare Sitze, gerne auch noch eine Sitzreihe im Kofferraum, und das alles benötigte nicht mehr Verkehrsfläche als ein normales, stadttaugliches Automobil – wer brauchte da noch einen Kombi? Oder auch einen normalen Van, denn der Erfolg der Kompakten ging zu Lasten der großen Reisetransporter wie Renault Espace (der diese Fahrzeugkategorie praktisch erfunden hatte) oder auch von Platzhirschen wie Volkswagen Sharan und seinen Zwillingen Ford Galaxy und Seat Alhambra.

Die erste Scenic-Generation war ein grandioser Erfolg und verkaufte sich wie die sprichwörtlichen »warmen Semmeln«, viel besser als die anderen Mitglieder der Mégane-Familie, zu der sie gehörte. Nachdem der Markt so brummte, beorderte jeder Produktplaner seine Mannschaft an die Reißbretter, um Ähnliches zu entwerfen. Von Klassenprimus Volkswagen erwartete man jedenfalls, dass dieser um die Jahrtausendwende einen Golf-Van präsentieren würde, aber Opel kam den Wolfsburgern 1999 mit dem Zafira zuvor. Dieser kastenförmigen Astra-Ableger überraschte alle mit seinem genialen Sitzkonzept, denn bei diesem Siebensitzer ließen sich die zusätzlichen Sitze im Kofferraum zusammenfalten, man musste sie also nicht erst mühsam ausbauen. Damit hatte Opel die Nase vorn. Volkswagen musste reagieren, der Touran erschien 2002 und bewies, dass VW mehr konnte als nur Golf.

Keine Offenbarung indes war das Design, auch dieses in der niedersächsischen Heide entstanden. Mit dem Touran stellte Volkswagen aber den Fuß in die Tür zum Minivan-Segment, die dann der auf ihm basierende Caddy von 2004 weiter aufstieß. Zu haben mit fünf oder sieben Sitzen, priesen seine Väter die Vielseitigkeit des Entwurfs und wussten von 500 Verwendungszwecken und Möglichkeiten zu berichten, die das Konzept erlaube. In einigen Regionen, wie Japan, hieß der Wagen übrigens Golf Touran, aber ein echter Minivan im Golf-Format stand letztlich noch aus.

Der Touran nutzte die neue Golf-Plattform, intern PQ 35 genannt (P – Plattform, Q = Quermotor, 3 = Plattform-Nr., 5 = Golf-Generation). Dabei handelte es sich um eine Weiterentwicklung der Plattformstrategie mit weniger Fixpunkten, welche die Aufbauform begrenzten. Radstand und Spurbreite waren nun variabel, das erlaubte eine breitere Verwendung und sorgte für größere Skaleneffekte über die volumenträchtigen Pkw-Baureihen. Das ist auch einer der Gründe dafür, dass Volkswagen beim Passat 2004 zu einem Quermotor zurückkehrte, denn seine Basis, die PQ 36, war eine gestreckte Version der PQ-35-Plattform. Volkswagen selbst sprach lieber von »Modulen«, weil die Verwendung gemeinsamer Boden-Stanzteile eine geringere Kostenersparnis nach sich zog als der Einsatz von nicht typspezifischen Einzelkomponenten. Die Gleichteile-Strategie war für Käufer oder Motorjournalisten weitgehend unsichtbar, Letztere garnierten ihre Testberichte dann gerne mit Hinweisen auf Audi-Schalter im Škoda-Innenraum und umgekehrt.

Der Anteil der konzernweit zu nutzenden Teile, von Motoren und Getrieben über Türschloss-Mechanismen und Bremsen bis hin zu Achsen, stieg mit jedem neuen Typ und sollte künftig weiter wachsen. Das führte zu Audis, Seats und Škodas auf PQ-35-Basis, doch räumte VW-Chef Bernd Pischetsrieder 2003 in einem Interview gegenüber *Autocar* ein, dass es im Volkswagen-Programm noch Lücken gäbe, so einen Minivan unterhalb des Touran, ein Sport Utility Vehicle (SUV) als Ergänzung zum Touareg, ein weiteres Cabrio neben dem Audi A4 und möglicherweise einem Roadster auf Golf-Basis: »All das muss bis zum Jahr 2006 erledigt werden, und auch das ist im Grunde nicht schnell genug: ein Kraftakt, bis das Programm dann steht.«

Versteckte Innovationen

Das erste PQ-35-Produkt war der Touran, das zweite der Audi A3. Und beide nahmen die wichtigsten technischen Neuerungen der Golf-Neuauflage vorweg: die Mehrlenker-Hinterachse, die elektromechanische Servolenkung und die neuen FSI-Benzinmotoren (auch wenn der erste FSI-Motor noch im Golf IV erschienen war). Der A3 seinerseits war der erste Audi mit dem Schmalwinkel-V6 aus dem VW-Regal. Die einfache, aber sehr effektive Verbundlenker-Hinterachse, die der Volkswagen-Chefin-

Der neue Golf hatte das beste Fahrwerk seiner Klasse, die neue Hinterachse wurde in praktisch jedem Test gelobt. Sie galt als beispielhaft. (Foto: LAT)

Der Golf V in einer frühen Phase der Formfindung. Dieses Tonmodell von 1999 ist der späteren Serienausführung schon sehr nahe und folgte dem allgemeinen Trend zur Größe, der auch in der Kompaktklasse zu beobachten war. (Foto: Stiftung Automuseum)

genieur einmal als »lächerlich billig« bezeichnet hatte und die in der einen oder anderen Form von allen Golf-Rivalen kopiert worden war, schien jetzt nicht mehr gut genug zu sein, dank des Ford Focus. Wie im vorigen Kapitel beschrieben, hatte Ford mit seiner Mehrlenker-Hinterachse von 1998 den Klassenstandard neu definiert. Auch Käufer einer Familienlimousine durften technische Raffinesse erwarten. Und die Autotester jubilierten, denn diese Spezies von Fahrern hatte schon von Berufs wegen den Ehrgeiz, ein Auto ans Limit zu bringen. Das taten sie beim Focus mit wachsender Begeisterung und waren ob seines messerscharfen Handlings, den erzielbaren Kurvengeschwindigkeiten wie auch der Unbeirrbarkeit, mit der der Ford seine Bahnen zog, in den Focus regelrecht vernarrt.

Bis dahin hatte der Golf immer als gute Wahl für engagierte Fahrer gegolten, aber dann hatte der Focus ihn fahrdynamisch in seine Schranken verwiesen. Und das Schlimmste daran: Der Ford war billiger als ein Golf. So war bereits in einem sehr frühen Entwicklungsstadium klar, dass der Golf Numero Fünf eine Mehrlenker-Hinterachse bekommen musste, auch wenn das mit erheblichen Investitionen verbunden war. Und schnell musste es gehen, es handelte sich um eine Frage der Ehre. Dass Erzrivale Opel beim neuen Astra 2003 wieder mit einer Verbundlenkerachse aufkreuzte, interessierte in dem Zusammenhang nicht: Ford hieß der neue Gegner.

Die Mehrlenkerhinterachse, die die beste Verbindung von Fahrkomfort und Handlingseigenschaften verspricht, ist komplexer aufgebaut als die Verbundlenkerachse. Die Vierlenker-Hinterachse nimmt die auf das Rad einwirkenden Längs- und Querkräfte besser auf als die Verbundlenkerachse, bei der ja beide Räder miteinander in Verbindung stehen. Hier aber agieren die Räder unabhängig voneinander, ähnlich wie das bei einer Querlenker-Vorderachse der Fall ist. Außerdem weist durch die entsprechende Abstimmung die Achse einen beladungsabhängigen Lenkeffekt auf. Die querdynamischen Kräfte werden über drei Querlenker aufgenommen, die Längskräfte – natürlich – über einen Längslenker. Die Volkswagen-Hinterachse saß auf einem Hilfsrahmen; Stoßdämpfer und Feder waren für jedes Rad getrennt. »Tatsächlich erscheinen die Fahrwerkseigenschaften als bedeutendste Verbesserung gegenüber dem alten Golf«, konstatierte *auto motor und sport* und sprach von einem »optimalen Kompromiss«, die Zeitschrift *mot* sah das neue Fahrwerk »in puncto Abroll- und Federungskomfort« sogar als »neuen Standard in der Kompaktklasse.«.

»Wir hatten einen tollen Leiter der Produktion zu dieser Zeit, Dr. [Folker] Weißgerber«, erinnerte sich 2012 der langjährige Golf-Ingenieur Rolf Trump. »Natürlich will man immer das Beste von allem, auch wenn dies manchmal schwierig ist und teuer für den Kunden. Wir verhandelten mit Dr. Weissgerber und sagten ihm, dass wir die Produktion der teuren Mehrlenker-Achse in einer ganz kostengünstigen Art und Weise realisieren könnten. Also hatten wir eine große Achse.« Natürlich wurden die Kosten durch die Skaleneffekte, also die Tatsache, dass diese Konstruktion auch bei den Konzernmarken zum Einsatz kam, gemildert, aber teurer war sie dennoch, und das bedeutete, dass an anderer Stelle gespart wurde – etwa im Innenraum, wo die Mittelkonsole aus billig wirkendem Kunststoff ins Armaturenbrett gezimmert schien und wo bei den Türverkleidungen

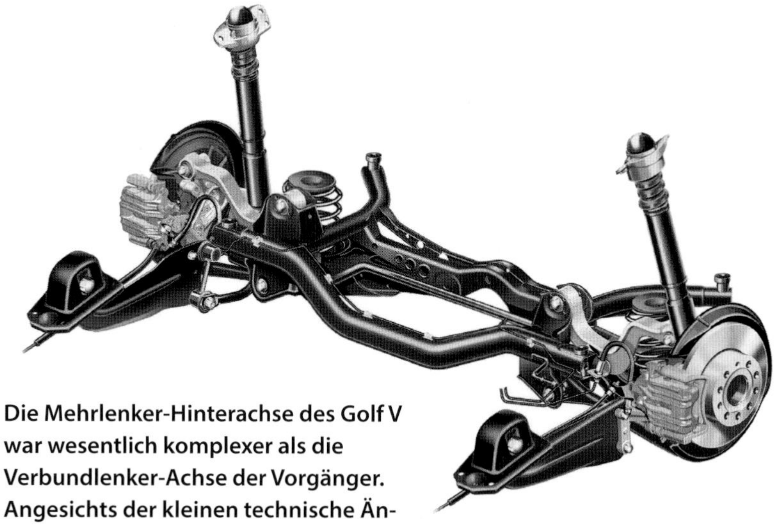

Die Mehrlenker-Hinterachse des Golf V war wesentlich komplexer als die Verbundlenker-Achse der Vorgänger. Angesichts der kleinen technische Änderungen, die normalerweise bei einem Modellwechsel vorgenommen wurden, kam das beinahe einer Sensation gleich.

Schmalhans Küchenmeister war: »Die reichliche Verwendung von Hartplastik lässt den Rotstift erkennen«, monierten die Stuttgarter Tester, andere meckerten darüber, dass jetzt die Sitzschienen bei ganz nach vorne oder hinten geschobenen Vordersitzen offen lagen und keine Abdeckkappen mehr trugen – Kleinigkeiten, gewiss, aber doch spürbar. Später, im Vorfeld der Golf-VI-Einführung 2008, räumte Volkswagen dann ein, dass der Golf V viel teurer in der Produktion gewesen war als beabsichtigt.

Die zweite große mechanische Veränderung im neuen Golf bestand in der elektro-mechanischen Servolenkung. Statt einer Hydraulikpumpe mit Riemenantrieb vom Motor aus wurde die Servolenkung von einem Elektromotor angetrieben. Diese griff nur bei einem Lenkeinschlag ein und variierte den Grad der Servounterstützung je nach Geschwindigkeit, bot geringe Lenkmomente bei extremer Langsamfahrt wie Parkmanövern und eine höhere Rückmeldung bei schneller Fahrt. Volkswagen versprach ein besonderes »Mittengefühl« bei Geradeausfahrt mit Geradeauslaufkorrektur; bei Seitenwind und Schräglage strebte das Lenkrad selbstständig wieder in Richtung Geradeauslauf. Als weiteren Vorteil versprach Volkswagen einen im Fahrbetrieb um rund 0,2 Liter gesunkenen Durchschnittsverbrauch, weil die Elektromechanik, anders als konventionelle Hydrauliklösungen, nur bei Bedarf aktiv wurde. Solche elektrisch unterstützten Lenksysteme wurden danach zum Standard in der Branche, denn »die neue elektrische Lenkung ist ein Glücksfall«, so *mot*.

Kontinuität im Styling

Über der neuen Plattform aber saß ein typischer VW-»Hut«, so die interne Bezeichnung für die Karosserie: Zweifelsohne eine Fortschreibung des Golf-IV-Designs mit weiter herun-

Die Wertigkeit der im Innenraum verbauten Materialien war durchaus umstritten, der Golf IV hatte in der Beziehung mehr überzeugt. Die blaue Hintergrundbeleuchtung des Armaturenbretts aber wurde übernommen. Nicht serienmäßig war das Multifunktionslenkrad.

Einige pfiffige Golf-Details: Außenspiegel mit Blinkleuchten und Umfeldbeleuchtung (natürlich optional), ein Flaschenöffner als Trennung für die vorderen Getränkehalter und das VW-Logo auf der Heckklappe als Griff zum Öffnen, entriegelt nur durch einen Knopf auf dem Schlüssel. (Fotos: Autor)

tergezogener Frontpartie und nach hinten ansteigender Silhouette. Die C-Säule wirkte noch etwas pfeilförmiger. Dazu kamen weitere, für die VW-Modellpalette jener Jahre typische Stylingelemente wie die Rückleuchten im Stil von Phaeton und Touareg. Rasch eroberten die bisher Luxuswagen vorbehaltenen Features die Kompaktklasse, etwa die elektrischen Außenspiegel mit integrierten Blinkern, die für die Fußgänger besser sichtbar und vom Fahrersitz aus gut zu überblicken waren. Außerdem waren nun beide Außenspiegel gleich groß, was bei Autobahnfahrten von Vorteil war. Nicht so gut hingegen: Wenn ein Spiegel einmal ausgetauscht werden musste, wurde es teuer.

Einige Stilelemente wie die großen Scheinwerfer und die Rundelemente innerhalb der Rücklichteinheiten zogen Vergleiche mit anderen Autos wie dem Peugeot 307 nach sich, aber vielleicht war es der 307, der versuchte, wie ein Golf auszusehen – schließlich war der Vorgängertyp 306 als »Der Rivale« beworben worden. Abgesehen davon waren die Franzosen nicht alleine in ihrem Bemühen, dem Golf Käufer abzujagen. Vom neuen Opel Astra bis zum E12-Corolla: Alle betonten sie die fette hintere Dachsäule; nur der Citroën C4 mit seinem geschwungenen Dach und der Renault Mégane mit seiner ungewöhnlichen stehenden Heckklappe (übrigens maßgeblich unter Patrick le Quement entstanden) suchten einen anderen Ansatz und fielen gnadenlos auf den Bauch.

Was gab der Markt sonst noch her? Den in England für Europa gebauten Honda Civic, der versuchte, durch einen variablen Innenraum mit ganz im Boden zu versenkenden Rücksitzen und einem Joystick im Armaturenbrett als Ganghebel ein wenig Minivan-Feeling in die Kompaktklasse zu bringen, oder von Fiat den Stilo, der ebenso wenig reüssierte wie sein Nachfolger Bravo. Und Hyundai oder gar Kia hatte zu dem Zeitpunkt noch kaum einer auf dem Zettel.

Der VW Golf hatte in der Neuauflage in allen Dimensionen noch einmal zugelegt. Er war 1,759 Meter breit, 1,485 Meter hoch und 4,204 Meter lag. Gegenüber dem Vorgänger ergab sich damit ein Plus von 24 Millimetern in der Breite, von 41 Millimetern in der Höhe und von 55 Millimetern in der Länge. Der Radstand wuchs um 67 Millimeter auf 2,578 Meter, was einen Zuwachs an Beinfreiheit hinten um 52 Millimeter mit sich brachte. Auf der anderen Seite war das Kofferraumvolumen minimal gesunken, zumindest, so lange die Sitze nicht umgeklappt wurden; Volkswagen reklamierte zwar mit einem Volumen von 350 Litern zwanzig mehr als zuvor, allerdings mit Ersatzradmulde, denn ein vollwertiges Ersatzrad gab es nur noch auf Wunsch. Außerdem ließen sich die Rücksitzlehnen nicht flach umlegen, es blieb eine Stufe auf der Ladefläche – das konnten andere besser. Der kurz darauf nachgeschobene Golf Plus hatte dann einen glatten Ladeboden. Nebenbei bemerkt: Drei Jahrzehnte intensiver Entwicklung hatten dem Golf seit dem ersten Exemplar von 1974 über die Generationen hinweg einen stetigen Zuwachs an Größe und Gewicht beschert. Und auch wenn jeder Test auf diese Tatsache hinwies und man manchmal den Eindruck bekommen konnte, ein Golf-Fahrer steuere einen Ozeandampfer durch das Verkehrsgewühl – der Größenunterschied war nicht so extrem. In der gegenwärtigen Ausbaustufe war der Golf von 2003 fast genau einen halben Meter länger als der Ur-Golf, etwa 15 Zentimeter breiter und etwas mehr als sieben Zentimeter höher. Schlimm? Nun ja, auch die Durchschnittsgröße der Menschen hatte zugenommen, und ihre Ansprüche an Platz, Komfort und Sicherheit waren gewachsen, und dem trug die Autoindustrie in jeder Beziehung Rechnung. Daher passte sich Volkswagen nur an die Erfordernisse des Marktes an.

Die neue Karosserie, so das Werk, biete eine um 80 Prozent höhere statische Torsionssteifigkeit, doch das Gewicht des Karosserierohbaus stieg lediglich um elf Kilogramm. Möglich wurde das durch verbesserte Fertigungsmethoden: 140 Roboter zogen insgesamt 70 Meter Laserschweißnähte, fünf mehr als noch beim Vorgänger. Mit entsprechender Ausstattung wog ein 1,6-Liter-FSI-Fünftürer 1.220 Kilogramm; ein vergleichbarer Golf IV brachte es dagegen auf 1.195 Kilogramm, während bei einem inzwischen sechs Jahre alten Ford Focus 1.200 Kilogramm vermerkt waren.

Erfolgsduo: FSI und TDI

Nach ihrem Debüt in Polo, Audi A3 und dem kurz vor der Ablösung stehenden Golf IV weitete Volkswagen mit Einführung des Golf V sein Angebot an direkt eingespritzten Benzinmotoren – FSI – deutlich aus. Die Kraftstoffschichteinspritzung wurde parallel mit den ebenfalls weiterentwickelten TDI-Motoren zum motorentechnischen Aushängeschild der Wolfsburger.

Die Einstiegsmotorisierung bildete der 1,4-Liter mit 75 (später 80) Pferdestärken; doch dieser Ottomotor erschien, wenig überraschend, den meisten Testern als zu langsam. Das änderte sich aber im Januar 2004, als ein neuer 1,4-Liter-FSI eingeführt wurde, der eine Leistung von 90 PS entwickelte. Darüber angesiedelt war der ebenfalls aus dem Vorgänger bekannte 1,6-Liter mit 100 beziehungsweise 102 PS (je nach Markt), der dann ebenfalls 2004 durch das hubraumgleiche FSI-Aggregat mit 115 PS abgelöst wurde. Anders als der 1,4-Liter hatte der 1,6-Liter eine in Abhängigkeit von Motorlast und Drehzahl variable Ventilsteuerung auf der Einlassseite. Das sollte helfen, die Emissionen zu verringern und das Drehmoment zu verbessern.

An der Spitze der Golf-FSI-Motoren stand der 2.0 FSI mit 150 PS bei 6.000 U/min. Dieser war bereits in Audi A3 und A4 zum Einsatz gekommen. Damit erreichte der Top-Golf locker das Leistungsvermögen des vorherigen GTI, und somit war auch klar, dass der kommende GTI dann deutlich leistungsstärker sein musste: man rechnete mit über 200 PS. Die neuen FSI-Motoren sollten aber nicht nur Leistung bieten, sondern auch sparsam sein; für den 2.0 FSI nannte das Werk einen Verbrauchswert von 7,2 Litern Kraftstoff auf 100 Kilometer – »ein Verbrauchswert, der selbst einen Dieselmotor gut aussehen ließe«, wie sich das Werk selbst lobte. Den 140-PS-TDI gab VW übrigens mit einem Verbrauch von 5,4 Litern an; die FSI-Technologie verengte auf jeden Fall die Verbrauchslücke zwischen Benziner und Diesel. Alle Golf über 100 PS hatten jetzt ein Sechsgang-Getriebe, auch das verbesserte die Wirtschaftlichkeit und senkte bei Autobahnfahrten Drehzahlen und Verbrauch. Unter Last klangen wegen der höheren Verbrennungsdrücke die FSI-Motoren

In Sachen Fahrverhalten trennten beide Generationen Welten.

etwas rauer und lauter (der 1,6-Liter mehr als der 2,0-Liter); der große FSI ging laut Werk 206 km/h und beschleunigte in 8,9 Sekunden auf Hundert; das waren wieder einmal sehr respektable Werte in den Regionen des bisherigen GTI. Dieser FSI-Motor war übrigens der einzige, der 98-oktaniges Super Plus verlangte, die anderen begnügten sich mit normalem 95-Oktan-Super. Da alle anderen FSIs auf Super ausgelegt waren, wurde in den Foren heftig darüber debattiert, ob es denn tatsächlich das teure Super Plus sein müsse.

Alle Motoren erfüllten bereits jetzt die erst ab 2006 geltende Euro-4-Abgasnorm. Sehr zum Leidwesen der Automobilhersteller waren die entsprechenden Bestimmungen immer weiter verschärft worden waren bei immer kürzeren Übergangsfristen. Die europäische Gesetzgebung konzentrierte sich zu diesem Zeitpunkt vor allem auf die Reduzierung der Kohlendioxid (CO_2)-Emissionen, da diese Luftschadstoffe als Hauptursache der globalen Erwärmung ausgemacht worden waren.

Damit einher gingen in den meisten europäischen Ländern eine Bemessung der Kfz-Steuer nach Schadstoff-Ausstoß und die Einrichtung von Umweltzonen in Ballungszentren gemäß dem europäischen Luftreinhalteplan. Die Kfz-Steuer berechnete sich nach EU-Schadstoffklassen und Hubraum; in Deutschland war seit 1985 eine jährliche Abgassonderuntersuchung (ASU, heute AU) für Fahrzeuge mit Ottomotoren vorgeschrieben. Schadstoffausstoß und Sicherheit standen also bei Einführung des Golf V ganz oben auf der Agenda; jeder Großserienhersteller sah sich in der Pflicht, Fahrzeuge mit möglichst geringen Schadstoffemissionen zu produzieren. Innerhalb des VW-Konzerns hatte der Polo 1.4 Diesel mit 124 g/km den geringsten Schadstoffausstoß, bei Einführung des neuen Golf war es der 1.9 TDI mit 143 g/km.

Überhaupt der Diesel: Selbstzünder boomten im Jahr 2003. 43,7 Prozent aller Zulassungen entfielen europaweit auf dieses Motorkonzept, und der Volkswagen-Konzern war die treibende Kraft. Er brachte einen Hochleistungsdiesel nach dem anderen an den Start, bis hin zum 313 PS starken V10-TDI in Phaeton und Touareg. Bis zum Jahr 2007 war die Motoren-Palette für den Golf auf fünf verschiedene Diesel- und sieben Ottomotoren angewachsen.

Top-Diesel war der neue 2,0-Liter-TDI (1.968 ccm) mit 16-Ventil-Zylinderkopf und 140 PS. Auch dieser erfüllte die Euro-4-Abgasnormen. Nominell zehn PS schwächer als der Spitzen-TDI im Vorgänger, erhielt er dennoch beste Noten, auch und gerade im Vergleich zum darunter angesiedelten 1,9-Liter-Achtventil-TDI mit 105 PS, der »bei Stadtfahrten etwas rau und knurrig und auf der Autobahn nie völlig ohne Präsenz« sei, so die Zeitschrift *mot*. Dafür ging der Selbstzünder überaus kräftig zur Sache, das Drehmomentmaximum von 250 Newtonmetern stand bei 1900 Umdrehungen an. Der Verbrauch laut EU-Norm lag im Drittelmix bei 5,1 Litern Kraftstoff; mit etwas sensiblem Gasfuß war der Wert beim 1,9-Liter auf unter fünf Liter zu drücken. Später kam dann auch noch ein 170-PS-TDI. Bei den Selbstzündern handelte es sich nun ausnahmslos um Pumpe-Düse-Motoren.Nach 2004 gab es einige Diesel auch

mit Partikelfilter, die die feinsten Rußpartikel aus dem Abgas herausfilterten. Anfang 2004 kam ein 75-PS-2,0-Liter-SDI ohne Turbolader als Einstiegsdiesel hinzu. Den 1,9-Liter-TDI gab es mit 90 oder 105 PS. Während der gesamten Laufzeit des Golf V war für den 1,6-Liter sowie den 2.0-Liter-TFSI optional eine konventionelle Sechsgang-Wandlerautomatik erhältlich, für die TDI dagegen gab es – Aufpreis 1.325 Euro – das Sechsgang-Doppelkupplungsgetriebe (DSG). Ab 2006 wurde das DSG-Angebot auf den neuen GTI und die TSI-Benzinmotoren ausgeweitet. Das Wirkprinzip der DSG wurde bereits beschrieben, hier noch einmal zur Erinnerung: Das DSG verfügt über zwei Nasskupplungen, wobei die eine Kupplung die ungeraden Gänge plus Rückwärtsgang und die andere die geraden Gänge bedient. Das bedeutet, dass immer die nächsthöhere oder niedrigere Fahrstufe vorgewählt ist, die Schaltprozesse erfolgen also mit minimaler Zugkraftunterbrechung.

Ein holpriger Start

Der Start war mühsam, der europäische Markt hart umkämpft. Der Focus, dessen Ablösung bevorstand, war ein harter Brocken, und die VW-Preise blieben hoch: Der Golf brauchte einen langen Atem. Seinen Einstand feierte er im September 2003 auf der IAA, die Markteinführung erfolgte Mitte Oktober. Die Werbung begann mit der »Großen Golf-Show« in der Wolfsburg-Arena im Juni, im selben Monat, in dem der Golf mit 21.517.415 Einheiten den Käfer als meistgebautes Auto der Welt ablöste. Im August begann an den Standorten Wolfsburg, Brüssel und Zwickau die Umrüstung der Anlagen auf die Produktion des Nachfolgers; VW rechnete mit einer hohen Nachfrage. Vom 25. August bis zur Presse-Vorstellung am 9. September ließ der Bürgermeister von Wolfsburg seine Stadt in »Golfsburg« umbenennen.

Dank seines neuen Fahrwerks und der elektromechanischen Lenkung fiel das Presse-Echo sehr positiv aus, im Großen und Ganzen war man der Meinung, dass sich der Golf nun wieder an die Spitze im Kompaktsegment gesetzt habe. Aber die Konkurrenz war groß. Der Focus stand vor der Ablösung, und während japanische Golf-Konkurrenten wie der Toyota Corolla die europäischen Tester noch nie hatten restlos überzeugen können, so änderte sich das mit dem Mazda 3: Entworfen und gestylt, um europäischen Käufern zu gefallen, basierte er auf der Bodengruppe und dem Fahrwerk des Ford Focus, da Mazda zu diesem Zeitpunkt eng mit Ford kooperierte; die Amerikaner waren Mehrheitseigner und trennten sich erst im Zuge der Finanzkrise zum Ende des Jahrzehnts von ihren Anteilen. Der Mazda 3 galt unbestritten als großartiger Wurf, bot viel Fahrspaß und japanische Tugenden, und dieses Kombination verhalf ihm zum prestigeträchtigen Titel »Car of the Year« 2004, noch vor dem neuen Golf.

Der erste große Vergleichstest ließ nicht lange auf sich warten, die Zeitschrift *auto motor und sport* ließ noch 2003 einen 1.6 FSI

Der Golf Plus war rund zehn Zentimeter höher als ein normaler Golf, eine Folge der höheren Dachlinie. In der Tat waren die einzigen Anbauteile, die sich die beiden Golf-Geschwister teilten, Außenspiegel, Türgriffe und die Embleme.

Der GTI W12-650

Nur acht Wochen vor dem Wörthersee-Festival im Mai 2007 beauftrage der damalige VW-Chef Martin Winterkorn seine Ingenieure mit der Entwicklung eines ganz besonderen Schaustücks. Das Ergebnis geriet wahrhaft spektakulär.

Die Design-Studie GTI W12-650 sah aus wie ein stark modifizierter GTI-Dreitürer, hatte aber als Antrieb einen mittschiffs montierten Zwölfzylinder-Bi-Turbo mit 650 PS. Dieser W12-Motor war mit den gleichen Spezifikation auch im Bentley Continental zu finden. Er saß in einem Aluminium-Hilfsrahmen; der Sechsliter-Zwölfzylinder bestand aus zwei nebeneinander liegenden Schmalwinkel-V6-Motoren aus Aluminium, um Gewicht zu sparen.

Der GTI war ein voll fahrbares Auto, wenn es auch nicht ratsam war, jeden Gang bis zum Anschlag auszureizen, denn das machten die Reifen – hier wurden nur die Hinterräder angetrieben – nicht lange mit. »Wir wissen, dass Herr Piëch in Österreich lebt, daher ist er immer vor Ort«, erklärte Exterieur-Designer Marc Lichte bei einem seiner vielen Ausflüge zum GTI-Treffen. »Wir wussten daher, dass, wenn wir ein Auto wie dieses präsentierten, es auch funktionieren sollte.« Der W12-650 machte bei zahlreichen Autozeitschriften Station, und viele TV-Shows wie *Top Gear* – mit rund 350 Millionen Zuschauern weltweit die größte ihrer Art – scheuchten ihn mit Begeisterung über den Asphalt.

Laut Werk beschleunigte er in 3,7 Sekunden auf Hundert und lief 325 km/h. Es war die Rede davon, dass, genügend Interessenten vorausgesetzt, es nicht bei diesem Einzelstück bleiben müsse ... Tat es aber doch, der W12-650 beendete seine Karriere im VW-Museumskomplex in Wolfsburg.

Der wilde W12-650 ähnelte nur entfernt einem Golf. Seine zusätzlichen 16 Zentimeter in der Breite beherbergten einen Mittelmotor von Bentley, einen maßgeschneiderten Antriebsstrang und in den Seiten integrierte Kühlsysteme.

Zusatzgebläse waren notwendig, um den Zwölfzylinder zu kühlen. Die Abdeckungen bestanden aus Sichtkarbon.

Comfortline gegen Peugeot 306, Renault Mégane und Mazda 3 antreten. Beinahe könnte man meinen, die Redaktion wäre der Sache überdrüssig geworden, denn himmelhohe Begeisterung verströmte sie nicht. Stattdessen wurde erst mal gemeckert: Die Vorgänger waren in Sachen Zuverlässigkeit keine Musterknaben gewesen, das ergab zumindest die Auswertung von Leserzuschriften, außerdem fanden die Leser den Golf zu spießig und zu teuer. Die Zuverlässigkeit war bei den japanischen Herstellern wesentlich besser, und Renault baute Fahrzeuge, die regelmäßig fünf Sterne bei den Euro-NCAP-Tests abräumten. Auch waren die Konkurrenten deutlich besser ausgestattet – wo blieb also das Besondere, das Golf-Spezifische?

Gewiss, der Golf war noch immer ein Auto mit vielen sinnvollen Details, die dem Fahrer das Leben leichter machten: Sehr gute Sitze mit großem Verstellbereich, eine beispielhafte Ergonomie, eine über jeden Zweifel erhabene Funktionalität – zusammen mit dem neuen Chassis und der sorgfältigen Verarbeitung im Detail hatte der Golf zweifelsohne das Zeug zum Klassenprimus. Nur: Die Meute war ihm hart auf den Fersen, die Schweizer *auto-illustrierte* listete im Oktober 2003 bei der großen Golf-V-Produktvorstellung die wichtigsten auf, bezeichnete den Peugeot 307 als bisheriges »Maß aller Dinge«, lobte den Renault wegen »hoher Laufruhe und souveräner Straßenlage«, den Mazda 3 für seine Sportlichkeit, den Fiat Stilo wegen des vielfältig nutzbaren Innenraumkonzepts und den Focus für Raumökonomie und Straßenlage.

Ähnlich ambivalent fiel das Urteil des Auslands aus. Britische Zeitschriften zum Beispiel lobten ebenfalls die spürbaren Fortschritte in Fahrwerk und Lenkung, die den Golf zu einem richtig fahraktiven Wagen machten, mussten andererseits aber auch zugeben, dass die Konkurrenz aufgeholt hatte. *What Car?* verglich einen Golf 1.6 FSI mit einem Mazda 3: »Die Wahl zwischen beiden war schwierig, nicht zuletzt wegen des ... hohen Listenpreises. Für den Mazda sprechen Optik, Fahrverhalten und Preisgestaltung«, so die britischen Tester, doch »letztlich dürfte der Golf den Mehrpreis wert sein. Er ist werthaltiger und letztlich auch sparsamer, außerdem hat er einen höheren Sicherheitsstandard und kann individueller ausgestattet werden.« Die amerikanische *Car & Driver* fand den 2007 eingeführten Rabbit dagegen »preiswert«.

Zur Markteinführung rechnete Volkswagen mit einem Absatzvolumen von 600.000 Golf pro Jahr sowie 180.000 Touran, doch war der Golf war kein Selbstläufer mehr. Die Käufer erwarteten mehr – vielleicht nicht an Technik, aber an Ausstattung. Und da bot der Golf einfach zu wenig, auch wenn die Basis jetzt »Trendline« hieß: Eine Klimaanlage war zunächst in keiner der drei Ausstattungslinien serienmäßig. Dafür brachte jeder Golf ab Werk ein fettes Sicherheitspaket mit, das mit einer Fünf-Sterne-Wertung im Euro-NCAP-Rating belohnt wurde – mit Höchstpunktzahl, kein anderes Auto des Jahres 2004 erreichte die zwölf Punkte, die der Golf erreichte. Dieser Erfolg war auch eine Konsequenz aus den zahlreichen elektronischen Helferlein, die parat standen, um einen ausbrechenden Golf wieder einzufangen. Ein ABS verdiente keine weiteren Worte, das integrierte elektronische Stabilitätsprogramm ESP samt integriertem Bremsassistenten (Dual Brake Assist) dagegen schon. Scheibenbremsen waren an Vorder- und Hinterachse zu finden, ihre Durchmesser variierten je nach Motorleistung. Wenn dennoch die Straße ausging, schützte der Golf seine Passagiere mit Front- und Seitenairbags (insgesamt sechs an der Zahl) und Aktiv-Kopfstützen vorne. Wegfahrsperre, Zentralverriegelung mit Fernbedienung und elektrische Fensterheber vorne waren ebenso bereits im Trendline mit an Bord wie ein höhenverstellbarer Fahrersitz oder elektrisch verstellbare Außenspiegel. Zweifelsohne war Volkswagen mit dem neuen Golf einmal mehr ein großer Wurf gelungen, der auch in der Verarbeitung »Premium« war, doch das reichte nicht mehr, um auch einen Premium-Preis zu erzielen: Der Golf war zu teuer, sogar die britische *The Times* berichtete über die Startschwierigkeiten des neuen Hoffnungsträgers: Im Dezember 2003 lagen die deutschen Golf-Zulassungen um 45 Prozent unter Vorjahr, im Januar 2004 lagen die Verkäufe europaweit um elf Prozent unter Vorjahr, und im Februar gab der Konzern bekannt, die Osterferien in seinen drei deutschen Golf-Produktionsstandorten um vier Tage zu verlängern. Im Internet wurden Neuwagen mit hohen Rabatten angeboten, die der Vertragshändler nicht bieten konnte. Stattdessen verbesserte Volkswagen die Ausstattung, und nachdem ab dem 1.4 Trendline die halbautomatische Climatic im Wert von 1.225 Euro der Serienausstattung zugeschlagen worden war (im Laufe der Zeit sollten immer mehr Extras zur Serienausstattung gehören), kamen die Zahlen aus dem Keller.

Golf Plus

War der Golf, trotz aller Schwierigkeiten, im Grunde genommen der Platzhirsch unter den Kompakten, so hatte Volkswagen doch kein Standbein im boomenden Minivan-Markt. Und wieder war es Ford, das mit einem Focus-Ableger, dem C-Max, vorpreschte, im Oktober 2002 in Paris eine seriennahe Studie und dann, ein Jahr später, die Serienausführung auslieferte. In Wolfsburg war man dagegen noch nicht so weit, erst auf der Bologna Motor Show im Dezember 2004 stand der Golf-V-Van, mit Markteinführung Ende Januar 2005. Die Pressemappe sprach von einer »neuen Golf-Dimension«, beschrieb ihn als »progressives Allround Vehicle einer neuen Fahrzeuggeneration.«

Der Neue erhielt den Namen »Golf Plus« und hatte bis auf Außenspiegel, VW-Embleme, Türgriffe und Antenne keine identischen Karosserieteile, auch der Armaturenträger war komplett neu. Neben dem Radstand und der Breite hatten sich auch alle anderen Dimensionen verändert, vor allem die Höhe: Das Plus beim Plus betrug gegenüber dem Golf 95 Millimeter, was für 20 Millimeter zusätzliche Kopffreiheit sorgte. Beim Van saß man auf allen Plätzen spürbar aufrechter als beim Golf; die Rücksitze waren im Verhältnis 60 : 40 geteilt umklappbar. Die »Rücksitzanlage«, so der offizielle Terminus, war außerdem um 160 Millimeter in Längsrichtung zu verschieben; eine trickreiche Kinematik ließ, sobald die Lehnen umgeklappt waren, die Sitzfläche nach unten wegtauchen, sodass bei entsprechend positioniertem Ladeboden im Kofferraum eine durchgehende Ladefläche entstand. Ein Komplettausbau des Gestühls war nicht vor-

Der Golf Plus verfügte über einen verstellbaren Laderaumboden, so ergab sich bei umgelegten Rücksitzen eine durchgehende Ladefläche.

Es hatte Spekulationen über einen Golf »Marrakesch« gegeben, doch letztlich war der auf Robustheit getrimmte Plus nicht mehr als ein Pseudo-Geländewagen, der dann als »CrossGolf« oder, je nach Absatzmarkt, als »Golf Plus Dune« vermarktet wurde.

2007 erschien mit dem Tiguan der zweite SUV von Volkswagen, aber der erste in der Golf-Familie. Basierend weitgehend auf der Golf-Plattform, war er länger und größer, hatte Passat-Technik an Vorder- und Hinterachse, einen vom Golf Plus abgeleiteten Innenraum und den bekannten Haldex/4Motion-Antrieb ohne Sperren oder Reduktionsgetriebe. Später folgten Versionen mit Frontantrieb nach.

gesehen. Es gab Klapptabletts an der Rückseite der Vordersitze (in Deutschland zunächst erst ab Comfortline), Getränkehalter hinten in der hinteren Mittelarmlehne/Durchladeklappe, Ablagen in der Mittelkonsole und Ablageschubladen unter den Vordersitzen. Eine Dachkonsole war als Extra erhältlich. Insgesamt gab es bis zu 43 Ablagen und Möglichkeiten, etwas zu befestigen. Die meisten Modelle hatten einen variablen Kofferraumboden, der in zwei Stufen fixiert werden konnte. In der höchsten Stufe eingehängt ergab sich ein Staufach über der Reserveradmulde, was das Kofferraumvolumen von den üblichen 395 Litern – bei stehenden Rücksitzlehnen – um weitere 120 Liter erweiterte. Waren die Rücksitzlehnen komplett umgeklappt – und das ging per Hebel kinderleicht – standen maximal bis zu 1.450 Liter Stauvolumen zur Verfügung.

Im Grunde fuhr sich der Golf Plus nicht anders als ein normaler Golf, was nun nicht weiter überraschte, denn die Federbeinvorderachse wie auch die hochgelobte Mehrlenker-Hinterachse waren bekannt. Die Fahrwerkstechniker hatten aber Federn, Dämpfer, Zusatzfedern und Stabilisatoren neu abgestimmt, u. a. durch längere Federwege oder stärkere Stabilisator-Querschnitte. Der Plus kostete einen halben Tausender mehr als der Normal-Golf, wurde mehr oder weniger mit der gleichen Motorenpalette angeboten (vergessen wir mal den R32) und galt als clevere Ergänzung der Modellpalette. Der Plus trug mit dazu bei, dass der Golf im Dezember 2005 wieder zur Nummer eins in Europa aufstieg.

Der Hochdach-Golf mit seinem konservativen Styling konnte nichts dafür, dass er mitunter respektlos als »Rentnergolf« tituliert wurde, in der Tat aber hatte dieser Golf einiges, was ihn für die Ü-60-Generation interessant machte: Sitzposition, Sitzhöhe, der bequeme Ein- und Ausstieg, all das machte ihn vor allem für ältere Fahrer attraktiv. Schwachpunkt war, wie gesagt, die Optik. Ähnliche Vorzüge, aber eine andere Optik, wies der Seat Altea auf. Der allerdings war kein Volkswagen, und daher versuchte VW im Jahre 2006, dem Plus zu mehr »Lifestyle« zu verhelfen, was zum CrossGolf führte: Größere Federwege, eine um 20 Millimeter höhere Bodenfreiheit, 17-Zoll-BBS-Leichtmetallräder, Dachreling, spezielle Stoßfänger mit angedeutetem Rammschutzbügel und neuer Kühlermaske, seitliche Kunststoffbeplankungen im Rustikal-Design, aber kein Allradantrieb, das waren die Zusätze, die aus dem Plus einen CrossGolf machten (in Großbritannien hieß er »Golf Plus Dune«). Letztlich hatte der Lifestyle-Plus die gleichen ausgewogenen Eigenschaften, die auch den zivileren Plus auszeichneten – und der galt fortan stets als der »bessere« Golf.

Auf ein echtes SUV auf Golf-Basis, wie es Toyota mit dem RAV-4 und Honda mit dem CR-V anbot, mussten die Volkswagen-Käufer noch ein weiteres Jahr warten, ein solches erschien erst 2007 in Gestalt des Tiguan. Wer nicht so lange warten wollte, konnte – die Pressemappe stammt vom September 2004 – zur Golf-Limousine mit Haldex-Allrad-Antriebssystem greifen, das einmal mehr unter dem Label »4MOTION« vermarktet wurde. Das System leitete stufenlos und für den Fahrer kaum wahrnehmbar zehn bis fünfzig Prozent der Antriebskraft an die Hinterachse. Laut Volkswagen handelte es sich dabei um ein System der zweiten Generation mit verlängerten Wartungsintervallen, das schneller, feinfühliger und leiser ansprach. Es blieben aber die bekannten Schreckgespenster, die hießen »Extragewicht« und »verringertes Kofferraumvolumen«. Von Anfang an im Angebot stand auch ein optionales Offroad-Paket mit Unterfahrschutz, weiterhin ein Schlechtwegepaket mit strafferer Dämpfung und 20 Millimeter höherer Bodenfreiheit. Das machte den 4Motion noch immer nicht zum Geländewagen, aber um einen Anhänger zu ziehen (Anhängelast bis zu 1.800 Kilogramm), schlammige Feldwege zu bewältigen oder um bei Schnee nicht liegenzubleiben, war das eine feine Sache.

Dafür verlangte Volkswagen einen Aufpreis von rund 1.500 Euro. Angeboten wurde der 4Motion mit einem Benziner, dem 2.0 FSI, sowie zwei TDI-Motoren, nämlich mit 1.9 und 2.0 Litern Hubraum. Eine Sonderstellung innerhalb der Allrad-Modellpalette nahm der R32 ein, denn der hatte die Haldexkupplung serienmäßig.

Die Rückkehr des GTI

In Sachen GTI hatte es mit der fünften Golf-Generation ein radikales Umdenken gegeben, denn der gar zu diskrete Auftritt des Golf-IV-GTI und die inflationäre Auswahl an Varianten hatten am Ruf der Ikone gekratzt. Zum ersten Mal – abgesehen vom Ur-Golf – enthüllte Volkswagen bei der Premiere der neuen Golf-Generation nicht auch gleich einen neuen GTI, stattdessen stand auf der Frankfurter IAA im September 2003 eine GTI-»Studie«, die Neugierde wecken sollte, eine Maßnahme, die hervorragend funktionierte.

Die Studie war bewusst als Reminiszenz an den 28 Jahre zuvor eingeführten GTI I inszeniert worden, mit roter Lackierung, schwarzem Kühlergrill und V-förmig zulaufender Haube, neu gestaltetem Kühlergrill und untenliegenden Lufteinlässen. Diese neue Formensprache zierte auch den Mittelmotor-Roadster »Concept R«, der ebenfalls auf der Messe gezeigt wurde, aber nicht in Serie ging. Die rote Paspel um den Kühlergrill war wieder da, ebenso das Tartan-Muster für die Sitzbezüge. GTI-Logos fanden sich dort ebenso wie auf dem Dreispeichen-Lenkrad; es gab schwarze Applikationen entlang der Schweller und – natürlich – die schwarze Umrandung der Heckscheibe. Der riesige Kühlergrill mit den mächtigen Lufteinlässen hatte die Struktur einer Bienenwabe.

Am Heck fanden sich Spoiler und verchromte Doppelauspuffrohre, die neuen 18-Zoll-Leichtmetallräder gaben den Blick frei auf rot lackierte Bremssättel. »Wir wollen zurück zur puristischen Sportlichkeit, die dieses Auto früher verkörperte«, so der VW-Vorstand. »Es wird sich also keinesfalls nur um eine Ausstattungsvariante handeln.« Und der Designchef von Volkswagen, Murat Günak, ergänzte: »Mit dem GTI schließt sich der Kreis – er verkörpert Tradition und Zukunft einer genialen Idee.« Schön und gut, doch den Worten mussten Taten folgen, für einen echten GTI musste Volkswagen noch einige zusätzliche Pferdchen ins Rennen schicken, schließlich war die Konkurrenz groß und kräftig: Ford Focus RS, Honda Civic Type-R, Opel Astra 2.0 Turbo, Renault Mégane Sport und wie sie alle hießen: 200 PS und mehr waren inzwischen üblich, und selbst innerhalb des Konzerns waren Škoda mit dem Octavia VRS und vor allem Seat (das ja eine betont sportliche Ausrich-

Bis zum Aufkommen des Tiguan war der Golf 4Motion der Golf der Wahl für raueres Geläuf, aber nichts für Geländeeinlagen.

Rund drei Jahrzehnte liegen zwischen dem GTI I und dem GTI V: Die Motorleistung hatte sich glatt verdoppelt, und das Gewicht von 900 auf etwa 1.350 Kilogramm zugelegt.

tung hatte) mit den Leon-Cupra-Modellen dem alten Golf-IV-GTI beträchtlich auf die Pelle gerückt. Schon allein, um mit dem Cupra R (mit dem älteren 1,8-Liter-20-Ventil-Turbo) mithalten zu können, musste der GTI mindestens 200 PS haben. Und in der Tat war das genau die Leistung, welche die Pressemitteilung für die Studie mit ihrem zwangsbeatmeten 2,0-Liter-FSI-Direkteinspritzer samt Ladeluftkühler auswies. Neben Mercedes war Volkswagen der einzige Anbieter, der einen Benzin-Direkteinspritzer mit Turbolader aufpäppelte. Die Frage nach der Produkteinführung beantwortete die Presse kryptisch-kokett: »Sagen wir einfach: Wenn High-Tech und hervorragende Leistung das ist, was die Menschen mit der GTI-Philosophie verbinden, so werden sie das alles 2004 auf dem Pariser Salon finden.«

Ein Jahr später stand dann der neue GTI tatsächlich auf der Messe in Paris, und er unterschied sich nur wenig von der in Frankfurt gezeigten Studie. Die europäische Pressevorstellung erfolgte im Oktober auf dem Circuit Paul Ricard, der südfranzösischen Rennstrecke. Nun gab es offizielle Leistungskennzahlen; mit einer Beschleunigung von 0–100 km/h in 7,2 Sekunden und einer Höchstgeschwindigkeit von 235 km/h. Das maximale Drehmoment von 280 Newtonmetern lag permanent zwischen 1.800 und 5.000 Umdrehungen an, die Leistungsspitze bei 5.100 Touren. Die Konkurrenz von Opel bis Renault hatte weniger Schmalz bei höheren Drehzahlen. Die Leistungsentfaltung verlief deutlich spektakulärer als noch beim Vorgänger, aber immer noch sozusagen »benutzerfreundlich« und ohne einen Hauch von Turboloch.

»Während der 1.8T ein milder, nicht aufregender Darsteller ist«, schrieb der Brite John Barker im *Evo magazine* im November 2004, »ist der 2-Liter-Direkteinspritzer FSI ein Aufreger, ein Hitzkopf und eine angenehme Überraschung.« Alexander Bloch von *auto motor und sport* hieb in die gleiche Kerbe: »Damit scharren bei Vollgas und Nässe die angetriebenen Fronträder unter dem herben Druck des Drehmoments wie die Hufe eine Zuchtbullen. Sobald die Pneus Grip finden, schießt der Golf turbolochfrei los.«

Das Fahrwerk blieb im Prinzip gleich, wurde aber wesentlich straffer abgestimmt: 15 Millimeter tiefer gelegt, mit härteren Feder-Dämpfer-Kennlinien und hinten um 20 Prozent steiferen Stabilisatoren versehen, war es eine »gesunde Härte«, wie Bloch schrieb, die der Golf vermittelte. Kollege Eberhard Kittler von der im gleichen Hause erscheinenden Zeitschrift *mot* drückte es etwas anders aus: »Leute mit ernsthaften Rückenproblemen sollten bei den komfortableren Alternativen bleiben«, so sein Rat. Die erzielbaren Fahrleistungen jederzeit im Griff hatte die Bremsanlage. Der Durchmesser des Bremskraftverstärkers war vorn erheblich größer (40 statt 25 mm), und auch die Bremsscheiben hatten zugelegt, auf 312 mm vorn und 286 mm hinten. Alle Scheiben waren belüftet und die Bremssättel rot lackiert. Die Kennlinie der Servolenkung wurde neu kalibriert, die Auslegung war direkter und feinfühlig wie bei kaum einem anderen Golf. Das ESP war außerdem abschaltbar. »Nur bei allzu beherztem Gaseinsatz in der Kurve schiebt der Golf sanft über die Vorderräder«, so *ams*, das den GTI auch bei provozierten Lastwechseln nicht aus der Ruhe zu bringen vermochte: »Wenn dynamisch, dann mit Gelassenheit – das ist der neue GTI.«

Das Sechsgang-Getriebe zeigte sich an den Synchronringen ebenfalls überarbeitet, um der höheren Leistung gerecht zu werden. Eine besonders interessante Option war das DSG in Kombination mit dem TSFI-Motor, das den GTI V zum ersten macht, der mit Automatik angeboten wurde. Das Kreuzchen an dieser Position verteuerte die Anschaffung um nicht unerhebliche 1.325 Euro (die exakt gleich Summe musste übrigens ein britischer Käufer in Pfund anlegen). Das DSG hatte eine erstaunliche Erfolgsgeschichte zu verzeichnen. Eingeführt zuerst 2003 im Golf R32, hatte das Kasseler Getriebewerk bis August 2004 fast 60.000 DSG-Systeme (die sogenannte S-Tronic bei Audi) für Golf, Touran, Audi TT, Audi A3, Seat Altea und Škoda Octavia produziert. Volkswagen hielt für die Getriebetechnik mehr als 70 Patente, und alle Tester (und Käufer) bezeichneten es als Getriebe der Zukunft,

Bei konventionellen Automatikgetrieben nämlich schluckte die Wandlerüberbrückung einen Teil der Leistung, die Schaltpausen waren mitunter lang und oft spürbar – und sie steigerten den Verbrauch. Für sportliche Autos waren diese Boxen völlig ungeeignet. Dass es auch anders ging, hatte erst Ferrari in den 1990er Jahren bewiesen mit der Einführung eines sequentiellen Schaltgetriebes (SMT). Bei dieser Technik, die aus dem Rennsport stammte, gab es kein Kupplungspedal, dafür Schalthebel (oder »Paddel«) am Lenkrad. Der Fahrer konnte bei Autos wie dem 360 Modena den Gangwechsel entweder der Automatik überlassen, oder mit den Paddels manuell die Fahrstufe wechseln. Das ging, weil ohne Kupplungseinsatz, schneller als bei einer Handschaltung und auch schneller als bei einer Automatik, denn dieses System war keine traditionelle Wandlerautomatik, sondern ein voll computergesteuertes Handschaltgetriebe mit normaler Kupplung. Die Betätigung der Paddel bewirkte eine Anpassung der Motordrehzahl, und die Gangwechsel waren individuell auf den jeweiligen Fahrstil des Piloten abgestimmt. Alfa Romeo bot seine Version, genannt Selespeed, erstmals 1999 an, die erste Großserien-Anwendung dieser Formel-1-Technik.

Somit war der Boden bereitet, zumal das DSG gegenüber der SMT den Vorteil bot, dass die Zahnräder auf zwei Wellen verteilt waren und über zwei Kupplungen verfügten, während beim SMT die Zahnräder auf einer Ebene lagerten und nur über eine Kupplung verfügten. Bei jedem Schaltvorgang kam es also unvermeidlich zu einer Zugkraftunterbrechung; und diese damit einher gehende Verzögerung gab es beim DSG nicht, weil hier auf der anderen Welle durch das Ausrücken der Kupplung die nächst passende Gangstufe schon einmal zurechtgelegt wurde, während die andere noch eingerückt war. Der Gangwechsel konnte so innerhalb von wenigen hundertstel Sekunden erfolgen. Mit einem DSG-Getriebe gab es praktisch keine spürbare Zugkraftunterbrechung beim Gangwechsel und kein Ruckeln mehr. Bei einem GTI mit DSG konnte der Fahrer die Schaltarbeit also entweder der Automatik überlassen oder aber selbst Hand anlegen und den joystickartigen Hebel beim Hochschalten nach vorn und beim Runterschalten nach hinten drücken. Für einige Euronen extra – 515, um genau zu sein – gab es das Multifunktionslenkrad mit Schalttasten für die Tiptronic; die meisten GTI hatten Tiptronic. Von einschlägigen Test bestätigt, ermöglichte das Doppelkupplungsgetriebe tatsächlich minimal bessere Beschleuni-

Die Sitzbezüge hießen »Interlagos« und suchten mit ihrem Karo-Design die Annäherung an das Original. Anders als damals gab es aber auch eine Leder-Option

Der Dreitürer mit den ansteigenden hinteren Seitenfenstern sollte den gewünschten Schuss Sportlichkeit bringen, zumindest in der Optik.

Mit seiner Frontgestaltung unterschied sich der GTI von allen anderen Varianten, er war sicherlich das auffälligste Mitglied der Golf-Familie. Das Wort »Golf« fand sich weder innen noch außen, dieser Golf hieß nur noch »GTI«

Der R32 trug ein Gesicht im Jetta-Stil.

Und noch eine Hommage an die Altvorderen: Das Sondermodell GTI Pirelli von 2007, natürlich mit den entsprechenden Pneus bestickt.

Die Sitzbezüge mit Schriftzügen und Reifenprofil ließen keinen Zweifel daran aufkommen, dass man in einem ganz besonderen GTI saß.

gungswerte, das Werk nannte mit der Handschaltung 7,2, mit DSG 6,9 Sekunden für den Standard-Sprint, was diverse Tests bestätigten. Und sparsam war es auch, *auto motor und sport* ermittelte einen praxisnahen Wert von 10,3 Litern auf 100 Kilometern, mit Abweichung von jeweils drei Litern nach unten und oben, je nach Fahrstil. Der Dreitürer mit Handschaltung kostete 24.200 Euro und war Ende 2004 lieferbar, die Ausstattung war zwar gut, ließ sich aber noch weiter komplettieren, so durch Einparkhilfe, Klimaautomatik, Navi, Leder, elektrisches Schiebedach und Xenon-Scheinwerfer, um nur einige Punkte der gewohnt reichhaltigen Aufpreisliste zu nennen. 17-Zöller im »Monza«-Design gehörten zum Paket, optional waren 18-Zoll-Räder: Zweifelsohne meldete sich mit dem Golf V der GTI eindrucksvoll wieder zurück.

Vom GTI der fünften Generation gab es zwei Sondermodelle. Das erste hieß »Edition 30« und war ab November 2006 zu haben, zum dreißigsten Geburtstag des ersten GTI. Das Sondermodell hatte mattschwarze 18-Zoll-Räder mit 225er Reifen, abgedunkelte Scheinwerfergehäuse, Plaketten und Innenraumverfeinerungen, darunter den Schaltknauf in Golfballoptik (wobei dieses Feature auch bei den vorherigen Generationen immer mal wieder in den Ausstattungslisten aufgetaucht war), Teilleder, Sitzheizung und weitere Kleinigkeiten mehr, die den Preis auf 29.175 Euro ansteigen ließen (der Fünftürer kostete 850 Euro mehr, das DSG verschlang weitere 1.825 Euro). Noch wichtiger als diese Nettigkeiten waren aber die 30 Mehr-PS, die den GTI in 6,8 Sekunden auf Hundert schoben und die Spitzengeschwindigkeit auf bis zu 242 Stundenkilometer. Wer auf die Gags verzichten konnte und nur mehr Leistung wollte: Es gab diverse Tuningfirmen, die mittels Chip-Tuning mehr PS für weniger Geld mobilisierten.

Das zweite GTI-Sondermodell wurde im Mai 2007 beim GTI-Treffen am Wörthersee in Österreich präsentiert: der »Pirelli«, auch er eine Reminiszenz an die erste Generation, die mit dem Pirelli-Golf 1983 ihren Ausstand gegeben hatte. Daher waren 18-Zoll-Räder im Pirelli-Design und 225er P-Zero-Pneus der italienischen Reifenbäcker Pflicht, dazu kamen unter anderem Sitzbezüge mit einem Reifenprofil, abgedunkelte Scheiben und Metallic- oder Perleffekt-Farben. Gebaut zwischen Oktober 2007 und Juni 2008, gab es den Pirelli in Blau, Schwarz oder einem Sonnenblumengelb; er kostete 1.000 Euro mehr als der Edition 30.

Der zweite R32

Die zweite Verkörperung des V6-motorisierten Golf R32 erschien 2005 auf der IAA in Frankfurt. Sein Vorgänger hatte viel dazu beigetragen, den angekratzten Ruf der schnellen Gölfe wiederherzustellen, und hatte als GTI-Ableger auch den Stammvater der schnellen Sippe wieder ins Rampenlicht geschoben. Dennoch stieß der neue R32 bei den meisten Kommentatoren auf bestenfalls höfliches Interesse: 250 PS – neun mehr als der erste R32 – sicherten einer Neuerscheinung nicht mehr automatisch fette Schlagzeilen. Tuner wie Oettinger hatten die Leistungs-Latte für einen GTI inzwischen locker auf 280 PS gehängt, wenn auch dann ohne Allradantrieb. Dennoch: 250 PS waren gut, aber nicht sensationell. Außerdem hatte es Spekulationen gegeben, dass der neue R32 möglicherweise den 300 PS starken 3,6-Liter-V6 des späteren Passat R36 haben würde. Angeblich war diese Lösung im Hause allerdings umstritten, und laut US-Magazin *Car and Driver* verzögerte diese Unentschlossenheit die Einführung des Golf R32 auf dem amerikanischen Markt bis zum Modelljahr 2008. Die zweite Generation des Golf R32 trug den Nerz nach innen und zelebrierte ihre Sportlichkeit weit weniger plakativ als etwa der GTI, wiewohl die Front eine ähnliche Form hatte und mit dem Chrom-Effekt durchaus auffiel. Das Xenonlicht gehörte zur Serienausstattung.

Die Entscheidung gegen einen Golf R36 hatte auch technische Gründe, der Einbau der größeren Maschine hätte das Haldex-System zusätzlich belastet. Der Allradantrieb selbst war weitgehend unangetastet geblieben, noch immer wurden im Normalfall 90 Prozent des Vortriebs an die Vorderräder geleitet und dann, je nach Bedarf, an die Hinterachse bis zu 50 Prozent. Nach den offiziellen Zahlen war das hier der schnellste Golf, er beschleunigte in 6,5 Sekunden bis Tempo 100, im Vergleich zu den 7,2 Sekunden des GTI. Seine Höchstgeschwindigkeit lag bei 250 km/h. Und diese Leistung lieferte ein zufrieden blubbernder Sechszylinder. Die Kritikpunkte indes waren die gleichen wie beim alten R32: Zu viel Understatement. Direkte Konkurrenz hatte er eigentlich nicht, abgesehen vom Audi A3 3.2 quattro mit dem gleichen Motor und vielleicht noch dem Alfa Romeo 147 GTA. Der hatte aber nur Frontantrieb.

Zu den Ausstattungsmerkmalen des R32 gehörten das um 20 Millimeter tiefergelegte Sportfahrwerk, 18-Zoll-Leichtmetallräder, ein Kühlergrill mit Lamellen in Alu-Optik, eine neue Frontschürze, zentral positionierte Doppelendrohre, abgedunkelte Rückleuchten, ein vorderer Stoßfänger mit imposanten Lufteinlässen, ein teilweise in Wagenfarbe gehaltener hinterer Stoßfänger, blau lackierte Bremssättel und Xenon-Scheinwerfer, um nur einige Features zu nennen. Im Inneren gab es Leder und besondere Dekoreinlagen, Pedale in Alu-Optik, jede Menge Schriftzüge und Sportsitze vorn; Recaro-Schalensitze im Renntrimm mit zwei Durchbrüchen zur Führung von Renngurten waren gegen Aufpreis zu haben. Der Preisunterschied zum normalen GTI war happig, der normale GTI-Dreitürer kostete 25.650 Euro, den R32 gab's für 33.675 Euronen. »Aber das größte, schnellste und teuerste ist nicht immer am besten«, schrieb der britische Journalist und Golf-Fan John Simister in *The Independent*, »und der R32 fühlt sich übergewichtig und übermotorisiert an. Kaufen Sie stattdessen einen Golf GTI. Das ist sinnvoller – und, noch besser, es fühlt sich passender an.«

Rabbits Rückkehr

Die Händler von Volkswagen of America hatten eine lange Durststrecke durchzustehen, denn neue Modelle ließen lange auf sich warten, und das vor dem Hintergrund sinkender Absatzzahlen. Tragende Säulen des US-Geschäfts waren noch Passat und Jetta, und die neueste Version des Letzteren wurde im März 2005 präsentiert, fünf Monate vor seinem Europa-Debüt. Der Golf

Die fünfte Generation des Rucksack-Golf hieß nicht mehr länger »Bora«, sondern wurde in Europa ebenso wie in den USA als »Jetta« bezeichnet. Gebaut wurde das Modell, das in Deutschland nur eine Randerscheinung darstellte, in Puebla, Mexiko. Vor allem in der Heckansicht zeigten sich große Ähnlichkeiten mit dem Passat.

Seine erste Anwendung fand der TSI-Motor im Golf GT. Der 1,4-Liter-Motor leistete hier 170 PS und war damit so stark wie der hubraumgrößere GTI der vorherigen Generation.

Die Abkürzung »TSI« stand für die Kombination aus Benzin-Direkteinspritzer mit einem kleinen Turbolader sowie einem Kompressor. Sie sollte zur Standard-Motorentechnologie bei Volkswagen werden.

– in den USA eher als Jetta-Derivat angesehen – spielte in Nordamerika eine weit weniger wichtige Rolle als in Europa und kam in den USA erst im folgenden Jahr auf den Markt, wobei Volkswagen of America den GTI als Imageträger nutzte. Die Pressevorstellung erfolgte unter viel Tamtam zur Los Angeles Motor Show im Januar 2006, als eine GTI-Horde von Polizeiautos zum Ausstellungsgelände eskortiert wurde, so als ob die Fahrer wegen Geschwindigkeitsübertretungen geschnappt worden wären. Die größere Überraschung war jedoch die Wiedereinführung der Modellbezeichnung »Rabbit«. 22 Jahre, nachdem das Kaninchen gestorben war, feierte es im Zuge der Retro-Welle seine Wiederauferstehung. Volkswagen of America sprang zurück in die Siebziger und nannte die fünfte Generation wieder »Rabbit«. Die *Financial Times* berichtete im April 2006, dass dieser Geistesblitz der neuen, in Miami ansässigen Werbeagentur von Volkswagen of America zu verdanken war, die auch die Markteinführung des BMW Mini in den USA zu einem Erfolg hatte werden lassen. »Nein, kein Aprilscherz«, wurde ein VW-Sprecher zitiert, »die Agentur ist der Überzeugung, dass der Name Rabbit uns genug interessante Möglichkeiten für Marke und Marketing bietet.« Das wirkte ein wenig verwirrend, denn der Ur-Rabbit war schlussendlich zum Synonym für einbrechende Verkaufszahlen, eine »amerikanisierte« Ausstattung und schlechte Verarbeitung geworden.

Der andere bemerkenswerte Aspekt der US-Jetta und des neuen Rabbit bestand in der Einführung eines neuen, 148 US-PS starken 2,5-Liter-Fünfzylinder-Motors anstelle des bisherigen 115 PS starken 2,0-Liter-Vierzylinders als Basismotorisierung. Die zusätzlichen Pferdestärken wurden benötigt, um den in allen Bereichen gewachsenen Jetta auf Augenhöhe mit der Konkurrenz wie Honda Civic und Ford Focus zu halten. Entwickelt »für nordamerikanische Fahrer«, bot dieser etwas mehr Drehmoment, 90 Prozent davon standen zwischen 1.750 und 5.125 Umdrehungen an.

Dieses Aggregat hatte keinerlei Ähnlichkeiten mit dem europäischen V5-Motor, die Behauptung, dass es sich dabei um den halben V10 des Lamborghini Gallardo handle, stimmte aber auch nicht ganz. Allerdings gab es eine Verbindung, das Verhältnis von Bohrung und Hub (82,5 mm x 92,8 mm) war gleich, und der 20-Ventil-Zylinderkopf aus Leichtmetall samt variabler Einlasssteuerung fand sich auch bei der italienischen Edelschmiede. Aber all dies schien die US-Testprofis nicht so recht zu überzeugen, ihnen war die ganze Geschichte irgendwie nicht pfiffig genug. »Lahm und langweilig«, so *Car and Driver*, obwohl das Fahrverhalten überzeugte. Die Leistung des Fünfzylinders stieg beim Nachfolger, dem Golf VI, dann auf 170 US-PS, und auch das Rabbit-Revival war nur von kurzer Dauer und endete schon nach drei Jahren. Wie immer verkaufte sich der Jetta besser als der Golf, im Schnitt 90.000 Mal pro Jahr, während der Rabbit – inklusive GTI – auf nie mehr als 40.000 Stück kam.

Aus FSI wird TSI

Die Bezeichnung GT war so neu nicht im europäischen Volkswagen-Programm (ebenso wenig wie die Bezeichnung »Sport«), doch handelte es sich dabei immer um Spielarten des GTI. Der 2006 präsentierte Golf GT indes war weit mehr als das: Mit diesem Modell leitete der Volkswagen-Konzern eine Revolution im Bereich der Ottomotoren ein. Bei der Messe in Frankfurt 2005 sah man erstmals die TSI-Embleme, die auf eine neue Kombination im Motorenbau hindeuteten: Der neue Golf GT 1.4 FSI kombinierte die Direkteinspritzung mit einer Doppelaufladung und hatte sowohl den Kompressor vergangener G-Lader-Zeiten als auch einen Turbolader.

Der riemengetriebene Kompressor sorgte im unteren Drehzahlbereich bis etwa 2.400/min für ein fülligeres Drehmoment, ab 3.500 Umdrehungen sorgte der Turbolader für Dampf. Im Endergebnis, so Volkswagen, sorge diese Kombination für exzellente Fahrleistungen und eine kontinuierliche Kraftentfaltung ohne Turboloch oder sonstige turbotypische Nachteile bei »sattem Durchzug, der bis zur Drehzahlgrenze von 7.000/min anhält«, so *auto motor und sport*. Mitte der 1980er Jahre, in seiner Blütezeit, hatte der Rallye-Lancia Delta S4 mit einem ähnlichen Prinzip für Furore gesorgt.

Die Kombination ermöglichte Motoren mit kleinem Hubraum, aber hoher Verdichtung, die dank ihrer Kraft im unteren und mittleren Drehzahlbereich schaltfaul zu fahren waren und viel Leistung bei weniger Verbrauch versprachen: »Downsizing nennt sich auf neudeutsch die Idee«, übersetzte *auto motor und sport* diese Kombination, die auf breiter Front den Trend zu hubraumschwachen, aber leistungsstarken Ottomotoren einleitete, die Kraftstoffverbrauch und Schadstoffemissionen senkten. Downsizing-Motoren haben geringere innermotorische Reibungsverluste und sind leichter, haben aber dank Turbolader oder Kompressor keinerlei Nachteile in Sachen Dynamik gegenüber hubraumstärkeren Aggregaten.

Der neue TSI-Motor mit 1.390 Kubikzentimetern Hubraum war in zwei Leistungsstufen, mit 140 oder 170 PS zu haben. Letzterer hatte das Leistungsvermögen des 2,3-Liter-V5 der Generation IV bei einem um 20 Prozent geringeren Verbrauch, der laut Werk bei rund 7,3 Litern auf 100 Kilometer lag; das Drehmoment-Maximum von 240 Newtonmetern lag im Bereich zwischen 1.750 und 4.500 Umdrehungen an. Im Vergleich zum bisherigen 1.4 FSI verfügte der TSI über einen verstärkten Gusseisen-Zylinderblock, um den höheren Verbrennungsdrücken gewachsen zu sein (Verdichtung 9,7 : 1), sowie modifizierte Sechsloch-Injektoren. Die neue Motorenbaureihe EA 211 markierte den endgültigen Abschied von der treuen EA-111-Motorenbaureihe, die in der einen oder anderen Form den Golf seit 1974 begleitet hatte.

Die TSI-Motoren verbreiteten sich im Folgenden epidemieartig quer durch den gesamten Konzern, wobei die leistungsschwächeren Motoren lediglich über Turbolader mit Ladeluftkühler und nicht über den Twincharger verfügten. Im Jahr 2007 wich der 115 PS starke 1,6-Liter-FSI dem 122 PS starken 1,4-Liter-Turbo-TSI, der sparsamer und schadstoffärmer (149 statt 161 g/km CO_2) war. Und obwohl die Autos mit den Jahrzehnten größer und schwerer geworden waren, bildete beim Passat des Jahres 2007 ein 1,4-Liter-TSI-Motor die Basismotorisierung, der hubraumschwächste Passat seit den frühen 1980er Jahren.

Der Hubraum begann seine bestimmende Größe für das Leistungsvermögen eines Autos zu verlieren. Den vorläufigen Höhe-

Der Golf Variant startete erst spät in das Kombi-Segment, vermochte aber auf Anhieb zu überzeugen. Zu lange war das Werk der Meinung gewesen, Variant-Kunden zum Umstieg auf Touran oder Golf Plus bewegen zu können. Die Dachreling gehörte zum Serienumfang.

Die Spritsparausführung erhielt die Bezeichnung »BlueMotion« und war, wie die sportlicheren Golf-Varianten, tiefergelegt, um den Luftwiderstand zu senken. Diesem Zweck diente der teilweise abgedeckte Kühlergrill, sodass BlueMotion-Käufer eigentlich aus beiden Lagern kommen mussten.

punkt in Sachen Downsizing markierte Ford 2011 mit Einführung seiner Ecoboost-Motoren, Direkteinspritzer-Turbos mit einem Liter Hubraum und bis zu 125 PS.

Der fast vergessene Kombi

Nachdem Volkswagen mit dem Touran und dem Golf Plus im Minivan-Segment gut aufgestellt war, schienen die Produktplaner den traditionellen Variant mit Einführung des Golf V ad acta gelegt zu haben: Von einem neuen Kombi jedenfalls war bei der Einführung 2003 nichts zu sehen gewesen. In der Tat musste, wer einen Golf Kombi wollte, weiterhin zum Vorgänger greifen, der nach einem milden Facelift und mit erneuerter Motorenpalette bei Karmann bis Mai 2006 vom Band lief.

Auf dem Genfer Autosalon im März 2007 durften Kombifreunde dann endlich einen neuen Golf Variant bewundern, doch wenn man Georg Kachers Bericht in *Car* glauben möchte, kam der Variant zwei Jahren zu spät: »Anfangs dachten wir, dass der Touran und der Golf Plus zusammen das Kombi-Segment bedienen könnten«, so zitiert er den damaligen Entwicklungsvorstand Ulrich Hackenberg. »Offensichtlich war das ein Fehler. Nachdem seit 1993 mehr als 1,2 Millionen Golf Variant verkauft worden waren, forderten die Kombi-Kunden einen Ersatz.«

Gebaut in Puebla, Mexiko, zusammen mit dem Jetta (dessen Gesicht er trug), war er um 352 Millimeter länger als der Golf und hatte einen Laderaum von maximal 1.550 Litern mit flach umgelegten Rücksitzen; ein Anstieg gegenüber dem Golf IV um 80 Liter.

Im zeitgenössischen Urteil der Tester sprachen für die Anschaffung eines Kombis der gigantische Gepäckraum, der sehr gute Federungskomfort, das agile Handling und die präzise Lenkung. Auf der Minus-Seite standen die nur magere Grundausstattung ohne Klimaanlage und der nicht serienmäßige Rußpartikelfilter beim 105-PS-TDI. Die Preise lagen nur um 330 Euro über dem der vergleichbaren Limousinen. Der Kombi überdauerte den Modellwechsel, das Facelift im Juni 2009 bescherte ihm das aktuelle Familiengesicht und eine etwas bessere Ausstattung mit serienmäßiger Klimaanlage; außerdem rückte der 1,4-Liter-TSI-Motor in den Motorraum ein.

Blau: das neue Grün

Obwohl der Trend bei der Motorenentwicklung eindeutig in Richtung mehr Effizienz und damit geringere Emissionen wies, und das bei allen Herstellern, so war es doch Volkswagen, das zur Mitte des Jahrzehnts auf breiter Front zur Offensive blies: Im Jahr 2006 erfolgte die Einführung des Polo BlueMotion, des geistigen Nachfolgers des Lupo 3L mit einem modifizierten 1,4-Liter-TDI-Dreizylinder, Dieselpartikelfilter (DPF), aerodynamischen Anbauteilen, angepasster Übersetzung und einem Normverbrauch von 3,8 Litern Diesel auf 100 Kilometer.

Im Wesentlichen war die BlueMotion-Version die Formel E des 21. Jahrhunderts, aber warum »Blau«? Anfang 2006 hatten Volkswagen und Mercedes (DaimlerChrysler, um genau zu sein) angekündigt, dass sie beide den Begriff »Bluetec« nutzen wollten, um unter dieser Bezeichnung die Entwicklung emissionsarmer Dieselmotoren für Personenkraftwagen und Lastkraftwagen voranzutreiben. Die beiden Konzerne machten ja schon seit Jahren gemeinsame Sache beim Bau von Leichtlastwagen, die bei Mercedes »Sprinter« und bei VW »LT« oder »Crafter« hießen.

Mercedes verfolgte in erster Linie das Ziel, seine Dieselmotoren fit zu machen für die strengen neuen amerikanischen Emissionsvorschriften, und eine Komponente war ein System zur Harnstoffeinspritzung, bei dem eine Flüssigkeit (»AdBlue«) in den Abgasstrom vor dem Katalysator eingespritzt wird, was die Stickoxidemissionen (NOx) reduziert. Wichtigster Bestandteil dieser Flüssigkeit ist Urea, das wiederum die hauptstickstoffhaltige Komponente im Urin darstellt. »AdBlue« klingt natürlich viel besser als Urin. Die Flüssigkeit wird in einem Zusatztank mitgeführt, der regelmäßig befüllt werden muss. Volkswagen führte 2008 bei den für die USA bestimmten Jetta-Modellen ein ähnliches System ein.

Mercedes indes verzichtete darauf, seine solcherart ausgerüsteten Diesel mit der Zusatzbezeichnung »Bluetec« zu versehen (und wählte stattdessen die Bezeichnung »BlueEfficiency«), während Volkswagen dafür die Bezeichnung »BlueMotion« kreierte und damit jene Fahrzeuge schmückte, die einige oder alle aktuellen Technologien zur Kraftstoffeinsparung nutzten.

Der Golf BlueMotion erschien im September 2007 auf der IAA in Frankfurt. Verfügbar für den deutschen Markt am Ende des Jahres (Großbritannien etwa folgte erst im nächsten März), war dies der vierte Volkswagen, der diese Spritspar-Option bot. Die Maßnahmen beschränkten sich auf rollwiderstandsarme Reifen, aerodynamische Feinarbeiten, eine längere Getriebeübersetzung für die Fahrstufen drei, vier und fünf sowie einen neuen Turbolader.

Bei allen Golf BlueMotion kam der bekannte 105 PS starke 1.9 TDI zum Einsatz, und von außen war den Saubermännern – abgesehen von den Schriftzügen – kaum etwas anzusehen: Nichts von der Unterbodenverkleidung, welche den Luftstrom glättete, und auch nichts von der um 15 mm verringerten Bodenfreiheit. Der Kühlergrill war ebenfalls leicht anders, weil teilweise abgedeckt, und all dies reduzierte den Luftwiderstandsbeiwert von 0,32 auf 0,30. Letztlich sank der Normverbrauch auf 4,5 Liter und der CO_2-Ausstoß auf 115 Gramm pro Kilometer. Außerdem stieg die Höchstgeschwindigkeit minimal um drei auf 190 Stundenkilometer. Wie bei der alten Formel E gab es eine Schalt- und Verbrauchsanzeige. Per Software-Anpassung sank die Leerlaufdrehzahl leicht ab. Der Passat BlueMotion war der Erste, der Ende 2008 eine Start-Stopp-Automatik erhielt. Der BlueMotion-Aufschlag belief sich auf 900 Euro, zu haben war das Paket zunächst für die beiden unteren Ausstattungslinien Trendline und Comfortline. In den Tests erwies sich der Golf als ausreichend flott und durchzugskräftig, was etwas gelitten hatte, war die Laufkultur, der 1,9-Liter-TDI tönte nun wesentlich kerniger und lauter, vor allem im Leerlauf, zumindest im Vergleich zu den aktuellen Common-Rail-Einspritzmotoren der Konkurrenz. »BlueMotion« stand alsbald für die verbrauchsgünstigste Ausführung der meisten Baureihen von Volkswagen, die Pendants hießen bei Seat

Der Volkswagen Eos

Nachdem die Zeit des Golf Cabrios – das ja bekanntermaßen nicht anderes gewesen war als ein aufgehübschter Golf IV – 2002 abgelaufen war, schien auch die Zeit der Stoffverdecke vorüber zu sein. Stattdessen erlebte eine Idee aus dem Amerika der 1950er Jahre ihre Wiederauferstehung, wobei Mercedes mit dem SLK von 1996 die Idee eines Cabriolets mit klappbarem Metalldach in die Neuzeit transferiert hatte: Das Open-Air-Erlebnis entstand erst, nachdem über ein elektrohydraulisches System aus Kabeln, Motoren und Pumpen sich das Hardtop in den Kofferraum verkrochen hatte. Der Peugeot 206 Coupé Cabriolet (CC) brachte die Technik dann im Jahre 2000 in untere Preissegmente, dann folgten die Golf-Rivalen Peugeot 307 CC und Renault Mégane CC im Jahr 2003. Und dass Ford und Opel ähnliche Autos planten, das pfiffen die Spatzen von den Dächern. Volkswagen musste reagieren.

Diese Hardtop-Coupés teilten sich mit ihren Schrägheck-Brüdern den Vorderwagen bis zur A-Säule. Ab der Windschutzscheibe aber waren sie komplett eigenständig gezeichnet, was insbesondere der Heckbereich mit dem großen Kofferraumdeckel zeigte. Zwangsläufig waren alle diese Fahrzeuge schwerer und teurer als herkömmliche Cabriolets. Und bei abgeklapptem Dach sank das Kofferraumvolumen auf ein Minimum.

Volkswagens Interpretation dieses Konzepts wurde zuerst als Concept C im Frühjahr 2006 auf dem Genfer Automobilsalon gezeigt und dann, für den Serienbau etwas abgeändert, im folgenden September auf der IAA in Frankfurt. Dann stand auch der Name fest, das Cabriolet erhielt den Namen »Eos«, eine Hommage für die griechische Göttin der Morgenröte. Obwohl er auf der Golf-Plattform entstand, verwendete der Eos doch eine Mischung aus Golf- und Passat-Komponenten, die Verwandtschaft zu einem Kompaktwagen war optisch weit weniger ausgeprägt als beim Golf. Innerhalb des Konzerns fischte der Audi mit dem A4-Stoffdach- Cabriolet die Besserverdiener ab, während Volkswagen mit dem erschwinglicheren New-Beetle-Cabriolet in erster Linie die weiblichen Kunden bediente. Irgendwo dazwischen passte noch ein Cabriolet. Größenmäßig sortierte sich der Eos mit einer Außenlänge von 4,41 Metern Länge zwischen Golf und Passat ein. Gemeinhin wird das Design dem ehemaligen Audi-Designer Peter Schreyer zugeschrieben, allerdings dürfte auch Murat Günak, der VW-Designchef in den Jahren 2003 bis 2007 und Vater der ersten SLK-Generation wie auch des Peugeot 206 CC, seine Erfahrungen mit eingebracht haben.

Das faltbare Blechdach bestand aus fünf Teilen und beanspruchte in zusammengeklapptem Zustand, so das Werk, weniger Platz als die Lösungen der Konkurrenz. Bei geschlossenem Dach betrug das Kofferraumvolumen 380 Liter; offen standen dann noch 205 Liter Stauraum zur Verfügung, und bevor der große verchromte Hebel zwischen den Vordersitzen betätigt werden konnte, musste man sich vergewissern, dass genügend Platz für das Ausschwenken des Kofferraumdeckels zur Verfügung stand. Das komplizierte Ballett zum Öffnen oder Schließen dauerte 25 Sekunden, und der Eos war zunächst das einzige Fahrzeug seiner Klasse mit einem serienmäßigen elektrischen Schiebe-/Ausstellglasdach, das das Cabrio-Coupé auch in geschlossenem Zustand mit einem Hauch Licht flutete. Der Eos wurde nicht bei Karmann, das zu der Zeit den Mégane CC baute, sondern im VW-Gemeinschaftswerk Autoeuropa in Portugal gefertigt, wo Ford Galaxy / Volkswagen Sharan / Seat Alhambra vom Band liefen.

Die Motorenpalette begann zunächst mit dem 1,6-Liter-FSI-Motor mit 115 PS, darüber angesiedelt waren die 200 PS starke Zweilitermaschine aus dem Golf GTI und der 3,2-Liter-V6, obwohl das zusätzliche Gewicht des Daches das Temperament zügelte. Der Eos galt als einer der schönsten Vertreter seines Genres, und es gab genügend Tests, in denen er die Konkurrenz schlug. Allerdings blieb auch er, wie diese, nicht von den Gebrechen verschont, die mit zunehmendem Alter auftraten: Die komplexe Verdeckkinematik barg genügend Fehlerquellen, und auch die Abdichtung war bei den ersten Fahrzeugen ein Problem.

Nach gegenwärtigem Stand wird der Eos, der nie so recht zur Golf-Familie gehörte, keinen Nachfolger bekommen, so zumindest der Volkswagen-Designchef Klaus Bischoff bei Vorstellung des modellgepflegten Eos 2011, der an Front und Heck an die seinerzeit aktuelle Familienoptik angepasst worden war.

An der dreiteiligen Hardtop-Konstruktion mit integriertem Schiebedach änderte sich mit der Modellpflege nichts. Seit 2011 gibt es wieder ein Golf Cabriolet – ohne Bügel und mit Stoffmütze –, und der in Mexiko gebaute New Beetle hat mit dem Beetle einen offenen Nachfolger erhalten.

In diesem Umfeld wurde es eng für den Eos, das Unternehmen brauchte keine drei viersitzigen Cabriolets im gleichen Segment: »Der Trend zu Klappdach-Konstruktionen scheint wieder zu schwinden«, so Bischoff. »Ich habe nichts dagegen. Ich mag Stoffverdecke.« Dem zufolge endete daher die Eos-Produktion im Frühsommer 2015.

Wie bei anderen Cabrio-Coupés auch ist die Dachkinematik sehr komplex. Das Faltballett konnte aber nur im Stillstand mit genügend Platz oben und hinten durchgeführt werden.

Mit geschlossenem Verdeck war das Kofferraumvolumen recht anständig, doch offen blieb nicht mehr viel von der Herrlichkeit übrig. Das gläserne Dachmittelteil liegt oben.

Für den Fall der Fälle: Wenn ein Überschlag drohte, schossen innerhalb von Millisekunden entsprechende Schutzbügel hinter den Rücksitzen hervor.

»Ecomotive« und bei Škoda »Greenline«. Natürlich boten praktisch auch andere Hersteller sogenannte »Eco«-Modelle an. Das andere technische Highlight, das Ende 2007 in den Golf Einzug hielt, war das Siebengang-DSG-Getriebe für die 1,4-Liter-TSI-Benziner und die 1,9-Liter-TDI-Dieselmotoren. Es wurde für kleinere Motoren bis 170 PS Leistung und 250 Newtonmeter Drehmoment ausgelegt und unterschied sich von dem schon bekannten System durch die Verwendung einer Trockenkupplung anstelle der bei der Sechsgang-DSG im Ölbad laufenden Einheit – und natürlich durch die Tatsache, dass hier eine zusätzliche Gangstufe dazugekommen war. Eine Weltneuheit, wie Volkswagen stolz verlautbarte. Diese beiden Features sollten Leistung wie Wirtschaftlichkeit verbessern, außerdem war das DSG leichter geworden und beinhaltete eine »Hill-Hold«-Funktion, eine Berganfahrhilfe.

Die unteren Gänge waren etwas kürzer übersetzt für bessere Start- und Zwischenspurts, die oberen Fahrstufen dagegen länger ausgelegt, um die Belastung des Motors zu reduzieren und die Wirtschaftlichkeit zu maximieren. Im Vergleich zum Golf 1.4 TSI mit Sechsgang-DSG brachte das Siebengang-DSG eine CO_2-Reduktion von zehn Gramm pro Kilometer auf 139 g/km und eine Verbrauchssenkung auf 4,9 Liter (gegenüber den 5,3 Litern mit Handschaltung).

Die DSG-Automatik war so überzeugend, dass sie gemeinhin als bahnbrechend in Sachen Effizienzsteigerung angesehen wurde. Tester rund um den Globus priesen sie in höchsten Tönen, wobei es keine Rolle spielte, ob der Fahrer die Schaltarbeit der Automatik überließ oder selbst per Schaltwippe eingriff. Die Kehrseite zeigte sich erst nach Jahren, denn das DSG war nicht ganz so zuverlässig wie eine konventionelle Mechanik; einschlägige Kaufberatungen und Internetforen wussten jedenfalls davon zu berichten.

Das Siebengang-DSG war die letzte bedeutende Produktneuerung bei der fünften Golf-Generation, und im Juni 2008 deutete alles auf den unmittelbar bevorstehenden Modellwechsel hin. Der Golf Nummer fünf hatte es nicht leicht gehabt, sein Markteintritt war unter schwierigen Bedingungen erfolgt, Volkswagen musste Kosten senken und hatte Werksschließungen und Umstrukturierungen durchgeführt.

Der Wert des US-Dollars gegenüber dem Euro hatte innerhalb des Unternehmens die Diskussionen darüber angefacht, ob der Verkauf in Nordamerika überhaupt noch lohnte oder ob man ihn nicht besser beende. Das *Wall Street Journal* berichtete, dass das Unternehmen erst ab 2006 mit dem Golf-V-Verkauf Geld verdient habe, und, so die Zeitung, der kommende Golf VI in der Produktion um 1.000 Euro billiger werden müsse. Daher werde er die selbe Plattform verwenden.

Insgesamt erwies sich der Golf V als derjenige mit dem bis dahin kürzesten Lebenszyklus. Sein Nachfolger indes sollte ihn auch in dieser Beziehung in den Schatten stellen.

2008 – 2012

Golf VI

Generation Fünfeinhalb

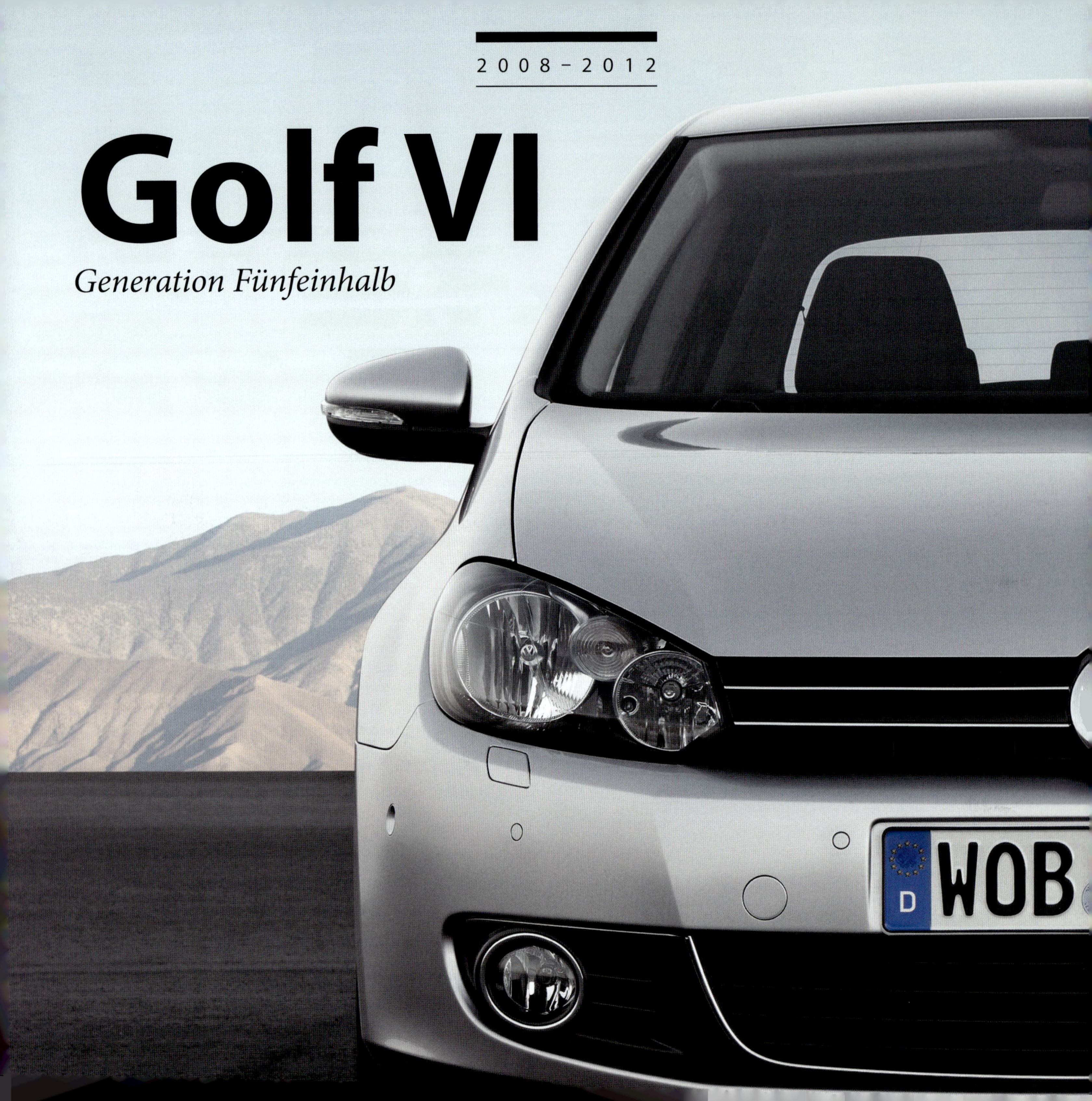

0 506

Noch immer ein Golf, aber mit dem neuen, eher konservativen Familiengesicht des Unternehmens Volkswagen. Hinter den kleinen Deckeln unter den Scheinwerfern verbargen sich, sofern der Käufer das »Winter-Paket« bestellt hatte, die Düsen für die Scheinwerfer-Waschanlage.

In eingeschaltetem Zustand zeichneten die breiten Rücklichter ein unverwechselbares halbkreisförmiges Muster.

»Ich frage mich manchmal, warum jemand überhaupt etwas anderes kauft. Sie wollen ein schnelles Auto? Kaufen Sie einen Golf GTI. Sie wollen ein preiswertes Auto? Kaufen Sie einen Golf Diesel. Sie wollen ein billiges Auto? Kaufen Sie einen gebrauchten Golf. Sie wollen ein großes Auto? Kaufen Sie einen Golf Plus. Sie wollen ein Cabrio? Kaufen Sie kein Golf Cabrio. Das ist schrecklich. Aber kaufen Sie einen Volkswagen Eos. Das ist ein Golf.«

Jeremy Clarkson, 2013

Generation Sechs oder Fünfeinhalb? Als der neue Golf für das Modelljahr 2009 seine Premiere feierte, war allenthalben die Rede davon, dass dieses Auto, nun ja, vielleicht ein wenig zu vollmundig als neue Golf-Generation angepriesen wurde, denn ein Großteil der Komponenten stammte eins zu eins vom Fünfer, und die Karosserie machte es noch schwerer – selbst nach Golf-Maßstäben gemessen – ihn von seinem Vorgänger zu unterscheiden. Letztlich schien es, als ob Volkswagen hier eine Notlösung geschaffen hatte, die so lange die Fahne als Europas Nummer 1 hoch halten sollte, bis der völlig neue, in Entwicklung befindliche Golf fertig sei.

Andererseits wusste *Automotive News Europe* (ANE) von der Fahrvorstellung im September 2008 in Island zu berichten, dass dieser Wagen bereits Gene der siebten Golf-Generation in sich trage, was sich dann, sobald 2012 die völlig neue Konzernplattform und die Palette neuer, sparsamerer Motoren zur Verfügung stehe, erst richtig erweisen werde. Die deutsche *Automobilwoche* bestätigte dies, denn ihr läge ein firmeninternes Dokument vor, das die Laufzeit des soeben vorgestellten Golf VI bis Dezember 2011 terminierte: Volkswagen rechnete offenbar damit, dass die schnell steigenden Treibstoffpreise wesentlich höhere Ansprüche an die Kraftstoffeffizienz stellen würden. Das verlangte eine deutliche Gewichtsreduzierung bei gleichzeitiger Ausweitung der Motorenpalette, zumal die Konkurrenz bereits mit Hybrid- und Elektromodellen am Start war oder unmittelbar vor deren Einführung stand, und da hatte Volkswagen eindeutig Defizite.

»Der erste Schritt beim Downsizing besteht darin, nicht die Dimensionen des neuen Modells zu erhöhen«, so Designchef Walter de Silva gegenüber *ANE* und bestätigte, dass er und sein Team bereits an der siebten Golf-Generation arbeiteten. Die Entwicklung der radikal anderen MQB-Plattform (MQB = Modularer Querbaukasten) hatte in der Tat bereits begonnen.

Mit lediglich fünf Jahren wies der Golf VI die kürzeste Entwicklungszeit aller bisherigen Golf-Modelle auf, die Norm lag bei sechs Jahren, wobei die Formfindung bereits vier Jahre vor Serienanlauf abgeschlossen war. Für das ungeübte Auge war ziemlich schwierig zu unterscheiden, was denn tatsächlich neu war am neuen Golf, aber Volkswagen behauptete, dass man 60 Prozent der Komponenten verändert habe. Und was nicht geändert worden war, sah man sowieso nicht und war anerkannt gut und bewährt, es gab also keinen Grund, daran zu rühren.

Doch reichte das, um die Kunden zur Anschaffung eines neuen Golf zu bewegen? Zumal Opel 2009 den neuen Astra aufs Gleis setzte und Ford 2010 den neuen Focus – auch der verpackte die Technik des Vorgängers neu – an den Start brachte? Dazu kam: Den Golf-Entwicklern saßen die Controller im Nacken, Volkswagen musste die Rentabilität und die Produktivität steigern; der neue Golf sollte in der Herstellung um fünf Prozent billiger werden. Im Gegensatz dazu hatte der teurere Audi A3, der sich die Basis mit dem Golf V teilte, einen von 2003 bis 2012 dauernden Lauf, damit wurde Geld verdient.

Eine der Maßnahmen zur Kosteneinsparung beim Golf VI bestand in der Reduzierung der europäischen Produktionsstandorte, die Fertigung in Brüssel entfiel (dagegen gab es natürlich heftige Proteste in Belgien), als Kompensation wurde die Fertigung des neuen Audi A1 dorthin verlegt. Die Golf-Produktion konzentrierte sich nun auf die beiden deutschen Standorte Wolfsburg und Zwickau.

Der Vorderwagen des neuen Golf war so umgestaltet worden, dass er schneller zusammengesetzt werden konnte, und die Türen entstanden mit einem neuen Schweißverfahren, auch das ging schneller. An anderer Stelle erzielte der Volkswagen-Konzern Einsparungen in Produktion und Einkauf, die Skaleneffekte führten dazu, dass die Mehrlenker-Hinterachse beim Golf VI günstiger herzustellen war als noch beim Vorgänger, denn in den letzten fünf Jahren war diese Hinterachskonstruktion bei vielen Konzernfahrzeugen eingeführt worden, was den Stückpreis wesentlich senkte. Die schnellere Umrüstung der Produktionslinien tat ein Übriges. Bis November 2008 konnten Golf V und VI parallel in Wolfsburg montiert werden. Anders als der Golf IV, der nach seiner Ablösung noch anderswo weitergebaut wurde, sollte das beim Golf V nicht der Fall sein: Einmal vom Band genommen, war er endgültig weg.

Alle sichtbaren Karosserieteile beim Golf VI waren gegenüber dem Golf V geändert worden, eine Ausnahme bildete lediglich das Dach, die Dachhaut war gleich. Gleich waren auch die einen Entwurf bestimmenden Parameter wie Radstand, Position der Türsäulen und Sitzbefestigungen, was den Designern erhebliche Beschränkungen

Island bildete die malerische Kulisse, vor deren Hintergrund Volkswagen 2008 die internationale Pressevorstellung des Golf VI zelebrierte. Die markanten 18-Zoll-Leichtmetallräder hießen »Bilbao«.

Weiß und nicht mehr blau hinterleuchtete Skalen im neuen, wesentlich hochwertiger gestalteten Armaturenbrett verrieten den von Volkswagen propagierten Anspruch, mit dem neuen Golf den Qualitätsmaßstab in dieser Klasse neu zu definieren.

auferlegte. Die sechste Generation übernahm demzufolge die 2.578 Millimeter Radstand des Vorgängers, dass sie dennoch um insgesamt fünf Millimeter kürzer geriet, lag an den neuen Stoßfängern.

»Er ist akzentuierter als sein Vorgänger, mit exakt definierten Linien und Kanten und mit fein proportionierten Wölbungen und Hohlkehlen«, sagte de Silva und verwies auf den ersten und vierten Golf als Referenzpunkte. Es hatte in der Tat etwas von einer in letzter Minute durchgeführten Nasenkorrektur.

Als der neue Vorsitzende Martin Winterkorn zu Beginn des Jahres 2007 den Chefsessel einnahm, bot er de Silva den Posten als Designchef des Unternehmens an. Ein guter Freund von Giugiaro, kam de Silva nach Stationen bei Alfa Romeo und Seat zu Audi, wo er mit dem Audi A5 das seiner Meinung nach schönste Auto seiner Karriere gezeichnet hatte. Bei VW nahm er sich zunächst der unmittelbar vor der Einführung stehenden Modelle Scirocco und Passat CC an. »Wir haben eine Reihe von Modellen angeschaut, und in Sachen Design war die Situation besorgniserregend«, äußerte er 2012 gegenüber dem Autor. »Das Golf-VI-Frontdesign hätte das Gesicht des Autos komplett verändert. Ich habe daher den Kühlergrill in die Breite gezogen und griff damit die von Giugiaro beim Ur-Golf geschaffene Verbindungslinie zwischen den beiden Scheinwerfern wieder auf. Ich war der Meinung, dass wir darauf unmöglich verzichten konnten. Glauben Sie mir, hätten wir die ursprüngliche Frontgestaltung beibehalten, so hätte es ein Desaster gegeben.« Vielleicht aber wirkte das Endergebnis dann doch etwas zu subtil für den einen oder anderen. »Der Golf VI ist sauber gezeichnet und in Ordnung, wie es eben beim Golf so Tradition hat, doch wirkt er irgendwie wie ein Golf 5.5 und nicht wie das Modell, das dem Anspruch, eine neue Generation darzustellen, Rechnung trägt«, sagte *Autocar*. Das neue Familiengesicht verbannte den mutigen, manchmal verchromten Kühlergrill, der auch bei verschiedenen Golf-Ablegern wie auch dem Jetta zum Einsatz gekommen war, aufs Abstellgleis. Es war ein Rückzug ins Konservative.

Auf den ersten Blick sah der Innenraum auch gleich aus, war aber wieder subtil verfeinert worden. Das Armaturenbrett entsprach in Art und Aufteilung dem des Vorgängers, war aber etwas nach oben gerückt und mit aufgespritzten, fein genarbten Kunststoffen bezogen. Tachometer und Drehzahlmesser waren jetzt im sogenannten Zwei-Augen-Kombiinstrument mit Chromzierringen versehen (das konnte man auch beim Passat CC sehen), und es gab – optional – ein per Touchscreen zu bedienendes Radio. Dass die bekannte blaue Instrumentenbeleuchtung einer solchen aus Weißlicht weichen musste, stellte mehr als ein Tester wehmütig fest.

Die Türinnenverkleidungen wurden neu gestaltet und der Schwung der Armlehnen setzte sich nach oben fort, sodass eine optische Verbindung zur Windschutzscheibenunterkante entstand; die elektrischen Fensterheber saßen höher. Die Sitze wurden leicht überarbeitet, boten etwas mehr Beinauflage und Rückenunterstützung, außerdem waren die Sitzschienen länger, damit größere Fahrer das Gestühl weiter nach hinten rücken konnten. Insgesamt fühle es sich nach ein bisschen mehr Luxus an als im letzten Golf, entschied die Presse, die noch beim Vorgänger ausgiebig den hohen Anteil an Hartplastik kritisiert hatte, das sich so billig angefühlt habe.

Premium für alle

Island als Schauplatz der internationalen Fahrvorstellung stellte für die meisten Journalisten eine ungewöhnliche Erfahrung dar. Die Straßen waren teilweise in schrecklichem Zustand, was wiederum die Wahl plausibel erscheinen ließ: Unter diesen Bedingungen ließen sich die Verbesserungen im Abrollverhalten am besten erfahren – eine der Schlüsselkomponenten bei diesem Auto. Zu Vergleichszwecken durften die Journalisten mit dem Phaeton fahren, und dieses direkte Aufeinandertreffen mit dem Volkswagen-Flaggschiff sollte belegen, dass der Golf »Klassengrenzen außer Kraft« setze. Die Vorstandsetage sprach von der »Phaetonisierung« und verwies auf zahlreiche Innovationen, die erstmals im Golf und damit auch in dieser Fahrzeugklasse zu bekommen waren. Natürlich war diese schlagzeilenträchtige Technologie in der Regel optional – nicht für alle Märkte, vor allem nicht auf dem heiß umkämpften US-Markt –, hielt aber zumindest zeitweilig die Konkurrenz auf Abstand, auch wenn dies oft nur von kurzer Dauer war, da diese alsbald ähnliche Features anbot.

In der mittleren Ausstattungslinie Comfortline hatte der Golf jetzt serienmäßig Regen- und Lichtsensor sowie Tempomat, dazu kamen neue Assistenzsysteme wie die »Automatische Distanzregelung ACC« (Adaptive Cruise Control), wobei ein Sensor oberhalb des Rückspiegels über fünf Laserstrahlen den Abstand zum vorausfahrenden Fahrzeug sowie dessen Geschwindigkeit abtastete und entsprechend auf die Cruise Control wirkte. Das sorgte in Geschwindigkeitsbereichen zwischen 30 und 210 km/h für einen sicheren Abstand. In Sachen Fahrwerk hatte der Kunde nun die Möglichkeit – sofern er bei der Position »adaptives Fahrwerk« sein Bestellhäkchen gemacht hatte (was ihn dann 925 Euro zusätzlich kostete) –, die Kennung per Knopfdruck zu verändern. Es standen die Modi »Normal«, »Sport« und »Komfort« zur Wahl, und VW-Kenner wussten, dass Volkswagen dieses Feature zuerst beim Passat CC eingeführt hatte (und BMW bereits Mitte der 1990er Jahre).

Volkswagen experimentierte übrigens auch mit dem »autonomen Auto«; 2006 wurde der Presse der »GTI 53 + 1« vorgestellt, ein rollendes Versuchslabor, bei dem die elektronischen Systeme von Drosselklappe, Lenkung (was dank der elektro-mechanischen Lenkung möglich war) und Bremsen miteinander vernetzt waren. Weit weniger futuristisch war der »Park Assist«, zuerst im Touran vorgestellt. Damit ließen sich Einparkvorgänge erleichtern, der Fahrer drückte die Park-Assist-Taste, und zwei Ultraschallsensoren scannten beim Vorbeifahren die Größe der Lücke zwischen zwei Autos. Wenn der Platz reichte, stoppte der Fahrer den Wagen, legte den Rückwärtsgang ein und ließ das Lenkrad los. Das Auto parkte dann selbsttätig rückwärts parallel ein, aber der Fahrer konnte immer noch selbst eingreifen und das System sofort durch Übernahme der Lenkung oder das Betätigen der Bremsen deaktivieren. Optional war auch eine Rückfahrkamera erhältlich, sie versteckte sich hinter dem Volkswagen-Logo auf der Heckklappe. Das System vermaß die Lücke, die zunächst mindestens 1,4 Meter größer als das Fahrzeug sein musste; Bild und Grafiklinien wurden auf Radiodisplay oder

Der GTD als schnellster Diesel-Golf hatte seine Fahrvorstellung im Juni 2009 in München. Hier waren die Zierleisten nicht rot wie beim GTI, sondern blank, und natürlich unterschied sich auch der Schriftzug an Grill und Heck.

Das GTD-Interieur entsprach dem des GTI, hier fanden sich ebenfalls die vorzüglichen Sportsitze und das unten abgeflachte Dreispeichen-Sportlenkrad. Das Karostreifenmuster fiel etwas dezenter aus, und die Kappnähte waren nicht rot, sondern grau. Sehr edel und geschmackvoll, wirklich.

Navi-Bildschirm übertragen. Es gab nicht viel am Golf-Fahrwerk zu verbessern, sodass die größte Veränderung im Grunde genommen in der Einführung der Adaptiven Fahrwerksregelung DCC bestand. Das System reagierte permanent auf die Fahrbahn wie auch auf die Fahrsituation, änderte entsprechend die Dämpferkennung und reagierte auf Beschleunigungs-, Lenk- und Bremsvorgänge. Wie erwähnt, gab es drei Fahrmodi, »Sport« und »Komfort« wurden über eine Taste vor dem Schalthebel angewählt. Tester fanden diese Option interessant, aber irgendwie überflüssig und »selbst im sogenannten Komfort-Modus wird der Golf nicht zum Fahrbahn-Schmeichler«, stellte *auto motor und sport* fest. Vielleicht, so räumten die Tester ein, liege das aber an den optionalen 17-Zoll-Rädern. Setzte man Preis und Ausstattung ins Verhältnis zum Golf V, so war der Golf VI insgesamt nicht wesentlich teurer geworden, wobei klar war: Sonderangebote sehen anders aus. Die Preisliste begann bei 16.500 Euro für einen dreitürigen Trendline mit 1,4-Liter-Benziner; ein entsprechender Focus kostete zumindest auf dem Papier nur 15.250 Euro, ein Opel Astra 16.300 Euro.

Immerhin gehörte nun von Anfang an eine Klimaanlage zur Serienausstattung, dazu ein Knieairbag (Toyota hatte ihn zuerst 2003 beim Avensis eingeführt), was die Zahl der Sicherheitskissen im Golf auf insgesamt sieben erhöhte. Ein neues Kopfstützensystem sollte dem Schleudertrauma entgegenwirken, es gab Sensoren für nicht angelegte Sicherheitsgurte auf den Rücksitzen (»Anschnallerkennung«), einen erweiterten Funktionsumfang für das elektronische Stabilitätsprogramm (ESP) und Tagfahrlicht. Alle Golfs hatten in Wagenfarbe lackierte Stoßfänger (beim Vorgänger war die untere Hälfte noch schwarz gewesen), Türgriffe in Wagenfarbe sowie elektrisch beheizte und verstellbare Außenspiegel, immer noch mit integrierten Blinkleuchten. Jeder neue Golf-Käufer bekam außerdem ein viel ruhigeres Auto, »das bisher schon hohe Niveau beim Geräuschkomfort wurde weiter gesteigert«, lobte *automon@t*. Subtile Veränderungen wie ein komplett neues Design von Tür- und Fensterdichtungen, eine spezielle Dämpfungsfolie zwischen zwei Glasschichten in der Frontscheibe und neue Motorlager gehörten zu den Maßnahmen, die für Ruhe sorgten. Die Außenspiegel wurden neu gestaltet, um Windgeräusche zu minimieren (und um weniger leicht zu verschmutzen), und es gab 20 Sektionen, welche besonders geräuschgedämmt waren, auch die A-Säulen und der vordere Stoßfänger. Die Motorhaube war doppelwandig isoliert.

Natürlich stellte sich auch der Golf VI der prestigeträchtigen Wahl zum »Auto des Jahres 2009«. Einer der Juroren war der britische Journalist John Simister: »Der neue Golf hat sich nur wenig bewegt und teilt die meisten Hauptkomponenten mit seinem unmittelbaren Vorgänger, mehr als alle bisherigen Golf. Er ist ruhig, zivilisiert, erfreulich, wenn auch nicht sonderlich aufregend im Innenraum, und er verfügt über eine Interieurqualität, welche die Klassengrenzen sprengt. Aber ein wichtiges neues Auto? Nein.«

VW-Haus- und Hofveredler Abt widmete sich jeder Golf-Generation, ein GTI erstarkte dann schon mal auf 300 PS. (Foto: Abt Sportsline)

Der Golf VI-Kombi war im Grunde genommen nur ein Golf V mit neuem Vorderwagen. Das Laderaumvolumen betrug zwischen 505 und 1560 Liter.

Mehr TSI und ein neuer TDI

Die Motorenpalette des Jahres 2008/09 für den neuen Golf bestand aus vier Benzinern und zwei Dieselaggregaten. Sie markierte den Umstieg hin zu kleinvolumigeren Turbomotoren, die gleichermaßen Emissionen und Gewichtszunahme reduzierten, was dann – zumindest in Sachen Kilogramm – an anderer Stelle im Auto wieder draufgepackt werden konnte. Vom Golf V übernommen wurden der 1,4-Liter mit 80 PS und der 1,6-Liter mit 102 PS sowie das 1,4-Liter-TSI-Aggregat mit 122 PS (mit Turbolader, der voraussichtlich meistverkaufte Benzinmotor) und der 160-PS-TSI mit Kompressor und Turboaufladung. Letzterer ersetzte die 170-PS-Einheit des vorherigen Golf GT; der 150 PS starke Zweiliter-FSI verlor seine Daseinsberechtigung und wurde gestrichen. Nur in Deutschland gab es für 2009 das Golf-Aktionsmodell mit aufgeladenem 1,8-Liter-Benziner und 170 PS.

Dank neuer Motor- und Getriebe-Technologien sank der Treibstoffverbrauch um bis zu 28 Prozent, und alle Benzin- und Dieselmotoren erfüllten die ab 2009 gültigen Euro-5-Abgasnormen. Abgesehen von der 80-PS-Einstiegsmotorisierung konnten alle Motoren mit den Doppelkupplungsgetrieben bestückt werden, wobei das Drehmoment darüber entschied, ob ein Sechs- oder Siebengang-DSG zum Einsatz kam. Die Palette der Dieselmotoren war zunächst sehr eingeschränkt, zur Markteinführung bot Volkswagen den Golf mit zwei 1.968 ccm großen Turbodieseln an, sie leisteten 110 oder 140 PS. Der treue 1,9-Liter-TDI hatte ausgedient. Die Dieselmotoren waren auf Common-Rail-Einspritzung umgestellt worden, diese Motoren waren bereits beim Tiguan eingeführt worden. Die Abkehr vom seit rund einem Jahrzehnt gebauten Pumpe-Düse-Prinzip, bei dem Injektor und Pumpe jeweils eine Einheit bildeten, hin zum Common-Rail-System, wie es die Konkurrenz seit Jahren verwendete und verfeinert hatte, war eine Folge des immer wieder kritisierten rauen Verbrennungsablaufs und der damit ver-

Volkswagen startete im November 2011 in Hannover mit Quicar ein carsharing-Projekt. Zum Einsatz kamen 200 1,6 TDI BlueMotion mit manuellem Fünfgang-Getriebe.

Kennzeichen des knauserigen Sparmeisters, der auf den Namen »BlueMotion« hörte, waren die Frontstoßstange, Seitenschweller, die leicht reduzierte Höhe und eine andere Führung der Luftkanäle hinter dem Gitter.

bundenen Geräuschentwicklung, die die Volkswagen-Diesel bisher ausgezeichnet hatten. Hier wurde der Einspritzdruck in einer Hochdruck-Kraftstoffleitung, der »Common Rail«, erzeugt, die alle Injektoren jedes Zylinders versorgte. Das ermöglichte höhere Einspritzdrücke und damit effizientere Verbrennungsabläufe und einen ruhigeren Motorlauf. Noch beschriftet als »TDI«, verfügte diese neue Generation an Dieselmotoren (ab 140 PS Leistung aufwärts) außerdem über zwei Ausgleichswellen, die unerwünschte Vibrationen dämpften. Der Dieselpartikelfilter, beim Vorgänger noch auf der Optionsliste, gehörte nun zur Serienausstattung.

Die neuen TDI galten als außerordentlich sparsam und sauber, der 110-PS-Diesel emittierte laut Werk 119 g/km CO_2 und verbrauchte laut Norm-Zyklus lediglich 4,5 Liter Kraftstoff auf hundert Kilometer, was einer Ersparnis von 0,6 Litern entsprach; der 140-PS-Diesel blieb mit 4,9 Litern ebenfalls unter der Fünf-Liter-Marke. Der Normverbrauch des für 2009 angekündigten BlueMotion sollte sogar lediglich 3,8 Liter betragen. Der Top-Diesel war auch mit 4Motion-Allradantrieb zu haben, diese Kombination gab es aber nicht für die Basisausstattung Trendline und auch nicht für alle Exportmärkte.

Die neuen Dieselmotoren stellten eine starke hausinterne Konkurrenz für die Benziner dar, weil sie laufruhig, durchzugsstark und sparsam waren, sie wurden vielfach mit Preisen ausgezeichnet. Die TSI-Palette wurde ebenfalls nachgeschärft, und gerade die doppelt aufgeladenen Motoren begeisterten zahlreiche Autotester weltweit. »Es ist, als ob VW hier ein Stückchen Maschinenbaukunst abgeliefert hat, das man bisher lediglich Honda zugetraut hätte«, so der britische *The Telegraph*. »Es ist praktisch unmöglich zu sagen, wann der Kompressor aus- und der Turbolader einschaltet«, »gibt herrlich gleichmäßig Kraft ab«, lobte *Auto Bild*: Die lineare Kraftentfaltung war eine der ganz großen Stärken der VW-Motoren, gleich welchem Arbeitsprinzip sie huldigten.

Volkswagen baute sein Motorenangebot schnell aus. Im Dezember 2008 präsentierten die Wolfsburger die erste ab Werk lieferbare Autogas-Version. Beim 1,6-Liter-Golf Bi-Fuel mit 98 PS befand sich der sperrige LPG-Tank nicht, wie bei vielen umgebauten Fahrzeugen, im Kofferraum und nahm Platz weg, sondern schmiegte sich elegant in die Reserveradmulde; der Fahrer konnte zwischen beiden Kraftstoffen wechseln. Die Verwendung von LPG reduzierte die Emissionen, und die Anschaffung eines solchen Fahrzeuges wurde auf einigen Märkten vom Gesetzgeber bezuschusst, letztlich aber war der Bi-Fuel kein Verkaufshit. Im reinen Gasbetrieb lag der Verbrauch bei 9,2 Litern Flüssiggas, der Tank fasste 38 Liter, der Benzintank 55 Liter. Die Reichweite dieser Kombination lag bei rund 1100 Kilometern, die Preisliste begann bei 21.390 Euro.

Noch weniger ist viel mehr

Natürlich war klar, dass der neue Golf auch sukzessive mit den neuesten, konzernweit verfügbaren Motoren bestückt werden würde. Das galt in besonderem Maße für die neuen TSI-Aggregate. Im Mai 2009 präsentierte Volkswagen im Rahmen des 30. Wiener Motorensymposiums einen 1,2-Liter-TSI mit 105 PS, geplant für den Einsatz in Golf und Polo. Einmal mehr handelte es sich dabei um einen Benzin-Direkteinspritzer mit Turbolader, der locker die Leistung des nun abgelösten konventionellen 1,6-Liters erbrachte und dabei wesentlich elastischer zu Werke ging. Das maximale Drehmoment von 175 Newtonmetern stand im Bereich zwischen 1.500 und 3.500 Umdrehungen zur Verfügung. Volkswagen führte diese sensationellen Werte auf »rigorose Reibungsoptimierung«, konsequenten Leichtbau mit Aluminium-Kurbelgehäuse und eine neu entwickelte Brennraumform zurück, was für eine spürbare Senkung von Durchschnittsverbrauch und Abgasemissionen sorgte: Hubraum verlor an Stellenwert im Golf-Katalog. Der 1,4-Liter-FSI-Motor mit 80 PS blieb weiterhin in Produktion, er markierte die Einstiegsmotorisierung.

Zur gleichen Zeit wurde die Palette an Common-Rail-Dieseln erweitert; der 1,6-Liter-TDI-Motor wurde in Ausführungen von 75 bis 105 PS verfügbar, er bildete dank seines modularen Aufbaus die Grundlage für alle künftigen Vierzylinder-Dieselmotoren von Volkswagen. Natürlich punkteten alle Versionen durch extrem niedrige Emissions- und Verbrauchswerte; die Euro-5-Grenzwerte stellten kein Problem dar, der Dieselpartikelfilter war serienmäßig.

Dieser Motor beflügelte auch die nächste Ausgabe des BlueMotion, der im Jahre 2008 schon als Konzeptfahrzeug gezeigt worden war und im Sommer 2009 dann in den Verkauf gelangte. Die Fahrzeugausstattung mit Leichtlaufreifen, optimierter Aerodynamik und überarbeitetem Fünf-Gang-Getriebe (der 2.0 TDI hatte sechs) entsprach dem zu Erwartenden. Nach den Versuchen Ende der 1970er Jahre, den Formel E in den 1980er Jahren und dem unpopulären Ecomatic der 1990er Jahre kehrte 2009 mit dem Golf BlueMotion auch ein Start-Stopp-System zurück, das den Motor automatisch ausschaltete, um Kraftstoff zu sparen. Nun endlich schien die Zeit reif zu sein für ein solches Sparsystem, die Akzeptanz der Verbraucher für einen solchen Motor war da. Volkswagen war nicht allein, die gesamte europäische Automobilindustrie setzte solche Systeme ein, aus Kostengründen bedienten sich mehr oder weniger alle bei Bosch und Valeo. Dahinter stand aber auch eine europaweite Gesetzgebung, die EU-Vorgaben schrieben eine Senkung der durchschnittlichen CO_2-Emissionen bei Neuwagen um 18 Prozent auf 130 g/km vor. Andernfalls drohten hohe Geldstrafen. BMW rollte mit dem Mini 2007 sein Start-Stopp-Modell aus den Werkshallen; bei Volkswagen bildete der Passat BlueMotion den Vorreiter der neuen Generation von Start-Stopp-Systemen.

Diese automatische Motorabschaltung kam zum Zuge, wenn der Fahrer bei stehendem Fahrzeug die Kupplung trat und den Leerlauf einlegte. Beim Loslassen der Kupplung ging der Motor dann aus, und das »Start-Stopp«-Symbol im Multifunktionsdisplay leuchtete auf. Sobald der Fahrer die Kupplung trat, um den ersten Gang wieder einzulegen, sprang der Motor wieder an und das Symbol erlosch. Das System ließ sich durch einen Schalter deaktivieren, wenn es zu lästig wurde.

Dieses neue System kam, anders als beim Ecomatic früher, ohne die komplizierte Notfall-Backup-Batterie aus. Hier gehörte die Energie-Rückgewinnung beim Bremsen, die Rekuperation, zum

Im Gegensatz zu der vorherigen Generation hat der GTI VI keinen eigenen Kühlergrill mehr, aber immerhin war der typische rote Streifen geblieben.

Die GTI-Sitzbezüge im klassischen Karomuster (»Jacky«); das Armaturenbrett war dunkler gehalten als bei den anderen Familienmitgliedern, der Farbton hieß »Titan Schwarz«.

Technikpaket. Beim Abbremsen stieg die Spannung der Lichtmaschine an und lud so die Autobatterie auf. Damit sank die Generatorspannung in der Beschleunigungsphase ebenso wie beim Fahren mit konstanter Geschwindigkeit bis hin zur kompletten Abschaltung, was die Motorlast verringerte und den Kraftstoffverbrauch reduzierte.

Laut Werk verbrauchte ein Golf BlueMotion 3,8 Liter Diesel auf hundert Kilometer und emittierte nur 99 g/km CO_2. Zum Vergleich: Ein gleichstarker TDI ohne BlueMotion verbrauchte 0,3 Liter mehr und stieß 107 g/km aus. Letztlich aber war dieses feine Stück Ingenieurskunst eines von der spaßfreien Sorte, so die Meinung diverser Tester. »Der BlueMotion stellt das Ökomäßige in den Vordergrund, ohne dass im Alltag gegenüber einem normalen, nicht-ökoblauen 1.6 TDI Golf auf etwas verzichtet werden müsste«, so Gavin Green in *Car*. Der Golf BlueMotion stellte das Flaggschiff unter den kompakten Öko-Autos dar; auch andere VW-Modelle waren in BlueMotion-Ausstattung zu haben.

Andererseits erwuchs den Öko-Dieseln insbesondere auf dem US-Markt gewaltige Konkurrenz durch Toyotas Hybrid-Offensive, an deren Spitze der Prius stand, der 2009 in dritter Generation auf den Markt kam und mit einem Ausstoß von 89 g/km beeindruckte. Allein von der Kostenseite her betrachtet war der Vergleich ziemlich eng. *Auto motor und sport* ließ im Dezember 2008 einen Prius II gegen einen Golf 1.6 TDI antreten, ein Duell, das der Golf für sich entschied. Allerdings kam man nicht umhin, auf die Tatsache hinzuweisen, dass der Dieselmotor eine schlechtere Schadstoffbilanz habe. Es wird später darüber noch zu berichten sein, dass Volkswagen zwar seit Jahrzehnten mit Hybrid-Autos experimentiert hatte – ein Golf TDI-Hybrid war im Jahr 2008 gezeigt worden – aber nie eine Serienfertigung in Angriff nahm, weil man stets nach günstigeren Lösungen zur Kraftstoffeinsparung suchte. Ein Hybrid-Golf war daher noch immer Zukunftsmusik.

Erbaut auf starken Fundamenten: der sechste GTI

Durch eine staatliche Prämie für die Besitzer von Altfahrzeugen beim Kauf eines Neuwagens, die sogenannte »Abwrackprämie«, subventionierte der deutsche Staat (und nicht nur dieser) die unter der Finanz- und Wirtschaftskrise leidende Automobilindustrie. Das sorgte Anfang 2009 für steigende Golf-Absätze und gab Anlass zur Hoffnung für die bevorstehende Einführung der nächsten GTI-Generation im Frühjahr. Dieses Mal gab es jedoch für GTI-Fans eine Option in der sportlichen Form des neuen Scirocco.

Nach dem erfolgreichen Muster der Produkteinführung beim Golf V GTI wurde der neue sportliche Kompakte als »Concept« im Oktober 2008 auf dem Pariser Salon gezeigt. Mit so ziemlich genau diesen Spezifikationen ging er dann auch 2009 in den Verkauf.

Der vertikale dreiteilige Kühlergrill im Zentrum sollte, so die Pressemappe zur Fahrvorstellung in Saint Tropez, Stilelemente des GTI I mit denen des GTI V verschmelzen: »Ein echter GTI, als solcher aus fünf Kilometern Entfernung zu erkennen.« Natürlich gab es auch hier wieder die rote Paspelierung im Wabenkühlergrill, welche die Querverbindung zwischen beiden Scheinwerfern herstellte; die auf Ausstellungen und in der Werbung gezeigten GTIs waren weiß, was diese beiden roten Querspangen noch unterstrich. Unterhalb des ausgeprägten Stoßfängers gab es einen mittig angeordneten weiteren Lufteinlass, der nach außen hin links und rechts von »wie Kiemen aussehenden Querstreben« (Pressemappe) eingerahmt war, die ihrerseits von den Nebelscheinwerfern begrenzt wurden, was insgesamt die Breite betonte. Das Heck zeigte einen Diffusor zwischen einer komplett neuen Abgasanlage mit Endrohr links und rechts sowie einen subtilen Dachkanten-Heckspoiler oben und abgedunkelte Rückleuchten. Die schwarze Lackierung der Seitenschweller, neu modelliert, zog sich nicht mehr von Radhaus zu Radhaus, und damit hatten sich eigentlich schon die optischen Unterschiede zum Normalmodell. Es gab rote Bremssättel und die Felgen im »Telefonwählscheiben«-Design; serienmäßig aufgezogen waren 17-Zoll-Leichtmetallfelgen (Typ Denver), optional konnten 18-Zöller vom Typ Detroit geordert werden.

Das Interieur war in erster Linie gekennzeichnet von den Sportsitzen im rot-schwarzen Karo (Stoffbezug »Jacky«) mit roten Nähten, Kopfstützen mit GTI-Logo und einem Multifunktions-Lederlenkrad mit Griffmulden. Beim Zweiliter-TSI des GTI handelte es sich um einen zwar hubraumgleichen, aber komplett neuen Vierzylinder mit 210 PS, der stärker als der im normalen GTI V, aber schwächer als im GTI-V-Sondermodell »Pirelli« war. Das Aggregat gehörte zur neuen Motorenfamilie EA 888, die Audi eigentlich für den größervolumige Motoren erwartenden nordamerikanischen Markt entwickelt hatte. Wieder mit Benzin-Direkteinspritzung und Turbolader bestückt, bestand der Motorblock dieses TSI-Triebwerks der zweiten Entwicklungsstufe aus Grauguss und der Zylinderkopf aus Leichtmetall. Kolben und Kolbenringe waren modifiziert, es gab eine verbesserte Ölpumpe, neue Injektoren und eine Hochdruck-Kraftstoffpumpe. In dem Bemühen, die Wartungskosten zu senken, waren sowohl Turbolader als auch Ölkühler leichter zugänglich gemacht geworden. Für einige Käufer war auch sicher ein Argument, dass die Ventilsteuerung hier per klassischer Steuerkette und nicht vermittels Zahnriemen erfolgte, was eine viel langlebigere Lösung darstellte. Das variable Ventileinlasssystem war eine Neuentwicklung von Audi und natürlich auch für den Scirocco verfügbar. Der offiziellen Lesart nach handelte es sich hier um einen TSI und nicht etwa um einen TFSI-Motor. Nach wie vor bildete die Alternative zum serienmäßigen Sechsgang-Schaltgetriebe die Sechsgang-DSG-Automatik. Die alles entscheidende Frage aber war die nach der Leistungsentfaltung. Die propagierten 210 PS standen im Drehzahlbereich zwischen 5.300 und 6.200 Umdrehungen an, den Standardsprint zur 100-km/h-Marke absolvierte der GTI in 6,9 Sekunden und lag damit auf dem Niveau des GTI V, der nominell zehn PS schwächer gewesen war. Das Duell in Sachen Sauberkeit entschied der Sechser-GTI aber klar für sich, der Schadstoffausstoß sank von 189 auf 170 g/km beim Schaltwagen, und sparsamer war der neue auch: Im Normzyklus verlangte der 210-PS-GTI 7,3 Liter und damit 0,7 Liter weniger als der Vorgänger. In bester GTI-Tradition kam ein Sportfahrwerk zum Einsatz, mit 22 mm weniger Fe-

Die Geschichte der beiden Jettas

Der neue Jetta des Jahres 2010 war weiter von einem Rucksack-Golf entfernt als je zuvor. Als New Compact Coupé auf der Detroit Motor Show im Januar vorgestellt, war sein Hybrid-Antrieb allerdings von weit größerer Bedeutung als das Styling, das sich im Laufe des Jahres noch hin zu einer normalen viertürigen Limousine wandeln sollte.

Obwohl das Armaturenbrett das gleiche war, hatte dieser neue Jetta kein Karosserieteil mehr gemeinsam mit dem normalen Schrägheck, von der Größe her füllte er die Lücke zwischen Golf und Passat. Sein Radstand war mit 2.648 Millimetern um 70 Millimeter länger als beim Golf, die Beinfreiheit für die Fondpassagiere fiel wesentlich großzügiger aus.

Auch wenn sie in der gleichen Fabrik in Puebla gebaut wurden, gab es große Unterschiede zwischen den für Europa und den für Amerika bestimmten Jettas, Letztere vor allem mit Hinblick auf einen spitz kalkulierten Preis hin gebaut. Der europäische Jetta zum Beispiel wies die aufwändige Mehrlenker-Hinterachse des Golf auf, aber die US-Modelle bekamen eine speziell entwickelte, günstigere Verbundlenker-Hinterachse, und die elektrische Servolenkung wurde durch die billigere hydraulische Servolenkung ersetzt. Auch die Gasdruckfedern, welche die Motorhaube offen hielten, wurden eingespart.

Die Benzinmotoren des US-Jetta waren einzigartig, maßgeschneidert für diesen Markt: ein 2,0-Liter-Vierzylinder und der 2,5-Liter-Fünfzylinder aus der vorherigen Generation. Auch das Armaturenbrett wirkte weniger fein. Wer allerdings die GLI-Ausstattung wählte, der erhielt die meisten der fehlenden Ausrüstungsfeatures zurück, zusammen mit dem GTI-Motor – einen viertürigen GTI. Der besaß ein faszinierendes Gadget, das europäischen Käufern vorenthalten blieb: Die Rede ist vom »Soundaktor«, einer Audio-Datei, die, von einem Lautsprecher unter der Haube gespielt, beim Beschleunigen einen kernigeren Motorklang hervorbrachte. Ob das überzeugend gelang, wurde auf einschlägigen Internet-Foren kontrovers diskutiert.

Im Rahmen von Volkswagens neuer Vertriebsoffensive in den USA entstanden, traf der neue Jetta wirklich voll ins Schwarze: 2011 wurden über 150.000 Stück verkauft – gegenüber 97.000 im Vorjahr. Der europäische Absatz war, wie üblich, wesentlich kleiner, obwohl es nur wenige direkte Konkurrenten gab. Die Automobil-Tester standen diesem Golf-Derivat mit Respekt, Gleichgültigkeit oder Ablehnung gegenüber.

Während ein Golf Hybrid in Europa zunächst nicht über die Erprobungsphase hinaus gedieh, startete Volkswagen mit einem Benzin/Elektro-Jetta Ende 2012 in den US-Markt, der zweite VW-Hybrid nach dem Touareg-Hybrid. Der Jetta trat somit an gegen Toyota Prius, Honda Civic Hybrid und den elektrischen Chevrolet Volt mit Reichweitenverlängerer.

Ganz neu auf den US-Markt gekommen, verfügte der Hybrid-Jetta über einen 150 PS starken 1,4-Liter-TSI-Benziner, Siebengang-DSG-Automatik sowie einen parallel gekoppelten 20-kW-Elektromotor, wobei eine Trennkupplung beide Maschinen verband. Der Benzinmotor wurde wo immer möglich, etwa beim »Segeln«, beim Bremsen (und im reinen Elektrobetrieb) abgekuppelt, der Elektromotor dagegen wurde von der angetriebenen Vorderachse bei höheren Geschwindigkeiten oder niedriger Akkuladung abgetrennt. Wenn beide zusammenwirkten, erhöhte sich die Systemleistung um 20 auf 170 PS; der Hybrid lag damit auf dem Leistungsniveau des 2,5-Liter-Benziners. Im rein elektrischen Betrieb schaffte der Jetta Hybrid bei Geschwindigkeiten bis zu 70 km/h eine Reichweite von zwei Kilometern, abhängig von den Bedingungen. Der Wechsel zwischen Benzin- und Elektroantrieb erfolgte automatisch oder auch manuell; eine Rückgewinnung der Bremsenergie (Rekuperation) zur Aufladung des Akkus gehörte wie beim BlueMotion zum Konzept.

Unter Ausnutzung des riesigen Jetta-Kofferraums wurde eine Lithium-Ionen-Batterie hinter der Rücksitzbank platziert, was zu einer Stufe im Kofferraumboden führte. Es gab spezielle Instrumentenanzeigen und eine Kühlergrillblende mit Hybrid-Emblemen, ansonsten glich er einem normalen Jetta.

In den USA rangierte der Hybrid-Jetta preislich leicht über einem Jetta GLI Diesel, aber laut den offiziellen Verbrauchsangaben (die generell, und bei allen Herstellern, von den Autozeitschriften zunehmend kritisch hinterfragt wurden) war der Hybrid mit 4,1 Litern noch deutlich sparsamer als etwa der Zweiliter-TDI mit 140 PS, der mit 4,8 Litern angegeben war.

Der Hybrid-Jetta wurde nur auf ausgewählten Märkten vertrieben, in Deutschland bekam man ihn ab April 2013; er war mit 31.300 Euro der teuerste Golf-Ableger.

Der Jetta feierte als Volkswagen New Compact Coupé (NCC) auf der North American International Auto Show in Detroit 2010 seine Premiere. Viel wichtiger als das Styling war die Ankündigung seines Hybridantriebs.

Der Jetta war von Anfang an als eigenständiges Modell für den US-Markt entworfen worden. Die Verwandtschaft zum Golf war weit weniger offensichtlich als bei den gleichnamigen Vorgängern.

Das Sondermodell GTI 35: Den Aerodynamikkit, die Bi-Xenonscheinwerfer mit LED-Tagfahrlicht und die Frontschürze (hier aber mit Wabengittergrill) spendierte der Golf R.

derweg vorn und 15 mm weniger hinten. Die adaptive Fahrwerksregelung (DCC) mit pneumatisch gesteuerten Dämpfereinheiten fand sich zum ersten Mal in einem GTI, es gab sie aber nur gegen Aufpreis.

Konzernweit war der GTI der erste Wagen mit XDS, dem elektronischen Quer-Sperrdifferenzial, das Traktion und Handling verbesserte und technisch eine Funktionserweiterung der elektronischen Differenzialsperre EDS darstellte. Diese wiederum hatte beim GTI G60 Anfang der 1990er Jahre ihre Premiere gefeiert. Sensoren signalisierten der Steuerelektronik einen möglicherweise drohenden Traktionsverlust am kurveninneren Rad, woraufhin das ESP an diesem Rad Bremsdruck aufbaute, um wieder optimale Traktion herzustellen. Das XDS wirkte so als Quer-Differenzialsperre und glich das für Fronttriebler typische Untersteuern auf. Das versprach zumindest die Produktpresse, und im Test bestätigte sich das: »Ein guter Teil der Lenkpräzision geht auf das Konto des erstmals eingesetzten elektronischen Differenzials ... Volkswagen hat ausgezeichnete Arbeit geleistet und jegliche Antriebseinflüsse auf die Lenkung eliminiert, auch ohne mechanische Differenzialsperre«, lobte Greg Kable in *Autocar*.

Zeitgleich mit dem Golf GTI ging der auf der Messe Auto Mobil in Leipzig präsentierte GTD im März 2009 in den Verkauf. Sein 2,0-Liter-Common-Rail-TDI-Motor hatte 170 PS, ihn kannte man bereits von Passat und Tiguan. Er war zwar nicht so schnell wie der GTI – von 0 auf 100 km/h in 8,1 Sekunden, Höchstgeschwindigkeit 222 km/h –, aber beeindruckend sparsam: Der Normverbrauch versprach 5,6 Liter Diesel auf 100 Kilometer. Technisch entsprach der GTD ansonsten dem GTI abzüglich der XDS, das elektronische Differenzial wurde wegen der geringeren Leistung des Diesels als nicht notwendig angesehen. Es gab auch optisch nur wenige Unterschiede zum GTI: Keine roten, sondern verchromte Querstreifen im Grill, Doppelendrohr links im Heckdiffusor und 17-Zoll-Alus vom Typ Seattle – das war's aber auch schon. Drinnen fand sich ein Grau anstelle des GTI-Rots im Karomuster der Sitzbezüge und es gab hellgraue statt rote Nähte. 27.475 Euro rief Volkswagen dafür auf, der GTI starte ab 26.650 Euro.

Golf R: Der Abschied vom V6

Im Zuge des Downsizing war klar, dass die Tage der V6-Golf gezählt sein würden, und bei der Markteinführung des Golf VI 2008 konnte auch kein Zweifel mehr daran bestehen, dass es für Europa keinen Golf mehr mit mehr als vier Zylindern geben würde. Enthusiasten hatten vielleicht gehofft, dass der Audi TT RS von 2009 seinen Turbo-Fünfzylinder-Motor der nächsten Generation des Golf R spenden könnte, aber nein, es sollte nicht sein.

Entwickelt von Volkswagens Abteilung für Sonderprojekte, der Volkswagen Individual, und zusammen mit einem Scirocco R in Frankfurt 2009 enthüllt, hatte der neue Golf R einen 2,0-Liter-TSI-Vierzylinder-Motor, er konnte sich also in Sachen Hubraum in keinem Fall mit einem R32 messen. Aber in der Leistung schon: Durch den Anbau eines Turboladers waren stolze 270 PS herauszukitzeln, zwanzig mehr als beim R32 mit seinen 250 Pferdchen. Das bewies einmal mehr die Komplexität des Motorenprogramms für den Golf, denn dieses Aggregat war keine heiße Version des EA-888-Motors, sondern ein Derivat des EA-113-Motors, der den Fünfer-GTI beflügelt hatte und im Wesentlichen eine Ableitung des Audi-S3-Motors darstellte. Nach Medienberichten erfolgte die Entwicklung bei Volkswagen Individual. Der R-Motor hatte einen versteiften Zylinderblock, einen neuen Leichtmetall-Zylinderkopf, verstärkte Pleuel und Kolbenbolzen und Hochdruck-Einspritzventile. Der Turbolader mit Ladeluftkühler baute bis zu 1,2 bar Ladedruck auf. Um die thermische Gesundheit des Benzindirekteinspritzers kümmerte sich ein durchsatzstärkerer Ölkühler hinter der Frontschürze.

Wie beim Audi erfolgte die Kraftübertragung über ein Sechsgang-DSG-Getriebe; ein Haldex-System der vierten Generation servierte jedem Rad das ihm zustehende Drehmoment. Während beim R32 das System erst beim Auftreten von Drehzahlunterschieden zwischen Vorder- und Hinterachse eingriff, reagierte das beim Golf R schneller, weil der Druckaufbau hier über eine elektrische Pumpe erfolgte, die einen Druckspeicher mit Öl versorgte. Ein Steuergerät ermittelte das ideale Antriebsdrehmoment für die Hinterachse und regulierte den Öldruck in der Lamellenkupplung. Daher gab es keinen Druckabfall und eine schnellere Reaktionszeit. Das verbesserte System begrenzte auch bedarfsweise das Drehmoment, was ebenfalls die Traktion maximierte. Im Extremfall konnte nahezu die gesamte Antriebskraft zur Hinterachse geleitet werden.

Neue Bremsscheiben und Bremssättel vorne kamen ebenso zum Einsatz wie ein Sportfahrwerk mit 25-mm-Tieferlegung und entsprechender Abstimmung. Das ESP wurde überarbeitet und wies nun zusätzlich einen Sportmodus auf, in dem das Stabilisierungsprogramm später eingriff (was erklärt, warum nicht wenige Golf R auf »Track Days«, den Feiertagen der Gasfuß-Fraktion, anzutreffen sind und waren). Die elektro-mechanische Servolenkung wurde ebenfalls nachgeschärft und mit einer spitzeren Kennlinie unterlegt.

Durch den physisch kleineren und leichteren Motor war mehr Platz im Motorraum. Der Golf R war um 35 Kilogramm leichter als der Vorgänger (wenn auch immer noch viel schwerer als ein GTI) und hatte ein besseres Leistungsgewicht. Laut Werk war das der bis dato spurtstärkste Serienwagen des Konzerns, mit einer Zeit von 0 auf 100 km/h in 5,7 Sekunden. Und vergleichsweise sparsam war er auch, der Normverbrauch lag mit 8,5 Litern um 2,2 Liter unter dem des Vorgängers. Und die Abgas-Emissionen sanken von 255 auf 199 g/km CO_2. So gesehen machte Downsizing durchaus Spaß.

Die Tester jedenfalls waren zufrieden, niemand beschwerte sich etwa darüber, dass ein Golf R jetzt mit zwei Zylindern weniger unter der Haube auskommen musste. Durchzugschwäche war kein Thema, im Gegenteil: Beim Turbo-Golf R stand das maximale Drehmoment von 350 Newtonmetern im Drehzahlbereich zwischen 2.500 und 5.000 Umdrehungen an, während der V6 erst bei 3.000 Touren voll zur Sache gekommen war. Das waren die Werte, die wirklich zählten. »Der Golf R ist sauschnell und handlich, hat einen denkwürdig hochjubelnden Motor und ein Sport-Fahrwerk, das Vertrauen, Gelassenheit und vor allem echte Begeisterung zu

Weniger krawallig und auffällig (Werbung wie Presse zeigten vorzugsweise den familienfreundlichen Fünftürer) als zuvor, unterschied sich der neue Golf R von den anderen Gölfen durch die vorderen und hinteren Stoßfänger, das LED-Tagfahrlicht vorn sowie einen Diffusor mit mittiger Doppelrohr-Auspuffanlage hinten.

vermitteln vermag«, schrieb Richard Meadon in *Evo*. Ganz günstig war er nicht, Volkswagen rief mindestens 36.400 Euro für den nur als Dreitürer lieferbaren R auf, ein Wert, der sich durch die richtigen Häkchen auf der Aufpreisliste – Sechsgang-DSG zum Beispiel – mühelos in Richtung 50.000 Euro treiben ließ. Eine weitere Version des EA-111-Motors wurde zum 35. Geburtstag des GTI beim legendären Golf-Treffen am Wörthersee im Juni 2011 vorgeführt: Mit 235 PS zwischen dem regulären GTI und dem R angesiedelt, war das hier der Leit-Golf im GTI-Rudel. Seine Kennzeichen waren der überarbeitete Frontstoßfänger, die markanten Leichtmetall-18-Zöller, entsprechende Plaketten mit der Ziffer »35« innen und außen und, jawohl, ein Golfball-Schaltknauf.

Das Golf Cabrio kehrt zurück

Während Golf Plus und Caravan im Grunde genommen nichts anderes als modellgepflegte Golf V darstellten, so verhielt es sich mit dem offenen Golf komplett anders: Das Cabriolet war tatsächlich die einzige echte Neuentwicklung auf Basis des zwischen 2008 und 2012 produzierten Golf VI. Vielfach mit Beifall bedacht, gab hier ein klassisches Stoffdach-Cabriolet seinen Einstand in einer Klasse, in der das Blechfaltdach triumphierte. Ein offener Golf fehlte ja seit 2002 im VW-Katalog. Für den Verkauf im Sommer 2011 in die Schauräume geschoben, war dieses Cabrio der erste offene Golf ab Werk ohne den so heiß diskutierten Überrollbügel – nichts mehr mit »Erdbeerkörbchen«.

Das Golf-Cabrio sollte im Programm auch nicht den Eos verdrängen, der mit seinem Stahldach in einer etwas höheren Preisklasse angesiedelt war, und auch nicht das New Beetle Cabrio, das günstiger eingepreist (und nicht mehr in allen Märkten lieferbar) war. Trotz seiner kompakten Abmessungen konnte man das Cabrio immer noch als passablen Viersitzer durchgehen lassen, der wieder bei Karmann in Osnabrück oder vielmehr Volkswagen Osnabrück, wie es jetzt hieß, vom Band lief. Die ehemaligen Karmann-Werke dienten nun innerhalb des Konzern als Spezialitäten-Bäckerei, hier wurden kleinere Losgrößen produziert. In seiner Klasse hatte der Golf nur wenige Konkurrenten, die gleich ihm mit Stoffmütze aufwarten

Die Präsentation des GTI Cabrios wurde einhellig begrüßt.

konnten. Ford und Opel hatten, wenn überhaupt, nur Metalldosen, sodass letztlich nur das BMW-1er-Cabriolet zu Vergleichszwecken herangezogen werden konnte und der seit 2008 in Ungarn gebaute offene Audi A3, der dem Golf viel von seiner Karosseriestruktur inklusive Radstand vererbte.

Den Vorderwagen stiftete die Limousine, doch ab da war alles neu. Die Windschutzscheibe stand entschieden schräger. Seit den Neunzigern hatte der Karosseriebau erhebliche Fortschritte gemacht, um die notwendige strukturelle Festigkeit zu erzielen, bedurfte es des Überrollbügels nicht mehr. Verwindungen auf schlechten Wegstrecken waren auch kein Thema mehr, und A-Säule und Windschutzscheibenrahmen waren so gestaltet, dass sie im Fall eines Überschlags das Gewicht des Autos abfangen konnten, ohne einzuknicken. Es gab die meisten der auch in den Limousinen zu findenden Fahrdynamik-Regelsysteme mit ABS und ESP sowie die Sicherheitsfeatures inklusive aller Airbags, und für Sicherheitsfanatiker auch zwei Stützprofile hinter den Kopfstützen der Rücksitze, die im unwahrscheinlichen Fall eines Überschlags hervorschossen, um die Fondpassagiere zu schützen. Audi hatte sich beim A3 für feste Überrollbügel hinter den Kopfstützen im Fond entschieden.

Es gab verstärkte Fensterrahmen und bauliche Veränderungen an Unterboden, Seitenteilen, Querträgern und Türen, das neue Auto gehörte in puncto Torsionssteifigkeit zu den besten seiner Klasse. »Unerschütterliche Solidität« nannte *auto motor und sport* das. Das Verdeck verschwand flach unter einer Klappe vor dem Kofferraum, der beim Vorgänger übliche Verdeckrucksack gehörte der Vergangenheit an. Ins Kofferabteil passten 250 Liter (ein Eos schluckte 205, ein A3 260 Liter), die Kofferraumklappe fiel – das war wieder ganz der alte Golf – vergleichsweise schmal aus. Wie gehabt, verfügte das rund 200 Kilogramm schwerere Cabriolet über eine heizbare Heckscheibe aus Glas. Das Dach faltet sich elektrisch in 9,5 Sekunden zusammen, das klappte bis Tempo 30, und ein Windschott, bei Nichtgebrauch im Kofferraum zu verstauen, überdeckte die Fondsitze, was den Golf dann zum Zweisitzer machte. Das neue Golf Cabrio war mit drei Motoren am Start: einem 1,2-Liter-TSI mit 105 PS, einem 1,4-Liter-TSI mit 160 PS und einem 1,6-Liter-TDI mit 105 PS. DSG und BlueMotion-Komponenten wie die Start-Stopp-Automatik waren auch in Verbindung mit dem TDI zu haben. Den offenen

Der R GTI war eine Fingerübung des Volkswagen-Chefdesigners Derek Jenkins vom Volkswagen Design Center California in Santa Monica zur Tuningmesse SEMA 2006. Der Stealth-Bomber mit 265er Schlappen auf 19-Zoll-Felgen, 2,0-Liter-FSI und modifizierten Garrett-Lader brachte 375, mit Rennbenzin 400 PS. (Foto: VWoA)

Der Golf Plus als Collectors Edition stand Ende 2008 auf der Bologna Motor Show und zeigte die Möglichkeiten der werkseitigen Individualisierung.

Mit dem »Collectors Edition« zeigten die Volkwagen-Designer, wie edel ein Golf VI aufgemacht sein konnte: Innen Naturleder und edle Klavierlack-Dekors, außen Perleffektlack und polierte sorgten sollten Lust machen auf das neue Programm. Der Exklusiv-Golf blieb Individual ein Einzelstück.

So sicher wie erwartet, hatte das neue Cabrio keinen Überrollbügel mehr, aber automatisch herausschnellende Stützen hinten, einen stabil ausgelegten Windschutzscheibenrahmen, Front-, Seiten- und Thorax-Airbags sowie einen Knie-Airbag für den Fahrer.

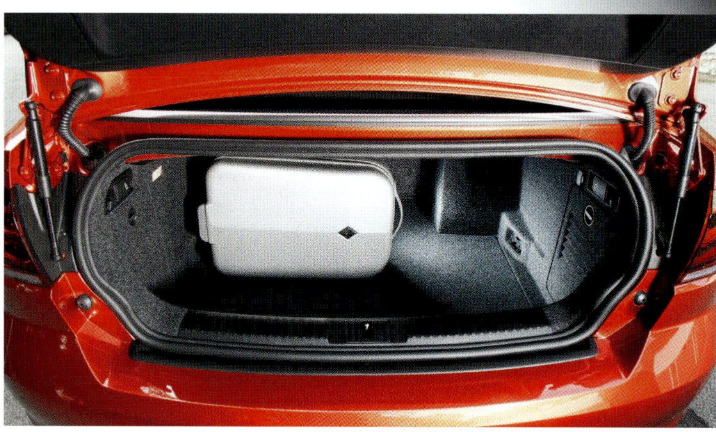

Bot bei abgeklapptem Verdeck mehr Platz als der im größeren Eos: der Kofferraum des Cabrios. Die Rücksitzlehnen waren mittig geteilt umklappbar.

Im März 2011 begann die Fertigung bei der Volkswagen Osnabrück GmbH (ehemals Karmann). Zu dem Zeitpunkt waren in Osnabrück rund 1.800 Mitarbeiter tätig, Porsche hatte aus Kapazitätsgründen einen Teil der Fertigung von Boxster und Cayman hierhin verlagert.

Viersitzer gab es ab 23.625 Euro; einen Eos nicht unter 28.375 Euro; er war damit rund 2.300 Euro teurer als ein identisch motorisierter offener Golf. Kehrseite der an sich löblichen Steifigkeit war das gedämpfte Temperament, das Mehrgewicht wirke »auf die Fahrdynamik doch deutlich sedierend«, so *auto motor und sport* im Test: »Das 1,4-Liter-Triebwerk ... plagt sich merklich, um den Zweitürer in neun Sekunden von null auf 100 km/h zu beschleunigen.«

Wegen dieser etwas zu kurz gekommenen Sportlichkeit schob Volkswagen kurz vor Toresschluss noch das GTI-Cabriolet ins Rampenlicht. Dieses Spätwerk auf Golf-VI-Basis erschien wenige Monate vor dem Modellwechsel im Frühjahr 2012. Es verwendete den gleichen Motor wie die Limousine, doch das Zusatzgewicht, hier mit 138 Kilogramm beziffert, dämpfte das Temperament. Für ein Cabriolet aber war es immer noch sehr schnell, allerdings war es auch eines mit sehr selbstbewussten Preisen: 31.350 Euro wurden dafür aufgerufen, innerhalb der Golf-Palette war nur der Golf R teurer. Das Cabriolet überdauerte den Wechsel zum Golf VII und blieb weiterhin in Produktion, doch auch diese Vorgehensweise ist ja typisch für diesen Golf mit Kapuze. Insgesamt betrachtet, hat sich der Golf VI für einen Lückenbüßer wacker geschlagen und die Spitzenposition in seinem Segment gegen alle, auch neuere Konkurrenten, tapfer verteidigt. Während seiner fast vierjährigen Bauzeit – Produktionsauslauf Mai 2012 – waren von allen Varianten zusammen fast drei Millionen Exemplare produziert worden.

2 0 1 2 – 2 0 1 9

Golf VII

Das Optimum?

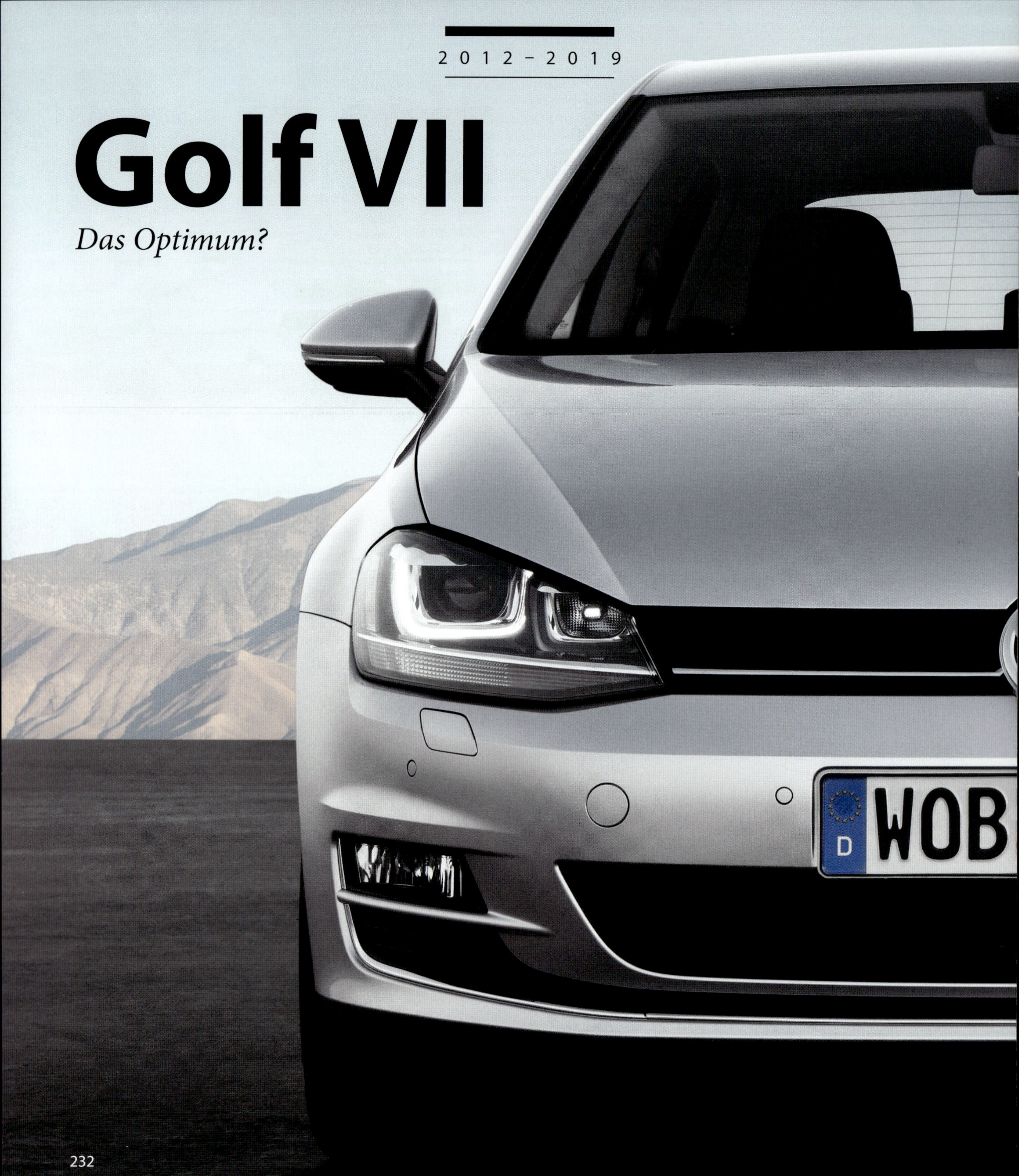

507

Der Golf stand im Mittelpunkt des VW-Standes auf dem Pariser Salon 2012. Der GTI, noch verschämt als »Studie« deklariert, hatte dort seinen großen Auftritt. (Foto: Autor)

Volkswagen feierte seinen Bestseller zum 40. Geburtstag mit dem Sondermodell Golf Edition. Die Preise begannen bei 27.700 Euro.

»Wenn sich Jesus und der Beelzebub für ein Auto entscheiden müssten, würde vermutlich vor dem Himmel wie der Hölle ein Golf parken. So geht es dem, der Synonym für mehr als eine Generation geworden ist.«

Malte Jürgens, 2014

Spätsommer 2012: In der Berliner Nationalgalerie inszeniert Volkswagen vor 700 handverlesenen Gästen die Ankunft der neuen Golf-Generation. Bei dieser »Uraufführung« vor der eigentlichen Publikumspremiere auf dem Pariser Salon fahren alle Generationen seit dem ersten Golf 1974 in die Halle, bevor dann, von mystischen Trockeneisnebeln umwabert, der neue Stammhalter die Bühne betritt: Vorhang auf für die siebte Generation eines Welterfolgs.

Dieser Golf war auf den ersten Blick beruhigend vertraut, dass er aber in der Tat fast komplett neu war, leichter, sicherer, leiser und vor allem kostengünstiger zu produzieren, das war bestenfalls zu erahnen. »Es ist nicht nur der nächste Golf«, so lautete eine der Werbeanzeigen, und ausnahmsweise hatte die Werbung einmal Recht: Er war viel, viel mehr als das.

Audis A3 hatte den Anfang gemacht, vor allem in Bezug auf die neue Konzern-Plattform, auf der er und auch der Golf aufgebaut wurde. Von dieser MQB-Plattform (»Modularer Querbaukasten«) war schon reichlich gesprochen worden, und auch wenn diese die Tester und Konkurrenten mehr interessierte als den Endverbraucher, war dieses System ein Schlüsselelement für die Zukunftsfähigkeit des Konzerns, ein Symbol für die Innovationskraft der Volkswagen-Gruppe. Die künftige Ausrichtung der Modellpalette war auf diese variable Architektur ausgelegt. Kernstück war die größtmögliche Nutzung von Gleichteilen, und in der Tat erreichte diese hier ihren vorläufigen Höhepunkt. Der MQB bildete die Basis von Autos vom Polo an aufwärts, konnte auf Benzin-, Diesel-, Hybrid-, Dual-Fuel- oder Elektroantrieb ausgelegt werden und fuhr dabei deutlich das Gewicht nach unten. Das System war extrem flexibel, ein Universaltool für Fahrzeuge und Konzepte aller Größen einschließlich des Passat. »Normalerweise haben wir bereits die Motoren und die Plattform, und wir entwickeln lediglich einen neuen ›Hut‹ und ein neues Interieur«, so Stefan Yung, technischer Projektleiter für den Golf, gegenüber *Automotive Engineer*. »Aber bei diesem Golf begannen wir, wie wir hier in Deutschland sagen, auf der grünen Wiese.« Im Jahr 2011 hatte der Volkswagen-Konzern die »Strategie 2018« vorgestellt. Die Zielsetzung war, den Volkswagen-Konzern als »ökonomisch und ökologisch weltweit führendes Unternehmen« zu positionieren, was wiederum bedeutete, Toyota und General Motors, den größten und den zweitgrößten Autobauer weltweit, zu überholen.

In den 38 Jahren, die zwischen dem ersten und dem siebten Golf lagen, hatte diese Familienlimousine den größten Anteil daran, dass das 1974 praktisch auf der Kippe stehende Unternehmen im neuen Jahrtausend besser dastand als je zuvor: Als der Golf VII debütierte, hatte Volkswagen soeben wieder neue Rekorde vermeldet, in den ersten drei Quartalen des Jahres 2012 hatten die Wolfsburger 3,6 Millionen Autos verkauft, 9,7 Prozent mehr als im Vorjahr. Eine Million Audi waren in Europa und Nordamerika unter das Volk gekommen, und zum Konzern gehörten nun, einschließlich der kürzlich einverleibten Porsche AG, zwölf eigenständige Marken, darunter zwei Lastwagen- und eine Motorradmarke. Der Konzernabsatz im September 2012 belief sich auf 6,9 Mio. Fahrzeuge, mit ständig steigenden Produktionszahlen in China. Beeindruckende Zahlen in einem Umfeld, in dem die Neuwagenverkäufe eher schrumpften als zulegten. Um das ganze Ausmaß des Wandels klarzumachen: Im Krisenjahr 1974, in dem der US-Absatz stark eingebrochen war und der Golf erst allmählich ins Geschehen eingriff, hatte Volkswagen mit seinen beiden Marken VW und Audi (ohne NSU) im Gesamtjahr lediglich 3,3 Millionen Fahrzeuge gebaut.

Nicht zuletzt aus dieser langen Tradition heraus wurde erwartet, dass der Golf einmal mehr zum Maßstab seiner Klasse werden würde. Doch die Konkurrenz war stark: Focus und Astra waren alte Rivalen, neu in den Ring gestiegen war aber Mercedes mit der dynamisch gezeichneten A-Klasse, welche die beiden kastigen Vorgänger-Generationen vergessen machte. Der neue Fronttriebler aus Untertürkheim war in Layout und Konzept ganz klar auf Golf-Kurs gebracht worden, eine Linie, die BMW mit seiner 1er-Familie bereits in zweiter Generation verfolgte: Schrägheck-Drei- und Fünftürer, Coupé und Cabrio – die blauweiße Bande war groß. Ganz neu auf den Plan getreten waren die Koreaner. Hyundais i30 und sein Ableger C'eed von der Schwestermarke Kia waren in Europa entworfen (Letzterer von dem ehemaligen VW-Designer Peter Schreyer in Form gebracht) und gebaut worden, sie boten erstaunlich viel Qualität zu einem erstaunlich niedrigen Preis, was viele Käufer überzeugte.

Volkswagens Antwort hieß MQB-System, durch die von der Mehrfachnutzung von Komponenten hervorgerufenen Skaleneffekte war es möglich, so Volkswagen, den Preis zu halten. Zur Markteinführung in Deutschland stand ein 85 PS starker 1.2 TSI Trendline mit 16.975 Euro in der Liste und kostete damit auf den Cent genau so viel wie das 80-PS-Einstiegsmodell vom Golf VI. Doch der Ausstattungsumfang war gestiegen, Käufer erhielten Features wie einen 5-Zoll-Touchscreen, ein Start-Stopp-System und eine elektronische Parkbremse serienmäßig mit dazu.

Andererseits herrschte ein lebhafter Wettbewerb innerhalb der Konzernmarken, und es war bei der Journaille ein beliebter Zeitvertreib, die Unterschiede (oder Übereinstimmungen) zwischen

Auch beim Golf VII von 2012 verwies Volkswagen stolz auf Kontinuität und Erbe. Als eines der Schlüsselelemente im Design galt die breite C-Säule, und auf dieser Abbildung wird deren Evolution sehr schön deutlich.

Gegenüber dem Vorgänger hatte der Golf VII in Länge, Radstand und Raumangebot zugelegt, allerdings blieben die ganz großen Designsprünge aus. Der Unterschied zum Golf VI lag vielfach im Detail.

Die hintere Beinfreiheit wuchs dank des längeren Radstands; der Mitteltunnel aber musste bleiben, denn bei den Allrad-Varianten verlief dort die Antriebswelle.

einem Golf und seine Geschwistern zu ergründen. Das wiederum war kein Wunder, denn die Erneuerung innerhalb der Modellpalette vollzog sich mit Riesenschritten: Der Seat Leon war im Juni 2012 vorgestellt worden, und er war günstiger und sichtbar dynamischer gezeichnet als der Organspender aus Niedersachsen. In Paris belegte die Volkswagen-Gruppe gleich eine ganze Halle mit ihren Marken, sodass alle Golf-Ableger und Halbgeschwister auf engstem Raum zu vergleichen waren, von Audi bis VW, von Seat bis Škoda.

Seat übrigens war ein wenig das Sorgenkind des Konzerns, denn die Absätze in Südeuropa, insbesondere in Spanien, brachen wegen der Wirtschaftskrise weg. Der neue Leon wurde daher als entscheidend für das Überleben der Marke betrachtet, flankiert von einem neuen Toledo (der wiederum einen umetikettierten Škoda darstellte, der ebenfalls viele Golf-Teile verwendete). Im Gegensatz zu der vorherigen Generation gab es den Leon auch als Dreitürer und als Kombi, was zu weiteren Golf-Vergleichen einlud. Wenn man es hart ausdrücken möchte, war der neue Leon ein offensichtlich niedrigerer, schlankerer und flotterer Golf. Und dann kam auch noch ein neuer Škoda Octavia auf der MQB-Plattform, erstmals zu sehen im März 2013 auf dem Genfer Salon.

Gleich, aber ganz anders

Auf den Golf IV wurde einmal mehr als Benchmark in Sachen Styling verwiesen, und es schien, als stellte der 2012er Golf einen Rückgriff auf dieses schnörkellose Konzept dar und nicht etwa eine Weiterentwicklung der pummeligen Golf-Generation von 2003 und 2008.

Wie immer wurden die Dimensionen von Europas Lieblings-Fließhecklimousine durch die Volkswagen-interne Hackordnung eingeschränkt, denn der Abstand zum Passat musste gewahrt bleiben. Dennoch war mit 4.255 Millimetern die siebte Golf-Generation um 56 Millimeter länger als ihr Vorgänger, wobei der Radstand sogar um 59 Millimeter zugelegt hatte; er betrug nun 2.637 Millimeter.

Die MQB-Plattform erlaubte es, die Vorderräder um 43 Millimeter weiter nach vorne zu setzen, was die Platzverhältnisse im Innenraum verbesserte und auch den Stylisten mehr Möglichkeiten bot, sich relativ frei innerhalb der ansonsten relativ strikten Vorgaben zu bewegen, die ein Golf nun einmal mit sich brachte. Auf der Berliner Pressevorstellung erklärten neben dem Konzern-Designchef Walter de Silva der leitende Exterieur-Designer Marc Lichte und Klaus Bischoff, Chefdesigner von Volkswagen, das Designkonzept. »Die Fahrzeugkabine bewegt sich visuell nach hinten, wodurch man einen sogenannten ›Cab-backward-Eindruck‹ bekommt«, so Bischoff. »So nennen wir die Proportionen von Oberklassefahrzeugen, bei denen die Motorhaube lang ist und die Kabine sehr weit hinten sitzt. Wir haben deshalb beim neuen Golf Proportionen, wie es sie sonst nur in höheren Segmenten gibt.«

Der neue Golf war außerdem um 13 Millimeter breiter – Gesamtbreite 1.799 Millimeter – und mit 1.452 um 28 Millimeter niedriger als der Golf VI, was einen um zehn Prozent besseren

Die Produktion des Golf VII begann nach den Werksferien im August 2012, die Markteinführung erfolgte Anfang September. Die Kombi-Produktion lief im April 2013 im VW-Werk Mosel (Zwickau). Die Auslieferung erfolgte ab Ende Juli. In Mexiko erfolgte der Produktionsanlauf im Januar 2014.

Die Serienausführung des Golf TSI BlueMotion vom März 2015 drückte den Kraftstoffverbrauch des Benziners noch einmal kräftig nach unten. Der 115-PS-Golf war mit 99 g/km CO_2 eines der emissionsärmsten Modelle seiner Klasse. Die aerodynamischen Hilfsmittel waren weniger ausgeprägt als beim Golf VI.

Luftwiderstandbeiwert von cW = 0,27 ergab – den niedrigsten aller Golf-Generationen. Wenn man genau hinsah, meldete sich mit dem Golf VII ein Stilelement aus Golf I und II zurück, nämlich das vordere Dreiecksfenster oberhalb der Seitenspiegel. Wie stets beim Erscheinen einer neuen Golf-Generationen fiel das Urteil zum Design gemischt aus. Die einen bemängelten die sehr behutsame Weiterentwicklung der Formensprache, die anderen schätzten gerade das, doch klar war: Der Golf blieb auch in seiner neuesten Auflage unverkennbar.

Der Golf war seit 1992 nicht mehr zum Europäischen Auto des Jahres gekürt worden, erst jetzt, zwei Jahrzehnte später, klappte es wieder mit der prestigeträchtigen Auszeichnung – die erste einer langen Reihe von Ehrungen, die der Golf in den folgenden Jahren einfahren sollte. »Ehrlich gesagt würde ich nicht wissen, was es an diesem Auto zu kritisieren gibt«, so das Urteil einer Jurorin; »Unter den Finalisten scheint es das vollständigste zu sein. Einige mögen das Karosserie-Design als zu wenig charismatisch oder sogar langweilig bezeichnen, ich finde es perfekt klassenlos.«

»Der aktuelle Golf ist ein bemerkenswert gut gestaltetes Auto, weil es die ganze Philosophie von VW ausdrückt«, so Patrick Le Quément, ehemals gesamtverantwortlich für das Konzerndesign, gegenüber dem Autor im Jahr 2012: »Er ist mehr als nur solide und verkörpert nahezu perfekt Werte wie Passform und Verarbeitung. Er wirkt extrem präzise, wie deutsche Ingenieurskunst.«

Geplanter Gewichtsverlust

»Gewichtsspirale durchbrochen«, vermeldete die Produktpresse in der Mappe. Wie im Jahr 2008 vorhergesagt, hatten die Milliarden, die in den MQB investiert worden waren, erhebliche Fortschritte in Sachen Gewichtsreduzierung und Verbesserung der Emissionen gebracht. In beiden Punkten marschierte Volkswagen ganz weit vorneweg; Volkswagen tat alles, um als innovatives, umweltfreundliches Unternehmen wahrgenommen zu werden. Wahr ist aber auch: Auf europäischer Ebene wurden die Daumenschrauben in Sachen Umweltfreundlichkeit immer weiter angezogen. Bis 2015 sollte der durchschnittliche CO_2-Ausstoß bei Neuwagen aller von einem Hersteller in Europa verkauften Autos auf 130 g/km sinken und bis 2020 auf 95 g/km. Das ging nur über radikale Lösungen, und die Volkswagen-Großserienmodelle mussten auf Teufel komm raus entgiftet werden, um den Durst und damit die miserable Umweltbilanz der Bugattis und Lamborghinis auszugleichen.

Die Presseunterlagen zum neuen Golf sparten nicht an Beispielen, um zu erläutern, wo überall abgespeckt worden war: Die Klimaanlage wog 2,7 kg weniger durch die Reduzierung der Wandstärken in den verschiedenen Komponenten des Systems, durch im Durchmesser reduzierte Druckleitungen und einen neuen – leichteren – Wärmetauscher. Die neuen Sitze sparten je nach Ausführung bis zu sieben Kilogramm, das Minus ging vor allem auf das Konto der hinteren Rückenlehnen mit leichteren Verriegelungsmechanismen. Und die Rohkarosserie wog 23 Kilo weniger. Der Kraftstofftank fasste nurmehr 50 statt 55 Liter, was in Ordnung ging, da die Kraftstoffeffizienz sich einmal mehr verbessert hatte, aber das half auch, um auf dem Papier noch besser dazustehen, denn bei Ermittlung der amtlichen Messwerte spielte natürlich die Spritmenge auch eine Rolle: Der Basis-Astra bunkerte 56 Liter Sprit und hatte ein Leergewicht von 1.373 Kilogramm, der 1.270 Kilogramm schwere Focus führte 53 Liter mit und war damit noch immer schwerer als ein Basis-Golf mit seinen 1.205 Kilogramm. Einen schlanken Fuß machte auch Audis A3; der brachte 1.225 Kilo auf die Waage, bei einem Tankinhalt von ebenfalls 50 Litern.

Aufgrund der unterschiedlichen Messmethoden (die Bestimmungen hatten sich von der sechsten auf die siebte Golf-Generation geändert, etwa was die Füllmenge im Tank oder aber die Messung mit und ohne Fahrer betraf) besaßen die Gewichtsangaben für den normalen Autofahrer aber wenig Aussagekraft, was den Kunden wirklich interessierte, waren die Verbrauchswerte, und die hatten sich tatsächlich nach unten verändert: beim Golf VI mit 122 PS war der Durchschnittsverbrauch mit 6,2 Litern angegeben, beim identisch motorisierten Nachfolger mit 5,2 Litern – das war nachvollziehbarer und an der Tanksäule überprüfbarer als die insgesamt 100 Kilogramm Gewichtsersparnis des Gesamtfahrzeugs gegenüber dem Vorgänger. Denn was der Kunde wirklich wissen wollte, war, dass der neue Golf weniger Kraftstoff verbrauchte als zuvor, egal wieso. Mal ganz abgesehen von der Tatsache, dass auch die Konkurrenz bei der Vorstellung eines jeden neuen Modells wesentliche Gewichtseinsparungen geltend machte.

Weniger Gewicht und komplett neue Motoren

Mit einer Gewichtsreduzierung von bis zu 40 Kilogramm hatte die Baugruppe Aggregate den Löwenanteil beansprucht, wobei da wiederum die Verwendung von Aluminium-Kurbelgehäusen anstelle der bisherigen Grauguss-Blöcke den größten Einzelposten in der Gewichtsbilanz ausmachte. Für den Golf VII brachte Volkswagen zwei komplett neue Motorgenerationen an den Start; nur die Sechs- und Sieben-Gang-DSG-Automatikgetriebe stammten unverändert aus der vorherigen Generation.

Die neuen Ottomotoren erhielten die Baureihenbezeichnung EA211 und ersetzten die bisherigen Triebwerke der EA-111-Familie, und selbst die hatte kaum mehr Ähnlichkeiten mit jenen Aggregaten gehabt, die 1974 erschienen waren. Beim Golf VII kamen zwei Benziner mit 1.197 oder 1.390 Kubikzentimetern zum Einsatz, die allesamt mit Turbolader und Ladeluftkühler (von Bosch Mahle und Mitsubishi Heavy Industries) ausgestattet waren.

Der Stammbaum der EA 211-Familie beginnt mit dem doppelt aufgeladenen 1.4-TSI-Motor des Jahres 2006. Auf dieser Grundlage entstand eine komplett neue Konstruktion, lediglich den Zylinderabstand von 82 Millimetern übernahm der neue Aluminium-Block. Der Abgaskrümmer wurde in den Zylinderkopf integriert, das brachte den Motor schneller auf Betriebstemperatur und erlaubte die Verwendung eines kompakteren Abgasturboladers mit kleine-

Die Enthüllung des Golf TDI BlueMotion erfolgte auf dem Pariser Salon 2013. Die Umweltschutzorganisation Greenpeace würdigte dies mit einem Protestplakat. »Volkswagen nous enfume!«, stand da zu lesen, ungefähr zu übersetzen mit: »Volkswagen stinkt uns!«, denn, so der Vorwurf, der Konzern verhindere schärfe Umweltauflagen. (Foto: Autor)

rem Durchmesser, was zu einer weiteren Gewichtsreduzierung beitrug. Eine weitere Golf-Tradition, wonach die kleineren Motoren eine andere Einbaulage haben als die größeren, fand mit dem EA 211 ebenfalls ein Ende: Der Zylinderkopf war nun abgasseitig Richtung Spritzwand gedreht, wie bei den Dieseln. Abgasstrang, Antriebswellen und Getriebeeinbaulage konnten nun ebenfalls vereinheitlicht werden. Dutzende von kleinen Änderungen – so saß die Wasserpumpe direkt auf dem Motor und nicht mehr auf einer separaten Halterung – sorgten dafür, dass der Motor so kompakt wie nie baute.

Wie bei den früheren BlueMotion-Modellen hatte Volkswagen viel Wert auf die Reduzierung der innermotorischen Reibung gelegt, was laut Werk zu einer Umstellung des Ventiltriebs auf Zahnriemen führte; die späten Versionen des EA111 hatten noch eine Steuerkette gehabt. Um allen Kritikern den Wind aus den Segeln zu nehmen, wies VW darauf hin, dass der Zahnriemen auf die Fahrzeug-Lebensdauer ausgelegt worden sei. Zur EA211-Familie gehörten übrigens auch die Dreizylinder-Motoren des Volkswagen Up!, genau genommen war dieser der erste VW mit dem neuen Alu-Motor gewesen.

Bei der Golf-Präsentation waren zwei 1,2-Liter-TSI und zwei 1,4-Liter-TSI-Varianten angekündigt. Basismotor war der 1,2-Liter-TSI-Achtventiler mit 85 PS aus dem Polo, darüber angesiedelt war die Variante mit 105 PS. Die nächste Leistungsstufe war der 16-Ventil-1,4-Liter-TSI mit 122 PS, Topmodell dann der 140-PS-TSI. Der Kraftstoffverbrauch reichte von 4,9 (113 g/km CO_2) bis 5,2 Liter (119 g/km); gegenüber den Vormodellen waren Verbrauchsverbesserungen von bis zu 23 Prozent zu realisieren, was in erster Linie am cleveren Motor-Management lag. Die Firma ABT entwickelte alsbald ein Programm zur Leistungssteigerung; durch das der Basis-Benziner auf 105 und der Top-Benziner auf 165 PS erstarkte.

Der Trend zum Downsizing war auch bei Volkswagen sehr schön nachzuvollziehen, Features der Luxusmarken nutzten die Wolfsburger, um Verbrauchs- und Emissionswerte weiter zu drücken. Dazu kam beim 1.4 TSI mit 140 PS das sogenannte aktive Zylindermanagement (ACT) zum Einsatz. Dieses Kürzel stand für die zeitweise Abschaltung des zweiten und dritten Zylinders. Diese Technik, die bislang eher in Verbindung mit großen Acht- oder Zwölfzylindermotoren gebräuchlich gewesen war, führte Volkswagen ab 2012 konzernweit vom Polo bis zum Lamborghini Aventador ein. Aktiv wurde das ACT zwischen einem Drehzahlbereich von 1.400 bis 4.000 Umdrehungen. Im Alltag spielte sich das in Geschwindigkeitsbereichen bis etwa 130 km/h ab. Diese Zylinderabschaltung erfolgte durch eine Unterbrechung der Kraftstoffzufuhr und eine Schließung von Ein- und Auslass durch elektromechanische Aktuatoren; alle Komponenten waren in den Zylinderkopf integriert und wogen drei Kilogramm.

Ebenso unmerklich und schnell (13 bis 36 Millisekunden), wie die Zylinder lahm gelegt wurden, sprangen sie auch wieder an. Bei Fahrzeugen mit ACT kam es auch zu Modifikationen an Zündung und Drosselklappe, und in der Tat waren sich die Tester einig, dass die Übergänge für den Fahrer praktisch nicht zu spüren waren; nur eine Zusatzleuchte im Armaturenbrett zeigte an, wenn der Golf nur auf zwei Pötten lief, was, je nach Fahrweise, gar nicht so oft der Fall war. Der ACT-Motor – der laut VW das TSI-Konzept mit Benzindirekteinspritzung und Turboaufladung voraussetzte – war nach einhelliger Meinung die wichtigste motortechnische Neuerung des Jahres 2013, die Verbrauchswerte lagen mit 4,7 Litern auf 100 Kilometer im Diesel-Bereich. ACT war in Kombination mit Comfortline und Highline zu haben und kostete 550 (später dann 400) Euro Aufpreis. Der doppelt aufgeladene TSI-Motor mit 160 PS fiel aus dem Programm; für die Freunde der Devise »Hubraum ist durch nichts zu ersetzen« hielt Volkswagen den 220 PS starken Zweiliter aus dem Vorgänger im Programm. Dieser Vertreter der Motorenfamilie EA 888 kam mit neuem Zylinderkopf im GTI zum Einsatz; der GTI Performance war zehn PS stärker und hatte größere Bremsen und ein Sperrdifferenzial.

Obwohl Otto- und Dieselmotoren in Emissionen und Wirtschaftlichkeit näher zusammenrückten, gab es an der Zapfsäule noch immer deutliche Unterschiede, noch immer kostete ein Liter Diesel spürbar weniger als ein Liter Benzin. Daher war es keine Überraschung, dass Volkswagen auch seine TDI-Familie kräftig überarbeitete. Die neuen TDI-Motoren gehörten zur Baureihe EA 288. Die ganz große Revolution war ausgeblieben – die hatte Volkswagen mit der Umstellung auf die Common-Rail-Kraftstoffeinspritzung beim Golf VI bereits vollzogen –, doch handelte es sich hier trotzdem um brandneue Motoren, die lediglich noch den Zylinderabstand mit dem Vorgängermodell gemein hatten. Volkswagen sprach in diesem Zusammenhang vom neuen modularen Dieselbaukasten (MDB) und versprach eine besonders emissionsarme Art der Fortbewegung.

Bei allen TDI handelte es sich um 16-Ventil-Vierzylinder mit Turbolader, die Motorenpalette reichte vom 1,6-Liter mit 90 (in Deutschland 105) und 110 PS bis zu einem 2,0-Liter-TDI mit 150 beziehungsweise 184 PS im GTD. Der 105-PS-Diesel verbrauchte 3,8 Liter und emittierte 99 g/km CO_2, der 150-PS-TDI emittierte 106 g/ km CO_2 und genehmigte sich 4,1 Liter. Auch beim Golf VII schaffte es Volkswagen, den Basis-Diesel in Abgas und Verbrauch auf das Niveau der BlueMotion-Ausführung des Vorgängermodells zu hieven, wobei Volkswagen bei der neuen Generation nun alle Register der Spritsparkunst zog und demzufolge das Label »BlueMotion Technology« auf die Heckklappe jedes Golfmodells pappte: Alle Modelle hatte man ausnahmslos mit Start-Stopp-Automatik, Bremsenergie-Rückgewinnung (Rekuperation) sowie Schaltzeitpunktanzeige ausgestattet. Damit war aber noch nicht das Ende der Fahnenstange erreicht, das Flaggschiff in Sachen Wirtschaftlichkeit stand als Konzeptfahrzeug in Paris 2012 und dann, in Serienausführung, auf dem Genfer Salon im März des Folgejahres: BlueMotion bedeutete eine um 15 Millimeter abgesenkte Karosserie, GTI-Heckspoiler, einen außen geschlossenen Kühlergrill und ein teilweise geschlossenes Lüftungsgitter, Leichtlaufreifen und weitere aerodynamische Verfeinerungen. Der 110-PS-TDI verbrauchte so laut Werk lediglich 3,2 Liter/100 km und schaffte einen CO_2-Ausstoß von 85 g/km.

Wie realistisch dieser Fabelwert im Alltag war, versuchten diverse Magazine zu ergründen. Im Herbst 2013 zum Beispiel schickte, nachdem sich immer mehr Kunden wegen der kaum nachvollziehbaren Verbrauchswerte beschwerten, die britische *Autocar* einen BlueMotion zusammen mit einem Ford Focus Econetic und einem Toyota Auris Hybrid auf Reisen. Bei normaler Fahrweise kamen die Briten auf einen Wert von 4,3 Litern, nur beim Dauerlauf über 16 Stunden bei konstant 50 Stundenmeilen (81 km/h) näherten sich mit 3,42 Litern die Werte den Werksangaben. *Der Spiegel* ermittelte über 500 Kilometer einen Alltagswert von 5,7 Litern auf 100 Kilometer. Der BlueMotion-Aufschlag betrug 1.175 Euro gegenüber einem normalen 1.6 TDI. Was die anderen Antriebsarten wie Elektro und Hybrid betraf, so waren diese Golf-Varianten noch nicht von Anfang an zu haben, aber in der Entwicklung; ihre Markteinführung war abzusehen.

Mit dem Golf VI hatte Volkswagen einen großen Schritt nach vorne in Sachen Qualitätsanmutung vollzogen, und dieses Niveau hatte auch der Nachfolger zu halten, ohne aber den Ruf als leisestes Fahrzeug seiner Klasse durch schwere schalldämmende Materialien erkaufen zu müssen. Daher wurde bereits bei der Konzeption viel Wert auf Komfort und Akustik gelegt. Es ging um das Zusammenspiel von Schalldruck und Vibrationen, um die Minimierung von akustischen Übertragungen in das Interieur, um den optimalen Fahr- und Schwingungskomfort, überarbeitete Aggregatelagerung und die Absorption von Wind-, Umgebungs- und Nebengeräuschen, und im Endergebnis stand einmal mehr ein Fahrzeug, das auch in diesem Bereich an der Spitze stand.

Dass dabei auch die bereits beim Vorgänger eingeführte Akustikscheibe, die Windschutzscheibe mit Dämpfungsfolie, zum Einsatz kam, muss in diesem Zusammenhang nicht weiter betont werden.

Low Tech: Die Rückkehr der Verbundlenkerachse

Mehr als eine Schlagzeile wert aber war die Tatsache, dass der Golf zum ersten Mal überhaupt mit zwei Arten von Hinterradaufhängung angeboten wurde. Die Vorderradaufhängung blieb dem McPherson-Federbein und den unteren Querlenkern treu, während an der Hinterhand entweder eine Mehrlenker-Hinterachse oder aber eine »modulare Leichtbauachse« zum Einsatz kam, was nichts anderes als die Rückkehr der einfachen Verbundlenker markierte, wenn auch nach den neuesten Standards neu konstruiert. Nur die Golf-Modelle bis 122 PS hatten die Verbundlenkerachse, alles, was darüber lag, die »modulare Performanceachse«. Das MQB-System war flexibel genug für den Einbau beider Achsen auf der gleichen Produktionslinie, außerdem ergab sich gegenüber den stärkeren Varianten eine Gewichtsersparnis von elf Kilogramm.

Diese neue Zwei-Klassen-Gesellschaft betrachteten europäische Käufer zunächst mit Unverständnis, schließlich hatte Volkswagen in der Ära Pischetsrieder begonnen, dem Ford Focus nachzueifern und den Golf V mit der aufwändigen Mehrlenker-Hinterachse auszustatten, was auch als Prestigesache zu verstehen war, und nur die billigeren US-Jetta 2010 hatten eine Verbundlenkerachse erhalten: Dieses vermeintlich einfache System der Radführung passte nicht so recht zum High-Tech-Image des Golf VII.

Entscheidend für die Hinterachsausführung war, wie bereits angedeutet, die Motorleistung. Allerdings wirkte diese Unterscheidung ein wenig willkürlich, denn der Seat Leon hatte die teurere Ausführung erst bei den Versionen mit 150 und mehr PS, und nur dem Škoda Octavia RS mit 220 PS – ein Golf GTI im Škoda-Dress – wurde die Mehrlenkerachse untergeschoben. Letztlich aber machte es für den Fahrer keinen Unterschied, welche Achse sein Golf nun hatte, doch, so das britische Magazin *Car*: »Die Erbsenzähler in Wolfsburg merken es [den Unterschied – d.Übers.].«

High-Tech: Mehr Technik für alle

Während der Markt für große Familienautos wie den Ford Mondeo (oder den VW Passat) schrumpfte und sich mehr in Richtung der sparsameren Kompaktklasse auf

Die Instrumententafel im Golf VII stellte eine vollständige Neuentwicklung dar. Die Mittelkonsole wurde nun mehr in Richtung Fahrer geneigt. Ein Farb-Touchscreen war Standard, die Connectivity hoch.

Wie bei einigen Konkurrenten auch, wich der klassische Handbremshebel einem kleinen Knopf. Das sorgte für mehr Platz auf der Mittelkonsole.

Der Radarsensor für die City-Notbremsfunktion wie auch die Cruise Control war beheizt, um auch bei Eis und Schnee einwandfrei funktionieren zu können.

der einen und den Großraumlimousinen auf der anderen Seite verlagerte, wuchs gleichzeitig der Wunsch nach Luxus-Features. War nur vier Jahre zuvor der Golf VI noch als eine Art Mini-Phaeton gefeiert worden, so musste nun dem Golf des Jahres 2012 noch mehr Technik mitgegeben werden: Die Liste der Standard-Ausstattung wuchs.

Alle Instrumententafeln erhielten eine spürbar wertigere Oberfläche; in der Mittelkonsole fand sich ein Touchscreen mit Annäherungssensorik als Standard, um das DAB-Digitalradio, CD- und MP3-Player zu steuern: Alle Multimedia-Schnittstellen waren in einem Ablagefach integriert, das groß genug war, um ein Smartphone aufzunehmen. Je nach Ausstattung war das Farb-Display zwischen fünf und acht Zoll groß, es reagierte auf Wischbewegungen mit dem Finger und ließ sich kinderleicht bedienen – wer mit einem Smartphone umgehen konnte, kam auch mit dem Golf zurecht.

Wo einst ein großer Hebel die Mittelkonsole verschandelt hatte, saß nun eine kleine quadratische Taste: Die Handbremse funktionierte elektronisch. Statt von einem Seilzug wurden die Bremsen an den Hinterrädern von zwei Elektromotoren aktiviert, sobald der Knopf nach oben gezogen wurde. Um sie zu lösen, musste die Bremse betätigt werden und die Taste erneut gedrückt werden. Eine Auto-Hold-Funktion verhinderte das ungewollte Rollen aus dem Stillstand, was dem Anfahren am Berg seinen Schrecken nahm. Auch diese elektrische Parkbremse war eine Errungenschaft, die von den größeren Audis beziehungsweise von Passat und Tiguan in die Kompaktklasse durchgesickert war, wobei, um der Wahrheit die Ehre zu geben, Opel dieses Feature in diese Klasse bereits 2009 beim Astra eingeführt hatte. Der Verzicht auf eine konventionelle Handbremse verhalf zu mehr Platz in der Mittelkonsole und bildete einen weiteren Beitrag zur Gewichtseinsparung. Die Kunden indes standen diesem Vormarsch der Elektronik durchaus skeptisch gegenüber, nach einer (britischen) Umfrage waren 70 Prozent aller Käufer der Meinung, sehr gut ohne Gadgets wie die elektrische Parkbremse auskommen zu können; es ist anzunehmen, dass eine Umfrage unter deutschen Käufern ähnlich ausgegangen wäre.

Natürlich vereinfachte die MQB-Plattform eine gemeinsame Nutzung dieser Technologie, aber noch sind nicht alle Marken darauf umgestellt. Der Audi A3 hat die gleiche Park-Taste, aber weiter unten in der Konzern-Hackordnung haben der Leon wie auch der Škoda Octavia noch den traditionellen Hebel. Beim nächsten Generationswechsel dürfte sich das allerdings erledigt haben.

Erwartungsgemäß reklamierte Volkswagen für den Golf VII ein gegenüber dem Vorgänger (und dem Wettbewerb) weiter gestiegenes Sicherheitsniveau. Ohne sieben Airbags, Anti-Blockier-System und Stabilitätskontrolle ESC – Letztere bislang nur in GTI und GTD serienmäßig – verließ kein Golf mehr das Band, ebenso gehörte auch, um Traktion und Handling zu verbessern, eine elektronische Differenzialsperre zur Basisausrüstung. Die neuen GTI und GTD hatten eine leistungsstärkere Version davon, die XDS hieß.

Alle neuen Golfs kamen mit einer Multikollisionsbremse, die zuvor bei Passat und Audi A3 eingeführt worden war. Die Funktionsweise ist schnell erklärt, der Sicherheitszugewinn enorm: Wenn die Airbags auslösten, wurden die Bremsen automatisch betätigt, um die noch vorhandene Bewegungsenergie des Fahrzeugs abzubauen, was den zweiten Aufprall nach der Erstkollision entscheidend verringerte. Ab der mittleren Ausstattungslinie war außerdem das Proaktive Insassenschutzsystem (PreCrash) mit an Bord, das in potenziellen Unfallsituationen automatisch die Sicherheitsgurte für Fahrer und Beifahrer vorspannte und in bestimmten Fahrsituationen zusätzlich Fenster und Schiebedach schloss.

Eine weitere Folge des MQB war die Tatsache, dass sich nicht nur diverse Aufbauten darauf realisieren ließen, sondern auch jede Menge elektronischer Features, wobei die vollständige Aufzählung aller möglichen lieferbaren Systeme ellenlang geraten und schnell langweilen würde. Daher beschränken wir uns hier auf einige ausgewählte neue Abkürzungen in der Golf-Aufpreisliste: ACC, die Adaptive Cruise Control, ein System, das automatisch eine einmal gewählte Geschwindigkeit bei definiertem Sicherheitsabstand einhält, automatisch bremst oder beschleunigt, je nach Verkehrserfordernissen. Damit einher geht der Front Assist, der auf die Radarsensorik der ACC zugreift und den Abstand zum vorausfahrenden Verkehr misst. Die City-Notbremsfunktion als Systemerweiterung der ACC leitet bei Geschwindigkeiten unter 30 km/h selbsttätig eine Bremsung ein, wenn es gilt, einen eventuellen Auffahrunfall zu vermeiden. Es gibt eine Müdigkeitserkennung, einen kamerageführten Spurhalteassistenten, den Dynamic Light Assist, der selbsttätig auf- und abblendet, und weitere Systeme mehr. Zum ersten Mal standen außerdem verschiedene Fahrmodi zur Wahl. Eco, Sport, Normal und Individual-Modus zeitigten entsprechende Auswirkungen auf das Motor-Management. Und das alte Konzept eines Freilaufs feierte, sofern der Golf mit DSG-Getriebe ausgestattet und der Eco-Modus eingestellt war, in bestimmten Fahrzuständen fröhliche Urstände. Doch weiter im Technik-Alphabet: Der optionale Park Assist bugsierte den Golf selbsttätig in eine Parklücke, es gab eine Rückfahrkamera, einen Parkpiloten, LED-Rückleuchten und so weiter: Volkswagen sprach von einer »Demokratisierung des Fortschritts« und hatte nicht gelogen.

Was die Presse davon hielt

Schon die ersten Fahrberichte klangen euphorisch, es war klar, dass Volkswagen mit dem neuen Golf einmal mehr ein ganz großer Wurf geglückt war. Die Lobgesänge schallten lauter denn je, Jörn Thomas von *auto motor und sport*: »Und die Anmutung: klasse bis in die Ecken. Die Konkurrenz kann schon einmal die Jacken rausholen. Es wird frisch.« Andrew Englisch, Tester für den britischen *Daily Telegraph* und Mitglied der Jury bei der Wahl zum Auto des Jahres: »Und dann fahren Sie im Golf ... und alle anderen fühlen sich etwas weniger gut durchdacht, etwas weniger solide und einfach ein bisschen (nicht viel, aber ein bisschen) weniger gut an.«

Und selbst der berühmte unversöhnliche Jeremy Clarkson, *Top-Gear*-Ikone und gefürchtet wegen seiner Verrisse, fand nichts, was er dem Golf vorwerfen konnte. In der *Sunday Times* schrieb er: »Ehrlich gesagt, der Test dieses Autos ist wie die Überprüfung einer Diele. Es ist unmöglich, etwas anderes als zu sagen als: ›Es tut, was

Eine neue Golf-Generation ist immer auch ein Thema für die Titelseiten der Fachpresse.

es tun soll‹«. Und selbst die glühendsten Markenhasser mussten zugeben, dass mit dem Golf VII die Messlatte ganz, ganz hoch gelegt worden war. Was blieb da noch für die Konkurrenz?

Der Focus war vielleicht ein Tickchen fahraktiver, ein Hyundai hatte längere Garantiefristen und ein Peugeot bot vielleicht mehr Ablagen im Innenraum, doch das vermochte die Tatsache nicht zu schmälern, dass Volkswagen einen Golf auf die Räder gestellt hatte, der vielseitig war wie ein Schweizer Taschenmesser: In der Summe aller Eigenschaften war der Golf nicht zu toppen. Auf Jahre hinaus sollte das so bleiben. Nicht zu verhindern aber war, dass die hausinterne Konkurrenz aufholte. Der Seat Leon ging im Dezember 2012 in den Verkauf, auch er basierte auf der neuen Technik-Plattform, hatte aber nicht ganz so viele Assistenzsysteme an Bord. Besonders in britischen Zeitschriften wurde mit großer Akribie nach Gemeinsamkeiten und Unterschieden zwischen Leon und Golf gesucht. »Der neue Seat Leon hat alle Zutaten, um erfolgreich zu sein«, fand etwa der *Auto Express*, denn »er sieht nicht nur gut aus, sondern bietet auch ein stilvolles Interieur, viel Platz und ein ansprechendes Fahrverhalten. Er reicht jedoch in Raffinesse, Komfort und Premium-Appeal nicht ganz an den VW heran.« Der Abstand aber wurde spürbar geringer, und das belegten die steigenden Zulassungszahlen der spanischen VW-Tochter: Mit dem Leon stand erstmals ein Spanier am Start, der tatsächlich eine echte Golf-Alternative bot – und außerdem verboten gut aussah. Das goutierten auch die Kunden, die Seat-Zulassungszahlen wiesen steil nach oben. 2014 wurden rund 390.000 Fahrzeuge produziert (zusammen mit bestimmten Audi-Q3-Varianten sogar 442.677 Einheiten), so viel wie noch nie in der Geschichte der VW-Tochter

GTD – zu viel des Guten?

Auf dem Genfer Salon des Jahres 2013 präsentierte Volkswagen dann den neuen GTI, der wiederum, als Studie deklariert, im Herbst 2012 in Paris erstmals gezeigt worden war. Da der Golf VII eine komplette Neukonstruktion darstellte, entfachte auch der GTI mehr Aufsehen als üblich, nicht zuletzt, weil Volkswagen sich bei der Fahrwerksentwicklung und -abstimmung Porsche mit ins Boot geholt hatte. Der GTI war immer noch sehr wichtig, immerhin entschieden sich zwischen zehn und zwölf Prozent aller Kunden dafür.

Mal abgesehen von dem einen oder anderen Sondermodell in der Vergangenheit, bot Volkswagen zum ersten Mal den Zweiliter-Turbo-GTI in zwei Leistungsstufen an: Die Standard-Variante

Mit 184 PS war der GTD bis auf 36 PS an den GTI herangerückt. Sein Problem waren die hohen Anschaffungskosten – und eben die Tatsache, dass er nicht GTI hieß.

mit 220 PS (zehn mehr als beim Sechser-GTI) und als GTI Performance mit 230 PS, größeren Bremsscheiben und einer mechanischen Vorderachs-Differenzialsperre (der schwächer motorisierte GTI hatte lediglich die elektronische Differenzialsperre XDS+). Auch wenn der GTI leichter war als sein Vorgänger, so sorgten die Leistungswerte nicht gerade für Schlagzeilen, in der Tat waren sie sogar relativ unspektakulär. Der normale GTI lief 246 Stundenkilometer und beschleunigte in 6,5 Sekunden, der 230-PS-GTI hatte eine Spitzengeschwindigkeit von 250 Stundenkilometern und stürmte in 6,4 Sekunden zur 100-km/h-Marke. Zum Vergleich: Der Vorgänger war 240 km/h schnell gewesen und hatte 6,9 Sekunden für den Sprint gebraucht.

Beide Versionen verfügten über die Start-Stopp-Automatik und erfüllten die ab 2014 gültige Euro-6-Abgasnorm. Der kombinierte Kraftstoffverbrauch von 6,0 l / 100 km bedeutete eine Verbesserung um 18 Prozent im Vergleich zum Vorgängermodell.

Anders als beim XDS-System, wo die einzelnen Räder abgebremst wurden, verfügte der Performance-GTI über eine Vorderachs-Differenzialsperre; das Haldex-Sperrdifferenzial bestand aus einer Lamellenkupplung, die zwischen der rechten Seitenwelle und dem Differenzialkorb angeordnet war.

Der notwendige hydraulische Druck wurde in einer elektromotorisch angetriebenen Pumpe erzeugt; der ganze Aufwand – im Bedarfsfall konnte das komplette Antriebsdrehmoment an ein Rad geleitet werden – diente dazu, »negative Einflüsse auf das Lenkgefühl respektive die Lenkpräzision ... zu vermeiden«. Anders gesagt: Wie auch immer die Straßenverhältnisse sind, der GTI hat stets genügend Grip und kann wesentlich mehr als sein Fahrer. Es dürfte sehr schwierig sein, mit einem GTI vom rechten Weg abzukommen. Die Gesetze der Physik gelten natürlich auch für ihn, aber, wie gesagt: Bis auf groben Unfug verkraftet der GTI so ziemlich alles. Der GTI und sein Diesel-Zwilling, der GTD, hatten beide eine Progressivlenkung, hier arbeitete die elektromechanische Servolenkung also in Abhängigkeit vom Kurvenradius: Je enger die Kurve, desto weniger muss der Fahrer umgreifen. Diese variable Lenkübersetzung erforderte bei einem Volleinschlag 2,1 Lenkradumdrehungen, bei der Standardlenkung im normalen Golf waren es 2,75 Umdrehungen von Anschlag zu Anschlag.

Natürlich gab es auch wieder einen GTI für die Freunde des gepflegten Abfackelns von Schweröl: Traditionsgemäß hieß er GTD, war mit 184 PS um 36 PS schwächer und sah aus wie sein Bruder von der Benzin-Fraktion. Nur wer sehr genau hinschaute, konnte einen Unterschied ausmachen. Etwa beim Blick durch die serienmäßig aufgezogenen 17-Zoll-Leichtmetallräder »Curitiba«. Blitzte da etwas Rotes hervor? Dann handelte es sich um einen GTI, denn der hatte rote Bremssättel. Beim GTD waren die silbrig. Obwohl: Als Extra waren die beim GTD auch rot lackiert zu haben. Dann doch lieber der Blick ins Innere: Wie beim Vorgänger waren Nähte und Polster nicht GTI-rot, sondern GTD-silber durchwirkt. Was natürlich für einen GTD sprach, war der Tritt ins Kreuz, den er seinen Passagieren beim Beschleunigen versetzte – mit 380 gleich 30 Newtonmeter mehr als beim Benziner – und die lässige Art der Kraftentfaltung. Mit 1.025 Euro fiel das Aufgeld gegenüber dem 28.675 Euro teuren GTI recht moderat aus; der Performance kostete übrigens 925 Euro mehr als ein 220-PS-GTI. Für den GTD sprach sein sensationell niedriger Normverbrauch, 4,2 Liter standen in den

Der GTI der siebten Generation war ein rundum gelungenes Gesamtpaket, das sich allerdings nicht wesentlich vom Vorgänger unterschied.

Gedeckte Töne dominieren den GTD-Innenraum. Das Sechsgang-DSG-Automatikgetriebe musste separat geordert werden.

MQB – der Stein der Weisen?

In gewisser Hinsicht ist das Konzept einer gemeinsamen Basis für verschiedene Autos so alt wie das Auto selbst. Früher waren Aufbau und Chassis klar getrennt, und man konnte mit einem Chassis so ziemlich alles verschrauben, einschließlich einer Holzkiste, doch mit dem Aufkommen der selbsttragenden Stahlkarosserie (oder Monocoque-Bauweise) diktierte die Bodengruppe, wo Räder, Windschutzscheibe, Motor und Sitze zu sein hatten. Da die Kunden aber mehr Abwechslung wollten, führte das zwangsläufig zu einem sprunghaften Anwachsen der Plattformen.

Auch das erste Produkt aus Wolfsburg, der Käfer, hatte so eine separate Basis, und dieser Plattformrahmen erlaubte den Bau von Limousinen, Transportern und Cabriolets. Mit dem Golf kam die Wende, und spätestens seit dem Wechsel zum Golf IV gilt Volkswagen als einer der Vorreiter in Sachen Plattform-Strategie: vom Sportwagen bis zum Kombi, die Gleichteilestrategie gehört zur VW-DNA. Und mit jeder neuen Golf-Generation ist der konzerneigene Baukasten gewachsen.

Die Grundlagen für das, was heute als MQB – Modularer Querbaukasten – für Furore sorgt, wurden 1993 geschaffen, als Ferdinand Piëch begann, aus der Golf-Struktur neue Modelle von Škoda, Audi und Seat abzuleiten. Dr. Ulrich Hackenberg, seit 2013 Entwicklungsvorstand, hatte angeblich drei Jahrzehnte an diesem Konzept gearbeitet. Er war 1985 zu Audi gekommen, hatte dort die technische Entwicklung maßgeblich vorangetrieben und war dann zu Bentley abkommandiert worden, um dort eine neue Fahrzeuggeneration aus der Taufe zu heben. Zurück bei Audi, war er die treibende Kraft hinter dem »MLB«, dem »modularen Längsbaukasten«, den Audi seit 2007 im Einsatz hat, bevor er schließlich von Volkswagen-Chef Martin Winterkorn beauftragt wurde, ein solches Konzept für die gesamte Gruppe zu entwickeln. Der MQB wurde offiziell im Februar 2012 als Grundlage künftiger Entwicklungen vorgestellt, den der Konzern für Fahrzeuge im A- und B-Segment anzuwenden gedachte, vom Polo bis zum Volkswagen (Passat) CC.

Zwar war die Praxis, Komponenten wie Türschlösser und Fensterhebermotoren zu vereinheitlichen, keineswegs neu, doch interpretierte der MQB die Idee einer Plattform viel weiter als jemals zuvor. Die Autos der 1990er Jahre hatten den Radstand und weitere, das Package definierende Punkte wie die Mitte der Bodenwanne, die Position der Innenkotflügel, Fahrwerks- und Motorlager sowie Abschnitte der Karosseriestruktur als fixe Parameter der Fahrzeugarchitektur.

MQB fegte diese Einschränkungen beiseite. Während ein Großteil der Technikmaße vereinheitlicht wurde – etwa der Abstand vom Gaspedal zur Radmitte, Motorlagerung, Anlenkpunkt der Aufhängung und die Position der Pedale – konnten weitere Parameter variabel gehalten werden. Dazu gehörten zum Beispiel Radstand, Spurbreite und Rädergrößen, das heißt: Länge, Breite, Höhe und Sitzposition eines Autos ließen sich nahezu nach Belieben variieren, was dazu führte, dass beispielsweise der neue Škoda Octavia einen um 50 Millimeter längeren Radstand hatte als der Golf. Durch diese umfassende Standardisierung war es möglich, verschiedene Autos von verschiedenen Marken in unterschiedlichen Größen auf der gleichen Produktionslinie zu fertigen. Die Ära, in der in einer Fabrik nur ein Fahrzeugmodell – und nur dieses – produziert wurde, ging zu Ende: Wenn die Nachfrage nach einem bestimmten Typ sank, konnte ein anderer an seine Stelle treten.

Einer der wichtigsten Punkte des MQB war die einheitliche Einbaulage aller Motoren, Volkswagen sprach in dem Zusammenhang vom »Modularen Ottobaukasten« (MOB) und dem »Modularen Dieselbaukasten« (MDB). Die neuen Motorenserien EA 211 und EA 288 erlaubten es, die Anzahl an Motor- und Getriebevarianten im Konzern um fast 90 Prozent zu reduzieren. Getriebe, Lenksysteme, Elektronik und Infotainment-Systeme konnten alle miteinander kombiniert werden, da war dann auch die Auslegung des Abgastraktes – Katalysatoren, Partikelfilter – gemäß den länderspezifischen Besonderheiten kein Problem mehr. Obwohl in Aussehen und Größe völlig anders, konnten künftig ein Volkswagen Passat und ein Seat Leon bis zu 90 Prozent Gleichteile aufweisen, weit mehr also als nur elektrische Fensterheber und die Klimaanlage.

Für die Umsetzung des MQBs veranschlagte Volkswagen den Zeitraum bis 2016, doch um die hohen Skaleneffekte zu erzielen, musste Volkswagen erst einmal kräftig investieren: Die Kosten für die Implementierung der neuen Abläufe und die Umrüstung bestehender Werke schätzen Analysten auf rund 60 Milliarden Dollar.

Das erste Produkt war der Audi A3, das nächste – und gemessen an den Umsatzzahlen viel wichtigere – war der Golf mit seinen Ablegern. Die nächste Generation des Škoda Superb, größer als der Octavia und der Passat, folgten. »Aktuell«, so Martin Winterkorn bei der Jahrespressekonferenz am 12. März 2015, »betreiben wir bereits 18 Fabriken auf Basis unserer Baukästen. Bis Ende 2016 rüsten wir elf weitere Werke um.«

Prinzipdarstellung des MQBs. Der Abstand vom Pedal zur Radmitte ist definiert, dies ist ein Schlüsselparameter.

Die Konkurrenz

Diese Produktstrategie setzte die Konkurrenz gehörig unter Zugzwang. Die Plattform-Strategie der 1990er Jahre und Piëchs Gleichteilestrategie waren nicht unbemerkt geblieben, doch mit dem MQB war Volkswagen nach eigener Einschätzung »dem Wettbewerb hier um Jahre voraus.« Laut Reuters hatten 2008 Führungskräfte von Renault und Nissan die Hauben mehrerer VW-Konzernfahrzeuge nebeneinander gestellt und die Hauben geöffnet. »Sie hatten die gleichen Motoren, die gleichen Kupplungen, die gleichen Lüfter – alles identische Teile«, zitierte die Nachrichtenagentur einen der Manager. »Es war eine Ebene an Gemeinsamkeiten, die es bei Renault-Nissan nicht gab.« Und aus dem Jahr 2011 wird von Vorständen der PSA-Gruppe (Peugeot-Citroën) berichtet, die regelrecht schockiert gewesen sein sollen, nachdem Techniker die Vorderwagen zweier verschiedener VW-Typen auseinander genommen hatten und die meisten ihrer Komponenten in den jeweils anderen Typ einbauten.

Von der Rezession gebeutelt und gezwungen, »globale« Autos zu bauen, sind inzwischen alle Hersteller dabei, eigene Plattform-Strategien zu entwickeln. Um in Frankreich zu bleiben: Peugeot-Citroën stellte 2013 auf der Grundlage seines Golf-Konkurrenten Peugeot 308 seine »Efficient Modular Platform 2« (fünf Radstände, vier Spurweiten) vor, und Renault-Nissan kündigte an, bis 2020 seine »Common Module Family« bei 14 Fahrzeugen auf fünf Kontinenten in mehr als zehn Ländern zum Einsatz zu bringen, um ein Volumen von mindestens 1,6 Millionen Fahrzeugen pro Jahr abzudecken: Volkswagen will bereits 2018 sieben Millionen Fahrzeuge auf MQB-Basis produzieren, das wären rund drei Viertel der geplanten Jahresproduktion von zehn Millionen Einheiten. In Anbetracht von rund 220 Konzernmodellen und weltweit über 90 Standorten fällt dieser umfassenden Standardisierung von Komponenten und Fertigungsprozessen eine Schlüsselrolle zu.

Möglichkeiten und Risiken

Volkswagens Plan, 40 Fahrzeuge aus dem MQB zu generieren, machte Fortschritte, 2015 baute der Konzern rund 2,7 Millionen Einheiten (wenn auch die Kernmarke da noch weit hinterher hinkte). Und die Möglichkeiten der Gleichteile-Strategie sind nicht ausgeschöpft, der MQB berücksichtigt schließlich alle Antriebsvarianten einschließlich Erdgas, Hybrid- oder Elektroantrieb.

Nach einer Untersuchung von Morgan Stanley aus dem Jahre 2013 haben in Sachen Standardisierung Volkswagen und Hyundai-Kia die Nase vorn, die Finanzanalysten bezifferten die vom MQB ermöglichten Einsparungen bis 2019 auf bis zu 18 Milliarden Dollar pro Jahr; und Volkswagen treibt die Standardisierung weiter voran. Für Fahrzeuge unterhalb des Polo gibt es eine eigene Plattform – NSF (New Small Family) für Kleinwagen auf der Basis des Volkswagen Up! –, von Audis MLB für Fahrzeuge mit Längsmotoren und Front-, Allrad- oder Heckantrieb war bereits die Rede, während für Porsche und Bentley der MSB, der Modulare Standardantriebsbaukasten, Verwendung findet.

Der Kunde merkt von dem ganzen Standardisierungskram – nichts. Was MQB oder eine der sonstigen Abkürzungen bedeutet, die Volkswagen verwendet, muss niemand wissen. Aber er wird mit Wohlwollen registrieren, dass – Zitat *auto motor und sport* – »mit den neuen Komponenten die Fahrzeuge wie VW Golf und Passat, aber auch Škoda Octavia nochmals ausgewogener gerieten«. Der MQB macht Autos sicherer und sorgt für Luxusfeatures auch in der Kompaktklasse, schont durch Gewichtseinsparungen die Umwelt und fördert alternative Antriebe. »Es kümmert keinen wirklich, dass ein A3 und ein Octavia unter der Haut grundsätzlich gleich aufgebaut sind. ›Alles VW‹ ist nicht wirklich ein Problem, so lange VW ein hoch angesehenes Unternehmen ist«, sagt der britische Analyst Jay Nagley.

2020 zahlte sich der MQB bereits aus. Im Jahr 2019 addierte der Volkswagen-Konzern die Produktionszahlen für 2018, die allein auf MQB-Fahrzeugen basierten, und kam auf mehr als 3,4 Millionen Autos. Angefangen bei SUVs wie dem Tiguan, T-Roc oder dem US-SUV Atlas bis hin zu den Limousinen Lavida und Sagitar in China. Die zweite Generation, genannt MQB-Ax wurde 2015 eingeführt, die Weiterentwicklung MQB evo kam 2019 auf den Markt.

Mittlerweile ist auch die spanische Marke Seat dank des Leon gut im Geschäft und erhöht den hausinternen Druck auf den Golf. Andererseits hat sich dadurch für den Kunden die Auswahl an Karosserievarianten und -stilen erhöht, wer keinen Golf möchte, findet nun genügend Alternativen, ohne sich woanders bedienen zu müssen.

Der Audi A3 als erstes MQB-Produkt erschien vor dem Golf und wurde zunächst nur als Dreitürer eingeführt. Das Styling war ähnlich evolutionär.

Messprotokollen. An Konkurrenz mangelte es dem GTI nicht. Der Ford Focus ST gehörte dazu, auch der Opel Astra OPC – und der GTI war traditionsgemäß teurer als diese, zumal als Performance. Und daran entzündete sich auch eine leise Kritik. »Wir würden sicher nicht behaupten, dass das ein wenig zu viel des Guten ist«, schrieb etwa Neil Birkitt nach dem Test eines GTI Performance für ein britisches VW-Fachblatt, »aber nur ein sehr enthusiastischer Fahrer wird die Feinheiten des Antriebs richtig würdigen und dessen Vorteile eigentlich nur auf der Rennstrecke ausloten können.«

Auch andere Magazine waren der Meinung, dass im Normalfall der normale GTI völlig ausreichen würde (tatsächlich genügte im Grunde genommen auch ein normaler 122-PS-TSI), und was das Magazin *autokauf* über diesen schrieb (»Der Golf ist der Meister im Sowohl-als-auch ... Er will es allen recht machen und verliert dadurch etwas an Ausdrucksstärke«), bescheinigte *Autocar* auch dem GTI: Enorm kompetent, aber andere wie der Renault Mégane oder der Focus ST boten mehr Nervenkitzel.

Kombi Nummer fünf

Nachdem die letzten zwei Generationen des Golf Variant vergleichsweise spät erschienen waren und sich der Golf-VI-Kombi als aufgehübschter Fünfer-Golf entpuppt hatte, war der Golf VII in dieser Hinsicht eine wohltuende Abwechslung: Er kam relativ früh – Premiere Genf 2013, allerdings erst ab August beim Händler – und war die erste echte Neukonstruktion seit sechs Jahren. Bis zu den B-Säulen mit dem normalen Golf baugleich, war der 4.562 Millimeter lange Golf Variant (plus 307 mm gegenüber Schrägheck) parallel zum Zwei- und Viertürer entwickelt worden, sein Design wirkte wie aus einem Guss. Und die neuen, zweiteiligen Rückleuchten unterstrichen die Familienzugehörigkeit.

In der Kombi-Paradedisziplin »Stauraum« hatte Volkswagen noch einmal nachgelegt, satte 100 Liter mehr (605 statt 505 Liter) bei Beladung bis zur Rücksitzlehne und üppige 1.620 Liter (Vorgänger: 1.495 Liter) deckenhoch mit vorgeklappten Lehnen waren Werte, mit denen jeder Hobby-Spediteur zufrieden sein konnte. Und da auch der Kombi auf dem MQB aufbaute, fiel das Gesamtgewicht um bis zu 105 Kilogramm leichter aus.

Die Motorenpalette umfasste sieben Turbodirekteinspritzer, vier TSI-Benziner mit 85 bis 140 PS und drei TDI von 105 bis 150 PS, aber jeweils mit Start-Stopp-System. Zwei der Golf Variant TDI wurden darüber hinaus optional mit dem Allradantrieb 4Motion angeboten. Die Kombi-Palette baute Volkswagen in den folgenden Jahren stetig aus: Im November 2014 feierte auf der Los Angeles Autoshow der Golf R Variant seine Weltpremiere. Der 300-PS-Kombi mit serienmäßigem 6-Gang-DSG und 4otion beschleunigte in 5,1 Sekunden auf 100 km/h; die Höchstgeschwindigkeit lag bei – elektronisch begrenzten – 250 km/h. Im neuen europäischen Fahrzyklus (NEFZ) genehmigte sich der sportlichste Golf Variant aller Zeiten lediglich 7,0 l / 100 km; dieser Wert entsprach einer CO_2-Emission von 163 g/km. Kurz zuvor, in Frankfurt, hatte Volkswagen den TGI ausgestellt, die Erdgas-Variante mit einer Reichweite von sagenhaften 1.400 Kilometern. Der 15-Kilogramm-Tank und die notwendige Peripherie zehrten allerdings das durch den Leichtbau gewonnene Mindergewicht wieder auf.

In Genf 2015 zierten dann die Buchstaben GTD auch einen Variant, der alle Features der Limousine aufwies. Der Schnelltransporter

Echter Geländesport war nicht seine Domäne, aber die Bergstiefel standen ihm ganz gut: Der Alltrack.

Zur Vorstellung des Golf R lud Volkswagen im Januar 2014 die Presse nach Schweden. Dort, auf einem zugefrorenen See und mit Spikes-Reifen bestückt, durften die Journalisten sich ungestört austoben. Der neue Frontstoßfänger mit größeren Luftkanälen unterschied den R am Bug vom GTI, am Heck waren es die vier Endrohre.

hatte den 184 PS starken TDI-Motor unter der Haube; die Preisliste begann bei 31.975 Euro. Zeitgleich mit dem GTD erschien dann Ende April auch der Golf Alltrack bei den Händlern. Diese ebenso lifestylige wie Geländetauglichkeit verheißende Mischung gab es nur als Variant und sollte, so die Pressemitteilung, »das Beste der On- und Offroad-Welt« verbinden, denn: »Als serienmäßig allradgetriebener Lifestyle-Kombi begeistert er mit einem individualisierten Design und ist gleichzeitig für fast jedes Terrain gerüstet. Technische und optische Kennzeichen des Golf Alltrack sind der serienmäßige Allradantrieb 4Motion, eine höhere Bodenfreiheit, eine durch Radlaufverbreiterungen und ausgestellte Seitenschweller geschützte Karosserie, neu gestaltete Stoßfänger und viele weitere eigenständige Ex- und Interieur-Features.« Den Golf Alltrack gab's ausschließlich als Diesel mit 110, 150 und 184 PS. Das Nachrichtenmagazin *Focus* kommentierte diese Golf-Spielart wie folgt: »Der Unterfahrschutz vorne und hinten weist auf die gesteigerten Off-Road-Fähigkeiten hin, für den wirklich professionellen Einsatz im Gelände ist der Golf Alltrack mit seinen eher wie Zierrat wirkenden Anbauteilen jedoch viel zu schade. Trotz der vergrößerten Bodenfreiheit muss er sich vor wahren Bodenwellen und tiefen Furchen fürchten. Immerhin stempelt ihn die hohe Anhängelast schließlich doch zum Profi im Betrieb. Bis zu 2.000 Kilogramm darf er in Schlepp nehmen.«

Neu in das Golf-Programm kam zu diesem Zeitpunkt der 1.8 TSI mit 180 PS, und wie um diesen Leistungsexzess auszugleichen, nahm Volkswagen nun auch Bestellungen für die ganz besonders blauen Varianten entgegen: Ab sofort begann der Vorverkauf der neuen TSI-BlueMotion-Modelle, zu haben als Golf, Golf Variant und Golf Sportsvan. Angetrieben von einem neuen 1.0-TSI-Dreizylinder-Turbo-Direkteinspritzer mit 115 PS und einem maximalen Drehmoment von 200 Nm, lag hier, so die Werksangaben, der Verbrauch bei 4,3 l / 100 km bei einem CO_2-Ausstoß von 99 g/km. Die Modifikationen umfassten ein nahezu geschlossenes Kühlerschutzgitter, spezielle Unterbodenverkleidungen und eine um 15 Millimeter abgesenkte Karosserie. Die Preise für den Golf Variant TSI BlueMotion starteten ab 22.225 Euro; zu haben war er in den Ausstattungslinien Trendline und Comfortline.

Triple-R

Den GTI sicher in den Preislisten verankert, aber ohne große Emotionen aufgenommen, richteten sich die Erwartungen der Enthusiasten auf die nächste Generation des Golf R, und erste Erlkönig-Fotos geisterten im Sommer 2013 durch die Auto-Gazetten. Wie der neue aussehen würde, das wiederum war relativ klar, nachdem Volkswagen im Februar 2013 im südfranzösischen Nizza

Der schnellste offene Golf aller Zeiten: Das R-Cabriolet erreichte eine Spitze von 250 km/h, basierte aber noch nicht auf dem MQB. Sein Problem war der allzu selbstbewusste Preis.

Der schnellste Kombi im Land: Der Variant R von 2014.

das Golf-R-Cabriolet auf Basis der nun nicht mehr aktuellen Plattform des Golf VI vorgestellt hatte. Präsentiert als Konzeptfahrzeug beim Golf-Treffen am Wörthersee im Jahr 2011 und dort lauwarm aufgenommen, zierte die Serienausführung dann den Stand auf dem Genfer Salon im März 2013. Das stärkste und schnellste Golf-Cabriolet hatte den Zweiliter-TSI mit 265 PS unter der Haube. Mit dem serienmäßigen Sechsgang-DSG-Getriebe lag die – elektronisch begrenzte – Höchstgeschwindigkeit bei 250 Stundenkilometern, den Standardsprint auf 100 km/h erledigte der offene R in lässigen 6,4 Sekunden. Zur Serienausstattung gehörte das hier höchst notwendige XDS-Differenzial; die Karosserie war via Sportfahrwerk um 25 Millimeter tiefergelegt mit den entsprechenden Anpassungen von Federn, Dämpfern und Stabilisatoren. Günstig ging natürlich anders, das R-Cabriolet kostete laut Liste 43.850 Euro, die Fahrwerkstieferlegung samt DCC erhöhte die Sache um einen weiteren Tausender.

Auf dem Preisschild des GTI-Cabrios mit DSG stand übrigens nur 34.025 Euro: Wer sich einen gut ausgestatteten offenen R leisten mochte, hatte es nicht mehr weit bis zum Porsche Boxster, was erklärt, warum man relativ oft den Boxster, aber so gut wie nie einen R zu Gesicht bekommt. Der echte neue Golf R wurde bei der IAA im Oktober 2013 in Frankfurt enthüllt. Mit seinem modifizierten EA 888-TSI-Motor entwickelte er jetzt 300 PS und ein Drehmoment-Maximum von 380 Newtonmetern, und das war mehr, als einige zeitgenössische Porsche von sich behaupten konnten. Zum Gesamtpaket gehörten außerdem der Allradantrieb, eine um 20 Millimeter tiefergelegte Karosserie, 18-Zoll-Aluräder, Progressivlenkung und eine auf Tastendruck wählbare Rennstrecken-Abstimmung, die die Kennlinien von Gasannahme und DSG veränderte. Sowie das Stabilitätsprogramm ESC deaktiviert. Außerdem hatte der Über-Golf vier Auspuffendrohre. Laut Werk beschleunigte der gegenüber dem normalen Dreitürer um 45 Kilogramm schwerere Golf R in 5,3 Sekunden auf 100 km/h; natürlich wurde die Höchstgeschwindigkeit wieder elektronisch begrenzt. Beim Allradantrieb 4Motion handelte es sich um die mittlerweile fünfte Generation des Haldex-Systems, das unter geringer Last oder im Schiebebetrieb die Hinterachse komplett abkoppelte, um den Kraftstoffverbrauch (der laut Norm bei 7,1 Litern lag) zu reduzieren. Der Motorsound war optimiert, der R hatte als erstes europäisches Großserienfahrzeug einen Sound-Synthesizer unter der Haube.

Die Pressevorführung erfolgte im Januar 2014 im verschneiten Schweden, auch mit Spikes bei minus 26 Grad auf einem zugefrorenen See. Die schreibende Zunft war gebührend beeindruckt. »Wie kein anderer Golf ist der R einem Sportwagen nahe. Er beherrscht«, so Marcus Peters von *auto/Straßenverkehr*, »sowohl den gepflegten Drift als auch den kontrollierten Kurventanz.« Und außerdem: »Der R ist zwar ein unerhört starker, aber keineswegs hinterlistiger Zweiliter-Turbo«, lobte Peters, der eigentlich nur ein Haar in der Suppe fand: Mit mindestens 38.325 Euro war dieser Golf außerordentlich teuer. Auf dem Salon in Peking im April 2014 feierte dann der Golf R 400 sein Debüt: Die 400 PS starke Sportwagen-Studie hatte die Volkswagen R GmbH – der Sportwagenschmiede der Marke – entwickelt. Für Vortrieb sorgte ein 2.0-Liter-TSI-Triebwerk mit Sechsgang-DSG, in dessen Ahnengalerie sich der Polo-WRC-Rennsportmotor befand. So motorisiert, beschleunigte das Concept Car von

Stolz präsentierte sich das Konzept-Auto Golf R 400 im April 2014 auf dem Pekinger Salon.

Clubsport und TCR

Als sich der Golf GTI auf sein 40-jähriges Jubiläum zubewegte, kamen hochmotorisierte Konzeptfahrzeuge und rennstreckentaugliche Sondermodelle auf den Markt. Das Leistungsrennen gegen Autos wie den Honda Civic Type R und den Renault Mégane RS war eröffnet..

Am Wörthersee 2015 wurde den Fans die Studie Golf GTI Clubsport vorgestellt, die den schnellsten GTI aller Zeiten ankündigte, bevor der Golf GTI 2016 40 Jahre alt wurde. Der serienmäßige Clubsport hatte seine Premiere im September auf der Internationalen Automobil-Ausstellung in Frankfurt. Mit 265 PS lag er zwischen dem Standard-GTI (230 PS mit dem Performance-Paket) und dem 300 PS starken Golf R mit Allradantrieb. Beim Kickdown wurden per Boost-Funktion rund zehn Prozent zusätzliche Leistung akquiriert, also rund 290 PS. Den Spurt von 0 bis 100 km/h legte er mit einem Sechsgang-Schaltgetriebe in 6,0 Sekunden und mit dem DSG in 5,9 Sekunden zurück. Die Fahrwerksabstimmung war speziell an den Wagen angepasst, mit härteren Federn und Dämpfern als beim GTI.

Der neu gestaltete Dachkantenspoiler zeigte sich deutlich größer als beim normalen GTI, dazu kamen ein großer Heckdiffusor sowie eine geänderte Frontschürze und Seitenschweller. Ein schwarzer Seitenstreifen mit der Aufschrift »Clubsport« war eine Hommage an den Golf GTI von 1976. Im Jahr 2016 kam er unter der Bezeichnung Golf GTI Clubsport in den Handel. Er war sicherlich unverwechselbar, aber überzeugte die temporäre Zusatzkraft? Das Motormanagementsystem entschied, wie viel Leistung man bekam und wie lange. Zehn Sekunden lang standen die vollen 290 PS zur Verfügung, dann fiel die Leistung auf 265 PS zurück. »Es macht Sinn, wenn man den Clubsport als Auto mit 265 PS betrachtet, das gelegentlich mehr Leistung abgibt, aber es ist weniger überzeugend, wenn man ihn als Auto mit 290 PS betrachtet, das manchmal nicht die volle Leistung abgibt«, schrieb Dan Prosser im EVO-Magazin. In auto motor und sport stellte man außerdem fest, dass der 2015er SEAT Leon Cupra 290 mit demselben Motor »290 PS dauerhaft mobilisiert und auch noch günstiger ist«.

Nachdem Volkswagen Motorsport für die Saison 2016 einen maßgeschneiderten Golf für die Tourenwagen-Rennserie »Touring Car Racer International Series«, kurz TCR, sowie eine Kleinserie von Kundenfahrzeugen angekündigt hatte, feierte beim GTI-Treffen am Wörthersee im Mai 2016 zunächst der auf 400 Exemplare limitierte Golf GTI Clubsport S Premiere.

Der 2,0-Liter-Turbo-GTI-Motor wurde neu abgestimmt, um mit 310 PS den Golf R zu übertreffen. Zudem begleitete diese Maßnahmen eine Gewichtsreduzierung. Damit ähnelte er dem exklusiven Renault Mégane RS 275 Trophy-R, der wie der Clubsport S entwickelt wurde, um die Nürburgring-Nordschleife in Rekordzeit zu umrunden (7:54,36 Minuten im Jahr 2014). Weg waren die Rücksitze, die Dämmung, der variable Gepäckraumboden, die Hutablage, die Fußmatten, die Haubendämpfer und es gab nur eine kleinere Batterie sowie ein Schaltgetriebe. Im Vergleich zum regulären GTI erhielt er einen Aluminium-Hilfsrahmen für die Vorderachse und Bremsen mit Alu-Topf und Stahlguss-Scheiben. Das Leergewicht sank von 1.351 kg (GTI) auf 1.285 kg. Jedes der 400 Clubsport S-Fahrzeuge verfügte über eine Nürburgring-Fahrprofileinstellung, die die adaptive Fahrwerksregelung DCC, den Motor, die Lenkung und den Sound auf die Strecke abstimmte. Mit der erzielte der Clubsport S auch einen neuen Nordschleifen-Rekord in seiner Klasse, der bei 7:49,21 Minuten lag.

Für diejenigen, die die Chance verpasst hatten, einen Clubsport oder eine Clubsport S zu kaufen, gab es einen aufsehenerregenden Abgesang auf die Golf 7-Baureihe, ein Serienfahrzeug, das als das schnellste der siebten Generation angepriesen wurde. 2016 produzierte VW Motorsport einen Golf für die Rennstrecke, der an Privatkunden

2016 führte Volkswagen den Golf 7 GTI Clubsport auf dem Markt ein. Er leistete 265 PS und dank der Boost-Funktion kurzzeitig sogar bis 290 Pferdestärken.

und Teams verkauft wurde, um im zweiten Jahr der neuen Touring Car Racer International Series anzutreten. Der aufgepumpte Fünftürer basierte auf dem Serienfahrzeug und verfügte zunächst über einen 2,0-Liter-Turbomotor, der vom Golf R abgeleitet und auf 330 PS getunt war. Im Mai 2018 wurde nach zwei erfolgreichen Saisons der Golf GTI TCR Concept am Wörthersee vorgestellt. Zu den Fakten-Highlights zählten dauerhafte 290 PS und eine Höchstgeschwindigkeit 264 km/h. Ein Siebengang-DSG-Automatikgetriebe mit Schaltwippen war serienmäßig, ein elektronisch gesteuertes Vorderachs-Sperrdifferenzial – wie beim GTI Performance – gab es nicht. Wie dieser lag er aber 20 mm tiefer als der Standard-Golf.

Die Produktion des GTI TCR begann Ende 2018 in Wolfsburg. Die Preise begannen bei 39.375 Euro – und damit im Bereich des Golf R mit Allradantrieb. Der reguläre GTI wurde zu Gunsten des 245 PS starken GTI Performance eingestellt. Das unverwechselbare Aussehen des TCR prägte ein neu gestalteter Stoßfänger mit Splitter, andere Schwellerverkleidungen und ein Heckdiffusor mit integrierten Endrohren. Die Türen trugen einen TCR-Schriftzug und konnten mit einer zusätzlichen Grafiken im GTI-Wabenstil individualisiert werden. Beim Öffnen der Türen wurde ein TCR-Logo auf den Bürgersteig projiziert. Hinter den schwarzen 18-Zoll-Leichtmetallrädern »Quaranta« oder den »Reifnitz« 19-Zöllern verbarg sich eine verstärkte Bremsanlage mit gelochten Scheiben im Rennsport-Stil. Wie beim Golf R gab es zwei zusätzliche Kühler, um stets perfekte Betriebstemperaturen für den Motor zu gewährleisten. Optional konnte der Kunde das DCC (Dynamic Chassis Control) mit elektrisch verstellbaren Stoßdämpfern in den Modi Comfort, Normal und Sport ordern.

Der GTI TCR war geringfügig schneller als der Clubsport, mit einem Spurt von null auf 100 km/h in 5,6 Sekunden und einer Höchstgeschwindigkeit von bis zu 260 km/h.

Mit dem Clubsport S konnte Volkswagen einen neuen Rundenrekord in der Kompaktklasse aufstellen. Der Super-GTI umrundete die Nürburgring-Nordschleife in 7:49,21 Minuten.

Der 2019er Golf GTI TCR war erstmals in »Pure Grey« erhältlich, das durch optionale Wabendekore an der Seite und ein optionales schwarzes Dach ergänzt werden konnte.

Die Schalensitze der Clubsport-Modelle verfügten sowohl über Öffnungen für Hostenträger-Gurte als auch Sitzheizung und wurden von Recaro entwickelt.

Der GTI TCR verfügte über ein einzigartiges Design der Sportsitze und ein Lenkrad mit einer vom Rennsport inspirierten roten Markierung auf der 12-Uhr-Position.

Null auf 100 km/h in 3,9 Sekunden, die Höchstgeschwindigkeit betrug 280 km/h. Das maximale Drehmoment von 450 Newtonmetern lag zwischen 2.400 und 6.000 U/min an. Zahlreiche Teile bestanden aus Sichtcarbon, im Interieur verströmten Schalensitze, Alcantara und »Carbonleder« rennsportlichen Flair. Ein Serienbau wurde zunächst nicht erwogen.

Variantenreichtum

Im Juni 2013 erreichte die Golfproduktion die Gesamtzahl von 30 Millionen Fahrzeugen, im Dezember wurde das 500.000ste Exemplar der siebten Generation ausgeliefert, ein Jahr nach Serienanlauf. Im Januar 2014 lief die Produktion im mexikanischen Puebla an, auch in Brasilien wurden die Bänder umgestellt, und im Mai – zum vierzigsten Geburtstag des Golf – löste Volkswagen den Golf Plus durch den Sportsvan ab.

Der erste serienmäßige Elektro-Golf, der e-Golf, wurde auf der IAA 2013 vorgestellt, der Verkauf begann 2014, und der erste serienmäßige Plug-in-Hybrid-Golf, der GTE, wurde auf dem Genfer Salon im Frühjahr desselben Jahres präsentiert.

Von geringerer kommerzieller Bedeutung war der Auftritt des Golf 7 Kombi auf dem Pariser Autosalon 2014 als Alltrack mit 4MOTION-Haldex-Allradantrieb, 20 mm höherer Bodenfreiheit, ausgeprägten Radlaufverbreiterungen und ausgestellten Seitenschwellern. Neben dem 1,6-Liter-Diesel mit 110 PS und den 2,0-Liter-Dieseln mit 150/184 PS (letztere mit 6-Gang-DSG) war ein 1,8-Liter-TSI mit 180 PS ein neuer Benziner im Golf-Programm.

Im März 2015 wurde auf dem Genfer Automobilsalon der erste Golf GTD Kombi vorgestellt und im Sommer folgte eine weitere Premiere: ein Golf BlueMotion mit einem 999-ccm-Dreizylinder-Benzinmotor. Das war der erste BlueMotion-Golf, der mit Benzin- und nicht mit Dieselantrieb angeboten wurde, und der kleinste Motor, der je in einen Golf eingebaut wurde.

Der 1,0-Liter-Dreizylinder-TSI-Motor (EA211) mit Turboaufladung leistet 115 PS und war erstmals im 2011er Volkswagen Up! zu sehen, wo er ohne Turboaufladung bei 60 PS startete. Der sehr kompakte Motor, der unter der Haube des Kleinwagens Platz fand, war rund 15 kg leichter als ein vergleichbarer Vierzylindermotor. Für ein größeres, schwereres Auto wie einen Golf mag das eine große Herausforderung gewesen sein, aber 2015 war das »Downsizing« zur Einhaltung der Emissionsvorschriften in der gesamten Automobilindustrie angekommen. Ford hatte seinen preisgekrönten 1,0-Liter-EcoBoost-Dreizylinder im Focus 2012 eingeführt. Durch den Einsatz eines Turboladers erhielten diese Motoren die richtige Menge an Leistung und Drehmoment (Durchzugskraft), aber die größte Herausforderung bestand darin, die Vibrationen in den Griff zu bekommen, die durch den veränderten Zündzyklus entstehen. Der Golf BlueMotion 1.0-Motor leistete 115 PS von 5.000 bis 5.500 U/min und erreichte eine Höchstgeschwindigkeit von 203 km/h. Der kombinierte Verbrauch lag bei 5,1 Liter auf 100 Kilometern und die Kohlendioxidemissionen bei 99 g/km im Vergleich zu 88,3 und 85 g/km für den Diesel. Die Tester waren sich einig, dass der Motor in Verbindung mit dem Start-Stopp-System sehr angenehm lief. Weni-

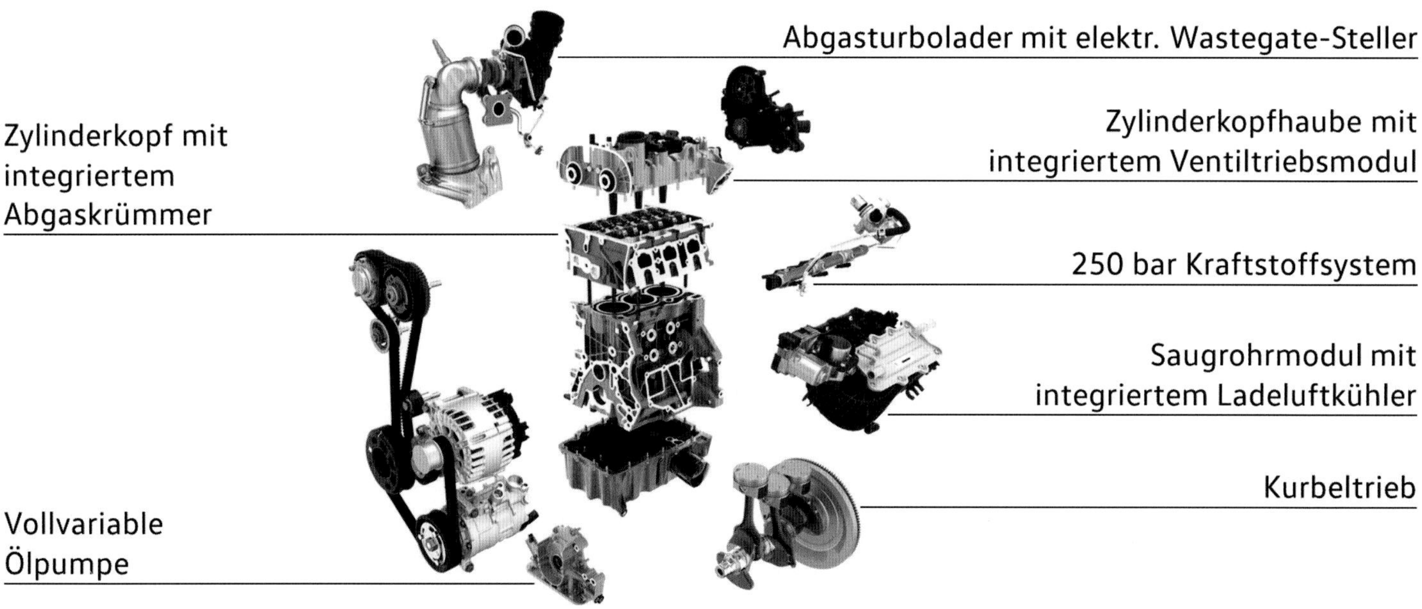

Der Stoff, aus dem die Sparwunder sind: Der 1,0 Liter TSI im Golf BlueMotion, vorgestellt auf dem Genfer Salon 2015 und ab Juni zu haben, ist eine raffinierte Dreizylinder-Konstruktion mit üppigen 115 PS. Volkswagen versprach einen Verbrauch von lediglich 4,3 l/100 km. Auch Golf Variant (4,3 l/100 km) und Golf Sportsvan (4,5 l/100 km) starteten ebenfalls als 1,0 TSI BlueMotion.

ger beeindruckt waren sie von der Eigenschaft des optionalen Siebengang-DSG-Automatikgetriebes. Der kleine Motor war auf dem Weg zu einer langen Karriere im gesamten Volkswagen Konzern, in neuen Turbo-Versionen im Up! sowie in größeren Škoda- und SEAT-Cousins, wie dem Octavia.

Im Sommer 2015 erhielt das Cabriolet, das immer noch auf dem Golf 6 basiert, neue Lackierungen und Ausstattungen sowie Motoren, die die neue Euro-6-Abgasnorm erfüllten, aber der Markt für kompakte Cabriolets schrumpfte. Der Eos wurde 2015 eingestellt, und im Jahr darauf endete die Produktion des Golf Cabriolets, so dass der Beetle bis zum Erscheinen des T-Roc SUV-Cabriolets im Jahr 2020 das einzige VW-Softtop blieb.

Golf 7 reloaded

Im Jahr 2016 wusste die Fachpresse bereits, dass ein Facelift für den Golf anstand, doch angesichts der »Dieselskandal«-Problematik stand der Pariser Messestand im September 2016 ganz im Zeichen der Elektrofahrzeuge. Der e-Golf mit verbesserter Reichweite trat hinter der Premiere des ID-Elektrokonzepts zurück, das 2020 auf den Markt kommen und das Unternehmen auf seinem ehrgeizigen Weg zum »Weltmarktführer für Elektromobilität« voranbringen sollte.

Es war das erste einer neuen Generation von ID-Elektrofahrzeugen. Die Studie in der Größe eines Golfs, die als ID.3 in Serie

Die Elektrostudie ID läutete 2016 die elektrische Zukunft von Volkswagen ein und ist seit 2020 als ID.3 im Handel. Die Form der hinteren Säule erinnerte an den Golf, die Front an den Käfer.

Eine neue Farbe, Kurkumagelb, kennzeichnete die 2017er Golf 7-Facelift-Einführungsfahrzeuge, hier ein Modell in optionalem R-Line-Outfit.

Der Diesel-Skandal

Im September 2015 wurde der unaufhaltsame Aufstieg von Volkswagen zum weltweit führenden Automobilhersteller durch die vielleicht schlimmste Krise in der Geschichte des Unternehmens erschüttert. Die meisten nennen es den Dieselskandal oder, in Anlehnung an den Sturz von US-Präsident Nixon nach den Watergate-Bändern, „Dieselgate".

Der Skandal ist selbstverschuldet. Einfach ausgedrückt: Volkswagen wurde von den US-Behörden überführt, Anfang der 2000er Jahre bei Tests zur Zertifizierung der Emissionen und des Kraftstoffverbrauchs von Fahrzeugen mit Dieselmotor geschummelt zu haben. Das änderte die Meinung der Verbraucher über alle Dieselfahrzeuge und änderte die Richtung des mächtigen Autoherstellers.

Wie bereits in diesem Buch beschrieben, hatten die amerikanischen Autokäufer eine wechselhafte Beziehung zu Dieselfahrzeugen, aber in Zeiten der Kraftstoffknappheit und der Umweltgesetzgebung zur Reduzierung der Kohlendioxidemissionen kamen sie wieder in Mode. Volkswagen verkaufte seit dem Rabbit von 1977 Dieselfahrzeuge in den USA, zog sich aber für die Modelljahre 2007 und 2008 zurück, um einen Motor zu entwickeln, der den Tier-2-Emissionsvorschriften der Environmental Protection Agency (EPA) entsprach, die vorschrieb, dass Dieselfahrzeuge genauso sauber sein mussten wie ihre benzinbetriebenen Pendants.

Mit dem 16-Ventil-Vierzylinder-Turbodieselmotor EA189 mit 2,0 Litern Hubraum, der mit einem Partikelfilter zum Auffangen schädlicher Rußpartikel und einem Katalysator zur Reduzierung von Stickoxiden (NOx) ausgestattet ist, kam das Unternehmen wieder auf den Markt. Der beliebte Jetta TDI schien alles zu haben: sauber genug, um die Abgasvorschriften aller 50 US-Bundesstaaten zu erfüllen, leistungsstark und dennoch sehr sparsam, und der Motor erschien auch im Golf 6 und im Passat. Volkswagen nannte sie TDI Clean Diesels. Die US-Emissionsvorschriften für NOx waren viel strenger als in Europa. Sie durften 31 mg/km nicht überschreiten, verglichen mit 180 mg/km, der Euro-5-Norm für Dieselmotoren von 2009 bis 2016.

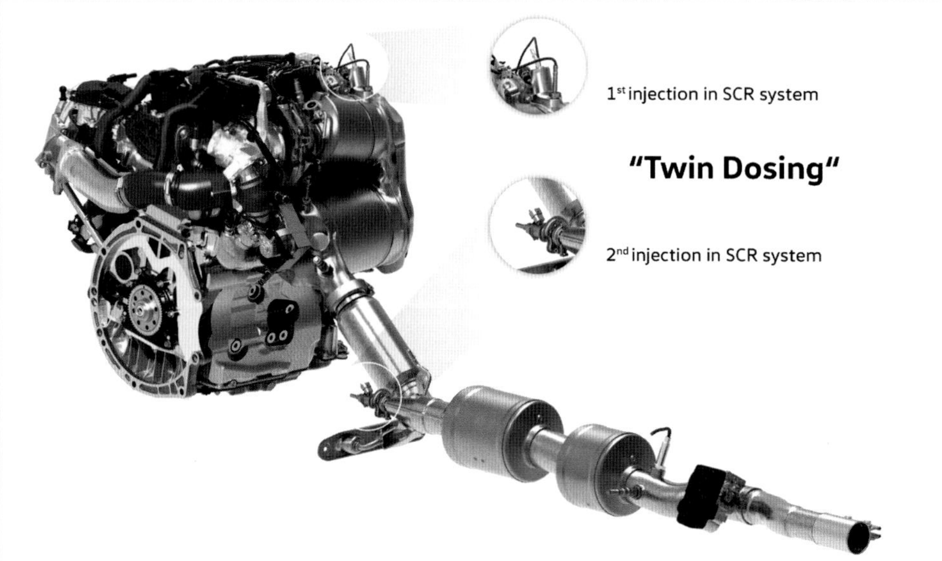

Dieser Schnitt zeigt die vielen Stufen der Dieselabgasaufbereitung, die ab 2019 bei VW-Motoren eingeführt wurden. Die AdBlue-Lösung wird an zwei Stellen eingespritzt.

Im Jahr 2013 schlug eine gemeinnützige Gruppe, der International Council on Clean Transportation, vor, die Emissionen von in den USA erhältlichen Dieselfahrzeugen auf der Straße zu testen. Im Gegensatz zu den Labortests, mit denen die Fahrzeuge für den Verkauf zertifiziert werden. Mit Hilfe der Universität von West Virginia wurden zunächst ein Jetta und ein Passat mit dem EA189 2,0-Liter-Turbodiesel sowie ein BMW X5 getestet. Zur Überraschung der Tester waren die Abgaswerte auf der Strecke von San Diego nach Seattle bei langsamem Verkehr erwartungsgemäß schlecht, verbesserten sich aber bei hohen Geschwindigkeiten nicht. Die kalifornischen Aufsichtsbehörden boten den Rollenprüfstand des Bundesstaates an, auf dem die Fahrzeuge auf die Einhaltung der kalifornischen Abgasvorschriften geprüft wurden, und die Volkswagen schnitten einwandfrei ab. Irgendetwas stimmte nicht. 2014 leitete das California Air Resources Board eine Untersuchung ein.

Im April 2014 stimmte Volkswagen einem freiwilligen Rückruf für bestimmte Dieselfahrzeuge der Modelljahre 2010 bis 2014 zu. Die Aufsichtsbehörde war mit den Ergebnissen nicht zufrieden und untersuchte die Software, die die Emissionen der Fahrzeuge steuert, und stellte schockiert fest, dass auf dem Prüfstand eine parallele Codezeile an die Abgasreinigungsanlage gesendet wurde. Als diese Zeile umgangen wurde, damit sich die Autos auf dem Rollenprüfstand wie auf der Straße verhielten, stießen die Volkswagen fast das 40-fache der zulässigen Stickoxidwerte aus. Die Softwareänderung wurde als »Abschalteinrichtung« bezeichnet.

Die US-Aufsichtsbehörden drohten damit, die Zulassung für Volkswagen und Audi des Modelljahrs 2016 zu entziehen, und am 3. September 2015 gaben hochrangige Volkswagen-Ingenieure zu, dass das Unternehmen Abschalteinrichtungen in fast 500.000 in den USA verkaufte Dieselfahrzeuge eingebaut hatte. Am 18. September stellte die EPA der Volkswagen AG, der Audi AG und der Volkswagen Group of America, Inc (VWoA) eine Mitteilung über einen Verstoß gegen den Clean Air Act zu. Sie ordnete einen Rückruf von acht Volkswagen- und Audi-Modellen mit den betroffenen 2,0-Liter-Motoren an, darunter Golf, Jetta, Beetle und Audi A3.

Der damalige Vorstandsvorsitzende Martin Winterkorn erklärte in einer Videoerklärung, dass es dem Unternehmen unendlich leidtue und er alles in seiner Macht stehende tun werde, um das Vertrauen der Kunden zurückzugewinnen. Er ordnete eine externe Untersuchung an, und es sieht so aus, als seien 11 Millionen Fahrzeuge des Volkswagen-Konzerns von dem Problem betroffen. Die Zeitungen analysierten die Managementstruktur von VW und vermuteten, dass die Besessenheit, Toyota als Nummer eins zu schlagen, zu den Verfehlungen geführt haben könnte. Nach acht erfolgreichen Jahren trat Winterkorn am 23. September 2015 mit der Begründung zurück, er sei »schockiert« über die jüngsten Ereignisse und das Unternehmen brauche einen »Neuanfang«, sei sich aber »keines Fehlverhaltens meinerseits bewusst«, sondern handele im Interesse des Unternehmens.

Zwei Tage später wurde er durch den ehemaligen Porsche-Chef Matthias Müller ersetzt, der den Fahrzeug-Besitzern eine technische Lösung zur Deaktivierung der Abschalteinrichtung versprach. Am 29. September 2015 kündigte VW an, dass weltweit bis zu 11 Millionen betroffene EA189-bestückte Fahrzeuge nachgerüstet werden sollen. In den USA waren die TDI-Verkäufe bereits gestoppt worden, und im Oktober wurde der Verkauf von Fahrzeugen mit EA189-Motoren in einigen europäischen Ländern beendet. Der europäische Golf 7 des Jahres 2012 war mit einer neuen Serie von 1,6- und 2,0-Liter-Dieselmotoren mit der Bezeichnung EA288 auf den Markt gekommen, die die Euro-5-Norm erfüllen und mit einem NOx-Speicherkatalysator und einem Dieselpartikelfilter ausgestattet sind. US-Golfs, Käfer, Passats und Jettas wurden Ende 2014 für das Modelljahr 2015 mit dem 2,0-Liter-Diesel EA288 angeboten.

Im Dezember 2015 gab Volkswagen, wie bereits von einigen vermutet, zu, dass die Abschalteinrichtungen eingebaut wurden, weil es nicht möglich war, die Stickoxidnormen in den USA »innerhalb des erforderlichen Zeitrahmens und Budgets« einzuhalten. »Wir sprechen hier nicht von einem einmaligen Fehler, sondern von einer Kette von Fehlern«, sagte Hans Dieter Pötsch, Vorsitzender des VW-Aufsichtsrats.

Nun schien es, als könne man weder den Emissionen noch dem Kraftstoffverbrauch von Dieselfahrzeugen im Allgemeinen trauen, und das Interesse der Verbraucher ließ nach - zum Leidwesen der Autohersteller, die sich mit den zunehmenden Forderungen der Aufsichtsbehörden nach niedrigeren CO2-Emissionen auseinandersetzen müssen. Das Ende des Kleinwagens mit Dieselmotor wurde ebenso vorausgesagt wie ein Vorstoß in die Elektromobilität.

Im November 2015 kündigte Volkswagen an, dass die europäische Abhilfemaßnahme im Rahmen eines Rückrufs ab Januar 2016 durchgeführt würde. Betroffen wären 1,2 Millionen Fahrzeuge mit 1,6- und 2,0-Liter-TDI-Dieselmotoren der Baureihe EA189, die zwischen 2012 und 2015 gebaut wurden, sowie der 1,2 TDI, der in einigen Kleinwagen steckte. Im Jahr 2016 begannen Entschädigungszahlungen und zivilrechtliche Vergleiche. VW musste sich dringend neu erfinden. Im November 2016 wurde das fünf Jahre zuvor vorgestellte Ziel der Strategie 2018 – die Nummer eins vor Toyota zu werden – für Transform 2025+ zurückgestellt. »Unsere zukünftigen Elektroautos werden das neue Markenzeichen von Volkswagen sein«, sagte Dr. Herbert Diess, Vorstandsvorsitzender der Marke Volkswagen (er löste 2018 Matthias Müller als Vorstandsvorsitzenden der Volkswagen AG ab).

Am 11. Januar 2017 bekannte sich Volkswagen in den USA zu drei Straftaten schuldig und zahlte eine Strafe in Höhe von 2,8 Milliarden Dollar. Im Rahmen separater zivilrechtlicher Lösungen für Umwelt-, Zoll- und Finanzklagen erklärte sich VW bereit, 1,5 Milliarden Dollar für die Forderung der EPA nach zivilrechtlichen Strafen gegen Volkswagen sowie für die Forderungen der US-Zollbehörde US Customs and Border Protection wegen Zollbetrugs zu zahlen. Die zivilrechtlichen Ansprüche in den USA wurden in drei Teilvergleichen beigelegt, die eine Reihe von Bedingungen enthielten, wie den Rückkauf einiger Modelle, Änderungen an anderen und Investitionen in Höhe von 2 Milliarden Dollar in die Ladeinfrastruktur für emissionsfreie Fahrzeuge (ZEV).

Durch Rückkäufe, Geldstrafen, Entschädigungen und Rückrufe beliefen sich die finanziellen Kosten des Unternehmen bis zum Frühjahr 2017 auf fast 25 Milliarden Dollar. Eine große Verpflichtung für eine elektrische Zukunft war bereits eingegangen worden. Im Mai 2017 kündigte Volkswagen an, bis 2025 Weltmarktführer in der Elektromobilität zu werden und eine Million Elektroautos pro Jahr zu verkaufen. Das Unternehmen würde 10 Milliarden Dollar in Elektroautos und Batterien investieren, im September 2017 stieg die Zahl auf 84 Milliarden Dollar.

Zu diesem Zeitpunkt war die neue Generation der Volkswagen-Dieselfahrzeuge technisch weit fortgeschrittener als ihre Vorgänger. 2018 wurde die SCR-Technologie (selektive katalytische Reduktion) bei VW eingesetzt, um die Stickoxide im Abgas zu reduzieren. Ein eng gekoppelter SCR-Katalysator befand sich zwischen dem Turbolader und dem Dieseloxidationskatalysator, AdBlue wurde vor dem SCR-Katalysator in das Abgas eingespritzt. Ab 2019 wurde eine doppelte AdBlue-Dosierung bei den Passat 2.0 TDI Evo-Motoren und anschließend beim Golf 8 eingeführt, der mit einem zweiten SCR-Katalysator ausgestattet war. Dies reduziere den NOx-Ausstoß um rund 80 Prozent im Vergleich zur Vorgängergeneration.

ging, wurde als dritte Ära von Volkswagen nach dem Käfer und dem Golf positioniert. Er basierte auf dem so genannten Modularen Elektro-Antriebsbaukasten (MEB), der es ermöglicht, eine Reihe verschiedener Modelle auf der gleichen Batterie- und Elektromotorenplattform zu bauen.

Seit 2012 hatte sich die Konkurrenz für den Golf weiterentwickelt und neue Möglichkeiten geschaffen. Im Jahr 2015 wurde die zweite Generation des Mini Clubman zu einem Auto in Golf-Größe mit vier vollwertigen Türen und den üblichen zwei Flügeltüren am Heck. Die etablierten Konkurrenten wurden aktualisiert oder in die nächste Generation überführt: 2015 gab es einen neuen Opel Astra, 2016 einen neuen Renault Mégane und 2017 einen neuen Honda Civic (große Konkurrenz auf dem US-Markt) sowie einen neuen Hyundai i30, einen neuen Ford Focus und eine neue Mercedes A-Klasse im Jahr 2018 sowie einen neuen Toyota Corolla. Der nächste Mazda 3 von 2019 hob seine Ausstattung und Raffinesse ernsthaft auf Golf-Niveau.

Die Mittelkonsolen der Autos ähnelten immer mehr Multimedia-Tablets. Während der Golf 7 mit seinem berührungsempfindlichen Mediensystem auf dem Armaturenbrett und dem adaptiven Tempomat bahnbrechend war, ließen alle neuen Konkurrenten mit ähnlicher Technologie nicht auf sich warten. Als im November 2016 die vollständigen Details des modellgepflegten Golf 7 vorgestellt wurden, lag die größte Veränderung im Innenraum. In den höheren Ausstattungslinien wuchs der Bildschirm für das Radio-Navigations- und Mediensystem Discover Navigation Pro von 8 auf 9,2 Zoll und füllte den Platz in der Mittelkonsole mit einem flachen Glasbildschirm, der bis auf zwei Drehregler keine Tasten mehr enthielt. Alle anderen Golf hatten entweder einen 6,5-Zoll- (früher 5-Zoll-) oder einen 8-Zoll-Monitor.

Wie schon bei den Konzeptfahrzeugen Golf R-Touch und e-Touch von 2015 und 2016 konnte der Discover Pro-Bildschirm über eine Gestensteuerung bedient werden, bei der die Bewegung der Hand ausreicht, um zwischen den Menüs zu wechseln, ohne den Bildschirm zu berühren – theoretisch. Viele Testfahrer empfanden dieses Novum in der Golf-Klasse als etwas langsam. Es gab eine Sprachsteuerung, und wie bei den Konkurrenten konnte der Bildschirm des Mobiltelefons über eine App wie Apple CarPlay auf den mittleren Bildschirm des Autos gespiegelt werden. Auch das kabellose Aufladen des Handys war möglich, indem man es auf ein Pad in der Mittelkonsole legte. Ein optionales TFT-Digitaldisplay (Dünnschichttransistor), das bereits im Passat verfügbar war, konnte auf Wunsch die analogen Instrumente ersetzen, wobei sich Tachometer und Drehzahlmesser so verändern ließen, dass verschiedene Informationen innerhalb und zwischen den Zifferblättern angezeigt wurden, beispielsweise eine Navigationsansicht.

Der Stauassistent, die City-Notbremsfunktion und die adaptive Geschwindigkeitsregelung ACC wurden für die höher ausgestatteten Golf fortgeführt, und der Parkassistent ermöglichte es dem Auto nun, zusätzlich zum parallelen Einparken auch in Querparkbuchten einzuparken. Der Emergency Assist war die neue Version des 2012 eingeführten Müdigkeitsschutzsystems, das eine eventuelle Fahruntüchtigkeit des Fahrers erkennt und verschiedene Maßnahmen zur Weckung des Fahrers einleitet oder das Auto selbständig zum Stillstand bringt.

Ausgestattet mit allen möglichen Fahrerassistenzfunktionen – Rückfahrwarnung, Stauassistent, Verkehrszeichenerkennung, Fernlichtassistent oder dynamischer Lichtassistent und Notfallassistent – kam ein DSG-Golf dem autonomen Fahren einen Schritt näher. Bei Geschwindigkeiten unter 60 km/h würde er das Bremsen, Beschleunigen und Lenken für den Fahrer übernehmen – unter der Voraussetzung, dass jener die Hände am Lenkrad lässt.

Am Blech des Facelift-Golf-7 gab es keine Änderungen, dafür aber ein neues Design der Front- und Heckschürze (letztere mit angedeuteten Auspuffblenden). Die Heckklappe war mit LED-Leuch-

Die größte Veränderung im Innenraum des Facelift-Golf-7 betraf das Infotainment mit tatstenlosem 9,2-Zoll-Discover Navigation Pro.

Das optionale Active Info Display anstelle des serienmäßigen analogen Instrumentenpakets war individuell gestaltbar.

Ein Modell mit komprimiertem Erdgas (CNG) wurde während der gesamten Laufzeit des Golf 7 angeboten. 2019 gab es einen neuen 1.5 TGI evo01 Motor. Die Ersparnis des CNG-Golf gegenüber einem Benziner lag bei rund 40 Prozent Kraftstoff und etwa 25 Prozent weniger CO_2.

ten ausgestattet, und das neue Scheinwerferdesign bestand aus LED-Tagfahrlicht und einer Chromleiste, die sich über den Kühlergrill zog.

Der 1,0-Liter-Dreizylinder-Benzinmotor, den es bereits im bisherigen BlueMotion gab, löste den 1,2-Vierzylinder als Basis-Benzinmotor des Golf ab. Ohne Lader leistete der 85 PS, mit Turbo 115 PS. Zunächst wurde weiterhin der 125 PS starke 1.4 TSI angeboten, der aber ab 2017 durch einen neu entwickelten 1.498-ccm-Turbomotor, ebenfalls aus der E211-Motorenfamilie, ersetzt wurde. Unter der Bezeichnung 1.5 Evo wurden die meisten Bereiche des Motorblocks und des Zylinderkopfs neu gestaltet. Die Kühlung wurde verbessert, die Kurbelwelle neu konstruiert und auch die Brennkammern wurden überarbeitet. Die meisten Komponenten wurden neu konstruiert, um die innere Reibung zu minimieren. Der größere Hubraum wurde durch eine Vergrößerung des Hubs von 80,0 auf 85,9 mm erreicht. Der Druck der Direkteinspritzung wurde auf 350 bar erhöht, verglichen mit den 200 bar des 1,4-Liter-Motors.

Sowohl die 150-PS- als auch die spätere 130-PS-Version (BlueMotion) des neuen 1,5-Motors waren mit dem Active Cylinder Management (ACT) ausgestattet. Beim 150-PSer schaltete es bei geringer Last zwei Zylinder ab, während die BlueMotion-Version zwei oder alle vier Zylinder abschaltete und bei Bedarf nahtlos wieder anlief. Volkswagen bewarb dieses Triebwerk als einen Benzinmotor, der einen dieselähnlichen Kraftstoffverbrauch bot, aber deutlich billiger in der Anschaffung war.

Der »Eco-Freilauf« war in Kombination mit dem Siebengang-DSG-Automatikgetriebe erhältlich. Das sogenannte Mikro-Hybridsystem funktionierte ähnlich wie bei Benzin-Elektro-Hybriden, die während der Fahrt auf Elektroantrieb umschalten, wobei eine kleine Lithium-Ionen-Batterie die elektrischen Systeme in der Ausrollphase am Laufen hielt. Wenn der Fahrer vom Gaspedal ging oder ein leichtes Gefälle hinunterfuhr, koppelt das Motormanagementsystem den Motor vom Getriebe ab. Darüber hinaus verfügte der 1.5 BlueMotion ACT über eine neue Zylinderkopf-Ventilfolge, die als Miller-Zyklus-Verbrennungsprozess bekannt ist. Das bedeutet, dass die Einlassventile früher und kürzer geschlossen werden als bei einem herkömmlichen Benzinmotor. Miller-Cycle-Motoren sind auf Turbolader angewiesen. Da die Einlassventile kürzer offen stehen, müssen die Zylinder mit einer Ladung komprimierter Luft gefüllt werden. Normale Turbolader leiten einen Teil des Abgasstroms, der für die Zwangsansaugung benötigt wird, über ein Wastegate-Ventil von der Turbine weg. Im Miller BlueMotion setzte Volkswagen einen Turbolader mit variabler Turbinengeometrie (VTG) ein, wie er bisher in Hochleistungsfahrzeugen eingesetzt wurde. Mit dem VTG-Lader war es möglich, jederzeit den gesamten Abgasstrom über die Turbine zu leiten, so dass der Brennraum bei hohem Turboladerwirkungsgrad immer optimal versorgt wurde. Das senkte laut Volkswagen die Verbrauchs- und Emissionswerte und verbesserte das Ansprechverhalten.

Von den Testern wurde der 1.5 TSI Evo als sehr drehfreudig gelobt. Auf dem Papier entsprachen die technischen Daten des neuen Motors denen des bisherigen 1.4 ACT, der seit 2015 im GTE 150 PS

Im neuen Design des vorderen Stoßfängers war das Radar des Tempomats hinter dem VW-Emblem versteckt, das bei den höher ausgestatteten Golf – wie bei diesem TDI – mit einer Chromleiste unterlegt war.

Im Zuge des Golf 7-Facelifts hatte VW auch die Elektrovariante des Kompaktwagens überarbeitet. Der e-Golf leistete jetzt 136 statt 115 PS und kam mit der von 24,2 auf 35,8 kWh vergrößerten Batterie-Kapazität auf eine reale Reichweite von 200 Kilometern. Seine typischen C-förmigen Tagfahrleuchten wurden beibehalten.

leistete. Auch das maximale Drehmoment von 250 Nm (184 lb ft), das zwischen 1.500 und 3.500 U/min anliegt, blieb gleich.

Der 1.5 Evo sollte den 1.4 in allen Fahrzeugen des Volkswagen Konzerns weltweit ersetzen. Durch die Überarbeitung erfüllte er die Euro-6-Abgasnorm, die seit September 2015 für alle Neufahrzeuge gilt, und war so auch für die neuen Verbrauchstests gerüstet.

Seit September 2017 werden der offizielle Kraftstoffverbrauch und die Emissionen nach dem Worldwide Harmonised Light Vehicles Test Procedure (WTLP) geprüft, das den NEFZ (Neuer Europäischer Fahrzyklus) ersetzt. Das Verfahren, das nach wie vor ein Labortest auf einem Rollenprüfstand ist, soll die Fahrweise von Autos im wirklichen Leben besser widerspiegeln. Er wurde zunächst bei der Einführung neuer Fahrzeuge angewandt und war dann ab September 2018 für alle in der EU verkauften Neuwagen verbindlich. Trotz der Bezeichnung »World« handelte es sich nicht um einen globalen Standard. Da die Hersteller weniger Zeit zum Testen der einzelnen Varianten hatten als erwartet, kürzten sie ihre Produktpalette drastisch. Die britische Zeitschrift What Car? fand heraus, dass der durchschnittliche Unterschied zwischen dem WLTP-Kraftstoffverbrauch und den eigenen realen Testdaten (True MPG) 4,9 Prozent betrug, verglichen mit einer Differenz von 23,5 Prozent im NEFZ-Zyklus. Somit erscheinen viele neue Autos jetzt weniger sparsam als ihre Vorgänger. Der Evo Golf 1.5 mit 150 PS wies offizielle WLTP-Werte von 6,3 bis 5,6 Liter auf 100 km auf, während der alte 1.4 mit 140 PS und Handschaltung im NEFZ-Zyklus 5,0 Liter auf 100 km erreichte.

Während die Überarbeitungen der Facelift-Golf-7-Benzinmotoren im Jahr 2017 am auffälligsten waren, hatte das Unternehmen trotz der Dieselkrise klargestellt, dass Selbstzünder in immer saubereren Formen weiterhin Teil seines Antriebsmixes sein würden, und der überarbeitete Golf bot weiterhin den 1.6 TDI mit 115 PS sowie den 2,0-Liter-Diesel mit 150 PS und 184 PS im GTD an.

Was die allgemeine Presseresonanz anging, so blieb der überarbeitete Golf 7 an der Spitze der Schrägheckmodelle. »Blutverschmiert, aber ungeschlagen, ist VW zu dem zurückgekehrt, was es am besten kann: das beste Schrägheck zu bauen, das die Menschheit kennt«, schrieb Georg Kacher, europäischer Redakteur von Car Magazine in der März-Ausgabe 2017. Mit dem neuen Siebener- GTI und seinem bevorstehenden vollelektrischen Nachfolger ist dies ein Argument, dem Golf treu zu bleiben.

Mit dem Clubsport, der für kurze Zeit eine heiße Alternative zum normalen GTI bot, gab es eine nominelle Leistungssteigerung für den Sport-Golf; das Standardmodell wurde von 220 auf 230 PS erhöht – das frühere Performance-Paket-Niveau – und so gab es 15 PS mehr für den Performance-GTI. Diese Leistungssteigerung führte zu einem Anstieg des Drehmoments um 20 Nm auf 370 Nm in einem breiten Bereich zwischen 1.600 und 4.300 U/min. Der Spurt von Null auf 100 dauerte 6,2 Sekunden (vorher 6,4), sowohl

Das maximale Drehmoment des facegelifteten Golf 7 GTD betrug satte 380 Nm (GTI: 350 Nm) und sorgte für eine Menge Fahrspaß, auch wenn er mit 184 Pferdchen 46 PS hinter seinem sportlichen Gran-Turismo-Injection-Bruder lag. Die Beschleunigung von 0 auf 100 km/h in 7,8 Sekunden und die Topspeed von 231 km/h konnten sich aber trotzdem sehen lassen.

2011 wurde ein neuer Jetta eingeführt, der keine Golf-Bauteile mehr hatte und auf dem Golf 6 basierte, der 2014 aktualisiert wurde. Der MQB-basierte Jetta der siebten Generation kam 2018 auf den Markt. JETTA wurde 2019 zu einer chinesischen Untermarke.

mit dem Sechsgang-Schaltgetriebe als auch mit der neu entwickelten Siebengang-DSG-Automatik. Die Leistungssteigerungen von 10 beziehungsweise 15 PS waren jedoch nur schwer zu bemerken, es sei denn, man führte Tests mit verbundenen Augen durch, wie die deutsche Zeitschrift auto motor und sport feststellte. »So wie er ist, scheint der GTI perfekt zu sein - kein Grund für VW, das Wesentliche zu ändern.« Auch der Golf R wurde für 2017 aufgewertet und erhielt 10 PS mehr, um sich an der Spitze der Golf-Leistungstabelle zu halten, noch vor dem GTI Performance und dem Clubsport S. Ab Mitte 2017 stattete der Volkswagen Konzern jedoch die Abgasanlagen aller Benzinmodelle mit Partikelfiltern aus. Ähnlich wie bei den Dieseln sollen die Emission von feinen Rußpartikeln um bis zu 90 Prozent reduziert werden, so das Unternehmen. Manchmal gab es dadurch einen leichten Leistungsabfall, so dass der R für 2018 zu 300 PS zurückkehrte.

Zum ersten Mal für einen Golf R war er später im Jahr mit einem Performance-Paket erhältlich, das aus einer »R-Performance«-Bremsanlage mit einem angeblichen Gewichtsverlust von zwei Kilo und 19-Zoll-Leichtmetallfelgen vom Typ »Spielberg« bestand. Es war nur für die DSG-Fahrzeuge erhältlich und brachte nicht mehr Leistung, aber die Geschwindigkeitsbegrenzung wurde aufgehoben, so dass die Schräghecklimousine auf 265 km/h und der Kombi auf 268 km/h beschleunigt werden konnte. Außerdem gab es eine Akrapovic-Titan-Sportauspuffanlage für alle Golf R, die sieben Kilo Gewicht einsparen sollte.

Wem ein Golf GTI oder ein R wirklich nicht genug Leistung bot, für den gab es immer noch Tuner, die bereit waren, mehr zu liefern. Das deutsche Unternehmen HGP rüstete einen Golf 7 R mit einem neuen 3,6-Liter-VR6, zwei HGP-Ladern und 7-Gang-DSG um und erzielte damit 740 PS und 925 Nm Drehmoment. In England setzte Mountune einen größeren Turbolader und ein geändertes Motormanagement ein, um einen Golf R mit 385 PS zu versehen.

Als der Golf der siebten Generation 2019 in sein sechstes und letztes volles Verkaufsjahr ging, kursierten in der Automobilpresse bereits seit Monaten Geschichten und Spionagefotos des Golf 8. Der straßentaugliche GTI TCR in limitierter Auflage sollte das aufregendste neue Modell in diesem Jahr sein, und die reguläre Baureihe erhielt die üblichen Änderungen der Ausstattungsstufen mit mehr Optionen für das gleiche Geld.

In einem schwierigen Jahr für die europäischen Autoverkäufe (obwohl kein Vergleich zu 2020), konnte der Volkswagen Golf mit 410.330 zugelassenen Einheiten seinen Platz als Nummer eins der Bestseller für 2019 halten, den er seit 2009 innehat. Die letzten Golf 7 für den US-Markt wurden im Januar 2021 in Puebla, Mexiko, hergestellt und dienten als Verkaufsvorrat für den Rest des Jahres.

Sowohl Golf R als auch Golf R Variant gab es ab 2018 mit einem optionalen Performance-Paket. Darin enthalten waren unter anderem die zwei Kilo leichtere R-Performance-Bremsanlage sowie 19-Zöller vom Typ »Spielberg« oder wie hier »Pretoria«.

Im Sommer 2020 verabschiedete sich Volkswagen of America vom Golf 7 R mit dem Volkswagen-Spektrum-Programm mit 40 Sonderfarben. Ginstergelb erinnerte an den Golf 3 GTI »Driver's Edition« von 1997.

SEIT 2020

Golf VIII

Der kecke 8er

GO 508

10:10
Eco
Comfort
Sport
Individual

Das Interieur des Golf 8 war zweifelsohne radikal. Das digitale Innovision-Cockpit löste die physischen Knöpfe ab, und es gab 30 beruhigende Farbtöne für die Ambientebeleuchtung.

Im Inneren des 2019er Golf 8 fand eine kleine Revolution statt. Das zurückhaltende Design des Armaturenbretts seiner Vorgänger wurde durch ein volldigitales Display ersetzt. Das war der neueste Stand der Technik – Volkswagen nannte es in seiner Werbung sogar Golf 8 (sonst stets »der neue Golf«), genau wie das iPhone 11.

Wir wussten, dass dieser digitale Schub kommen würde, aber trotzdem war er überraschend. Die Berichte über den Golf 8 erschienen in Magazinen und dem Internet schon Jahre vor dessen Einführung. Die Autozeitschriften konnten sich in der Regel darauf verlassen, dass sie Computergrafiken der nächsten Golf-Generation fertigen konnten, indem sie das aktuelle Auto etwas breiter und länger machten und das Design der Scheinwerfer und der Motorhaube der aktuellen Volkswagen Familie übernahmen. Die Geschichte hatte sie nun in mehrfacher Hinsicht eines Besseren belehrt.

Der britische Auto Express berichtete am 5. August 2015 auf der Titelseite, dass es den nächsten GTI in drei Leistungsstufen geben würde: 260 PS, dann knapp 300 für die Performance-Version und einen Clubsport mit rund 325 PS (der Golf 7 Clubsport war zu diesem Zeitpunkt bereits für die Produktion bestätigt worden). Die größte Neuigkeit war, dass der 2019er Golf GTI mit einem Zehngang-DSG-Automatikgetriebe ausgestattet sein würde (acht Gänge galten damals als beeindruckend) anstelle des aktuellen Sechsgang-Getriebes, das auch in den R und GTD eingebaut werden sollte, um den Kraftstoffverbrauch und die Schaltvorgänge zu verbessern. Die Entwicklung des Zehngang-DSG hatte Volkswagen bereits im Mai 2014 öffentlich gemacht und angekündigt, dass es die Effizienz künftiger Modelle bis 2020 um bis zu 15 Prozent verbessern würde.

Doch einen Monat später machte der Diesel-Abgasskandal 2015 die Zukunftspläne von Volkswagen zunichte. Im Zuge des Skandals wurde das 400-PS-Konzept des Golf R400 aus dem Jahr 2014 gestrichen, und 2016 wurde das Zehngang-DSG eingemottet, während die weiterentwickelten Versionen der Sechs- und Siebengang-DSGs weitergeführt wurden. Bei der Vorstellung des überarbeiteten Golf und seines neuen 1.5-Evo-Benzinmotors bestätigte Forschungs- und Entwicklungschef Dr. Frank Welsch, dass die Arbeit an einer Dieselversion gestoppt wurde. Er begründete dies mit den hohen Kosten für die Entwicklung eines effektiven Abgasnachbehandlungssystems für einen Nachfolger des 1,6-Liter-Vierzylinder-Diesels EA827. »Ein Mild-Hybrid ist letztendlich billiger und hat den gleichen CO2-Ausstoß bei viel weniger NOx«, sagte er. Als Teil eines allgemeinen Trends weg vom Diesel in Kleinwagen wird die Produktion des 1,4-Liter-Dreizylinder-Turbodiesels des Polo eingestellt.

Im April 2018 skizzierte Volkswagen eine Zukunft, in der die ID-Baureihe die vollelektrische Vorreiterrolle einnehmen wird, während der nächste Golf in unterschiedlichem Umfang elektrische Unterstützung für seine Verbrennungsmotoren erhalten wird. »Wir starten diese umfassende Elektrifizierungsoffensive mit dem bisher meistverkauften Fahrzeug von Volkswagen, dem Golf«, so Dr. Welsch. »Unser neu entwickelter, kostengünstiger 48-V-Mild-Hybrid wird den Weg für die Einführung dieser Technologie in die breite Masse ebnen.«

Der Golf 7 1.5 Evo BlueMotion Benziner war gerade auf den Markt gekommen und nutzte ein 12-Volt-Mini-Hybridsystem mit einer kleinen Lithium-Ionen-Batterie, um die Systeme des Fahrzeugs im Leerlauf anzutreiben, aber die Verbrennungsmotoren des Golf 8 werden mit einem riemenintegrierten 48-Volt-Startergenerator und einer 48-Volt-Batterie kombiniert. Volkswagen erklärte, dass das 48-Volt-System eine höhere Energiemenge für die Unterstützung des Leerlaufs und für den sofortigen Wiederanlauf speichert. Die Energie wird aus dem regenerativen Bremsen zurückgewonnen. Beim Verzögern und Bremsen wird die Spannung der Lichtmaschine erhöht und zum Aufladen der Batterie verwendet.

Innere Angelegenheit

Der angekündigte Wechsel des Golf 8 zu einem volldigitalen Cockpit mit Gestensteuerung wurde bereits mit der Optionsliste des 2017er Golf 7 vorweggenommen, die eine Version des Virtual Cockpit von Audi und Gestensteuerung für das Multimediasystem Discover Pro bot.

Der Golf folgte noch nie Styling-Moden, war sich stattdessen immer sich seiner eigenen Identität sicher. Trotzdem wartete jede Generation stets mit Innovationen auf, wenn nicht gar Revolutionen. Die Touchscreen-Mittelkonsole im Golf 7 von 2012 war zukunftsweisend, aber man ist nie lange auf dem neuesten Stand der Technik. Die Käufer erwarteten mehr und mehr digitale und vernetzte Funktionen in ihren neuen Familienautos.

Im Jahr 2018 verzichtete die vierte Generation der Mercedes A-Klasse auf die traditionelle Instrumententafel mit runden analogen Zifferblättern vor dem Fahrer und ersetzte sie und die Infotainment-/Heizungssteuerung durch etwas, das wie ein vertikal montiertes Tablet aussah und sich von der Fahrertür bis zur Mitte des Armaturenbretts erstreckte. Das MBUX genannte Multimediasystem wird per Sprache oder Berührung (Bildschirm oder Touchpad) gesteuert. Die serienmäßigen Bildschirme sind 7-Zoll-Displays, aber erst die beiden optionalen 10,25-Zoll-Geräte haben die Fachpresse mächtig beeindruckt. Die 2019er BMW 1er-Reihe (jetzt umstrittener Weise mit Frontantrieb) bot als Option zwei 10,25-Zoll-Bildschirme, die per Touch und über das traditionelle Zifferblatt am Schalthebel gesteuert wurden. Ein Tablet-ähnlicher Bildschirm auf der Mittelkonsole, mit oder ohne digitales Fahrerdisplay, wurde zu einem universellen Stil vom Stadtauto bis hin zum SUV.

Auf der Frankfurter Automobilausstellung 2017 sagte Klaus Bischoff, Designchef von Volkswagen, dass der Innenraum des Golf 8 »eine Revolution« sein werde. »Es ist tatsächlich eine komplett digitale Umgebung; der einzige analoge Aspekt ist im Grunde das Lenkrad«. Das wies eindeutig darauf hin, dass eine vollständig digitalisierte Instrumententafel serienmäßig in der gesamten Baureihe verfügbar sein würde.

Angesichts der immensen Investitionen in die MQB-Plattform wurde erwartet, dass der neue Golf die Basis des Vorgängermodells übernehmen würde, allerdings mit einigen geringfügigen Änderungen bezüglich der Abmessungen für den Innen- und Kofferraum. Wie schon bei den vorangegangenen Generationen gab es beim Blick in den Stammbaum des Volkswagen-Konzerns Hinweise darauf, woher die technischen Neuerungen des Golf 8 stammen könnten. Im Vergleich zu den Vorgängergenerationen handelte es sich dabei weniger um ein Trickle-Down-Effekt, sondern um eine umfassende Durchforstung des konzerneigenen Teilelagers. Mit dem Bentley Bentayga SUV 2016 wurden 48-Volt-Antriebe eingeführt und bei einigen Audis wurden Mild-Hybrid-Antriebe als Leistungssteigerer in Umlauf gebracht. Im März 2018 gab der neue Volkswagen Touareg mit seinem Innovision Cockpit den besten Hinweis auf das neue

Im August 2019, Monate nach der Veröffentlichung von Spionagebildern eines unverkleideten Golf 8, veröffentlichte VW ein eigenes Bild eines getarnten Testwagens, um die Zeit bis zur tatsächlichen Markteinführung zu verkürzen.

Interieur des kommenden Golf, das digitale Instrumente in einem 12-Zoll-Display mit dem zentralen Infotainmentsystem Discover Premium mit einem 15-Zoll-Display und nur wenigen konventionellen Tasten und Schaltern kombiniert.

Im Januar 2019 wurde ein in Deutschland zugelassener, wenig getarnter Prototyp des Golf 8 fotografiert, als seine Testfahrer für einen Burger anhielten. In einer Welt, in der jeder mit einem Smartphone ein Auto-Paparazzo sein kann, ist das vielleicht gar kein so großer Knüller. Volkswagen hat es wohl ganz entspannt angehen lassen, ihn unverhüllt zu zeigen. Die breite hintere C-Säule hatte den bekannten Golf-Look, aber die Frontpartie entsprach nicht der erwarteten Evolution des 7ers. Die Front war deutlich niedriger und abgerundet, mit Scheinwerfern, die sich außen nach oben und um die Ecke zogen, mit je zwei unterschiedlich großen Ausschnitten für die vier Leuchten.

ID zuerst

Im März 2019 wurde in der Presse heftig spekuliert, als Volkswagen bekannt gab, dass der Golf 8 nicht auf der IAA im September, sondern einige Wochen nach dem ID.3 vorgestellt werden würde. Die Bild-Zeitung hatte die Spekulationen aufgegriffen und behauptet, die Verzögerung diene dazu, technische Probleme des neuen digitalen Golf zu beheben. Das Unternehmen entgegnete, dass die Markteinführung des Golf 8 verschoben wurde, um in Frankfurt Platz für die vollelektrische Schräghecklimousine zu schaffen.

Und so wurde der achte Golf, nachdem der ID.3 die Frankfurter Bühne beherrschte, am 24. Oktober 2019 in der Wolfsburger Autostadt vor 600 Gästen vorgestellt – im 45. Jahr nach dem Produktionsstart der Baureihe im benachbarten Werk.

Erstmals wird der Erfolgswagen nur als Fünftürer angeboten. Die meisten Autohersteller hatten die dreitürigen Versionen von Kleinwagen und in der Kompaktklasse wegen der sinkenden Nachfrage und aus Kostengründen gestrichen. Der Polo als Dreitürer war bereits vom Markt verschwunden. Auch den Audi A3 und den SEAT Leon gibt es in der aktuellen Generation nicht mehr als Dreitürer. Auch der Golf Sportsvan werde nicht ersetzt, da der MPV-Trend vollständig den Sport Utility Vehicles (SUVs) gewichen sei. Es gab auch falsche Spekulationen, dass es keinen Golf 8 Kombi geben würde.

Insgesamt wuchs der Golf der achten Generation fast nicht, denn er basierte immer noch auf der MQB-Plattform des Golf 7, die 2012 ein deutliches Upsizing erfahren hatte. Der Zuwachs war marginal. Mit einer Länge von 4.284 mm, einer Breite von 1.789 mm (ohne Außenspiegel) und einer Höhe von 1.456 mm ist ein Golf 8 im Ver-

Volkswagen hat Wolfsburg ausgewählt, um den Golf 8 im Oktober 2019 den Medien vorzustellen. Zu den Gästen gehörten Giorgetto Guigiaro und Joachim Löw, der damalige Trainer der deutschen Fußballnationalmannschaft.

gleich zu einem Golf 7 Fünftürer 29 mm länger, 10 mm schmaler (ebenfalls ohne Außenspiegel) und 4 mm höher. Der Radstand des Golf 8 beträgt 2.636 mm, der des Golf 7 2.637 mm. Das Kofferraumvolumen ist bei aufgestellten Sitzen mit 380 Liter nach dem Standardmaß des VDA (Verband der Automobilindustrie), das Ein-Liter-Holzblöcke zur Füllung des Raums verwendet, identisch.

Der SEAT Leon IV, der 2020 auf den Markt kam, hat einen um 50 mm verlängerten Radstand von 2.686 mm, was die Variationsmöglichkeiten der MQB-Plattform verdeutlicht und den Platz für die Fondpassagiere verbessert. Der 2020er Škoda Octavia verfügt über den gleichen Radstand wie der Leon, behielt aber seinen großen Kofferraum bei, der bei umgeklappten Sitzen 600 Liter fasst. Auf der MQB-Plattform entwickelte Škoda auch eine Schräghecklimousine in Golf-Größe, den Scala (2019), der die Basis für den neuen Performance-SUV von SEAT, den Formentor (2020), bilden sollte.

Da der neue Golf über das gleiche Fahrwerk wie bisher verfügte, gab es keine großen Änderungen an den bereits bekannten Fahreigenschaften und dem Handling – zumindest bei den Nicht-Performance-Modellen. Das Ansprechverhalten der serienmäßigen elektromechanischen Zahnstangenlenkung wurde im Vergleich zum bisherigen 7er beschleunigt, und die Option Progressivlenkung (nicht für GTI-Fahrzeuge) brachte variable Zahnabstände an der Zahnstangenlenkung und einen stärkeren Elektromotor für mehr Unterstützung bei niedrigen Geschwindigkeiten sowie ein direkteres Ansprechen in Kurven. Wie bisher hatten Golf mit weniger als 150 PS und Frontantrieb eine Torsionslenker-Hinterradaufhängung, solche mit 150 PS und mehr oder mit Allradantrieb eine Mehrlenkeraufhängung.

Hybride für alle Fälle

Bei der Markteinführung des Golf 8 wurde die aktuelle und künftige Motorenpalette vorgestellt, ein noch nie dagewesenes und potenziell komplexes Angebot von acht Aggregaten in verschiedenen Leistungsstufen, die nicht alle auf allen Märkten erhältlich sein würden.

Es gab Benzin-, Diesel- und Erdgas-Golf, drei Mild-Hybrid-Motoren (das einzige Modell seiner Klasse, das so viele Motoren anbietet) und zwei Plug-in-Hybride. Bei allen Benzin- und Dieselmotoren handelte es sich um Direkteinspritzer mit Turbolader – die angekündigten Nicht-Turbomotoren kamen nicht zum Einsatz –

Aerodynamische Verbesserungen der neuen Form und eine niedrigere Frontpartie senkten den Luftwiderstandsbeiwert (cW-Wert) von 0,3 auf 0,275. Das neue Volkswagen Firmenlogo ziert den Kühlergrill.

und alle verfügten über eine Start-Stopp-Funktion, einige davon mit regenerativen Bremsen. Die Leistungsspanne reichte von 90 bis über 300 PS. Die Präfixe der Motoren lauten TSI (Benzin), TDI (Diesel), TGI (Gas), eTSI (Mildhybrid-Benzin) und eHybrid (Plug-in-Hybrid). Den Platz des rein elektrischen e-Golfs hatte bereits der ID.3 eingenommen.

Die Einstiegsmotoren des Golf waren erneut Dreizylinder-TSI-Motoren des Volkswagen-Konzerns, die jedoch mit den Merkmalen des 1,5-Liter-BlueMotion Evo des Vorgängers, nämlich dem Miller-Verbrennungsprozess und einem Turbolader mit variabler Turbogeometrie (VTG), neu konzipiert wurden. Der 1,5-Liter BlueMotion Evo stand mit 90 oder 110 PS im Angebot, wobei der 1,5-Liter BlueMotion Evo nur mit einem Fünfgang-Schaltgetriebe, der 1,5-Liter BlueMotion Evo mit einem neu gestalteten Sechsgang-Schaltgetriebe und der 1,0-Liter Mildhybrid eTSI mit einer Siebengang-DSG-Automatik ausgestattet war.

Es gab keine eigenständigen Volkswagen mit BlueMotion-Schriftzug mehr, da die Technologie in die Standardmodelle eingeflossen war. Die eTSI-Mildhybride übernahmen bis zu einem gewissen Grad die Rolle eines sparsameren Modells, aber die einzige Möglichkeit, einen Golf mit Benzinmotor unterhalb des GTI zu bekommen, bestand darin, das eTSI-Kästchen. Volkswagen behauptete, der Kraftstoffverbrauch sei um etwa 10 Prozent gesenkt worden (auf WLTP-Basis). Bei den 1,5-Liter-Evo-Motoren ohne Hybridantrieb für den Golf 8 verfügten sowohl die 130- als auch die 150-PS-Aggregate über ein temporäres Active Cylinder Management (ACT), nicht nur der 150er. Der 130-PS-Motor arbeitete wie bisher mit dem TSI-Miller-Verbrennungsverfahren und einem VTG-Turbolader.

Der Plug-in-Hybrid-Golf kehrte in der Golf 8-Baureihe zurück, allerdings zum ersten Mal in zwei Versionen, je nach Markt. Der e-Hybrid mit einer kombinierten Leistung von 204 PS entsprach dem Golf 7 GTE, während der neue GTE über eine andere Software verfügte, um mit dem neuen GTI mit einer höheren kombinierten Leistung von 245 PS mithalten zu können. Beide Hybride, die im Herbst 2020 auf den Markt kamen, haben eine größere rein elektrische Reichweite von 60 km (bisher 47 km).

Der Plug-in-Hybrid-Antrieb des 245 PS starken GTE entsprach dem der Vorgängergeneration: 1,4-Liter-TSI-Motor, elektrischer Antriebsmotor (85 statt 75 kW), Sechsgang-DSG – modifiziert für sanftere Schaltvorgänge bei niedrigen Geschwindigkeiten – und eine neue Lithium-Ionen-Batterie mit 50 Prozent mehr Kapazität (13 kWh statt 9), so dass die rein elektrische Reichweite nun rund 80 km gegenüber den bisherigen 50 km beträgt. Der Golf GTE startete im reinen Elektromodus und schaltete auf Hybridbetrieb um, wenn die Energiekapazität der Batterie unter ein bestimmtes Niveau sank oder wenn die Geschwindigkeit über 130 km/h stieg. Der Fahrer hatte die Möglichkeit, den Ladezustand der Batterie aufrechtzuerhalten, so dass er im Elektromodus starten, auf Benzin umschalten und sicher sein konnte, bei der Einfahrt in ein Stadtzentrum wieder auf Elektrobetrieb umschalten zu können. Wenn das Navigationssystem aktiv war, berücksichtigte der Batteriemanager auch die Straßendaten, um sicherzustellen, dass die eingestellte Batterieladung bei Erreichen des Ziels verfügbar war. Er war immer noch ein Sport-Hybrid; der Wert von 6,3 Sekunden für den Sprint von 0 auf 100 km/h lag nur knapp eine halbe Sekunde unter dem des GTI.

Die eHybrid-Golf waren selbstaufladend, aber man konnte sie auch über Nacht zu Hause oder in etwa vier Stunden an einer öffentlichen Steckdose aufladen. Der Ladeanschluss befand sich jetzt auf dem Kotflügel und nicht mehr hinter dem Emblem im Kühlergril.

Die EU-Abgasnormen änderten sich in einem Tempo, mit dem die Autohersteller kaum Schritt halten konnten. Bereits im August 2020 ändert die Euro 6d-ISC-FCM-Norm die Verbrauchs- und Emissionswerte erneut. Seit 2021, schrittweise ab 2020, betrug das EU-flottenweite durchschnittliche Emissionsziel für Neuwagen 95 g CO2/km. Die Autohersteller mussten die Zielvorgaben für ihre Flotten einhalten oder mit Geldstrafen in Millionenhöhe rechnen. Dies führte zu einer fieberhaften Investition in Hybrid- und Elektroautos und zu einer Verkleinerung der Modellpalette. Erschwerend kam hinzu, dass die durchschnittlichen CO2-Emissionen von Neuwagen seit Ende der 2010er Jahre aufgrund des Booms schwerer, aerodynamisch ungünstiger SUVs und des Rückgangs der Verkäufe CO2-effizienter Dieselfahrzeuge im Zuge des Abgasskandals und der allgemeinen Enttäuschung über übertriebene Sparbehauptungen gestiegen waren.

Gewichtsreduzierung war kein Merkmal des Golf 8. Autos im Allgemeinen, insbesondere solche mit Hybrid- und Mild-Hybrid-Antrieb, wurden auf Grund ihrer zusätzlichen Elektromotoren und Batterien immer schwerer. Zusätzliche Abgasreinigungssysteme wie Benzinpartikelfilter trugen ebenfalls zum Gewicht bei. Im Jahr 2012 wurde für einen Golf 7 Fünftürer in der Ausstattung 1.4 140PS GT (Highline) ein Leergewicht von 1.270 kg angegeben; 2019 lag das Leergewicht eines Golf 8 1.5 130 PS Style bei 1.315 kg. Der erste Golf-Fünftürer mit Automatik und 1.500 Kubik lag 1974 bei 830 kg, aber natürlich würde man – wenn überhaupt – in einem Golf 8 viel lieber einen Unfall haben.

Weniger Diesel

Bei der Markteinführung des Golf 8 standen die Mild-Hybrid-Motoren im Vordergrund, aber der Diesel hatte immer noch seinen Platz. Wenn man einen Golf mit den niedrigsten CO2-Emissionen und dem geringsten Kraftstoffverbrauch wollte, war ein Diesel dem entsprechenden Benziner nach wie vor überlegen, auch wenn die Verkaufszahlen für Diesel im Jahr 2020 weiter dramatisch zurückgingen. Volkswagen straffte das Dieselangebot des Golf 8. Den 1,6-Liter-Golf-Diesel gab es nicht mehr, an seine Stelle trat der EA288 Evo TDI mit zunächst zwei verschiedenen Leistungsstufen, ein GTD sollte folgen.

Bei seiner Vorstellung auf dem Wiener Symposium 2018 sollte er der erste Diesel des Volkswagen Konzerns mit Mild-Hybrid-Antrieb sein, doch diese Auszeichnung ging an den Audi 3,0-Liter-V6-Diesel. Die nicht-hybriden Golf 8 TDIs wurden überarbeitet und waren in Versionen mit 115 oder 150 PS erhältlich, letztere mit optionalem Allradantrieb 4MOTION. Das erstmals im Passat eingesetzte SCR-Abgasreinigungssystem mit doppelter AdBlue-Einspritzung senkte die Stickoxid-Emissionen im Vergleich zum Vorgängermotor um bis zu 80 Prozent – sogar unter die gesetzlich vorgeschriebenen Grenzwerte. Volkswagen behauptete, dass die neuen TDI-Aggregate zu den saubersten Verbrennungsmotoren der Welt gehören.

Der Sportdiesel-Golf lebte im neuen GTD weiter, wobei der 2-Liter-TDI EA288 Evo auf 200 PS (vorher 184) gebracht wurde. Der GTD war jetzt serienmäßig nur noch mit einem Siebengang-Doppelkupplungsgetriebe ausgestattet.

Revolution im Innenraum

Volkswagen hielt sein Versprechen: Der Golf 8 war voll digital. Alle Versionen verfügten serienmäßig über digitale Instrumente mit 10-Zoll-Display, die in ein zentrales Infotainment-/Navigationssystem mit 8,25-Zoll-Touchscreen (10-Zoll für einige Märkte) übergingen, mit Ausnahme des selten zu sehenden Basismodells, das ein Composition FM-Radio und zwei Drehregler besaß. Die Golf 8 Innovision Cockpit-Option beinhaltete das Digital Cockpit Pro mit seinem 10,25-Zoll-Instrumentenbrett und dem 10-Zoll-Touchscreen-Infotainmentsystem Discover Navigation. Das Navigationssystem Discover wurde um weitere Funktionen erweitert und bot auch die Möglichkeit, ein Head-up-Display in der Windschutzscheibe einzublenden (als separate Option). Wie zuvor konnte die Navigation auch vor dem Fahrer angezeigt werden.

Im Hybridmodus des GTE hatte der Fahrer die Möglichkeit, den Ladezustand der Batterie beizubehalten oder ihn zu erhöhen.

Der Golf zeichnet sich jedoch durch das Fehlen von Tasten aus. Es gab zwar immer noch Schalter am Multifunktionslenkrad, aber die Temperatur- und Lautstärkeregelung erfolgte über Touch-Slider unterhalb des zentralen Bildschirms (mit einer Tastenkombination für Klimaanlage und Gebläse), während sich ein Touch-Pad mit gruppierten Funktionen an der Stelle befand, an der sich bislang der Drehschalter für das Licht befunden hatte. Wenn das Panorama-Schiebedach eingebaut war, ließ es sich mit einem Fingerwisch öffnen und schließen. Je nach Version wurden die Lenkradtasten für Tempomat, Telefon und Audio durch ein Touchpad mit haptischen Klickgeräuschen ersetzt.

Durch Berühren, Wischen oder Sprechen konnte man auf ein riesiges Menü mit vielen Auswahlmöglichkeiten im Infotainment-System zugreifen. Wie erwartet, spiegelte das System auf Wunsch das Display eines Mobiltelefons wider (das bei einigen Versionen zum Eingabeschlüssel werden konnte), und man konnte durch Wischen die Hintergrundfarbe des Displays ändern. Wenn die optionale Dynamische Fahrwerksregelung (DCC) eingebaut war, wurde auf dem zentralen Touchscreen neben den Modi Eco, Driving und Sport ein Symbol für Individual angezeigt. Dies öffnete ein weiteres Menü mit Auswahlmöglichkeiten, einschließlich des Motorsounds. Dem Fahrer wurde ein 15-stufiger Schieberegler präsentiert, mit Comfort am einen und Sport am anderen Ende.

Um völlig unabhängig zu sein, konnte man seinen Golf 8 auffordern, bestimmte Funktionen per Spracheingabe auszuführen. Der Volkswagen-Konzern kaufte den Zugang zur Alexa-Software und bot sie ab 2018 zunächst in SEATs und Škodas über eine App an. Vollständig in den Golf integriert, wurde es durch das Sagen von »Hallo Volkswagen« oder durch Drücken der Sprachtaste am Lenkrad aktiviert. Dann konnte man dem Auto zum Beispiel sagen »Bring mich nach Hause« (Navigation) oder »Mir ist kalt« (Heizung aufdrehen). Die digitalen Mikrofone konnten die sprechende Person lokalisieren und den richtigen Sitz oder Bereich im Auto beheizen. Alle Radio- und Radio-Navigationssysteme des Golf 8 wurden von der modularen Infotainment-Matrix (MIB3) von Volkswagen gespeist, die mit einer Online-Konnektivitätseinheit (OCU) mit eSIM verbunden war. Beide boten Zugang zu onlinebasierten Funktionen und Diensten über das Volkswagen We Connect-System. We Connect (unbegrenzte Nutzungsdauer) oder We Connect Plus (kostenlose Nutzung in Europa für ein beziehungsweise drei Jahre) gehörten bei den meisten neuen Golf 8 zur Serienausstattung.

Sicherheitssysteme auf Stufe 8

Die Anforderungen an den Crash- und Fußgängerschutz sind seit den Tests des Golf 7 strenger geworden, und da der Golf 8 auf der gleichen Plattform basiert, wurde hier ein bereits sehr sicheres Auto weiterentwickelt.

Wie zuvor ergänzten Seitenaufprallsäcke die Fahrer- und Beifahrerairbags und ein Airbagvorhang schützte die Köpfe der vorderen und hinteren Insassen. Der Golf 8 erreichte bei den Euro NCAP-Crashtests im Dezember 2019 die erwartete Höchstpunktzahl von fünf Sternen mit 95 und 89 Prozent bei der Sicherheit von Erwachsenen und Kindern (ein Unterschied von einem Prozent gegenüber der Erwachsenenwertung von 2012). Der Golf 8 verfügte nicht mehr über einen Airbag für die Knie des Fahrers, aber Euro NCAP bewertete den Knieschutz dennoch als gut. An allen äußeren Sitzen wurden Gurtstraffer und Gurtkraftbegrenzer angebracht. Das automatische Notbremssystem wurde beibehalten, ebenso wie das Antischleudersystem und die serienmäßige elektronische Differenzialsperre XDS.

Hier von der Seite gesehen hatten die optionalen »IQ.Light« LED-Matrix-Scheinwerfer 22 separate LED-Leuchten für die Blinkfunktion.

Zur Serienausstattung gehören nun der Spurhalteassistent, der das Verlassen der Fahrspur auf der Autobahn verhindert, und den Front Assist, der den Verkehr vor dem Fahrzeug mithilfe des Frontradarsensors (der jetzt hinter dem Logo verborgen ist) und der Frontscheibenkamera überwacht. In diesem Zusammenhang wurde die City-Notbremsfunktion für niedrige Geschwindigkeiten erweitert, um Radfahrer zu erkennen, die den Weg des Fahrzeugs kreuzen, sowie eine Ausweichunterstützung und eine Funktion zum Bremsen beim Abbiegen – beides zum ersten Mal im Golf.

Der Golf 8 bietet noch weitere Sicherheitsvorteile, die allerdings weniger offensichtlich sind als die Crash-Präventionssysteme. Als erstes Auto in Europa war er mit Car2X ausgestattet, das über den EU-weit harmonisierten Funkstandard WLANp verkehrsrelevante Informationen mit anderen Fahrzeugen und der Verkehrsinfrastruktur in der Umgebung in einem Radius von bis zu 800 Metern austauschen kann.

Die Fahrer wurden über lokale Gefahren wie Unfälle, Pannenfahrzeuge, Stauenden, Baustellen, Notbremsungen und Einsatzfahrzeuge informiert und gewarnt. Das vom ADAC getestete Fahrzeug warnte den Fahrer zuverlässig und rechtzeitig (10 oder 11 Sekunden) vor dem drohenden Unfall. Der ADAC bezeichnete es als »technischen Meilenstein«, vergleichbar mit Systemen wie ABS oder Airbag. Aber natürlich würde sich der Nutzen erst im Laufe der Zeit einstellen, wenn mehr mit Car2X ausgerüstete Fahrzeuge auf den Straßen unterwegs sind.

Kurz erklärt: Der Mild-Hybrid des Golfs

1968 war die große Neuigkeit für VW-Käfer-Besitzer das neue 12-Volt-Bordnetz, das das veraltete 6-Volt-Bordnetz ersetzte und die Welt mit besserer Beleuchtung, optimiertem Startverhalten und größerer Radioleistung erhellte. Im Jahr 2019 sorgten 48 Volt für den Mild-Hybrid-Antrieb des Golf zwar nicht ganz für das gleiche Aufsehen, aber es war ein Fortschritt.

Ein Mild-Hybrid-System besteht im Wesentlichen aus einem kleinen Elektromotor und einer Lithium-Ionen-Batterie, die mit einem herkömmlichen Benzinmotor gekoppelt sind. Der E-Motor arbeitet nur in kurzen Intervallen und die Batterie gewinnt die beim Bremsen verlorene Energie zurück. Bei einem Vollhybrid handelt es sich um eine leistungsstärkere Version mit genügend elektrischer Leistung und Speicher, um das Auto für kurze Zeit allein mit Strom anzutreiben. Der Honda Insight aus dem Jahr 1999 war der erste dieser Art mit seinem Integrated Motor Assist-System, wenn auch nicht mit einer höheren Spannung als beim regulären 12er. Weitere Mild-Hybride erschienen in den frühen 2000er Jahren. 2019 verfügte der Golf-Konkurrent Mazda 3 über ein System zur Zylinderabschaltung und ein 24-Volt-Mildhybridsystem.

Im selben Jahr wurde der 48-Volt-Mild-Hybrid-Antrieb des Golf 8 zunächst mit dem 1,5-Liter-TSI-Evo-Benzinmotor angeboten. Er ergänzte das konventionelle 12-Volt-Bordnetz. Die 48 Volt versorgen einen riemenintegrierten Startergenerator (BISG – andere Hersteller verwenden den Begriff ISG), der die Lichtmaschine ersetzt. Er steuert zwei zentrale Betriebsarten: Rekuperation und Boost. Bei der Rekuperation (Bremsenergierückgewinnung) wirkt der BISG wie ein Generator, der einen Teil der Bewegungsenergie des Fahrzeugs aufnehmen kann. Die zurückgewonnene Energie wird als elektrische Energie in einer separaten 48-Volt-Lithium-Ionen-Batterie gespeichert, die sich unter dem Beifahrersitz befindet. Diese Energie wird während des Boost-Modus freigesetzt, um das BISG anzutreiben und das Drehmoment (Durchzugskraft) des TSI-Turbomotors über

Die Mild-Hybrid-Komponenten des eTSI wurden weitgehend versteckt. Der Generator befindet sich tief unten links am Motor.

Die scheinbaren Auspuffendrohre sind nur Dekoration. Der Schriftzug »Golf« ist zum ersten Mal in der Mitte der Kofferraumklappe zu sehen.

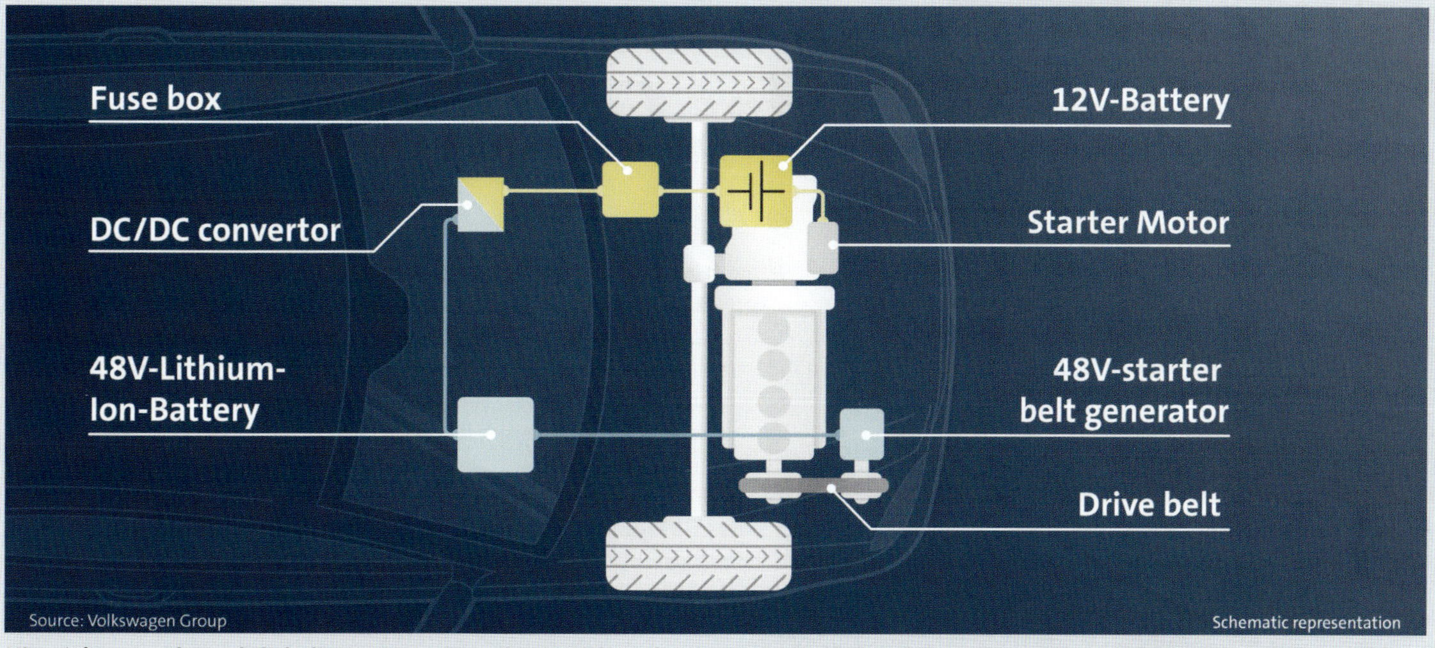

Hier sieht man übersichtlich die Komponenten der 48-Volt-Technologie des Golf 8 mit Startergenerator, 12-Volt-Batterie sowie 48-Volt-Lithium-Ionen-Batterie und Spannungswandler.

einen Riementrieb an der Kurbelwelle zu unterstützen.

Weitere Funktionen des BISG unterstützen den TSI-Motor beim Anfahren und beim Start-/Stoppvorgang im Straßenverkehr, indem sie die Rolle des konventionellen Anlassers übernehmen und ein nahtloses Ein- und Ausschalten des Motors ermöglichen. Außerdem unterstützt es den Golf bei der Eco-Coasting-Funktion. Ein DC/DC-Wandler wandelt die 48 Volt in 12 Volt für die herkömmliche 12-Volt-Batterie um, die für den Kaltstart des Fahrzeugs und die Versorgung von Beleuchtung, Instrumenten, Multimedia und anderem zur Verfügung steht. Die höhere Spannung von 48 Volt wird auch benötigt, um den Strom für die Prozessoren zu erzeugen, die die Systeme des Golfs steuern.

Neue Ausstattungslinien

Mit dem Verkaufsstart im Jahr 2020 wurden die Ausstattungsvarianten des Golf 8 erstmals seit dem Golf 3 europaweit einheitlich. Die Ausstattungslinien Trendline, Comfortline und Highline wurden abgeschafft. In den wenigen Märkten, in denen er verkauft wurde, hieß die Einstiegsausstattung des Golf nun einfach »Golf«, dann folgten Life, Style und R-Line, bis schließlich der GTI und der R zur Palette hinzukamen.

Der »Golf« wurde in Deutschland zunächst nur mit den 90- oder 110-PS-Benzinmotoren oder dem 115-PS-Diesel und einem Fünfgang-Schaltgetriebe angeboten. Da alle Golfs mit allen elektronischen Systemen ausgestattet wurden, erhielt der »Golf« noch Car2X, Spurassistent, Notbremsassistent vorne (einschließlich City-Notbremsfunktion mit Fußgänger- und Radfahrerüberwachung), digitale Instrumente, Climatronic-Klimaanlage, LED-Scheinwerfer

Die Sitze und die Innenverkleidungen waren neu und bei einigen Versionen waren die Oberseiten der Vordersitzlehnen mit Taschen für Handys ausgestattet.

Das minimalistische Interieur des ID.3 teilte einige der Bedienelemente des Golf 8, wie beispielsweise die »Hot Key«-Schaltergruppe links neben dem Lenkrad. Beide nutzten die gleichen Softwaresysteme.

und LED-Rückleuchten. Der Schieberegler im oberen Teil des Armaturenbretts fehlte, und es gab weder Tempomat noch Navigation. Zumindest in Deutschland wurde der »Golf« Mitte 2020 zu einem attraktiven monatlichen Leasingpreis von 139 Euro für 48 Monate oder für 19.995 Euro als Vollversion angeboten.

Sollte man jedoch das Gefühl haben, dass es dem eigenen »Golf« in Zukunft an Ausstattung mangelt, kann man das Auto zum ersten Mal zu einem späteren Zeitpunkt über das On-Air-We-Upgrade aufrüsten – je nach Markt. Elemente wie der adaptive Tempomat ACC, der Fernlichtassistent Light Assist, Änderungen am Navigationssystem, App-Connect (Einbindung von Smartphone-Apps), Wireless App-Connect (kabellose Einbindung von iPhone-Apps) sowie ein Wi-Fi-Hotspot und die Sprachsteuerung lassen sich nachträglich aktivieren.

Der ID-Faktor

Und was ist mit der anderen Schräghecklimousine in Golf-Größe, die Volkswagen im selben Jahr auf den Markt brachte - dem elektrischen ID.3? Wie sollten die beiden zu einem ähnlichen Preis und in ähnlicher Größe nebeneinander existieren, wenn die elektrischen Lademöglichkeiten und die Reichweitenanforderungen (die längste Reichweite eines ID.3 betrug 550 Kilometern) nahezu gleich sind?

Der ID.3 hat die Größe eines Golfs. Er ist 4.261 mm lang, der Golf im Vergleich 4.284 mm, verfügt aber über keinen Mitteltunnel für Auspuff oder Allradantrieb und Dank Elektromotor im Heck entspricht die Innenraumgröße der des Passat. Würden Golf-Fahrer loyal bleiben?

»Von den ersten 36.000 ID.3-Vorbestellern sind rund 80 Prozent neu bei der Marke«, sagte Jürgen Stackmann im Oktober 2019. Das zeigt, dass das Interesse an der Elektromobilität weitreichend ist. Die Zielgruppe ist viel jünger – das Durchschnittsalter liegt bei 35 Jahren, während ein Golf-Besitzer im Schnitt 53 Jahre alt ist. Langfristig setzte Volkswagen darauf, dass sich der ID.3 und seine erweiterte Elektroauto-Familie millionenfach verkaufen und die Art von breiter Akzeptanz erlangen, die einige Käufer dazu bewegen könnte, einen Golf 8 zu übersehen.

James Attwood, der im selben Monat in Autocar schrieb, kam zu dem Schluss, dass »die Ankunft des ID.3 dem Golf heute zugute

Die ersten Produkte von Volkswagens vollelektrischer ID-Reihe: Der ID.3 (links) in Golf-Größe und das ID.4 SUV (rechts), das im Frühjahr 2021 auf den Markt kam. Beide basieren auf dem Modularen E-Antriebs-Baukasten (MEB).

kommt: Es bedeutet, dass der Achter kein Auto für die Zukunft sein oder VW in neue Bereiche vorstoßen muss. Er kann einfach nur das ideale Familienauto für heute sein.«

Immer noch an der Spitze der Klasse?

Die Auslieferung in Deutschland und Österreich begann im Dezember 2019. Für die europäische Automobilpresse war der Golf 7 zum Maßstab für familientaugliche Kompaktautos geworden und blieb es auch in den letzten Jahren. Bei ersten Fahrten Ende 2019 und Anfang 2020 stellten die Tester fest, dass er immer noch an der Spitze steht, wenn auch vielleicht nicht mehr mit so großem Vorsprung. »Die Überlegenheit des Golf gegenüber seinen Konkurrenten ist vielleicht nicht mehr ganz so ausgeprägt wie früher«, so Autocar, »aber dieses neue Modell hat es geschafft, sich von der Konkurrenz abzuheben.«

Die eTSI-Motoren standen von Anfang an für Pressetests zur Verfügung. Sie waren insofern interessant, als dass sie einen sofortigen elektrischen Drehmomentschub lieferten und im Leerlauf arbeiten konnten, wenn man die Leistung nicht benötigte. Außerdem war das Fahrverhalten insgesamt ein wenig schärfer.

Wurde der Mild-Hybrid auch den Ansprüchen an einen besseren Kraftstoffverbrauch gerecht? Die deutsche Zeitschrift auto motor und sport hat einen Golf mit 150 PS eTSI in einem Vergleichstest gegen den Kia Ceed, Opel Astra und Renault Mégane antreten lassen. Im WTLP-Zyklus gab die deutsche Broschüre eine Spanne von 6,1 bis 5,9 l/100km an, und in einer Reihe von Testzyklen lag der Durchschnittsverbrauch des ams bei 6,9 l/100km, also nicht weit von den Angaben entfernt. Als 1.5 eTSI mit 150 PS beschleunigt er mit großem Vorsprung deutlich besser als der Rest des Quartetts und glänzt wohl auch wegen der Segelfunktion des gelegentlich etwas ruckeligen DSG-Getriebes und der Zylinderabschaltung mit dem niedrigsten Verbrauch. Das Fazit lautet: »Der Vorteil des Golf ist enorm, denn er fährt komfortabel, agil und sparsam und verfügt über zahlreiche Assistenzsysteme. Der Preis ist grenzwertig.«

Der Golf der achten Generation wurde im Allgemeinen genauso gelobt wie sein Vorgänger, doch durchgehend wurden die Bedienung der Bildschirmmenüs und das Fehlen von Tasten kritisiert. Im März 2020 veröffentlichte das Car-Magazin einen Dreifachtest zwischen einem Golf, einem 1er BMW und einem Ford Focus. »Der Golf ist lobenswert ehrgeizig und demokratisiert die Art von Design und Technologie, die bisher Autos vorbehalten war, die viermal so teuer sind wie er«, schrieb James Taylor und wies dem BMW den zweiten Platz zu: gelassen, kultiviert, agil, aber nicht ganz das Auto für den Fahrer. Er schlussfolgerte: „Selbst wenn Sie ein Digital Native sind, wird es einige Zeit dauern, bis Sie das Bedienkonzept beherrschen.«

Da das Jahr 2020 von den menschlichen und wirtschaftlichen Folgen der Covid-19-Pandemie gezeichnet war, konnte sich der neue Golf 8 in seinem ersten Verkaufsjahr auf dem Markt nicht durchsetzen. Dennoch eroberte er bis August 2020 mit 174.562 verkauften Exemplaren seinen Spitzenplatz als meistverkauftes Auto in

Ein »Hot Key«-Pad gruppierte die Funktionen, die früher auf einem Drehschalter lagen. Die umständliche und nicht intuitive Bedienung kam bei den Kunden schlecht an.

Als Golf-8-Fahrer musste man lernen, über Bildschirmmenüs zu streichen, zu schieben oder zu winken. Ein Touch-Schieberegler unterhalb des zentralen Monitors steuert Lautstärke und Temperatur.

Der Schalthebel wurde bei den DSG-Golf auf einen Stummel reduziert. Dadurch wurde Platz in der Mittelkonsole frei, in der weiterhin die elektronische Handbremse untergebracht ist.

In Deutschland bildete der 90 PS starke 1,0-Liter-TSI-Dreizylindermotor den Einstieg, den Briten enthielt man diesen Antrieb vor. Hier begann ab Mai 2020 die Golf-8-Welt in der Life-Ausstattung mit demselben Triebwerk, aber deutlich kraftvolleren 110 PS.

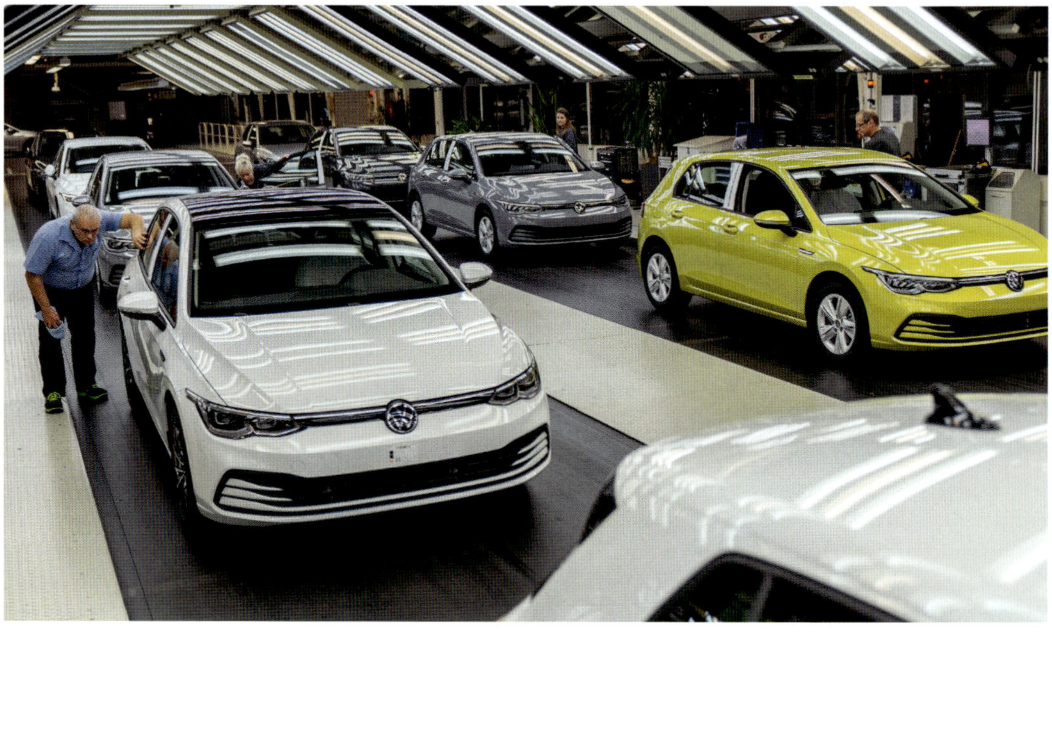

Obwohl der Golf 8 komplexer war als sein Vorgänger (mit 100 Metern mehr Verkabelung), konnte die durchschnittliche Fertigungszeit um eine Stunde reduziert werden. Die Investitionen in die Produktionsmaschinen wurden durch die Beibehaltung der MQB-Plattform reduziert.

Der verfeinerte 8er GTI und Clubsport

Der neue GTI basiert auf der gleichen Plattform und dem gleichen Fahrwerk, wurde aber fein abgestimmt, um das Ansprechverhalten zu verbessern, ohne zu Lasten des Komforts.

Die neue Generation des Golf GTI sollte eigentlich auf dem Genfer Autosalon im Frühjahr 2020 vorgestellt werden, der bekanntlich wegen der Pandemie nicht stattfand. Alle Fahrzeuge und der für Genf geplante Messestand wurden digital für eine 360°-Ansicht aufbereitet und waren online für jeden zugänglich.

Der achte GTI baute auf dem aggressiven Frontdesign des Vorgängers auf, mit den charakteristischen roten Akzenten in den Scheinwerfern und entlang der Oberseite des Kühlergrills, der erstmals (optional) beleuchtet war. Der vordere Stoßfänger hatte seitliche schwarze Streben, einen wabenförmigen Kühlergrill und einen Frontdiffusor sowie am Heck einen Diffusor mit Ausschnitten für die Endrohre links und rechts. Schwarze Seitenschweller bildeten eine Linie mit dem Frontsplitter und dem Heckdiffusor. Fünf X-förmig angeordnete LED-Nebelscheinwerfer saßen zu beiden Seiten im Lufteinlassgrill. Der Dachspoiler wurde nach hinten verlängert und verschmolz mit der schwarzen Umrandung der Heckscheibe. Im Innenraum kehrten die GTI-Merkmale zurück: Sportlenkrad mit drei silbernen Doppelspeichen und versenktem Wolfsburg-Emblem, Golfball-Schaltknauf und Sportsitze in Schottenkaro mit schwarzen Seitenwangen.

Volkswagen verzichtete beim Golf 8 GTI auf das 48-Volt-Mild-Hybrid-System, so dass der Motor dem des Vorgängers ähnelte: ein 1.948 cm^3 großer EA888 Evo4 Vierzylinder-Benzinmotor mit Direkteinspritzung und Turbolader. Er leistete die gleichen 245 PS bei 4.700-6.200 U/min und ein Drehmoment von 370 Nm zwischen 1.600 und 4.300 U/min wie das frühere GTI-Performance-Modell. Die angegebenen Messwerte waren 0-100 km/h in 6,2 Sekunden und eine abgeriegelte Höchstgeschwindigkeit von 250 km/h, was fast identisch mit dem Facelift-Golf 7 GTI Performance war. Dieser Vergleich konnte nur noch mit der fünftürigen Version gemacht werden, da der dreitürige GTI ebenfalls nicht mehr angeboten wurde. Wie bisher wurden ein Sechsgang-Schaltgetriebe oder ein Siebengang-DSG-Getriebe mit Schaltpaddles angeboten. Die Schaltzeiten des DSG wurden verkürzt und der Kick-Down optimiert.

Aber was war wirklich neu, wenn man bedenkt, dass die MQB-Hardware von der letzten Generation übernommen wurde? Eine ganze Menge, wenn man sich mit den Details befasst. »Obwohl er sich die Plattform mit dem Siebener teilt, schlug der neue GTI seinen Vorgänger auf der 3,3 Kilometer langen Handlingstrecke auf dem riesigen Testgelände in Ehra-Lessien um bemerkenswerte vier Sekunden«, schrieb der Europa-Redakteur des Automagazins Georg Kacher, der den Facelift-Siebener-GTI ebenso unter die Lupe genommen hatte.

Die Federraten wurden neu kalibriert – fünf Prozent straffer vorne und beachtliche 15 Prozent hinten. Die Hinterradaufhängung des GTIs war erwartungsgemäß die Mehrlenkerachse mit neuer Querlenkerlagerung und Federung, neu abgestimmten Zusatzfedern, Dämpfungslagern und Hydraulik. Der hintere Aluminium-Hilfsrahmen aus dem alten Clubsport S soll drei Kilo eingespart und die Steifigkeit erhöht haben.

Die Progressivlenkung der vorherigen GTI-Generation wurde auch im GTI 8 beibehalten: ein Lenkgetriebe mit variabler Verzahnung der Zahnstange und Ritzel sowie ein stärkerer Elektromotor unterstützen die Lenkung. Der GTI lag 15 mm tiefer auf der Straße und war serienmäßig mit 18-Zoll-Leichtmetallrädern und optional mit 19-Zoll-Felgen ausgestattet. Das elektromechanische Sperrdifferenzial, das bisher nur in

Karostoff ist für einen Golf GTI eine Selbstverständlichkeit. Die roten Applikationen im Schulterbereich der Sitze und an der Kopfstütze waren im GTI rot, Blau war wie zuvor die Farbe des GTE und Grau die des GTD.

den Performance- und TCR-GTIs eingebaut war, wurde nun auch in den regulären Golf 8 GTI verwendet, um den Grip und das Handling in schnellen Kurven zu optimieren und das natürliche Untersteuern zu eliminieren, das bei frontgetriebenen Fahrzeugen mit einem variablen Eingriff der elektronischen ESP-, EDS- und XDS+-Funktionen auftritt.

Die gewaltige elektronische Intelligenz, die dies und mehr koordiniert, wird von Volkswagen als Vehicle Dynamics Manager bezeichnet. Er jonglierte mit den Gas-, Brems- und Lenkreaktionen, den elektromechanischen Fahrwerksfunktionen und den (optionalen) elektronisch geregelten Stoßdämpfern der Dynamischen Fahrwerksregelung (DCC).

Der GTI-Besitzer nutzte wahrscheinlich am ehesten die DCC-Einstellung »Individual«, die über den Infotainment-Bildschirm zugänglich ist. Am äußersten Ende des Schiebereglers bot »Sport« die härteste Federung für den Einsatz auf der Rennstrecke und die Möglichkeit, an der Hinterachse die Traktion zu verlieren, um ein Übersteuern des Hecks zu provozieren. Dieser höhere Grad der Anpassung bedeutete, dass die härteren Federungseinstellungen für zusätzlichen Komfort auf der Straße auch abgeschwächt werden konnten.

Die ESP-Ein-/Ausschalttaste des Golf 7 war zwar verschwunden, doch dafür fand man sie über den Infotainment-Bildschirm. Es gab einen ESP-Sportmodus, der die Schwellenwerte erhöhte, bei denen das Schlupfsystem eingreift (angeblich von Rennfahrern für die Rennstrecke bevorzugt), oder einen ESP-Aus-Modus, der es ganz deaktivierte. Zum Ärger einiger Zeitschriftentester war dies jedoch nur über fünf Menübefehle möglich. Wenn man darauf bestand, ESP auszuschalten, erschien eine Meldung, dass dies nicht empfehlenswert sei, und man musste bestätigen, ob man es wirklich wollte. VW kann also nichts dafür, wenn man dann einen Unfall baut. Zum Wohle anderer Verkehrsteilnehmer reaktivierten Front Assist und Lane Assist das ESP in Notfällen. Als die Auslieferung des Golf 8 GTI Ende 2020 begann, war der GTI 8, wenn man nach den Zahlen ging, weniger leistungsstark als die meisten seiner frontgetriebenen Konkurrenten. Es gab Hyundais ersten Hot Hatch, den Hyundai i30N Performance mit 275 PS, den Ford Focus ST mit 2,3 Litern Hubraum und 280 PS und den Renault Mégane R.S. 300 mit 300 PS. Der Favorit der Fachzeitschriften, der Honda Civic Type R mit seinem riesigen Heckspoiler, beherrschte mit 320 PS zum GTI-Preis nach wie vor das Leistungsspiel. Im Oktober kündigte BMW einen neuen direkten GTI-Konkurrenten aus der frontgetriebenen 1er-Serie an, den 128ti, der die berühmte Bezeichnung aus der Vergangenheit wieder aufleben ließ und 265 PS hatte.

Vergessen wir nicht die anderen heißen Schrägheckmodelle der Golf-Klasse des Volkswagen-Konzerns mit einem Großteil der Hardware in anderer Verpackung. Im Jahr 2018 führte SEAT Cupra als eigenständige Marke für Hochleistungsfahrzeuge ein und die neueste Generation des Leon wurde zum Cupra Leon mit dem Antriebsstrang des Golf 8 GTI in einer 245- oder 300-PS-Variante oder als Plug-in-Hybrid mit der 245-PS-Kombination des GTE. Der Škoda Octavia vRS führte den 245-PS-Motor des Golf 7 GTI Performance fort.

Den Golf 8 GTI nur nach seiner Leistung zu beurteilen, hieße jedoch wie immer, ihn falsch zu verstehen. Er hat seine Alltagstauglichkeit beibehalten, nur noch mehr geschärft. Georg Kacher kam zu dem Schluss, dass »der beste GTI seit dem allerersten leichten Viergang-Golf mit 110 PS keine überwältigende Leistung bringt... Was den 2021er-Jahrgang auszeichnet, ist die Summe seiner Fähigkeiten: sein breites Spektrum an Talenten, das geschmeidige und schnelle Zusammenspiel der wichtigsten dynamischen Elemente, die Freude an seiner Gesellschaft. Fahren ist Glauben und fahren muss man ihn.«

Im Herbst 2020 kehrte der GTI Clubsport als reguläres Serienmodell mit 300 PS zurück und löste die bisherige GTI-TCR-Baureihe als Flaggschiff des Golf GTI ab. Erhältlich nur mit dem Siebengang-DSG-Getriebe (mit kürzeren Übersetzungen), wiesen sowohl Motor als auch Fahrwerk deutliche Unterschiede zum GTI auf. Das Motormanagement des EA888 Evo4 wurde neu abgestimmt, es gab einen größeren Ladeluftkühler und einen neuen Continental-Turbolader anstelle des Garrett-Turboladers des Standard-GTIs. Der Evo4 soll eine Beschleunigung von 0-100 km/h in 5,6 Sekunden und eine Höchstgeschwindigkeit von 250 km/h erreichen, verglichen mit 6,3 Sekunden beim Standard-GTI mit Automatik. Die Höchstgeschwindigkeit wurde für beide auf 250 km/h begrenzt. Die Bremsen wurden mit gelochten 18-Zoll-Scheiben und Zweikolben-Bremssätteln aufgewertet.

Der Vehicle Dynamics Manager erweiterte sein Netzwerk um die Steuerung des elektromechanischen Vorderachs-Sperrdifferenzials und der elektronischen Differenzialsperren (XDS). Der Golf 8 GTI Clubsport verfügte wie der bisherige limitierte Clubsport S sogar über ein Nürburgring-Profil im Fahrmodus-Wahlschalter. Offiziell hieß es jedoch, dass der 310 PS starke Clubsport S nicht als Golf 8 zurückkehren wird. Der leistungsstärkste Golf 8 wird nach wie vor der R sein.

Der verlängerte Dachkantenspoiler des Golf 8 GTI Clubsport soll den Abtrieb deutlich erhöhen. Optisch macht er auf jeden Fall einiges her.

Der nicht mehr limitierte Golf 8 GTI Clubsport wurde mit kleinen Seitenschwellerverbreiterungen und einem Heckdiffusor ausgestattet.

Der Golf 8 Variant bietet mehr Platz und einen etwas längeren Radstand. Dieses Modell ist mit dem R-Line Styling-Paket mit Seitenschwellern, Ventura-Alus und Sportfahrwerk ausgestattet.

Europa zurück, wenn auch mit einem Rückgang von über 36 Prozent gegenüber 2019. Seit seinem Auslieferungsstart im September wurden 56.000 ID.3 verkauft.

Mehr Kombi und Alltrack

Obwohl es Spekulationen gab, dass der Golf Variant aus dem Programm gestrichen werden könnte, hatten im September 2020 ein neuer Golf 8 Variant und ein neuer Alltrack ihre Online-Premiere.

Im Gegensatz zur Schrägheckversion des Golf 8 durfte der Kombi wachsen, sein Radstand von 2.686 mm entspricht dem des neuen SEAT Leon und des Škoda Octavia, ein Plus von 66 mm gegenüber dem Golf 7, das für zusätzliche Beinfreiheit genutzt wurde. Das Kofferraumvolumen wuchs bei voller Beladung um sechs auf 611 Liter und erstmals gab es optional eine elektrisch betätigte Heckklappe, die sich bei vollen Händen mit einem Fuß unter dem hinteren Stoßfänger öffnen ließ.

Und trotz des reichhaltigen Angebots an Volkswagen SUVs – vom T-Cross in Polo-Größe über T-Roc, Tiguan und Touareg bis hin zum elektrischen ID.4 sowie den nur in Amerika erhältlichen Atlas und Taos – sah man einen Markt für den Golf Alltrack, der als Crossover zwischen Golf Variant und SUV beschrieben wurde. Mit permanentem 4MOTION-Allradantrieb und erhöhter Bodenfreiheit war er ein ideales Zugfahrzeug.

Der Alltrack war bereit für leichte Geländefahrten mit Allradantrieb und einem All-Terrain-Look mit speziellen Stoßfängern.

Der neue R – mit einem Twist

Der letzte Golf 8, der 2020 vorgestellt wurde, war das Flaggschiff, der allradgetriebene Golf R. Es handelte sich wieder einmal um eine Online-Einführung, aber interessanterweise wurden die Details von Volkswagen of America am 3. November veröffentlicht, einen Tag vor Europa. Dies geschah möglicherweise, um den Präsidentschaftswahlen zuvorzukommen, denn der Golf R war wichtig für den US-Markt. Und er sollte die erste Version des Golf 8 sein, die 2021 in Amerika als Auto des Modelljahres 2022 verkauft wurde. Ein einziger gut ausgestatteter 1,4-Liter-Golf 7 sowie der GTI und der R gehörten zum damalige US-Angebot, der Golf 8 würde nur in den Versionen GTI und R verkauft werden. Keine Beleidigung für den neuen Golf; Volkswagens US-Verkäufe basierten auf einem breiten SUV-Angebot, und die Plätze der weniger

Der Golf R wurde erstmals in der charakteristischen Farbe »Lapiz Blue Metallic« präsentiert, wie immer dezenter als der Golf GTI ohne die X-förmigen LED-Nebelscheinwerfer.

leistungsstarken Golf und des Variant sollten durch den Taos SUV eingenommen werden, der – man ahnt es – auf der MQB-Plattform basierte.

Um noch einmal auf den neuen Golf R zurückzukommen: Egal, in welchem Land man sich befand, die Schlagzeile lautete, dass das der bisher stärkste Golf R sei. Mit 320 PS lag er 20 PS über dem R der siebten Generation. Der Sprint von 0 auf 100 km/h dauerte 4,7 Sekunden (vorher 5,1) und die Höchstgeschwindigkeit war elektronisch auf 250 km/h, beziehungsweise 270 km/h mit dem optionalen R-Performance-Paket begrenzt. Bei dem Motor handelte es sich erneut um eine weiterentwickelte Version des 1.948 cm^3 großen EA888 Evo4 TSI des GTI, der auf den ersten Vierzylinder-Golf R von 2009 zurückgeht. Das Siebengang-DSG-Automatikgetriebe war serienmäßig, eine manuelle Schaltung war nicht vorgesehen.

Das Haldex 4MOTION-Allradsystem verfügte über eine neue Funktion namens R-Performance Torque Vectoring (auch im Arteon und Tiguan R zu finden), die die Motorleistung auf die vier angetriebenen Räder verteilte. Die Kraft wurde zwischen der Vorder- und der Hinterachse, aber auch variabel zwischen den beiden Hinterrädern verteilt. Während bei den normalen Golf mit Allradantrieb nicht mehr als 50 Prozent der Leistung pro Hinterrad zur Verfügung ste-

Das R-Performance-Paket umfasst einen Dachspoiler im Clubsport-Stil und eine Akrapovic-Titan-Auspuffanlage, deren Lautstärke der Fahrer über Klappen einstellen kann.

Die Sitze trugen wie zuvor ein R-Logo, präsentierten sich jetzt aber in einem neuen Design. Ein schwarzer Dachhimmel war Standard.

Das neue Lenkrad ist mit einer blauen R-Taste ausgestattet, über die man zwischen verschiedenen Fahrmodi wählen kann. Dazu gehören die serienmäßigen Profile »Drift« und »Special«.

hen, lässt das System des Golf R mehr Drehmoment auf das äußere Hinterrad zu, was das Auto in die Kurve drückt. Mit Hilfe von zwei elektronisch gesteuerten Lamellenkupplungen glich das System die Leistung innerhalb von Millisekunden von 0 auf 100 Prozent an der Achse aus. Der Vehicle Dynamics Manager verknüpfte dieses System mit den anderen Fahrwerkskomponenten wie den elektronischen Differenzialsperren und der adaptiven Fahrwerksregelung.

Der neue R stand 20 mm tiefer als ein normaler Golf (und 5 mm höher als der GTI) auf 18-Zoll-Rädern, mit dem R-Performance-Paket kamen größere 19-Zoll-Räder mit den 18-Zoll-Bremsscheiben des GTI Clubsport hinzu, mit Sätteln, die im typischen R-Blau lackiert waren.

Die Online-Einführung wurde von einem James-Bond-ähnlichen Film – Mission R – begleitet, in dem eine Reihe von Fahrern in R-Modellen der anderen Baureihen in raffinierten Fahrmanövern ein Schlüsseletui austauschen, bis der letzte Fahrer in einem Studio einen neuen Golf R erreicht, zu dem der Schlüssel passt. Anschließend werden in dem Video die Funktionen des neuen R erklärt, bevor der Protagonist mit dem Golf auf die Straße und ein Testgelände fährt.

Das R-Performance-Paket enthielt ein spezielles Fahrprofil für den Nürburgring mit der Bezeichnung »Special«. Volkswagen gab an, dass der neue R bei internen Testfahrten auf der Nürburgring Nordschleife bis zu 19 Sekunden pro Runde schneller war als sein Vorgänger (07:51 Minuten).

Für das größte Aufsehen im Internet und in der Fachpresse sorgte jedoch ein weiteres Feature: Der Drift-Modus. Dieser schaltete die Stabilitätskontrolle aus und schickte die Kraft nach hinten, so dass man das Heck in Top-Gear-Manier seitlich ausbrechen lassen konnte. Im Video wurde gesagt, dass diese Funktion nur für »nicht-öffentliche Straßen« sei und man musste tatsächlich auch durch mehrere Menüebenen gehen, um darauf zuzugreifen. Vielleicht würden nur sehr wenige Menschen diese Option nutzen, aber sie sorgte auf jeden Fall für Gesprächsstoff.

Die europäischen Auftragsbücher für den Golf R wurden im November 2020 für die Auslieferung im Folgejahr geöffnet. Gegen Aufpreis war ein neues R-Performance-Paket mit Vmax-Anhebung und wie gehabt ein Titan-Klappenauspuff von Akrapovic zu haben. Er machte den Golf um sieben Kilogramm und das Portemonnaie um 3975 Euro leichter. 2021 kam der R Variant auf den Markt, 2022 folgte das Sondermodell Golf R »20 Years«, das über 333 PS sowie das R-Performance-Paket und einen größeren Heckspoiler serienmäßig verfügte. Ebenfalls mit 333 PS trat das auf 333 Stück limitierte Sondermodell Golf R 333 Limited Edition an. Es war ausschließlich in Lime Yellow Metallic erhältlich und verfügte serienmäßig über R-Performance Torque Vectoring, 19 Zöller mit Semi-Slicks sowie eine Topspeed von 270 km/h. Immer noch gab es Spekulationen, dass die Idee eines 400-PS-Golfs nicht tot war, vor allem, um die Herausforderung des 421-PS-Mercedes-AMG A45 S anzunehmen.

Das Performance-Golf-Trio GTE, GTI und GTD verfügte über fünf LEDs, die die Nebelscheinwerfer im vorderen Stoßfänger bildeten.

Das Modell Golf R 333 Limited Edition gab es nur in 333 Exemplaren mit 333 PS und stets in »Lime Yellow Metallic« lackiert. Zur Ausstattung gehörten Semi-Slicks und eine Vmax von 270 km/h.

Golf 8 Punkt 1

Im Frühjahr 2024 präsentierte Volkswagen den faceglifteten 8er und die Kundschaft war gespannt, was sich die Wolfsburger hinsichtlich der Kritikpunkte hatten einfallen lassen. Vor allem die Materialqualität und das Infotainment standen bei der achten Golf-Generation in der Kritik. Der Millionseller machte anfänglich einfach keinen ausgereiften Eindruck.

In der Konzernzentrale sind die Kritikpunkte angekommen, weshalb VW den überarbeiteten 8er mit einem umfangreichen Update ins Rennen um die Käufergunst schickte. Wobei auf größere äußere Änderungen verzichtet wurde. Andreas Mindt, der neue Design-Chef bei VW erklärt das so: »Der Golf ist eine Design-Ikone. Oft kopiert, nie erreicht. Mit seiner visuellen Stabilität und seiner souveränen Anmutung ist er in der Welt der Kompaktklasse einzigartig. Typische Golf Designmerkmale wie die C-Säulen sind längst Teil der Volkswagen DNA.« Das Blech blieb folglich unangetastet, lediglich Anbauteile und Leuchten unterzogen die Zeichner einer Auffrischung. Der Lufteinlass in der Frontschürze des Standardmodells trägt jetzt zwei kleine Flaps statt vorher drei, die R-Line setzt auf große Lufteinlässe in Glanzschwarz und bei den sportlichen Topmodellen kommt eine dem bisherigen GTI-Clubsport-ähnliche Version zum Einsatz. Die fünf X-förmig angeordneten LED-Nebelscheinwerfer bleiben diesen Varianten natürlich erhalten.

Die nun etwas grimmiger in die Welt schauenenden LED-Hauptscheinwerfer wurden geradliniger und schmaler geschnitten. Alternativ gibt es sogenannte Performance-Scheinwerfer. In diesem Fall kommt parallel zu einer zusätzlichen LED-Querspange im Kühlergrill erstmals in einem europäischen Volkswagen das illuminierte VW-Zeichen in der Frontpartie zum Einsatz. Das V und W sowie der Kreis um die Buchstaben werden dabei außen und innen von feinen Lichtlinien eingerahmt. So ist der neue Golf auch schon im Dunkeln und von weitem als VW erkennbar. Dieses Merkmal findet sich auch bei den aufpreispflichtigen LED-Matrixscheinwerfern »IQ.Light«. Sie sind mit einem neuen Hochleistungs-LED-Fernlicht ausgestattet, das bis zu einem halben Kilometer weit in die Nacht leuchtet – deutlich weiter als ein herkömmliches Fernlicht. Mit im »IQ.Light«-Paket enthalten sind außerdem die ebenfalls neu entwickelten 3D-LED-Rückleuchten. Neben der frischen Optik lässt sich deren Begrüßungs- und Verabschiedungsritual auch über das Infotainmentsystem individualisieren.

Der neue Golf 8 GTI verfügt serienmäßig über das beleuchtete VW-Logo am Bug, ein schwarz lackiertes Dach gehört zu den neuen Sonderausstattungen.

Nicht fehlen dürfen selbstverständlich neue Farben und – noch wichtiger – neue Felgen. Vier frische Kolorierungen ergänzen das Bandbreite der insgesamt elf Lackierungen: »Crystal Ice Blue Metallic«, »Anemonenblau Metallic«, »Oystersilber Metallic« und »Grenadillschwarz Metallic«. Für die Sportfreunde hält VW jetzt ein schwarz lackiertes Dach parat, das optional für die R-Line, den GTE und den GTI zu haben ist.

Bei den Felgen-Designs kann man aus fünf neuen Varianten wählen, darunter beispielsweise die »Coventry« in 17 Zoll, die »Catania« in 18 Zoll und als 19-Zöller die »Queenstown«.

Qualität zum Anfassen

Am meisten von Presse und Endverbrauchern gleichsam bemängelt wurde beim Golf 8 der Innenraum. Zum einen das Infotainmentsystem, zum anderen die Materialanmutung, die einfach nicht die Ansprüche der Kunden zufriedenstellte. Darauf hat man bei Volkswagen reagiert und an den richtigen Stellen mehr Soft-Toch-Oberflächen verbaut. Türtafeln und auch das Armaturenbrett fühlen sich jetzt deutlich wertiger an als bei den Vor-Facelift-Modellen. Wer sich auf die Suche begibt und an wenig offensichtlichen Stellen oder auf der Rückbank schaut, der entdeckt natürlich trotzdem noch hartes Plastik, aber grundsätzlich ist VW die »Große Produktaufwertung« gelungen.

Nicht minder gelungen ist die Aufwertung der digitalen Bedienbarkeit. Dafür hat Volkswagen die Hard- und Software der Golf Infotainmentsysteme komplett neu entwickelt. Sie basieren nun auf dem Modularen Infotainmentbaukasten der vierten Generation (MIB4). Ihre Bedienung wurde dank einer grundlegend neuen Grafik und Menüstruktur des Touchdisplays signifikant verbessert und vereinfacht. Und das nicht nur, weil nun die Displaydiagonale von 10,4 (26,4 Zentimeter) bis 12,9 Zoll (32,8 Zentimeter) reicht, sondern auch, weil wichtige Funktionen wie die Klimaregelung nun fester Bestandteil des Hauptbildschirms sind und nicht mehr in Untermenüs gesucht werden müssen. Die Basis dafür bildet eine neu entwickelte Menüstruktur des Displays: Unterteilt wurde der Bildschirm in zwei Touch-Leisten – die »Top Bar« (oben) und die »Bottom Bar« (unten) – sowie den großen Homescreen in der Mitte. Die »Top Bar« und der Homescreen können vom Fahrer in weiten Bereichen selbst mit den von ihm favorisierten Schnellzugriffen belegt werden. Der große Pluspunkt: Während der Fahrer im Homescreen alle Funktionen in Form von Apps variabel abruft, bleiben die individuell konfigurierbare »Top Bar« und die statische »Bottom Bar« als permanente Ansicht auf dem Display stehen. Darüber hinaus arbeiten die neuen MIB4-Systeme sehr schnell, der Bildaufbau wirkt stets flüssig und ruckfrei.

Ein weiterer Schwachpunkt ist ebenfalls ausgemerzt worden. Waren beim Golf 8 bis 2023 die unbeleuchteten Touch-Slider unterhalb des Monitors in der Nacht kaum auffindbar, so sind sie beim Facelift-Achter endlich durchgehend beleuchtet und somit nun auch im Dunkeln einwandfrei bedienbar.

Alle Golf-Modelle eint eine neu entwickelte und deutlich verbesserte Infotainmentgeneration, eine neue und beleuchtete Steuerung der Klimaautomatik und Hauptbildschirme, die nun zwischen 10,4 und 12,9 Zoll groß sind.

Als erster europäischer Volkswagen erhält der neue Golf 8 ein beleuchtetes VW-Logo an der Front. Feine Lichtlinien rahmen das traditionelle Logo der Wolfsburger ein.

Das Fernlicht der aufpreispflichtigen Matrix-LED-Scheinwerfer »IQ.Light« leuchtet 500 Meter weit – mehr als jedes herkömmliche Aufblendlicht.

Auch die jetzt serienmäßige kabellose Integration von Smartphones mit Apple CarPlay und Android Auto trägt zur verbesserten Bedienbarkeit bei. Wer will, kann sich per Schnellzugriff die für ihn wichtigsten Einstellungen direkt auf den Startbildschirm konfigurieren, egal ob Navi, Musik, Ambientebeleuchtung oder Fahrhilfen.

Weiterentwickelt wurden auch die serienmäßigen digitalen Instrumente an Bord des Golf 8: das »Digital Cockpit Pro« mit einer Displaydiagonalen von 10,2 Zoll. Der Fahrer kann über entsprechende – echte – Drucktasten des neuen Multifunktionslenkrads zwei verschiedene grafische Grundkonfigurationen einstellen: »Classic« mit Rundinstrumenten und »Progressive« mit Anzeigekacheln. Die Fläche zwischen den Rundinstrumenten respektive Kacheln ist frei belegbar – zum Beispiel mit der Routenführung des Navigationssystems oder den Anzeigen der Assistenzsysteme. Mit verschiedenen Informationen können auch die Innenbereiche der Rundinstrumente und Kacheln belegt werden. Darüber hinaus gibt es modellspezifische Info-Profile für den Golf R-Line, den Golf GTI und den Golf GTE.

Die optionalen Top-Sportsitze sind elektrisch verstellbar und verfügen über eine Lordosenstütze, im GTI, GTE und beim R-Line-Paket gehören sie zum Serienumfang.

Richtig abgefahren, und das im wahrsten Sinne des Wortes, ist das neue Assistenzsystem »Park Assist Pro«. Das System ermöglicht das fernbediente Ein- und Ausparken per Smartphone. Der Fahrer steuert den Parkvorgang über sein Mobiltelefon – ohne dabei im Wagen zu sitzen! Der Golf lenkt, bremst und beschleunigt indes in einem vorgegebenen Rahmen selbstständig. Neu ist außerdem das System »Area View« – hier wird eine 360-Grad-Rundumsicht durch die Fusion von vier Kameras erzeugt und das entsprechende Bild auf den Touchscreen des Infotainmentsystems übertragen.

Von 115 bis 272 PS

Gleich vorweg: Zwei Motorisierungen fallen beim Wechsel zum aufgefrischten Golf 8 weg: Zum einen der Basis-Benziner mit dem 1-Liter-Dreizylinder sowie – und das betrübt die Fans – der Spitzen-Diesel GTD. Zum Verkaufsstart stehen vier Antriebsvarianten auf dem Programm, nämlich zwei manuell geschaltete Turbobenziner (TSI) mit 115 und 150 PS sowie zwei ebenfalls 115 PS und 150 PS starke 48V-Mild-Hybrid-Turbobenziner (eTSI) mit 7-Gang-Doppelkupplungsgetriebe. Das 48V-System speichert per Rekuperation elektrische Energie, die für den Antrieb genutzt wird. Beim Anfahren verbessert diese zusätzliche Power spürbar die Performance. Gleichzeitig ermöglichen die effiziente 48V-Technologie und das temporäre Abschalten des 1.5 TSI evo2 einen sehr niedrigen Verbrauch. Alle vier Motoren sind moderne Vierzylinder-Direkteinspritzer mit VTG-Lader (variable Turbinengeometrie) und automatischer Zylinderabschaltung (ACTplus).

In einer zweiten Welle folgen dann die beiden Diesel als 2.0 TDI, wahlweise mit 115 PS und 6-Gang-Schaltgetriebe oder mit 7-Gang-DSG und 150 PS. Allradantrieb ist momentan in Kombination mit dem Selbstzünder nicht mehr geplant. Bei den Benzinern wird das Portfolio nach oben vom 2.0 TSI mit 204 PS, 7-Gang-DSG und 4MOTION-Allradantrieb sowie natürlich vom GTI mit 265 Pferdchen und ebenfalls 7-Gang-Doppelkupplungsgetriebe abgerundet.

Mehr Elektrifizierung gewünscht? Dafür werden zwei Plug-in-Hybride erhältlich sein. Der sogenannte eHybrid-Antrieb ist mit dem 150 PS und 250 Nm starken 1,5 TSI evo2-Benzinmotor mit variabler Turbogeometrie (VTG) ausgestattet, der von einem 115 PS starken Elektromotor unterstützt wird, der in das 6-Gang-DSG integriert ist. Der E-Motor wird von einem 19,7-kWh-Akku gespeist. Dieser soll elektrische Reichweiten um die 100 Kilometer ermöglichen und lässt sich – neben Steckdose und Wallbox – sogar an einer DC-Schnellladesäule mit bis zu 50 kW Leistung aufladen.

Die Gesamtleistung des Golf eHybrid liegt bei 204 PS und das Gesamtdrehmoment bei 350 Nm. Beim VW Golf GTE wird der 177 PS starke 1.5 TSI-Benziner mit dem 115 PS starken Elektromotor gekoppelt, was eine Gesamtleistung von 272 PS und ein Gesamtdrehmoment von 400 Nm ergibt.

Zur Zeit der Drucklegung dieses Buchs (März 2024) gab es noch keine Informationen darüber, wann der GTI Clubsport und der Golf

Bis zu 100 Kilometer elektrische Reichweite soll der neue Golf eHybrid schaffen. Die Gesamtleistung beträgt 204 PS und 350 Nm Drehmoment.

Zwar werden dem Golf Variant die Antriebe von GTI und GTE vorenthalten, aber die R-Line-Ausstattung ist natürlich verfügbar. Später kommt wieder ein Golf Variant R ins Sortiment.

Auch der Variant kommt in den Genuss des völlig überarbeiteten Infotainment-Systems mit größeren Bildschirmen.

8 R lanciert werden, aber kommen sollen die beide Kompaktsportler auf jeden Fall. Das bewies ein noch leicht getarnter R-Serienwagen im Rahmen des Ice Race 2024 bei Zell am See (Österreich). Dort fuhr der kompakte Allrad-Sportler seine ersten Runden. Was sich bei der Leistung tun wird, lassen die Wolfsburger aber noch offen. Es ist aber vom bekannten Zweiliter-Vierzylinder mit mindestens 320 PS auszugehen.

Ausstattung mal Sechs

Der Golf und Golf Variant werden in der Basisversion »Golf« sowie den gehobenen Ausstattungen »Life«, »Style« und »R-Line« angeboten. Dazu kommen die sportlichen Kompakten »GTI« und »GTE«. Sie alle bilden das beim Golf gewohnt breite Spektrum der Ausstattungslevel und Motorisierungen.

Bereits das Grundmodell »Golf« bietet als Serienausstattung Features wie eine Klimaautomatik, ein Multifunktionslenkrad, einen Tempomat und Einparkhilfen vorn und hinten. Auch das schlüssellose Startsystem »Kessy Go«, eine Verkehrszeichenerkennung, das neue Infotainmentsystem in der Grundversion, das kabellose Integration von Smartphone-Apps, eine Telefonschnittstelle, das »Digital Cockpit« sowie die neuen LED-Scheinwerfer und LED-Rückleuchten gehören zur umfangreichen Basis-Bestückung.

Wer auch Wert auf eine schickere Optik legt, der findet sich eventuell bei der mittleren »Life«-Ausstattung wieder. Hier sind zusätzlich Details wie ein Chrompaket, Außenspiegel mit Memoryfunktion, ein kabelloses Ladepad für das Smartphone, eine Umfeldbeleuchtung außen, eine dreifarbige Ambientebeleuchtung innen, Komfortsitze mit Lendenwirbelstützen vorn sowie ein Multifunktions-Lederlenkrad und die automatische Abstandsregelung mit an Bord. Ebenfalls serienmäßig sind 16-Zoll-Leichtmetallräder.

Den meisten Käufern eines Golf oder Golf Variant ist aber heutzutage eine gute Ausstattung und ein ansprechendes Äußeres wichtig, schließlich hebt das auch den Wiederverkaufswert. Sie haben die Wahl zwischen zwei gleichwertigen, aber unterschiedlich positionierten Topversionen: »Style« und »R-Line«. Den edel abgestimmten Golf Style kennzeichnen im Exterieur 17-Zoll-Leichtmetallräder, mit Chromleisten geschmückte Stoßfänger und Performance-Scheinwerfer samt illuminiertem VW-Logo vorn. Innen wird die Ausstattung durch Sport-Komfortsitze sowie eine 30-farbige Ambientebeleuchtung erweitert – ohne die geht es wohl bei keinem Hersteller mehr.

Der sportlich konzipierte Golf R-Line unterscheidet sich vom Golf Style im Exterieur durch eigenständige Stoßfänger mit zahlreichen Elementen in Glanzschwarz, im selben Farbton gehaltene Seitenschwellerverkleidungen sowie schwarze 17-Zoll-Leichtemallräder mit glanzgedrehten Außenflächen. Die Innen- respektive Funktionsausstattung unterscheidet sich vom »Style« über ein Multifunktions-Ledersportlenkrad mit Schaltfunktion (für die Versionen mit automatischem Doppelkupplungsgetriebe), die Fahrprofilauswahl und Top-Sportsitze mit speziellem »R-Line«-Stoff.

Last but not least sind da natürlich noch die Spitzensportler, von denen zunächst nur GTI und GTE verfügbar sind. Beide Modelle teilen sich das GT-spezifische Design der Frontpartie. Dazu gehören der große Wabenkühlergrill im Stoßfänger, der seitlich durch markante Luftleitelemente und einen Frontspoiler im Stil eines Splitters eingerahmt wird. Ein weiteres GT-Element ist der farbige Streifen im oberen Kühlergrill und über den neuen Scheinwerfern. Im Fall des Golf GTI ohne Frage traditionell rot, der des Golf GTE ist entsprechend blau. Im Heckbereich gibt es dann doch Unterschiede: Der Golf GT1 besitzt links und rechts des schwarzen Diffusors jeweils ein verchromtes Endrohr, den GTE kennzeichnet hier statt der Endrohre eine Chromspange. Die serienmäßige Leichtmetallfelge beider Modelle ist das 17-Zoll-Rad »Richmond«.

Innen überzeugen GTI und GTE mit Top-Sportsitzen im legendären Karomuster und einem Multifunktions-Sportlederlenkrad. Während Elemente wie die Ziernähte, die Einfassung der vorderen Kopfstützen oder die mittlere Lenkradspange beim Golf GTI in Rot ausgeführt sind, setzt der Golf GTE auch hier auf Blau. Der Golf GTI kann zudem erstmals mit Innenraum-Applikationen in Echt-Karbon ausgestattet werden.

Mit einer Gesamtleistung von 272 PS ist der GTE bei Produktionsstart des überarbeiteten Golf 8 der stärkste seiner Gattung. Nur die kommenden GTI-Clubsport- und R-Modelle werden ihn überbieten.

Natürlich kann er es nicht lassen, der GTI: Auch die überarbeitete Generation des sportlichen Achters zeigt keck rechts und links je ein verchromtes Endrohr.

Mit dem exklusiven Sondermodell »Edition 50« startet europaweit der Vorverkauf des facegelifteten Golf 8. Die Ausgangsbasis des »Jubis« bildet der hochwertige Golf Style.

Der Golf in der Zukunft

Mit allen wichtigen Varianten des Facelift-Golf-8, die bis Ende 2024 auf den Markt kommen, ist er immer noch der Spitzenreiter unter den Schrägheckmodellen der Kompaktklasse, auch wenn die radikale Umstellung auf ein digitales Interieur nicht überall auf Gegenliebe gestoßen ist. Doch die Zukunft dieses Golfs wird parallel zu einer neuen, rein elektrischen Generation von Volkswagen verlaufen. Wie können sie nebeneinander existieren und wird es überhaupt einen Golf 9 geben? 2016 beschloss der deutsche Bundesrat, den Verbrennungsmotor ab 2030 zu verbieten. In der EU sollten ab 2035 keine Neuwagen mehr verkauft werden, die mit Benzin oder Diesel fahren. Volkswagen hatte erklärt, dass es weiterhin Verbrennungsmotoren für außereuropäische Märkte entwickeln würde. Würde der nächste Golf – sollte es ihn geben – also weit weniger ein Weltauto sein, als er es geworden ist? »«

Fragen, die man sich vor Kurzem noch gestellt hat. Doch weder das eine, noch das andere scheint sicher zu sein. Die von der EU gefällte Entscheidung wollen konservative Politiker stoppen. Andere, wie EU-Kommissions-Präsidentin Ursula von der Leyen, findet eine Prüfung des Vorhabens »sehr wichtig«. In Wolfsburg ist man von der eigenen Marschrichtung auch nicht mehr vollkommen überzeugt. Die Marke und der ganze Konzern haben sich der Elektrifizierung verpflichtet. Braucht man in Zukunft einen Elektro-Golf, wo doch der VW ID.3 als Erster einer ganz neuen Art Volkswagen bereits auf dem Markt ist?

Golf, das ist mehr als eine Produktbezeichnung. Er ist eine eigene starke Marke mit Submarken wie GTI, GTD, GTE oder schlicht R. Doch als klassischer Verbrenner steht er den CO_2-Zielen und Elektrifizierungsplänen von Volkswagen im Weg. Bis 2030 sollen 70 Prozent aller neuen VW vollelektrisch sein. Aus Kostensicht wäre also ein kompaktes Elektroauto die beste, weil billigere Lösung, sofern denn das Volumen stimmt. Und an dieser Stelle wird es interessant: Wie VW-Markenchef Thomas Schäfer gegenüber der britischen Autocar sinniert, könne der Golf ein Teil der elektrischen ID.-Familie werden. Das ID.-Typenschild werde schon jetzt eindeutig mit Volkswagen verbunden, müsse aber nicht zwingend mit Ziffern verknüpft sein – siehe VW ID.Buzz. Die Aussage weitergedacht, könnte der VW Golf 9, der 2028 angedacht ist, also VW ID.Golf heißen und rein elektrisch fahren. Eine interne Konkurrenz mit dem VW ID.3 befürchtet Schäfer übrigens nicht, schließlich ähnele dieser viel mehr dem VW Golf Sportsvan als dem eigentlichen Kompakten. In einem weiteren Interview mit der Automobilwoche geht Schäfer außerdem auf die technische Basis des elektrischen VW Golf 9 ein: Diese solle nicht auf der MEB/MEB+-Plattform, sondern auch der kommenden SSP-Architektur (Scalable Systems Platform) aufbauen. Das wiederum grenzt den Marktstart auf frühestens 2028 ein.

Wie dem auch sei, sein Platz als Auto der Superlative ist nach über 35 Millionen produzierten Exemplaren gesichert.

Acht Generationen VW Golf in 50 Jahren. Ganz hinten steht der Einser von 1974, ganz vorne der aktuelle Golf 8. Und die Geschichte ist noch nicht zu Ende. Wahrscheinlich kommt 2028 die neunte Inkarnation auf den Markt.

Elektro- und Hybridentwicklungen

Im Anfang war Porsche: Der Nachbau des Lohner-Porsche »Semper Vivus«; das Original war 1900 erschienen und hatte zwei mit Benzinmotoren gekoppelte Generatoren, die gleichzeitig Radnabenmotoren und Batterien mit Strom versorgten. (Foto: Porsche AG)

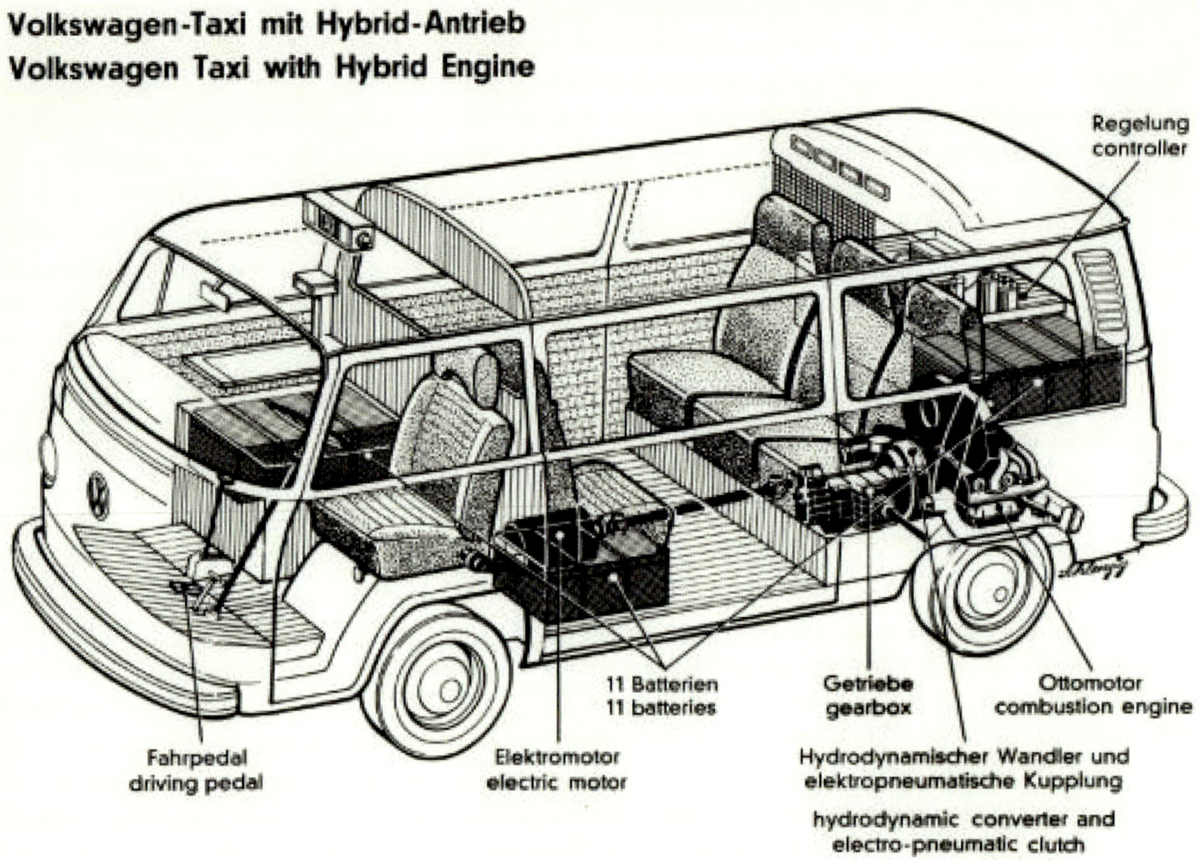

Das City Taxi und seine Komponenten.

Nach Jahrzehnten des Beobachtens und Wartens brachte es Volkswagen im Jahr 2014 endlich fertig, seinen Bestseller sowohl in einer rein elektrischen Variante als auch in einer Hybrid-Ausführung zu verkaufen, und dabei handelte es sich nicht nur um Kleinserien-Versuchsfahrzeuge.

Denn solche kamen und gingen bei Volkswagen seit Jahrzehnten, während das Unternehmen den Markt beobachtete, entwickelte, forschte und verwarf, neu ansetzte und sich dann doch wieder gegen eine Serie entschied. Getestet wurden Ausführungen mit alternativen Kraftstoffen wie Methanol, Biodiesel oder Wasserstoff. Je nach herrschendem Zeitgeist wurden mal der Elektro-, mal der Hybrid Golf gegenüber der Presse als mögliche Antwort auf die wachsenden Probleme durch die Verschmutzung der Innenstädte, die Abhängigkeit von fossilen Brennstoffen, auf steigende Preise und zuletzt die Kohlendioxid-Emissionen vorgestellt. Elektroautos sind so alt wie die Geschichte der Kutsche ohne Pferd, aber durch das Gewicht und die Speicherkapazität ihrer Batterien und die geringe Reichweite verloren sie klar das Rennen gegen den Verbrennungsmotor, der das 20. Jahrhundert dominierte. Hin und wieder, in Zeiten, in denen gerade mal wieder das Thema Rohstoffverknappung auf der Agenda stand, wurde wieder am Elektrofahrzeug weitergeforscht, ohne aber in Reichweite und Geschwindigkeit akzeptable Fortschritte zu erzielen. Das ging so Jahrzehnte lang. In den 1950er und 1960er

Der Elektrobulli von 1979 steht heute, toprestauriert, im Museum.

Jahren wurden vor allem in den USA in Miniauflagen Elektroautos und Lieferwagen produziert, dabei handelte sich fast ausnahmslos um Werke von Tüftlern und begnadeten Bastlern, die mit Vorliebe VW Käfer und Karmann umbauten. Allerdings waren es die amerikanischen Bestrebungen zur Erhöhung der Sicherheits- und Umweltstandards für Autos, die wirklich den Ball ins Rollen brachten, beginnend mit einer Kongress-Empfehlung im Jahr 1966, in der Elektroautos als Möglichkeit bezeichnet wurden, die bedenklich anwachsende Smogbelastung in den Ballungsräumen zu senken. Es folgten erste gesetzliche Bestimmungen zur Luftreinhaltung. Die unmittelbare Wirkung bestand in einem radikalen Leistungsverlust der konventionellen Benzinmotoren, die letztlich zur schrittweisen Einführung der Katalysatortechnik führte, zu bleifreiem Sprit und zur Umstellung von Vergaser- auf Einspritztechnik. Volkswagen hatte diesen Schritt 1968 mit dem VW 1600 LE vollzogen. Ford und General Motors entwickelten eine plötzliche Begeisterung für die Elektroauto-Forschung gegen Ende des Jahrzehnts, verloren ihren Enthusiasmus aber ebenso schnell wieder. Kleinere Unternehmen konnten sich das unprofitable Risiko einer Großserienproduktion von Elektroautos sowieso nicht leisten und hielten sich klug und vornehm zurück.

Die Hybrid-Idee hat ein deutliches Volkswagen-Erbe. Im Jahr 1898 entwickelte und baute Dr. Ferdinand Porsche den ersten Benzin-Elektro-Hybridwagen, den Lohner-Porsche Mixte Hybrid. Er verwendete einen Verbrennungsmotor und einen Generator, der seine Leistung an vier 2,5 bis 3,5 PS starke Elektromotoren in den Radnaben abgab. Das Auto hatte angeblich einen Fahrbereich von 60 Kilometern im Elektrobetrieb, und die Höchstgeschwindigkeit betrug 45 Stundenkilometer.

Der Radnabenantrieb fand dann noch Verwendung bei einigen Artillerie-Zugmaschinen in der Zeit vor und während des Weltkriegs, danach wurde es still um die Elektromobilität, abgesehen von diversen Versuchsfahrzeugen, wie sie etwa in Frankreich entstanden. Auch nach dem Zweiten Weltkrieg war der Elektromotor kein Thema, Volkswagen begann erst in den späten 1960er Jahren, massiv in entsprechende Forschungen zu investieren, um nach Alternativen zum konventionellen Verbrennungsmotor Otto'scher Prägung zu suchen, und da war der Elektroantrieb die einzige ernstzunehmende Alternative. die Gasturbinen-Forschungen anderer Hersteller wie zum Beispiel Rover hatten sich da schon längst als Irrweg herausgestellt. Der Elektroantrieb war die einzig sinnvolle Alternative.

Wegen Reichweite und Gewicht galten Elektro- und Hybridantriebe in erster Linie als Kandidaten für stadtgebundene Nutzfahrzeuge, und der Typ-2-Transporter mit seinen großen Unterflurfächern und dem Heckantrieb bot eine ideale Ausgangsbasis. In den frühen 1970er Jahren gründete der Energiekonzern Rheinisch-Westfälisches Elektrizitätswerk AG (RWE) in enger Zusammenarbeit mit Volkswagen und Daimler-Benz ein Unternehmen, um ein Netz von Elektro-Tankstellen aufzubauen. Dort sollten die unter der Pritsche befindlichen leeren Batterien mit einem Gabelstapler gegen ein neues Batteriepaket ausgetauscht werden. Eine Flotte von 200 VW-Transportern sollte am Feldversuch teilnehmen, und tatsächlich entstanden in den 1970ern 90 Elektro-Transporter T2 mit verschiedenen Aufbauten.

Ein Typ-2-Kleinbus bildete die Grundlage des ersten VW-Hybrids. Bei diesem »City Taxi« von 1976 fand sich ein kleiner Elektromotor samt Antrieb in das Getriebe integriert. Der Fahrer konnte zwischen reinem Elektro- oder Hybridantrieb wählen, aber die Ineffizienz beim Laden und die durch die Batterien verursachten 265 Kilogramm Zusatzgewicht senkten die Zuladung und erhöhten den Kraftstoffverbrauch um 25 Prozent. Das schloss zwar eine Verwendung im Personenwagen aus, aber das City Taxi lief über mehr als 100.000 Testkilometer und wurde in der ganzen Welt gezeigt. Zur gleichen Zeit arbeitete Bosch an einer Hybrid-Version des Ford Escort Kombi.

Auf der Grundlage eines 1982er Golf I entstand dann 1983 der erste Hybrid-Golf, der EVW 2. Ausgestattet mit einem Viergang-Schaltgetriebe ohne Kupplungspedal, startete dieser mit dem Benzinmotor, wobei das Motormanagement selbsttätig das Umschalten auf eine elektrische Energiezufuhr regelte. Der »Saft« kam aus einer 200 Kilogramm schweren Blei-Säure-Batterie, die Reichweite im Elektromodus wurde mit bis zu 40 Kilometern angegeben.

Ein früher Golf-Hybrid, wie er im Feldversuch in Zürich lief. 90 Prozent der Nutzer zeigten sich zufrieden.

Bis heute noch nicht europaweit umgesetzt ist ein allgemeiner Standard für Ladestecker. Diese Dose hier tankte die Batterie des Hybrid-Golf auf, eine Rekuperation war bei diesen frühen Entwicklungen noch kein Thema. (Foto: LAT)

Der TwinDrive von 2008 war ein weiterer Plugin-Hybrid, er kombinierte einen Elektro- mit einem Dieselmotor. Die Lithium-Ionen-Batterie befand sich im Kofferraum.

Der EVW 2 verfügte bereits über eine Energierückgewinnung beim Bremsen zum Wiederaufladen der Batterie, diese Rekuperationsfunktion hatte auch der BlueMotion ein Vierteljahrhundert später. Allerdings lud der Benzinmotor nicht die Batterie auf, sodass für Urlaubsfahrten, so die VW-Ingenieure, das Batteriegerät ausgebaut werden sollte, um Platz für das Gepäck zu schaffen. Die nächste Stufe des Hybridantriebs – EVW 1 – wurde gegen Ende der 1980er Jahre in Verbindung mit Bosch entwickelt und bestand aus einer Kombination von Elektromotor und Generator (anstelle der Lichtmaschine) mit einer Getriebeautomatik, die nur unwesentlich mehr Raum einnahm als ein normaler Antriebsstrang. In diesem »Einwellen-Hybrid« ersetzte die Elektromotoreinheit das Schwungrad, während eine zweite Kupplung den Kraftschluss zum Motor herstellte. Der Wagen konnte mit Dieselmotor laufen oder elektrisch, außerdem schaltete er sich im Leerlauf ab und startete auch wieder, denn das Schwungrad verharrte nach dem Motorstopp in der dafür notwendigen Position. Für die Batterie gab es einen Ladestecker, doch nach einer längeren Autobahnfahrt war die Batterie leer und es bestand keine Chance, sie wieder aufzuladen.

Das System wurde in Golf-Ausführungen mit Benzin- und Dieselmotoren erprobt, und im Jahr 1990 stand ein 1,6-Liter-Diesel-Hybrid, in Regenbogenfarben lackiert, auf dem Genfer Auto-Salon. Dr. Ulrich Seiffert, damals zuständig für Forschung und Entwicklung, zeigte diesen Golf II dann im Mai auf einer Technik-Tagung. In Zusammenarbeit mit Bosch und den Schweizer Elektronik-Spezialisten der Firma ENSA entstanden, fuhr dieser Golf bei Stadttempo rein elektrisch, beim Beschleunigen setzte der Diesel ein. Beim Bremsen fungierte der Elektromotor als Generator und speiste die relativ kleinen Batterien unter dem Kofferraumboden. Laut Werk verbrauchte dieser Hybrid lediglich 2,1 Liter, war serienreif und hätte zum GTI-Preis verkauft werden können.

Zwischen 1991 und 1993 lief in Privathand eine Flotte von 20 Golf-Hybriden, und bei einer Befragung im Dezember 1992 äußerten sich 36 der insgesamt 40 Teilnehmer des Feldversuchs in Zürich zufrieden mit dem System, das automatisch die Antriebsart wechselte. Professionelle Tester waren nicht überzeugt, empfanden die rein elektrische Fahrt als »quälend« langsam und das Anspringen des Dieselmotors als ein »sich ins Leben zurückschütteln«. Letztlich bliebe noch viel zu tun, bis diese Art von Antrieb für den Alltagsfahrer akzeptabel sei, meinte etwa die britische *Autocar* im Dezember 1992. Einem internen Forschungsbericht von 1989 ist zu entnehmen, dass sich auch die VW-Forschung selbst nicht sicher war, ob es für eine solche Entwicklung überhaupt einen Markt gäbe. Man rechnete mit einem Mehrpreis von 10.000 DM pro Fahrzeug, und dieser Aufschlag würde sich erst über eine Haltedauer von zehn Jahren über die Kraftstoffeinsparungen wieder amortisieren. Daher, so die Einschätzung, wäre der Hybridantrieb ebenso wenig wie der Elektroantrieb in der Lage, sich aus eigener Kraft am Markt durchzusetzen.

Obwohl 1992 festgestellt worden war, dass Hybridfahrzeuge flexibler waren als rein elektrisch betriebene und sich daher eher für die Serienproduktion eigneten, begegnete Volkswagen dem Hybridantrieb in den folgenden zehn Jahre mit zunehmender Skepsis. Zu einem Zeitpunkt, an dem Toyota voll in die Hybridforschungen investierte und fünf Jahre später mit dem ersten Großserienhybriden, dem Prius, die Autowelt revolutionierte, hakten die Wolfsburger dieses Thema vorläufig ab, und dass, obwohl sie mit dem Chico 1991 ein innovatives Stadtauto-Projekt auf die Räder gestellt hatten, das einen 6 kW starken Elektromotor mit einem Zweizylinder-Benzinmotor von 34 PS kombinierte. Zum damaligen Zeitpunkt konzentrierte sich Volkswagen ganz darauf, konventionelle Motoren zur Sparsamkeit zu erziehen, Ferdinand Piëchs »Ein-Liter-Auto« (1 Liter / 100 km) wurde zum Symbol für diese Bestrebungen. In den Serienbau umgesetzt wurden der unglückselige Golf Ecomatic und der Dreiliter-Lupo, die allesamt teuer und darob wenig erfolgreich waren. Allerdings ebneten sie der BlueMotion-Technologie den Weg.

Audis Hybridforschung kombinierte einen Diesel- mit einem Elektroantrieb, das Konzept-Fahrzeug Audi 100 Avant Duo stand auf der IAA 1989. Hier trieb die Elektrik auf die Quattro-Hinterachse. Es war ein vergleichsweise simples System, mit dem auf ein erwartetes Verbot von Verbrennungsmotoren in Städten reagiert werden sollte. Der A4 Avant Duo von 1997 war dann der erste europäische Hybrid, der in Kleinstserie zu einem exorbitanten Preis angeboten wurde. Angeblich wurden nur 60 Stück verkauft. Wie bei den Golf-Versuchen favorisierte Audi das Plug-in-Hybrid-Konzept, bei dem der Akku seinen Strom aus der Steckdose zog, was eine nicht ganz so große Batterie erforderte.

Im Jahre 1997 wurde die Automobil-Welt dann wie erwähnt durch die Ankunft des gewöhnungsbedürftig gestalteten Toyota Prius auf den Kopf gestellt. Der erste in Serie gefertigte Benzinhybrid setzte sich allmählich durch, und als er mit der zweiten Generation von 2003 von Hollywood-Stars entdeckt wurde, gelang ihm der weltweite Durchbruch. Japaner übernahmen die Führung im Bau von erschwinglichen Hybridautos. Toyota bietet inzwischen in den meisten Baureihen einen Hybridantrieb an, und 2015 haben die Hybridpioniere den ersten Großserienwagen mit Wasserstoffantrieb vorgestellt. Zwar stellt der Toyota Mirai eine Zumutung für das Auge dar, aber mit diesem Handicap startete ja bekanntlich auch der Prius, und der wurde trotzdem zu einem Erfolg.

Im Jahr 2008 griff Volkswagen das Hybrid-Thema mit dem Golf TDI Hybrid wieder auf, der als Designstudie mit TDI- und Elektromotor sowie Siebengang-DSG auf dem Genfer Automobilsalon stand. Auch hier wurde zunächst ein umfangreicher, auf vier Jahre angelegter und von der Regierung unterstützter Feldversuch angekündigt, mit dem analysiert werden sollte, wie Hybridfahrzeuge im Alltag genutzt werden und welche Vorteile diese Technik im Zusammenhang mit der Gewinnung von Energie aus erneuerbaren Quellen bieten kann. Zwanzig Golf Variant TwinDrive liefen im Versuch. Die gesamte Antriebseinheit wurde im Motorraum untergebracht: ein 1.4-TSI-Benzinmotor, der Generator sowie die elektrisch betätigte Kupplung zwischen Motor und Getriebe.

Der Druck auf Volkswagen, einen Hybriden anzubieten, wuchs gewaltig. *Autocar* schrieb bei der Einführung des Golf VI 2008, dass man im Eilverfahren die Arbeiten an einem Golf Hybrid aufgenommen habe, der unter dem Codenamen Leonardo entwickelt werde: »Wahrscheinlich wird ein 102 PS starker 1,2-Liter-Benzinmotor mit einem Elektromotor an der Hinterachse kommen.« Allerdings war 2010 der erste Volkswagen mit Hybrid, der kam, der große Geländewagen Touareg; 2012 folgte dann der Jetta Hybrid.

GTE: Der Hybrid-Golf

Erst im Jahre 2014, 30 Jahre nach den ersten Versuchen, stieg Volkswagen in die Großserienfertigung von Hybridfahrzeugen in der Kompaktklasse ein und bot den Golf als Plug-in-Hybrid an, um den vollelektrischen e-Golf zu ergänzen. Die Presse hatte bereits im Vorjahr erste Prototypen gefahren, sodass sich die Überraschung in Grenzen hielt. Das einzige, was etwas Aufsehen erregte, war die Tatsache, dass er als GTE vermarktet wurde, als umweltfreundliches Sportmodell mit GTI-Genen. Den Plug-in-GTE unterschied vom Jetta, dass die Batterie ihm eine etwas größere Reichweite im vollelektrischen Antrieb erlaubte, weil sie über Rekuperation wie auch über Ladekabel (oder Wallbox) aufladbar war. Mit einer Systemleistung von 204 PS war der Golf eine echte Alternative zum e-Golf, denn Befürchtungen, unterwegs ohne Saft liegenzubleiben, musste hier niemand haben, und Volkswagen war sowieso schon lange der Meinung, dass diese Kombination die populärste werden würde. »Mittelfristig bietet der Plug-in-Hybrid großes Potenzial, denn er vereint das Beste zweier Welten in einem Fahrzeug«, stellte Martin Winterkorn schon 2011 fest. »Der Plug-in-Hybrid bietet genau das, was viele Kunden erwarten: die unbegrenzte Leistung eines Verbrennungsmotors mit attraktiver, alltagstauglicher Elektromobilität.«

Mit dem GTE komplettierte Volkswagen sein Angebot an alternativen Antrieben für den Golf – einschließlich der Gasvariante. Nur ein konventioneller Hybrid fehlte, wer einen solchen suchte, musste mit dem Jetta vorlieb nehmen. Dadurch, dass Volkswagen

Der GTE erschien 2014 und war der erste serienmäßige Golf-Hybrid. Wie der e-Golf hatte er blaue Zierleisten und LED-Scheinwerfer. Die Alus im 16- oder 18-Zoll-Format waren ausschließlich für den GTE lieferbar.

Die Steckdose saß beim GTE hinter dem VW-Emblem im Grill. Der Tankeinfüllstutzen für den konventionellen Verbrenner saß an seinem gewohnten Platz.

Die Werbekampagne für den GTE begann im Dezember 2014 auch mit einer ganzen Reihe von Anzeigenmotiven, die darauf hinwiesen, dass Effizienz und Reichweite keinen Widerspruch darstellen mussten.

Im Frühjahr 2014 wurde der GTE der Öffentlichkeit vorgestellt; der Serienbau aber ließ noch auf sich warten.

erst relativ spät in die Hybrid- und Elektromobilität einstieg, profitierten die Wolfsburger natürlich von den jüngsten Fortschritten in Sachen Batterieentwicklung und verwendeten gleich von Anfang die Lithium-Ionen-Batterie-Technologie; diese Energiespeicher waren kleiner, leichter und leistungsfähiger. Dazu kamen die neuesten Steuer- und Regelsysteme, und da diese Technologie auf die MQB-Plattform ausgelegt war, war eine Ausweitung des Angebots auf andere Marken und Baureihen abzusehen.

Beim GTE saß der Kraftstofftank unter dem Kofferraumboden; die Batterie befand sich im Boden vor der Hinterachse und bescherte dem Golf einen Gewichtszuschlag von 120 Kilogramm. Das Leergewicht betrug 1.524 Kilogramm; ein 1,4-Liter-GT dagegen kam auf 1.270 Kilo. Wie beim Audi A3 e-Tron sorgte ein 1,4-Liter-TSI-Benziner mit 150 PS für Vortrieb, dazu kam ein 102 PS starker Elektromotor innerhalb des Getriebegehäuses; das Sechsgang-DSG war speziell für den Hybridantrieb entwickelt worden. Wann immer möglich, stellte die Trennkupplung den Ottomotor ab, beim »Segeln« zum Beispiel rollte der Golf ohne Antriebskraft. Je nach Batterieladezustand wechselte das Antriebssystem den Betriebsmodus, im Normalzustand (»Battery Hold«) wirkte der Elektromotor als Generator und lud die Batterie auf.

Beide Motoren zusammen ergaben eine Systemleistung von bis zu 204 PS, die dem GTE beinahe GTI-gemäße Fahrleistungen bescherten: Laut Werk beschleuniget der GTE in 7,6 Sekunden auf hundert. Und ein Systemdrehmoment von 350 Newtonmetern aus dem Stand heraus konnte auch keiner der – zugegebenermaßen nicht sehr zahlreichen – Konkurrenten bieten. Zum Vergleich: ein GTD mit seinem Zweiliter-TDI und 184 PS lieferte 380 Newtonmeter Drehmoment ab 1.750 Umdrehungen und beschleunigte auf Tempo 100 in 7,5 Sekunden. Den Fahrer erwartete ein 6,5 Zoll großer Touchscreen in der Instrumententafel mit all den Gadgets, die man in so einem Hybrid erwarten durfte, darunter Reichweitenmonitor und Energieflussanzeige sowie ein »e-manager«, mit dem Abfahrts- und Ladezeiten programmiert und der Fahrzeuginnenraum entsprechend temperiert werden konnten. Diese Funktionen ließen sich auch per Smartphone oder Internet abfragen und überwachen, das hieß dann »e-Remote«.

Der GTE verfügte über fünf verschiedene Fahrmodi, gestartet wurde normalerweise im »E-Mode«, in dem nur der Elektromotor arbeitete. Im Gegensatz zum Jetta Hybrid, der maximal zwei Kilometer rein elektrisch zurücklegen konnte, schaffte ein GTE bis zu 50 emissionsfreie Kilometer, je nach Bedingungen. Theoretisch, so VW, könnte ein GTE wochenlang fahren, ohne dass der TSI-Motor ansprang. Der Ladevorgang an einer Haushalts-Steckdose dauerte drei Stunden und 45 Minuten, an speziellen Ladestationen nur zweieinviertel Stunden. Die volle Systemleistung stand übrigens nur im »GTE-Mode« zur Verfügung, was sich auf Fahrwerk und Antrieb auswirkte.

Basierend auf den europäischen Testverfahren kam der Plug-in-Golf auf einen Normverbrauch von 1,5 l und 11,4 kWh pro 100 km. In der Testwirklichkeit sah das natürlich ein wenig anders aus, *auto motor und sport* kam auf 5,1 Liter und 16,6 Kilowattstunden. Der GTE kostete mindestens 36.900 Euro, das war so ziemlich die einzige Schwachstelle jenes Lückenfüllers zwischen den Golf mit Verbrennungsmotor und jenem mit Elektroantrieb.

e-Golf: Die Elektro-Stromer

Volkswagens erste Versuche begannen 1976 mit dem Einbau eines 20 kW starken Elektromotors in einen Golf, wobei, wie oben beschrieben, zuvor schon Versuche mit Elektrotransportern gelaufen waren. Der umgebaute Golf diente dann bis Mitte der Achtziger als rollendes Versuchslabor für die unterschiedlichen Batterietypen und Elektromotoren. Limitierender Faktor waren stets die Batterie, je größer die Energiespeicher, desto größer waren Raumbedarf und Gewicht. Später untersuchte man auch die Verwendbarkeit von Natrium-Schwefel-Batterien, da sie die doppelte Energiedichte von Blei-Säure-Einheiten aufwiesen. Ihr Nachteil lag in den hohen Betriebstemperaturen von 300 °C.

Im Jahr 1981 erfolgte zusammen mit dem Energieerzeuger RWE die Entwicklung des ersten Golf CityStromer. Zwanzig Golf I wurden zu Testzwecken an Privatfahrer abgegeben, doch bestand wahrscheinlich niemals die Absicht, diese Fahrzeuge in Serie zu produzieren. Jeder CityStromer kostete – Stand 1983 – in der Produktion 50.000 Mark; ein konventioneller Basis-Golf II stand dagegen für DM 13.490,- in den Preislisten; und selbst bei einer Großserie hätte ein Elektrogolf immer noch mindestens 25.000 Mark gekostet.

Volkswagen setzte die Zusammenarbeit mit RWE auch bei der Folgegeneration fort; dieser zweite Golf CityStromer (es gab auch einen Jetta) wurde zwischen 1984 und 1985 produziert. Mit einem 18,5 kW starken Drehstrom-Motor und 16 Blei-Gel-Batterien unter dem Kofferraumboden lag die Reichweite bei etwa 50 Kilometern. Geheizt wurde mit Diesel, und getankt wurde an der heimischen Steckdose. Nur etwa 100 Links- und zwei Rechtslenker wurden gebaut, einer der Letzteren tauchte später wieder auf und wurde 2010 vom britischen VW-Importeur gekauft und restauriert.

Insgesamt 120 Einheiten einer dritten CityStromer-Generation entstanden im Rahmen eines Joint Venture mit Siemens zwischen 1993 und 1996 im Werk Mosel und waren auch zu kaufen. Sie sollten fast 50.000 Mark kosten und waren damit etwa doppelt so teuer wie ein Basis-Golf III.

Hier kam erstmals eine Batterieaufladung mit Bremsenergie-Rückgewinnung (Rekuperation) zum Einsatz, die mehr als zehn Jahre später beim Golf zum Normalfall werden sollte. Die Kraftübertragung erfolgte über ein Viergang-Schaltgetriebe anstelle einer stufenlosen Automatik. Die Reichweite lag hier laut Werk bei ungefähr 90 Kilometern, entsprechende Schleichfahrt vorausgesetzt.

Danach erlahmte das Interesse am elektrischen Golf-Programm, die Entwicklungskapazitäten konzentrierten sich auf den TDI-Diesel. Obwohl ursprünglich nur für Unternehmen von Interesse, haben inzwischen nicht wenige CityStromer bei Fans ein neues Zuhause gefunden. Angeblich existieren heute noch 80 elektrische Golf III.

Elektroautos kehrten 1996 mit dem EV1 von General Motors in die Schlagzeilen zurück. Dieser fortschrittliche Zweisitzer, war von Grund auf als Elektroauto konzipiert worden war und stellte eine

Fast die gesamte Elektro-Flotte auf einen Blick: Der Feldversuch erfolgte zusammen mit dem Energieversorger RWE, der die Ladeinfrastruktur zur Verfügung stellte. (Foto: RWE Archiv)

Nach den ersten Versuchen mit dem Elektro-Transporter bestand der nächste Schritt darin, einen Elektroantrieb auch im Personenwagen zu erproben.

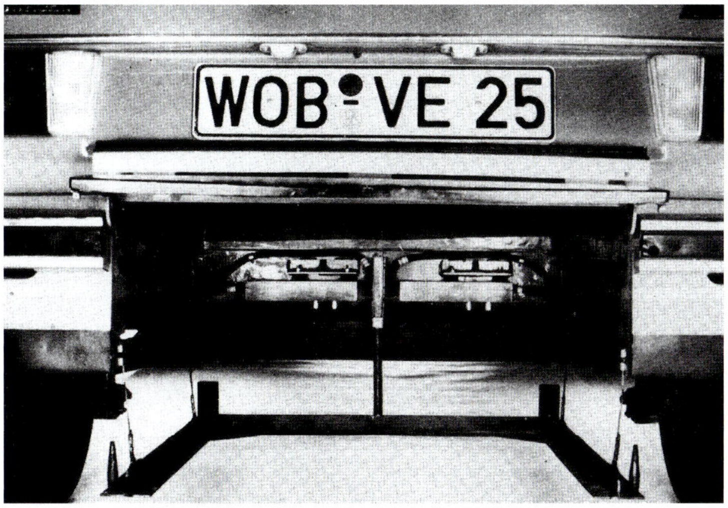

Mit dem Elektrogolf wurden bis in die Achtziger verschiedene Antriebs- und Batteriekonfigurationen erprobt.

Das RWE-Batteriepaket des Golf war nach Maßstäben der Achtziger »kompakt«. (Foto: RWE Archiv)

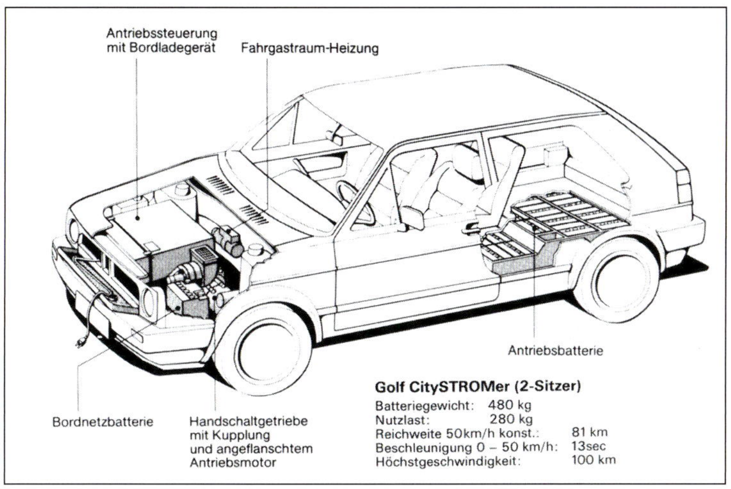

Die Funktionsweise des Elektro-Golf in schematischer Darstellung. Der Elektroantrieb erforderte nur wenig Abstriche an der Alltagstauglichkeit.

Ein CityStromer an der Steckdose. Das Ladekabel wurde hinter dem Nummernschild verstaut. (Foto: Volkswagen Classic)

Das Batteriepaket bestand aus 16 Blocks, die teilweise im Motorraum (dort abgedeckt), teilweise im Wagenboden untergebracht waren, was die uneingeschränkte Nutzung des Kofferraums gestattete. (Foto: Autor)

Der CityStromer sah aus wie ein ganz gewöhnlicher Golf III. Tatsächlich waren die bunten Aufkleber das Auffallendste daran.

Gegen die Verschrottung des EV1 formierte sich Protest. EV1 und diverse Toyota RAV4 EV nahmen an der symbolischen Bestattung im Juli 2003 auf dem Hollywood Forever Cemetery teil. (Foto: Plug In America, © CC BY-SA 2.0)

Ein Testfahrzeug an der Steckdose in Wolfsburg. Auch am Phaeton-Produktionsstandort Dresden waren Testfahrten mit dem E-Golf möglich.

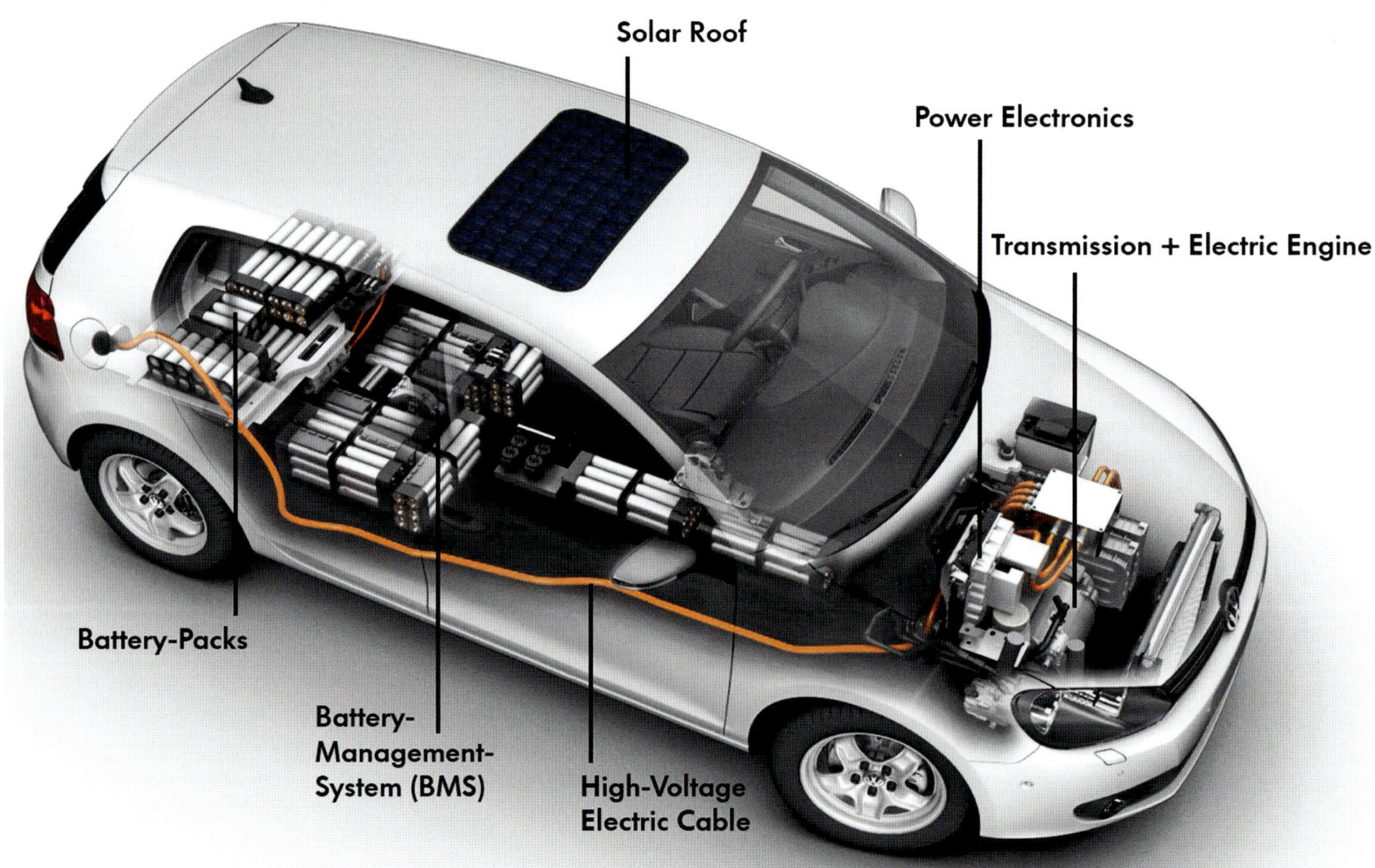

Basierend auf dem Golf VI, wurde der Golf Blue-e-motion einem großangelegten Feldversuch unterzogen. Seine Antriebstechnik fand sich dann im Golf VII.

vorweggenommene Reaktion auf die kalifornische Gesetzgebung dar, die Zero-Emission-Fahrzeuge forderte. Außerdem war der EV1 ein hervorragendes technologisches Aushängeschild für das Unternehmen. Bis 1999 wurden 1.117 Stück gebaut und nur an handverlesene Nutzer abgegeben, die den Wagen auch nicht kaufen, sondern lediglich leasen konnten. Im Jahre 2003 lief das Förderprogramm aus, General Motors rief die Mehrheit der Leasingautos zurück und verschrottete sie trotz aller Kritik daran: Das Elektroauto schien tot zu sein, oder es war, wie manche es sahen, durch eine Verschwörung der Ölindustrie »ermordet« worden.

Inzwischen betrieb Volkswagen weitere Hybrid- und Batterie-Studien und baute Concept Cars, aber 2010 schienen die Wolfsburger dann doch hinter den Wettbewerb zurückgefallen zu sein, während andere große Hersteller auf Zug der jungen Elektroauto-Mobilität aufsprangen. Der fünftürige Chevrolet Volt (auch als Opel oder Vauxhall zu haben) genoss für eine gewisse Zeit die Aufmerksamkeit der Medien, aber ein echtes Elektrofahrzeug war er streng genommen auch nicht. Wohl fuhr er fast ausschließlich elektrisch, doch er hatte einen kleinen Benzinmotor, der allerdings nur zur Stromerzeugung und nicht zum Antrieb der Räder diente. Im selben Jahr erschien der Nissan Leaf, ein echtes Elektrofahrzeug. Der französisch-japanische Autobauer Renault-Nissan kündigte die Einführung von vier Elektroautos ab 2011 an, und BMW brachte nach diversen Studien mit elektrifizierten Minis 2013 eine neue Submarke an den Start: Bei den »i-Modellen« von BMW handelte es sich um vollelektrische Carbonflitzer im futuristischen Design, einen viertürigen Stadtwagen namens i3 und einen nicht weniger extravaganten Sportwagen mit der Bezeichnung i8. Mehr und mehr Hersteller fühlten sich also verpflichtet, in diesen sehr kleinen und unsicheren Markt zu investieren. Dabei waren zwei Entwicklungsansätze zu beobachten: Es entstanden entweder von Grund auf neue Elektroautos, die keine Kompromisse im Design machten und entsprechend extravagant aussahen (Nissan Leaf, BMW i3, Renault Zoe), oder aber man adaptierte ein schon existierendes Modell, was den Vorteil hatte, dass die Nachbarschaft nicht in Ohnmacht fiel ob der Extravaganz. Vertreter dieser Kategorie waren der Renault Fluence, oder eben der e-Golf. Laut einer VW-Untersuchung von 2013 legten potenzielle Käufer von Elektrofahrzeugen sowieso mehr Wert auf Alltagstauglichkeit und Benutzerfreundlichkeit als auf extravagantes Design.

Daher lieferte der Gigant aus der Heide auch keine Designeskapaden, sondern beruhigend Vertrautes für seine Kundschaft. Im Jahr 2011 entließ er eine Flotte von 500 Elektro-Prototypen auf die Straßen, mit diesen »Golf Blue-e-motion« (basierend auf der sechsten Generation) begannen die Tests unter realen Bedingungen und mit der Technik, die dann 2013 mit dem Golf VII in Serie gehen sollte.

Zu dem Zeitpunkt war die Öffentlichkeit endlich reif für eine Elektromobilität. Unternehmen wie private Autofahrer wurden zusehends in die Testreihen mit einbezogen, und Besucher des Werks in Wolfsburg konnten einen elektrischen Golf auf einem Parkplatz testen. »In dieser Phase war es uns möglich, alle Aspekte in Bezug auf technische Details, das alltägliche Fahrverhalten und die Anforderungen der Nutzer vor Beginn der Serienproduktion zu untersuchen«, sagte Dr. Rudolf Krebs, Konzernbevollmächtigter für die Elektro-Traktion. Aspekte des Umweltschutzes rückten noch stärker in den Mittelpunkt der deutschen Innenpolitik – und nach der Atomkatastrophe im japanischen Fukushima 2011 sowieso –, was sich im Vorhaben der Bundesregierung zeigte, bis 2020 in Deutschland eine Million reiner Elektrofahrzeuge auf den Straßen zu haben. Im November 2010 wurde im Rahmen einer Pressekonferenz vom »Lenkungskreis Nationale Plattform Elektromobilität« noch einmal festgestellt: »Gemeinsames Ziel von Industrie und Politik ist die Entwicklung Deutschlands zum Leitmarkt und Leitanbieter für Elektromobilität.« Und der Strom dafür sollte aus erneuerbaren Energien kommen und nicht etwa aus Kernkraftwerken, denn da war der Ausstieg beschlossen worden.

Wir können auch anders: Der XL1 von 2013 war die Essenz zehnjähriger Entwicklungsarbeiten, die mit dem Einliter-Volkswagen ihren Anfang genommen hatten. Der XL1 war von Anfang an nur für eine Kleinserienfertigung bestimmt.

Für Volkswagen hieß das: Weg von den kompromissbehafteten CityStromern, hin zu einem unauffälligen Fünftürer mit uneingeschränkter Alltagstauglichkeit. Die Batterien wurden nun nicht mehr im Kofferraum und unter den Rücksitzen platziert, sondern auch um den Mitteltunnel angeordnet, was zu einem Kofferraumvolumen von 279 Litern führte. Um sie zu kühlen, wurde ein separater Kühlkreislauf installiert. Im Motorraum montiert, erhöhte der 115 PS starke Elektromotor – eine Asynchron-Permanentmagnet-Maschine – samt Getriebe, Differenzial und Ladeelektronik das Gesamtgewicht um lediglich 205 Kilogramm gegenüber einem herkömmlichen Diesel-Golf. Die Leistungsentfaltung lag laut Werk für den Standardsprint auf 100 Stundenkilometer bei 11,8 Sekunden, und die Reichweite zwischen den Ladevorgängen betrug 150 Kilometer – mehr als genug, so Volkswagen, denn das statistische Bundesamt habe ermittelt, dass 46 Prozent all derjenigen, die sich morgens mit dem Wagen zur Arbeit quälten, weniger als zehn Kilometer zurücklegten.

Die Akzeptanz der Kunden war eher gering, zumal die von den Herstellern geforderte staatliche Förderung weiter auf sich warten ließ. In anderen Ländern, etwa Norwegen, wo der Staat die Anschaf-

Auf der Auto Shanghai 2015 stellte Volkswagen einmal mehr seine Fahrzeugpalette mit alternativen Antrieben in den Mittelpunkt: den e-up!, den e-Golf und den GTE.

fung eines Elektrofahrzeugs mit 5.000 Euro subventionierte, war die Nachfrage anders (und in der Tat so groß, dass die Regierung dann 2015 wegen des großen Erfolges beschloss, die Förderung zu kürzen); in Deutschland aber wurde noch immer diskutiert, ob Elektrofahrzeuge zumindest die Bus- oder Taxispuren benutzen dürften.

Der Nissan Leaf verkaufte sich mit 12.000 Einheiten im ersten Halbjahr 2012 weltweit am besten, wobei die Prognose eigentlich über 40.000 Einheiten gelautet hatte. Ein Facelift und kräftige Preissenkungen im Jahr 2013 ließen den Absatz zwar anziehen, doch bewegten sich die Absätze bei allen Elektrofahrzeugen im überschaubaren Rahmen: Auf rein oder teilweise batteriebetriebene Fahrzeuge entfielen 4.157 der Pkw-Neuzulassungen in Deutschland im Jahr 2012, 11.000 waren es dann in 2014, wobei der i3 mit 2.231 Exemplaren der erfolgreichste Stromer war. Der Golf kam im selben Zeitraum auf 601 Neuzulassungen. Volkswagen hielt das Thema aber aktuell, veranstaltete Symposien und Workshops für Pressevertreter, baute seine Flottenversuche aus, und um darzulegen, dass es gewiss nicht an Innovationsfreude mangelte, erschien in dreistelliger Kleinserie 2013 der XL1 »Hybrid Supersportwagen« – frei verkäuflich, sofern man denn gewillt war, 110.000 Euro hinzulegen. Das futuristische Gefährt stand im krassen Gegensatz zur Konzernlinie, seine alternativen Antriebskonzepte in eine konventionelle Hülle zu stecken, eine Richtung, die alle Großserienhersteller einschlugen.

Im September 2013 unterstrich der Konzern einmal mehr seine Absicht, bis 2018 zum weltgrößten Automobilhersteller der Welt aufzusteigen, und auch in Sachen alternative Antriebe beanspruchte man die Führungsrolle: Kein anderer Hersteller bot innerhalb einer Fahrzeugreihe so viele verschiedene Antriebskonzepte an, und der Elektro-Golf war der neueste Ausdruck dieses Anspruchs. Elektromotoren, Getriebe und Lithium-Ionen-Batterien wurden, so war bei der Pressevorführung zu erfahren, im eigenen Haus entwickelt und in Deutschland bei Volkswagen hergestellt. Auf der IAA wurde neben dem e-Golf (jetzt ohne »BlueMotion«-Zusatz) auch der e-Up! vorgestellt. Der Kleinwagen ging zuerst in den Verkauf, die ersten e-Golf folgten in Europa im Sommer 2014, dann in den USA.

Der e-Golf auf Basis der siebten Generation machte einen deutlich geschliffeneren und ausgereifteren Eindruck als sein Vorgänger, die langwierigen Versuche hatten Wirkung gezeigt. Für Vortrieb sorgte weiterhin der 115 PS starke Elektromotor, aber er beschleunigte auf Tempo 100 in 10,4 Sekunden, und aufgrund des Wirkungsgrades eines Elektromotors konnte das komplette Drehmoment von 270 Newtonmetern sofort abgerufen werden. Die Höchstgeschwindigkeit war elektronisch auf 140 km/h begrenzt.

Im Jahr 2017 folgte der e-Golf allen optischen Aktualisierungen der anderen Facelift-Golf-7, behielt aber seine »C-Signatur« LED-Tagfahrleuchten in den äußeren Kanten der Frontschürze bei. Während der Antriebsstrang des hybriden Golf GTE unverändert blieb, erhielt der e-Golf einen Zuwachs an Batteriekapazität – und damit die so wichtige Reichweite. Alle neuen Elektroautos verkündeten mit ihrem unverwechselbaren Design lautstark, was sie sind. Der e-Golf blieb die diskrete Wahl.

Aber 2019 war der e-Golf am Ende seiner Zeit angelangt. Zu diesem Zeitpunkt war bereits bekannt, dass der Golf 8 nicht als reines Elektroauto angeboten werden würde, da der erste der neuen vollelektrischen Modelle, der ID.3, diese Rolle übernehmen würde. Der ID.3, der 2016 als Konzept vorgestellt wurde und auf der IAA 2019 in Frankfurt als Serienfahrzeug zu sehen war, sorgte für Begeisterung wie bei Tesla: Noch vor der Eröffnung der Messe im September lagen 30.000 Bestellungen vor. Vielleicht durch das Interesse am ID.3 beflügelt, war es ein gutes Jahr für den e-Golf. Von Januar bis Oktober 2019 wurden weltweit rund 27.900 Fahrzeuge an Kunden ausgeliefert, die größten Märkte waren Norwegen, Deutschland, die USA, Großbritannien und die Niederlande.

Im November 2019 feierte Volkswagen die Produktion des 100.000. e-Golf in der Gläsernen Manufaktur in Dresden. »Der heutige Meilenstein von 100.000 ausgelieferten Fahrzeugen ist eine

Bestätigung dafür, dass der e-Golf seine Mission erfolgreich erfüllt. Er spielt damit eine wichtige Rolle bei der Mobilitätswende für viele Kunden und ebnet den Weg für den neuen ID.3«, sagte Holger B. Santel, Leiter Vertrieb und Marketing Deutschland.

Die Serienproduktion des ID.3 begann in Zwickau im November 2019, doch der e-Golf lebte bis ins Jahr 2020 weiter, 74 Stück liefen im Sommer noch in Dresden vom Band. Er war ein entscheidender Schritt in die elektrische Zukunft von Volkswagen. Der Volkswagen Konzern wollte bis 2029 rund 26 Millionen Elektrofahrzeuge verkaufen. VW wollte seinen weltweiten CO2-Fußabdruck bis 2050 auf Null reduzieren und daher um 2040 das letzte Auto mit Verbrennungsmotor produzieren.

Alle Antriebs- und Steuerungssysteme des e-Golfs passten unter die Motorhaube. Der Besitzer musste noch die Brems- und Kühlflüssigkeit sowie das Scheibenwaschwasser überprüfen.

Das war die Zukunft. Das erste reine Elektroauto von Volkswagen, der ID.3, ging im November 2019 im Werk Zwickau in Produktion. Dort wurden bis Juni 2020 auch alle Golf-Variant-Modelle gefertigt.

Die e-Golf-Verkäufe stiegen mit dem zunehmenden Interesse an Elektroautos. Das 2019er Modell behielt die markanten Räder im Aero-Stil und verfügte wie alle klassischen VW-Modelle mit E-Antrieb über die C-förmigen Tagfahrleuchten in der Schürze.

Der Golf im Motorsport

Ein typischer Formel Vee-Renner, der Karringer K1, den Marc Surer 1974 pilotierte. (Foto: Volkswagen Motorsport)

Auch wenn der Motorsport bei Volkswagen nie oberste Priorität genoss, so gab es doch schon seit Käfer-Tagen irgendwelche Ausgeflippten, die versuchten, damit Rennen zu fahren. Und so darf es auch nicht verwundern, dass an jedem Wochenende irgendwo auf irgendeiner Strecke in irgendeiner Rennserie getunte Golf antraten. Über diese Fahrzeuge zu schreiben, hieße ein weiteres Buch zu schreiben, doch die Anfänge des VW-Motorsports mit dem Golf gehören tatsächlich hierher: Schließlich ging Volkswagen Motorsport in den 1970er und 1980er Jahren bei europäischen Rallye-Veranstaltungen mit Werkswagen an den Start.

Wie gesagt: Vor dem Golf hatte das Werk nur wenig Motorsport getrieben, mal abgesehen vom Formel-Vau-Engagement und der Unterstützung ausgewählter Privatiers. Die amerikanische Weisheit »win on Sunday, sell on Monday« hatte für VW keine Bedeutung: Der Käfer verkaufte sich auch so wie geschnitten Brot. Es gab also zunächst keine Motorsport-Abteilung, und Heinrich Nordhoff hielt es eher mit Churchill: »No Sports!«.

Doch im Motorsport-verrückten Amerika braute sich etwas zusammen. Die Formula Vee entwickelte sich dort im Jahr 1963 und schwappte dann über nach Europa, schließlich mit wassergekühlten Motoren. Es war eine Serie, die spätere Formel-1-Weltmeister wie Jochen Rindt, Keke Rosberg, Nelson Piquet und Niki Lauda hervorgebracht hat. Für die »Formula Vee Association of Europe« machte Nordhoff 1966 gut 100.000 Mark locker, der Verband wurde komplett von Volkswagen finanziert, agierte aber unabhängig von den Wolfsburgern. Nachdem das Werk solcherart auf den Geschmack gekommen war, entstand 1972 die Volkswagen-Motorsport-Abteilung in Hannover. Ihr Chef Rosorius hatte vorher den Formel-V-Verband geleitet.

Das Potenzial der neuen Generation von wassergekühlten Frontantriebswagen erkannten zuerst Privatteams und Tuner. Im Jahr 1975 nahm sich die Firma Schrick einen Audi 50 vor, bohrte den Motor auf 1.150 Kubik auf, versah ihn mit einer Doppelvergaser-Anlage und entlockte ihm beeindruckende 115 PS. Nothelle Tuning bot ebenfalls eine Rennversion an.

1974 baute die VW Motorsport in Hannover für Rallyes nach dem Reglement der Gruppe 1 für Fahrzeuge bis 1,5 Liter Hubraum einen Rallye-Golf auf für Freddy Kottulinsky, einen Privatier, der normalerweise auf BMW und Audi startete. Den weltweit ersten Golf für Rundstreckenrennen baute der ehemalige NSU-Tuner Rolf Nothelle im Jahr 1975 auf, der auf dem Hockenheimring unter Bernd Lielier den ersten Sieg einfuhr. Nothelles »rote Renner« wurden so etwas wie eine Legende.

VW Motorsport unterstützte zunächst einzelne Rundstreckenveranstaltungen, die für seriennahe Fahrzeuge ausgeschrieben waren. Mit dem Scirocco-Cup wurde 1976 eine erste eigene Meisterschaft installiert; die US-Werbung bewarb das Coupé dann auch als »Racing Volkswagen«. Schon im nächsten Jahr aber (und dann jedes weitere bis 1982) wurde der Cup mit identischen Golf ausgetragen.

Die Cup-GTI dienten dann als Ausgangsbasis für den Aufbau von Serien-Tourenwagen nach dem Reglement der Gruppe 1. Sie sollte Motorsport für kleines Geld ermöglichen und war ausgeschrieben für Großserienwagen. Ein Gruppe-1-GTI kam auf 138 PS bei 7.300/min und ein Leergewicht von 870 Kilogramm. Mit der längsten Übersetzung rannte er dann 210 km/h. Rund 30.000 Mark kostete ein solcher rennfertiger GTI. Damit traten Sportfahrer sowohl in der Gruppe 1 als auch in der Gruppe 2 an. Laut Definition in der Motorsport-Gesetzgebung Anhang J von 1976 handelte es sich bei diesen GTI um sogenannte »Tourenwagen«. Dabei war der technische Spielraum für Modifikationen deutlich weiter gefasst als bei der kleineren Gruppe. Gefordert waren 1.000 Homologationsexemplare und ein Gewichtslimit nach Hubraum. Es gab Vorschriften für Reifenbreiten, Mindestgewichte und Kotflügelverbreiterungen: Mehr als zehn Zentimeter hohe und fünf Zentimeter bereite Ausbuchtungen waren nicht mehr erlaubt.

Der 162 PS starke Nothelle-Golf von 1975 war einer jener »roten Renner«, die zur Legende wurden. Restauriert von Markus Nothelle, dem Sohn von Rolf, war er erstmals seit Jahrzehnten 2012 wieder auf der Rundstrecke unterwegs. (Foto: Volkswagen Driver magazine)

Die Konkurrenz aber tummelte sich auf den Schotterpisten, und daher stand auch der werkseitige Einsatz von Rallyefahrzeugen zur Diskussion. Mit dem Golf GTI von 1976 stand ein geeignetes Basisfahrzeug zur Verfügung, das auch in einer »Grundkonfiguration« für den Rennsport gekauft werden konnte.

Die Wagen nach dem Gruppe-1-Reglement (Serien-Tourenwagen) durften ab 1977 an der Rallye-WM teilnehmen; 1978 war VW mit dem knapp 140 PS starken Gruppe-1-Golf bei der Rallye Monte Carlo am Start. Der Aufbau der Motoren erfolgte im Volkswagen-Auftrag bei Spezialisten und der Universität Hannover. Die ersten GTI-Motoren von 1977 produzierten 120 PS (Serie 110 PS), aber im Jahr 1978 entstand eine Gruppe-2-Version mit einem speziellen Zylinderkopf und Zenith-Kraftstoffeinspritzung, die 180 PS erzeugte. Jochi Kleint sicherte sich mit einem solchen Exemplar bei einer der Hunsrück-Rallye 1978 einen zweiten Platz. Kleint war der erste Rallye-Fahrer mit einem offiziellen Volkswagen-Vertrag. Im Winter 1978 traten er und Andreas Hänsch versuchsweise mit einem Turbo-Diesel bei der Rallye Monte Carlo an und sorgten für

Aufsehen, als sie das Rennen auf dem 13. Rang – von 270 Teilnehmern – beendeten.

Der erste Gewinn für den Gruppe-2-Golf folgte im September 1979 bei der Sachs-Baltic-Rallye, wo der schwedische Rallye-Star Per Eklund am Steuer saß. Der Gruppe-2-GTI wog 790 Kilogramm und leistete gut 170 PS. Die Gruppe-2-Tourenwagen waren bei der Rallye-WM und EM zu beobachten, sie waren bei der Tourenwagen-EM und beim ONS-Rundstreckenpokal am Start. Mit dem GTI gab es zum Ende des Jahrzehnts den ersten nationalen Vize-Meistertitel und den ersten Sieg bei einem EM-Lauf. Ein mit Werksunterstützung eingesetzter GTI erhielt für die 1980er Rallye Monte Carlo eine Pierburg CS-Einspritzanlage und fuhr im gelben Lackkleid des Sponsors. Eklund und Beifahrer Hans Sylvan kamen unter widrigen Bedingungen auf den fünften Platz. Die Teamfarbe wechselte von Gelb auf Grün zwischen 1981 und 1982, nachdem Halspastillen-Hersteller Rheila als Sponsor auftrat. Der grüne Golf wurde als »Rheila-Frosch« bekannt (seinerzeit warb Rheila mit dem Slogan »Gegen Frosch im Hals«). Und trotz eines bemerkenswerten Abflugs, als sie ihren Golf gegen einen Baum setzten, holten Alfons Stock und Co Paul Schmuck die Deutsche Rallye-Meisterschaft 1981. Per Eklund fuhr einmal mehr für VW bei der Rallye San Remo 1982. Sein Golf war nach Gruppe-4-Spezifikationen aufgebaut und hatte einen 16-Ventil-Motor von Oettinger mit jetzt 193 PS. Bevor er nach Kupplungsversagen ausschied, lag er in den Top Ten.

Ermutigt von den insgesamt doch sehr anständigen Erfolgen mit der ersten Generation im Rallyesport, begann die Volkswagen Motorsport sich bei der zweiten dann sehr stark im internationalen Rallyesport – World Rallye Championship WRC – zu engagieren, was auch zum Bau von Homologationsmodellen wie dem Golf Rallye und dem G60 führte. Im Jahr 1982 änderte sich in der Rallye-WM das Reglement, es gab die Gruppe A für seriennahe Fahrzeuge und die sehr offene Gruppe B, die zu solchen schier unbeherrschbaren (und kurzlebigen) Prototypen wie dem Ford RS 200 und anderen Monstern führte. In diesem Umfeld hatte ein Golf nichts verloren, Volkswagen beschränkte sich auf die Gruppe A. Und dort hatte ein weiterer Schwede für Furore gesorgt. Der Privatfahrer hatte mit einem Golf I den Etablierten eifrig Punkte weggeschnappt und erregte die Aufmerksamkeit des Unternehmens. Kalle Grundel markierte

Der Golf nach Tourenwagen-Reglement war auch bei Rallyeveranstaltungen startberechtigt. Dieser hier fuhr 1979 bei der Hunsrück mit. (Foto: Volkswagen Motorsport)

Der bekannte britische Rundstreckenfahrer Richard Lloyd 1978 in Aktion. Sein GTI hatte zwar »nur« 110 PS, war aber in Fahrwerk und Bremsen gegenüber der Serie wesentlich verbessert worden.

Der Nachbau des gelben CS-Pierburg-Golf von 1981 ist im historischen Rallye-Sport unterwegs. (Foto: Volkswagen Classic)

Der Rheila-Golf bei der San Remo 1982. Unter der Haube saß ein 16V-Motor. (Foto: Volkswagen Motorsport)

Der G60 in der WM-Saison 1990. Auch wenn er im Wettbewerb nicht erfolgreich war, so war er doch der erste einer ganzen Reihe von Allrad-Entwicklungen. (Foto: Volkswagen Motorsport)

eine bemerkenswerte Episode in der Gruppe-A-Karriere des Golf II 1984. Sein Auto mit 1,8-Liter-Motor produzierte 160 PS. Mit Co-Pilot Peter Diekmann gelangen ihm Klassensiege bei der Portugal-Rallye und der San Remo. »Man musste beim alten Auto schon eine Menge Arbeit leisten, um es mit Lenkrad und Pedalen sauber um die Ecken zu zirkeln, weil der Wagen sehr nervös war«, so Grundel in einem Interview aus jener Zeit. »Das neue Auto hat einen sehr viel breiteren Grenzbereich, ist am Limit nicht so kritisch. Es reagiert gutmütiger, also ist es schneller. Der längere Radstand gibt mehr Stabilität und die Aufhängung mehr Federweg – diese beiden Faktoren ergeben ein komplett neues und viel besseres Auto.«

Volkswagens Motorsport-Team war winzig im Vergleich zu den Wettbewerbern wie Toyota, und selbst in der besten Saison, 1986, schraubten nur 15 Mechaniker für das Team – lächerlich wenig im Vergleich zu den Großen, die 100 und mehr hatten. Das Sportgerät von Kenneth Eriksson und dem deutschen Meister Peter Diekmann als Beifahrer war ein Golf GTI 16V mit 194 PS. Damit gelangen ihnen drei Klassensiege, vier zweite Plätze und zwei dritte Plätze in der Rallye-WM, das reichte für den einzigen Gesamtsieg von Volkswagen in der WRC.

Von 1987 bis 1989 sorgte der GTI weiterhin für anständige Resultate in der Gruppe A, und das Unternehmen war bereit für den nächsten Schritt: Der neue, aufgeladene Golf Rallye G60 sollte gegen die mächtigen Lancia Delta Integrale antreten und versuchen, die Königsklasse der WRC zu gewinnen. Um homologiert zu werden, mussten mindestens 5.000 Fahrzeuge mit Straßenzulassung gebaut werden, 5.600 Einheiten entstanden. Der Rallye G60 hatte Allradantrieb wie seine Konkurrenten, aber 280 PS waren nicht genug: In der Saison 1990 bestand das einzige nennenswerte Ergebnis in einem dritten Platz bei der Neuseeland-Rallye. Der Gewinn der Deutschen Rallye-Meisterschaft im nächsten Jahr war da nur ein schwacher Trost.

Mit dem Generationswechsel war die Zeit der Kompromisse vorüber, Volkswagen machte Nägel mit Köpfen und baute auf Basis des Golf III einen reinrassigen Wettbewerbswagen: Für die Saison 1994 sollte der A59 zum Einsatz kommen, doch wegen der Krise des Jahres 1992 blieb es bei den beiden Prototypen, die Rallye-Weltmeisterschaft war für Volkswagen damit abgehakt. Allerdings gab es Rallye-Versionen des Golf III, mit dem Golf GTI 16V wurden diverse Abstecher in die WRC unternommen, dort dann in der Formel 2, ausgeschrieben für Fahrzeuge mit nur zwei angetriebenen Rädern. Diese Klasse lief von 1993 bis 1999. Obwohl der Golf im Grunde genommen gegenüber dem speziellen Seat Ibiza Cupra keine Chance hatte, schafften die Motorsportler aus Hannover den Klassensieg in den Jahren 1996, 1997 und 1998, wobei die 280 PS starken F2-GTI 16V teilweise auch die jeweiligen nationalen Championate für sich entscheiden konnten.

Um die Jahrtausendwende endete die Golf-Ära im Rallyesport, das Engagement von Volkswagen beschränkte sich auf die Unterstützung der jeweiligen Importeure bei Tourenwagen- und Cup-Rennen. Erst 2012 betrat VW dann wieder die große Bühne. Mit dem WRC Polo dominieren die Wolfsburger von 2013 bis 2016 die Rallye-WM und gewannen stets die Hersteller- und Fahrerwertung. Ende 2016 - und im Zuge der Dieselkrise - kündigte Volkswagen Motorsport an,

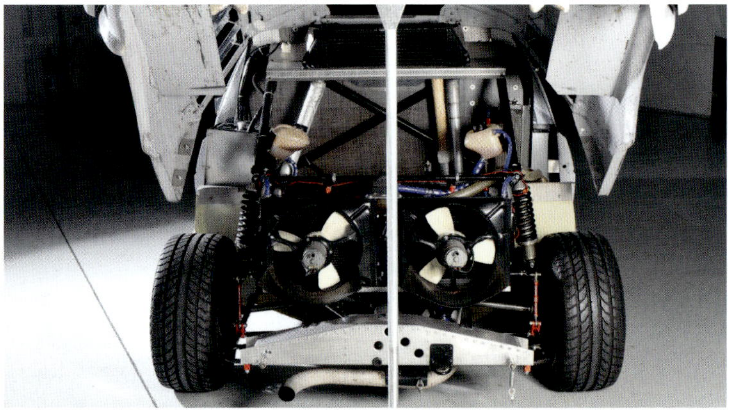

Um den Bekanntheitsgrad des Golf in den USA zu steigern, jagten ihn seine Väter den Berg hoch: Beim berühmten Bergrennen von Pikes Peak kamen zuerst Scirocco und Jetta mit Doppelmotor zum Einsatz, 1986 gefolgt von einem Golf mit zwei 1,3-Liter-Polo-Maschinen und 500 PS. Im Folgejahr hatte der Golf nun zwei 1,8-Liter-16V-Turbos und 652 PS. Beim Rennen kollabierte die Vorderradaufhängung. (Fotos: Volkswagen Classic)

Die Renn-Golf wurden bei VW Motorsport in Hannover aufgebaut, hier zu sehen drei Rallye Golf. (Foto: LAT)

Volkswagen Racing UK setzte diesen Golf III bei nationalen Rallye-Veranstaltungen 1994 ein.

VW-Tochter Seat ist mit dem Leon Cup Racer in der seit 2015 ausgetragenen TCR-Serie unterwegs, und auch Volkswagen war mit von der Partie. Mitte Juli 2015 wurde der TCR-Racer auf Golf-Basis für den Kundensporteinsatz 2016 offiziell vorgestellt.

Obwohl viel breiter, blieb die Ähnlichkeit der Renn-GTI-TCR-Golf zu den Straßenfahrzeugen deutlich erhalten, einschließlich der überarbeiteten Front des GTI im Jahr 2017, der hier rechts zu sehen ist.

sich aus der WRC zurückzuziehen, da sich der Mutterkonzern auf die künftige Elektrifizierung seiner Fahrzeuge konzentriere.

Golf TCRS

VW Motorsport hatte sich auch dem Golf zugewandt. Im Jahr 2015 kündigte das Unternehmen an, auf der Basis der siebten Generation einen Golf für die Rennstrecke zu entwickeln, der auch im Kundensport eingesetzt werden soll. Er sollte in der neuen Touring Car Racer International Series (TCR) an den Start gehen, in der die meisten Konkurrenten von VW antraten. Der Renn-Golf würde auf den internen Erfahrung aufbauen, die man mit dem SEAT Leon Cup Racer gemacht hatte.

Der neue Renn-Golf, der zunächst als Konzeptfahrzeug vorgestellt wurde, war unübersehbar: 18-Zoll-Rennsportfelgen und eine Karosserie, die etwa 40 Zentimeter breiter war als die des Serienfahrzeugs, sowie ein großer Heckflügel – obwohl VW stets betonte, dass er 60 Prozent des normalen Fahrzeugs beibehielt. Außerdem verfügte er über einen Frontsplitter und einen Heckflügel aus Karbon zur Verbesserung der Aerodynamik. Im Innenraum befanden sich ein Rennsitz mit Kopfschutz, eine Rennsport-Sicherheitszelle und ein Sicherheitstank. Der 2,0-Liter-Turbomotor mit Benzindirekteinspritzung wurde vom Golf R abgeleitet und leistete 330 PS, kombiniert mit einem sequenziellen Sechsgang-Renngetriebe mit Schaltwippen. In der Endphase der Saison 2015 setzte das Liqui Moly Team Engstler zwei Entwicklungsfahrzeuge ein, und gewann das zweite Rennen auf dem Red Bull Ring in Österreich.

Zwanzig Autos – jetzt offiziell Golf GTI TCR genannt – wurden von Teams für die Saison 2016 bestellt, in der sie 17 Rennen und zwei Meisterschaften gewannen. Für 2017 wurde die Leistung auf 350 PS erhöht (VW betonte, dass der Motor eng mit dem Serienfahrzeug verwandt sei), die Schaltung und Lenkung modifiziert und die Aerodynamik der Motorhaube verbessert. Jeder Wagen kostete 95.000 Euro vor Steuern. Stefano Comini und Jean-Karl Vernay, die für das deutsche Rennteam Liqui Moly Team Engstler fuhren, gewannen 2016 und 2017 die Fahrermeisterschaft in der internationalen TCR-Serie, als der VW Golf TCR zum Modell des Jahres gekürt wurde.

Die TCR International Series lief nur von 2015 bis 2017 und wurde dann mit dem neuen FIA World Touring Car Cup (WTCR) zusammengelegt. Der 100. Golf GTI TCR Rennwagen wurde im März 2018 an das Team Engstler ausgeliefert. Ein weiteres Team, das 2018 gekauft wurde, war Sébastien Loeb Racing (SLR), das sich im Besitz des Rekord-Rallye-Weltmeisters befindet. SLR setzte 2019 vier von Volkswagen unterstützte Golf TCR ein, gefahren von Mehdi Bennani, Robert Huff, Johan Kristoffersson und Benjamin Leuchter.

Es sollte das letzte Jahr des Golfs im werksunterstützten Rennsport und das Ende der Golf TCR sein. Am 22. November 2019 gab das Unternehmen bekannt, dass alle Motorsportprogramme, die keine Elektrofahrzeuge betreffen, eingestellt würden. Die unmittelbare Zukunft war der elektrische Rennprototyp ID.R, der Rekorde in Pikes Peak, Goodwood und auf dem Tianmen-Berg aufgestellt hatte. Die Produktion des VW Golf GTI TCR-Rennwagens wurde Ende 2019 eingestellt, und ein Nachfolger auf Basis der achten Golf-Generation wurde aufgegeben.

BÜCHER

Road & Track on Volkswagen 1968–1978 road tests (Brooklands Books 1986)
Road & Track on Volkswagen 1978–1985 road tests (Brooklands Books 1986)
VW Golf GTI Limited Edition Extra 1976–1991 (Herausgeber: Clarke, R. M.; Brooklands Books)
Abbott, David und Marcantonio, Alfredo: Remember those great Volkswagen ads? (Erstausgabe 1982, Nachdruck 1993 Boot-Clibborn Editions, London)
Copping, Richard: VW Golf – Five Generations of Fun (Veloce Publishing Ltd. Kindle Edition)
Dymock, Eric: The Audi file, all models since 1888–1995 (Haynes)
Hahn, Carl: Meine Jahre mit Volkswagen (Signum Verlag 2005)
Hopfinger, K B: The Volkswagen Story (G.T. Foulis and Co. Ltd, 3. Auflage 1971)
Hutton, Ray (editor): Volkswagen Golf GTI, the enthusiast's companion (Motor Racing Publications 1985)
Kuch, Joachim: VW Golf 1 1974–1983, Schrader-Typen-Chronik (Motorbuch Verlag 2007)
Ludvigsen, Karl E: introduction to 'People's car, a facsimile of B.I.O.S final report no.998 investigation into the design and performance of the Volkswagen or German people's car, first published in 1947 (HM Stationary Office, 1947 and 1996)
Marek, Björn: VW Golf, Meister Aller Klassen (Komet Verlag 2008)
Meredith, Laurence: VW Golf, Sutton's photographic history of transport (Sutton Publishing Ltd 1999)
Meyer, Jens: Kult Klassiker VW Golf 1 (GeraMond Verlag 2010) – sehr detailreich
Paxton, Phil: Bug, the strange mutations of the world's most famous automobile (Simon & Schuster, New York 2002)
Seidler, Edouard und Wilkins, Gordon: Ole Toledo! (Editions JR, J. – R Piccard 1991)
Steiger, Christian und Wirth, Thomas: Audi 1965–1975 Die Entscheidenden Jahre (Edition Oldtimer Markt, HEEL Verlag GmbH)
Wagstaff, Ian: Golf GTI, first and finest of the hot hatches (Windrow & Greene Ltd, 1992)
Wood, Jonathan: The new Beetle, the creation of a twenty-first century classic (Quadrillion Publishing 1998)
Ruppert, James: VW Golf with Scirocco, Corrado and Karmann convertible derivatives (Crowood Autoclassics, Crowood Press 1996)

WISSENSCHAFTLICHE STUDIEN

Walzer, P und Kalberlah, A: Electric hybrid drive systems for application in road vehicles (Part of New developments in power train and chassis engineering, 2nd international conference, Strasbourg, 14-16 June 1989 Institution of Mechanical Engineers).
Reitmayer, Morten und Rosenberger (Hg.), Ruth: Unternehman am Ende des 'goldenen Zeitalters'– Die 1970er Jahre in unternehmens- und wirtschaftshistorischer Perspektive (Klartext Verlag, Essen 2008)

ZEITSCHRIFTENARTIKEL UND BEITRÄGE

Neben den im Text aufgeführten Beiträgen waren folgende Darstellungen besonders hilfreich:
Autocar 25 November 1971: Upheaval of an empire by Edouard Siedler
Motor 26 May 1975: Electric cars – nearer than you think? by Karl Ludvigsen
VW Classic no 6, 2013: 40 Jahre Passat. (Delius Klasing Verlag GmbH)
Harvard Business Review: 1991 interview with Carl Hahn.

WEBSITES UND ONLINE-ARTIKEL ZUR HINTERGRUND-RECHERCHE

www.stern.de
www.spiegel.de
www.auto-motor-und-sport.de
www.volkswagenclassic.de (hervorragende Beiträge und Artikel, verschiedene Aspekte der Golf-Entwicklung betreffend)
Volkswagen Unternehmensgeschichte, als Zeitleiste auf: www.chronik.volkswagenag.com/
Die archivierten Testberichte und Neuheitenvorstellungen auf www.autocar.com, einschließlich. A brief history of hybrid and electric vehicles, 25 August 2013
www.fortune.com: Getting The Bugs Out At VW: In six years, Ferdinand Piëch has turned VW into one of the world's strongest car companies. Can he sustain it? Janet Guyon, 29. März 1999
www.ft.com: verschiedene Beiträge der Financial Times, London
www.reuters.com: Insight: Has Volkswagen discovered the Holy Grail of carmakers? Laurence Frost, Andreas Cremer and Paul Lienert Berlin/Detroit, 11. February 2013

FÜR DEN MOTORSPORTTEIL:

www.volkswagenmotorsport.com und Chris Eyre

Ich wurde bei der Abfassung dieses Buches großzügig von folgenden Personen unterstützt. Ich kann ihnen nicht genug danken für die Zeit und ihre Geduld, die sie mir in den vergangenen zwei Jahren gewidmet haben. Ich hoffe, ich habe niemanden vergessen, und wenn: Ich entschuldige mich ganz herzlich dafür.

VOLKSWAGEN AG/WOLFSBURG/WIEN

Danke an Leslie Bothge, der mir die Türen öffnete, an Rolf Trump, der geduldig meine Fragen beantwortete, und an Dr. Ulrike Gutzmann im Historischen Archiv. Ebenso an Walter de Silva, der sich Zeit nahm für ein Interview mit mir. Ein besonderer Dank geht an Eberhard Kittler von Volkswagen Classic, der sich von Anfang an in das Projekt mit einbrachte. Ebenso an Dr. Kaese und Alexandra Lucka im Zeithaus Museum und der Volkswagen Autostadt. Es war ein großes Vergnügen, mit Dr. Ernst Fiala und Dr. Carl Hahn verbringen zu dürfen. Vielen Dank auch an Peter Hofbauer (www.ecomotors.com), Gert Hildebrand, Anton Konrad und Alfons Löwenberg.

VOLKSWAGEN SOUTH AFRICA

Dank an Andile Dlamini und John Lemon für Antworten und Bilder zum CitiGolf.

VOLKSWAGEN OF AMERICA

Mark Gillies, für viele Informationen und Bilder. of images.

ITALY
Besonders herzlichen Dank an Mr. Giugiaro für das Interview und Lorenza Cappello von der Italdesign-Giugiaro-Pressestelle.

FRANCE
Noch einmal vielen Dank an Patrick Le Quément für seine Insider-Informationen. Merci Eric Foléa pour tes archives!

UNITED KINGDOM
Bei der Volkswagen UK Pressestelle: Danke an Paul Buckett, Allison Eden, Rory Lumsdon und Louise Ray für Antworten, Unterlagen und Bilder;
Robin Davies at Audi, Mike Orford und Nick Perry bei Porsche; Frank Laville at DDB, Kevin Wood im Fotoarchiv von LAT. Der Mannschaft des Institution of Mechanical Engineers, London, besonders Rhonda Grantham.

Dank an Ray Hutton, wie immer, für seine Hinweise und Ermutigung, an Mark Hughes bei Haynes Publishing und Derek Smith.
Stephen Bayley (www.stephenbayley.com)
Neil Birkitt, Volkswagen Driver magazine (www.volkswagendrivermag.co.uk)
Giles Chapman (www.gileschapman.com)
Jay Nagley, Redspy automotive analysis (www.redspy.co.uk)
James Ruppert (www.jamesruppert.com)

Last but not least danke an Paul Havill für seine Übersetzung deutscher Quellen und seine unschätzbare moralische Unterstützung!
Die hier verwendeten Bilder stammen, sofern nicht anders angegeben, von Volkswagen UK, der Volkswagen AG,
Volkswagen AutoMuseum und Volkswagen Motorsport.

Für die deutsche Bearbeitung wurden weitere Quellen zu Rate gezogen:

Hintergrundmaterialien
Behr, Lothar: Die Autobosse, Verlag Information und Wissen, München, 1971
Berthold, Willi: Die mobilen Manager, mvg, München, 1966
Boschen, Lothar: Das große Buch der Volkswagen-Typen, Motorbuch Verlag, Stuttgart, 1983
Böhler, Claudia: Scirocco – Aufregend vernünftig, Historische Notate der Volkswagen AG, Wolfsburg, 2008
Car Styling 38, Toppan, Tokio, 1982
Car Styling 67, Toppan, Tokio, 1988
Hickethier/Lützen/Reiss (Hrsg.): Das deutsche Auto – Volkswagenwerbung und Volkskultur, anabas, Wißmar, 1974
Hack, Gert: VW Tuning Golf Scirocco Jetta, Motorbuch Verlag, Stuttgart, 1985
Gloor, Roger: Alle Autos der 70er Jahre, Motorbuch Verlag, Stuttgart, 2005
Gloor, Roger: Alle Autos der 80er Jahre, Motorbuch Verlag, Stuttgart, 2012
Wilhelm Karmann GmbH (Hrsg.): Karmann Cars, Motorbuch Verlag, Stuttgart, 2006
Keller, Maryann: Krieg der Autogiganten: Wem gehört das 21. Jahrhundert?, Eichborn, Frankfurt, 1994
Kuch, Joachim: Volkswagen Modellgeschichte Band 1, Motorbuch Verlag, Stuttgart, 1998
Schrader, H., Kuch, J: VW Typenkompass Bände 1 + 2, Motorbuch Verlag, Stuttgart, 2001
Spurwechsel auf britischen Befehl, Historische Notate15 der Volkswagen AG, Wolfsburg, 2010
Womack/Jones/Ross: Die zweite Revolution in der Automobilindustrie, Campus, Frankfurt/NY, 1991
Volkswagen Chronik– Der Weg zum Global Player, Historische Notate 7 der Volkswagen AG, Wolfsburg, 2008

KATALOGE
Katalog der Automobil Revue, Bern, verschiedene Jahrgänge
Auto Katalog, Motorpresse Stuttgart, verschiedene Jahrgänge
Auto Motor und Sport Spezial, Alles über Gebrauchtwagen, Motorpresse Stuttgart, verschiedene Jahrgänge
Autokauf/Automon@t, Motorpresse Stuttgart, verschiedene Jahrgänge

ZEITSCHRIFTEN UND PERIODISCH ERSCHEINENDE PUBLIKATIONEN, VERSCHIEDENE JAHRGÄNGE
Auto Bild, Hamburg
Auto/Deutscher Straßenverkehr, Stuttgart
Auto Zeitung, Köln
auto motor und sport, Stuttgart
autogramm, Die Zeitung für Mitarbeiter der Marke Volkswagen, Wolfsburg
Automobil Revue, Bern
ATZ, Automobiltechnische Zeitschrift, Stuttgart
Gute Fahrt, Bielefeld
mot Auto-Journal, Stuttgart
Spiegel, Der, Hamburg
Sport Auto, Stuttgart
Typenerkennung für Pkw, EurotaxGlass's Internat. AG, Freienbach
Volkswagen Magazin, Wolfsburg
Prospekte, Pressemitteilungen und Geschäftsberichte der Volkswagen AG